Análise Multivariada

O GEN | Grupo Editorial Nacional – maior plataforma editorial brasileira no segmento científico, técnico e profissional – publica conteúdos nas áreas de ciências sociais aplicadas, exatas, humanas, jurídicas e da saúde, além de prover serviços direcionados à educação continuada e à preparação para concursos.

As editoras que integram o GEN, das mais respeitadas no mercado editorial, construíram catálogos inigualáveis, com obras decisivas para a formação acadêmica e o aperfeiçoamento de várias gerações de profissionais e estudantes, tendo se tornado sinônimo de qualidade e seriedade.

A missão do GEN e dos núcleos de conteúdo que o compõem é prover a melhor informação científica e distribuí-la de maneira flexível e conveniente, a preços justos, gerando benefícios e servindo a autores, docentes, livreiros, funcionários, colaboradores e acionistas.

Nosso comportamento ético incondicional e nossa responsabilidade social e ambiental são reforçados pela natureza educacional de nossa atividade e dão sustentabilidade ao crescimento contínuo e à rentabilidade do grupo.

FIPECAFI – Fundação Instituto de Pesquisas
Contábeis, Atuariais e Financeiras

Luiz J. Corrar
Edilson Paulo
José Maria Dias Filho
(Coordenadores)

Análise Multivariada
Para os Cursos de Administração, Ciências Contábeis e Economia

Adriano Rodrigues
Antonio Carlos Coelho
Edilson Paulo
Fernando Carvalho de Almeida
Francisco Antonio Bezerra
Jacqueline Veneroso Alves da Cunha
Jerônimo Antunes
José Maria Dias Filho
Josedilton Alves Diniz
Josenildo dos Santos
Luiz J. Corrar
Marcelo Coletto Pohlmann
Poueri do Carmo Mário
Roberto Francisco Casagrande Herdeiro
Silvio Hiroshi Nakao

Os autores e a editora empenharam-se para citar adequadamente e dar o devido crédito a todos os detentores dos direitos autorais de qualquer material utilizado neste livro, dispondo-se a possíveis acertos caso, inadvertidamente, a identificação de algum deles tenha sido omitida.

Não é responsabilidade da editora nem dos autores a ocorrência de eventuais perdas ou danos a pessoas ou bens que tenham origem no uso desta publicação.

Apesar dos melhores esforços dos autores, do editor e dos revisores, é inevitável que surjam erros no texto. Assim, são bem-vindas as comunicações de usuários sobre correções ou sugestões referentes ao conteúdo ou ao nível pedagógico que auxiliem o aprimoramento de edições futuras. Os comentários dos leitores podem ser encaminhados à **Editora Atlas Ltda.** pelo e-mail editorialcsa@grupogen.com.br.

Direitos exclusivos para a língua portuguesa
Copyright © 2007 by
Editora Atlas Ltda.
Uma editora integrante do GEN | Grupo Editorial Nacional

Reservados todos os direitos. É proibida a duplicação ou reprodução deste volume, no todo ou em parte, sob quaisquer formas ou por quaisquer meios (eletrônico, mecânico, gravação, fotocópia, distribuição na internet ou outros), sem permissão expressa da editora.

Rua Conselheiro Nébias, 1384
Campos Elísios, São Paulo, SP – CEP 01203-904
Tels.: 21-3543-0770/11-5080-0770
editorialcsa@grupogen.com.br
www.grupogen.com.br

Designer de capa: Leandro Guerra

Editoração Eletrônica: Formato Serviços de Editoração Ltda.

DADOS INTERNACIONAIS DE CATALOGAÇÃO NA PUBLICAÇÃO (CIP)
(CÂMARA BRASILEIRA DO LIVRO, SP, BRASIL)

Fundação Instituto de Pesquisas Contábeis, Atuariais e Financeiras
   Análise multivariada : para os cursos de administração, ciências contábeis e economia / FIPECAFI – Fundação Instituto de Pesquisas Contábeis, Atuariais e Financeiras; Luiz J. Corrar, Edilson Paulo, José Maria Dias Filho (coordenadores). – São Paulo: Atlas, 2017.

   Vários autores.
   Bibliografia
   ISBN 978-85-224-4707-7

   1. Análise multivariada I. Corrar, Luiz J. II. Paulo, Edilson. III. Dias Filho, José Maria. IV. Título.

07-0984
CDD-519.535

Índice para catálogo sistemático:

1. Análise multivariada : Matemática   519.535

Sumário

Prefácio, xix

Apresentação, xxi

1 Introdução à Análise Multivariada (*Adriano Rodrigues* e *Edilson Paulo*), **1**

1.1 Análise multivariada: conceitos e técnicas, 2

1.2 Exame gráfico dos dados, 10

    1.2.1 Exemplo de base de dados, 10

    1.2.2 Examine a forma da distribuição da variável, 16

    1.2.3 Examine a relação entre variáveis, 22

    1.2.4 Examine as diferenças de grupos, 24

1.3 Observações atípicas (*outliers*), 27

    1.3.1 Classes de observações atípicas, 28

1.4 Dados perdidos (*missing values*), 37

1.5 Suposições da análise multivariada, 40

    1.5.1 Normalidade, 41

    1.5.2 Homoscedasticidade, 45

    1.5.3 Linearidade, 46

1.6 Transformação de dados, 46

    1.6.1 Assimetria e curtose, 47

1.7 Questões propostas, 50

1.8 Exercício resolvido, 51

1.9   Exercício proposto, 59

Bibliografia, 62

Apêndice A – Alfa de Cronbach, 64

Bibliografia, 72

2   Análise Fatorial (*Francisco Antonio Bezerra*)**, 73**

2.1   Análise fatorial: conceitos, 74

2.2   Técnicas de dependência × interdependência, 76

2.3   Modelo matemático da análise fatorial, 77

2.4   Análise fatorial exploratória e confirmatória, 80

2.5   Processo de preparação para análise fatorial, 80

    2.5.1   Qual o método de extração dos fatores a ser utilizado?, 81

    2.5.2   Que tipo de análise será realizado?, 82

    2.5.3   Como será feita a escolha do número de fatores?, 86

    2.5.4   Como aumentar o poder de explicação da AF?, 87

2.6   Passos para análise fatorial, 90

2.7   Exemplo prático: o caso do mercado segurador brasileiro, 96

2.8   Pressupostos da análise fatorial, 117

2.9   Resumo, 118

2.10   Questões propostas, 119

2.11   Exercício resolvido, 119

2.12   Exercício proposto, 125

Bibliografia, 128

Anexo I – Indicadores financeiros das seguradoras, 129

3   Regressão Linear Múltipla (*Jacqueline Veneroso Alves da Cunha* e *Antonio Carlos Coelho*)**, 131**

3.1   Regressão linear múltipla: conceitos, 132

3.2   Exemplo de regressão linear simples e múltipla, 136

    3.2.1   Estimação de modelos: método dos mínimos quadrados, 137

    3.2.2   Previsão dos gastos gerais da academia sem variáveis independentes, 138

    3.2.3   Previsão utilizando uma única variável independente – regressão simples, 139

    3.2.4   Previsão utilizando mais de uma variável independente – regressão múltipla, 144

3.3   Pressupostos na análise de regressão, 151

    3.3.1   Normalidade dos resíduos, 152

    3.3.2   Homoscedasticidade, 152

3.3.3	Ausência de autocorrelação serial, 154	
3.3.4	Linearidade, 155	
3.3.5	Multicolinearidade, 156	

3.4 Métodos de seleção de variáveis, 158
- 3.4.1 Especificação confirmatória, 158
- 3.4.2 Abordagem combinatória, 158
- 3.4.3 Métodos de busca sequencial, 158

3.5 Um exemplo completo utilizando o SPSS®, 161
- 3.5.1 Incluindo variáveis *dummy*, 180
- 3.5.2 Analisando os pressupostos da regressão, 183
- 3.5.3 Análise através de gráficos, 194
- 3.5.4 Ajustamento aos pressupostos, 198
  - 3.5.4.1 Análise da influência de valores extremos através dos resíduos, 200
  - 3.5.4.2 Avaliação da correlação entre variáveis, 208
  - 3.5.4.3 Decisão sobre as correções procedidas, 211
- 3.5.5 Validação dos resultados, 211
- 3.5.6 Interpretando os resultados, 215

3.6 Um exemplo no EVIEWS®, 216

3.7 Considerações finais, 230

Bibliografia, 231

4 Análise Discriminante (*Poueri do Carmo Mário*)**, 232**

4.1 Introdução, 233

4.2 Conceito da análise discriminante, 234

4.3 Modelo da Análise Discriminante e sua interpretação, 236

4.4 Pressupostos da análise discriminante, 242

4.5 Aplicação e consolidação dos conceitos, 244
- 4.5.1 Descrição do caso, 244
- 4.5.2 Procedimentos no SPSS®, 245
- 4.5.3 Analisando e interpretando os *outputs* da Análise Discriminante, 252
- 4.5.4 Testando a capacidade preditiva do modelo, 258
- 4.5.5 Aplicação do Modelo na Empresa P&R, 262
- 4.5.6 Medidas de avaliação da Função Discriminante, 263

4.6 Críticas ao uso da Análise Discriminante, 264

4.7 Considerações finais, 266

4.8 Resumo, 267

4.9 Questões propostas, 267

4.10 Exercícios resolvidos, 268

viii Análise Multivariada • Corrar, Paulo, Dias Filho

4.11   Exercício proposto, 272

Bibliografia, 272

Apêndice A – Tabela com os dados do estudo de caso, 273

Apêndice B – Resultado da classificação de cada elemento da amostra geral, 275

5   **Regressão Logística** (*José Maria Dias Filho e Luiz J. Corrar*), **280**

5.1   Introdução, 281

5.2   A lógica da Regressão Logística, 283

5.3   Modelo matemático da regressão logística, 284

5.4   Interpretando os coeficientes da Regressão, 287

5.5   A Curva da Regressão Logística, 290

5.6   Suposições do Modelo Logístico, 291

5.7   Vantagens operacionais do modelo logístico, 292

5.8   Medidas de avaliação do modelo logístico, 293

    5.8.1   O *Likelihood Value*, 294

    5.8.2   O R-Quadrado do modelo logístico, 295

    5.8.3   O Teste Hosmer e Lemeshow, 296

    5.8.4   O Teste Wald, 296

5.9   Exemplo prático, 297

    5.9.1   Descrição do caso, 298

    5.9.2   Procedimentos para executar a regressão utilizando o SPSS®, 300

    5.9.3   Interpretando os *outputs* da Regressão, 303

5.10   Considerações finais, 315

5.11   Resumo, 315

5.12   Questões propostas, 316

5.13   Exercícios resolvidos, 317

5.14   Exercícios propostos, 321

Bibliografia, 323

6   **Análise de Conglomerados** (*Marcelo Coletto Pohlmann*), **324**

6.1   Conceito de análise de conglomerados (*clusters analysis*), 325

6.2   Objetivos, utilidade e aplicações, 327

6.3   Pressupostos e limitações, 327

6.4   Processo de decisão na análise de conglomerados, 328

    6.4.1   Estágio 1: objetivos da Análise de Conglomerados, 329

    6.4.2   Estágio 2: delineamento da pesquisa, 331

    6.4.3   Estágio 3: pressupostos da Análise de Conglomerados, 342

    6.4.4   Estágio 4: determinação e avaliação dos grupos, 344

    6.4.5   Estágio 5: interpretação dos grupos, 354

6.4.6 Estágio 6: validação e definição de perfis dos grupos, 355

6.5 Aplicação prática, 356

6.6 Considerações finais, 377

6.7 Resumo, 377

6.8 Questões propostas, 379

6.9 Exercício resolvido, 380

6.10 Exercícios propostos, 386

Bibliografia, 387

7 Escalonamento Multidimensional (*Roberto Francisco Casagrande Herdeiro*)**, 389**

7.1 Conceitos, 390

7.2 Objetivos e o processo de Escalonamento Multidimensional (EMD), 398

7.3 Tipos de dados, 399

    7.3.1 Forma de abordagem, 401

    7.3.2 Conteúdo, 402

7.4 Formas de obtenção de dados, 403

7.5 Modelos, 404

7.6 Qualidade de ajuste, 407

7.7 Dimensão, 409

7.8 Escalonamento Multidimensional (EMD) e outras técnicas, 410

7.9 Aplicações e consolidação dos conceitos, 412

    7.9.1 Descrição do caso, 412

7.10 Procedimentos para executar escalonamento multidimensional utilizando o SPSS®, 414

7.11 Interpretando os resultados, 417

7.12 Resumo, 423

7.13 Questões propostas, 423

7.14 Exercício resolvido, 424

7.15 Exercício proposto, 430

Bibliografia, 431

8 Redes Neurais (*Fernando Carvalho de Almeida* e *Silvio Hiroshi Nakao*)**, 432**

8.1 Introdução, 433

8.2 As redes neurais artificiais, 434

8.3 Conceito de rede neural artificial, 435

8.4 Origem das redes neurais artificiais, 436

8.5 Utilidade das redes neurais artificiais, 437

    8.5.1 Um exemplo, 439

8.6 Modelos de redes neurais, 440

8.7   Processamento dos dados na rede, 442

8.8   A aprendizagem em uma rede neural artificial, 444

   8.8.1   O método de aprendizado por retropropagação, 444

   8.8.2   A Regra Delta generalizada, 445

8.9   Exemplo de aprendizado, 446

8.10   Passos para a utilização de uma rede neural, 448

   8.10.1   Preparação dos dados, 449

   8.10.2   Construção e teste das redes, 450

   8.10.3   A utilização da rede e a interpretação dos resultados, 450

8.11   Pontos fortes e fracos de redes neurais, 451

8.12   Aplicações na área de negócios, 452

8.13   Resumo, 453

8.14   Questões propostas, 453

8.15   Exercício resolvido, 453

Bibliografia, 458

9   Lógica Nebulosa (*Fuzzy Logic*) (*Jerônimo Antunes*), 460

9.1   Introdução, 461

9.2   A teoria dos conjuntos nebulosos, 463

9.3   A lógica nebulosa, 465

9.4   Controladores de lógica nebulosa, 467

   9.4.1   As entradas discretas, 468

   9.4.2   O processo de "fuzzificação", 469

   9.4.3   Base de regras, 469

   9.4.4   Inferências, 471

   9.4.5   O processo de "defuzzificação", 473

9.5   Aplicações em negócios e finanças, 478

9.6   Exemplo de aplicação: modelo de avaliação de risco de auditoria usando a lógica nebulosa, 479

   9.6.1   Considerações iniciais, 479

   9.6.2   Construção da estrutura conceitual básica do modelo, 479

   9.6.3   A operacionalização do modelo conceitual, 485

      9.6.3.1   A construção da árvore de decisão, 485

      9.6.3.2   O processo de "fuzzificação", 493

      9.6.3.3   Regras de produção, 495

      9.6.3.4   O processo de inferência, 497

      9.6.3.5   Definição do Método de "Defuzzificação", 499

      9.6.3.6   As saídas discretas, 500

9.7   Resumo, 503

9.8   Questões propostas, 503
Bibliografia, 504

10 A Lei Newcomb-Benford (*Josenildo dos Santos, Josedilton Alves Diniz e Luiz J. Corrar*)**, 506**

10.1   Introdução, 507

10.2   Uma interpretação intuitiva da Lei de Newcomb-Benford, 509

10.3   Demonstração da Lei de Newcomb-Benford, 511

10.4   Limitações na aplicação da Lei de Newcomb-Benford (NB-Lei), 513

10.5   A Lei de Newcomb-Benford aplicada à auditoria contábil e digital, 514

10.6   Construção do Modelo Contabilométrico através da NB-Lei, 518

10.7   Exemplo prático: o caso de nota de empenho de uma prefeitura municipal, 520

10.8   Questões propostas, 537

10.9   Exercícios propostos, 538

Bibliografia, 540

Nota sobre os Coordenadores

Luiz J. Corrar

Economista pela Faculdade de Economia São Luís. Administrador de Empresas pela Faculdade de Economia São Luís. Mestrado em Controladoria e Contabilidade pela Faculdade de Economia, Administração e Contabilidade da Universidade de São Paulo. Doutorado em Controladoria e Contabilidade pela Faculdade de Economia, Administração e Contabilidade da Universidade de São Paulo.

Edilson Paulo

Contador pela Universidade Federal da Paraíba e mestre em Ciências Contábeis pela Universidade de Brasília/Universidade Federal da Paraíba. Doutorando em Ciências Contábeis pela Faculdade de Economia, Administração e Contabilidade da Universidade de São Paulo (FEA-USP). Professor do Centro de Ciências Sociais e Aplicadas da Universidade Presbiteriana Mackenzie. Pesquisador na área de Informação Contábil para Usuários Externos e Métodos Quantitativos Aplicados à Contabilidade. Consultor empresarial na área de contabilidade financeira e controladoria. Coautor do livro *Curso de mercado financeiro: tópicos especiais*, publicado pela Atlas.

José Maria Dias Filho

Mestre e Doutor em Ciências Contábeis pela Faculdade de Economia, Administração e Contabilidade da USP. Professor adjunto da Faculdade de Ciências Contábeis da Universidade Federal da Bahia, nos níveis de graduação e pós-graduação.

Coautor do livro *Teoria avançada da contabilidade* (Atlas). Pesquisador em Finanças Públicas e Controladoria. Consultor em gestão de instituições de ensino superior. Atua, também, como Auditor, na Secretaria da Fazenda da Bahia.

Nota sobre os Colaboradores

Adriano Rodrigues

Doutorando em Controladoria e Contabilidade pela Universidade de São Paulo (FEA/USP). Mestre em Ciências Contábeis pela Universidade Federal do Rio de Janeiro (FACC/UFRJ). Bacharel em Ciências Contábeis pela Universidade Federal do Espírito Santo (EFES). Atualmente, é professor na Universidade Federal do Espírito Santo.

Antonio Carlos Coelho

Doutor em Controladoria e Contabilidade pela Universidade de São Paulo, Mestre em Administração pela Universidade Federal do Rio de Janeiro. É bacharel em História pela Universidade Estadual do Ceará (UECE). Atualmente é professor adjunto na Universidade Federal do Ceará (UFC).

Fernando Carvalho de Almeida

Engenheiro pela Poli/USP. Doutor em Administração pela Universidade de Grenoble – França. Professor da FEA/USP. Pesquisador e consultor nas áreas de inteligência competitiva e estratégia de negócios. Membro da Association Développement Veille Stratégique (ADVS), que desenvolve pesquisas sobre conceitos e práticas de inteligência competitiva nas empresas.

Vice-presidente do Instituto Franco-brasileiro de Administração de Empresas (IFBAE), que integram membros de escolas de administração de empresas francesas e brasileiras.

Francisco Antonio Bezerra

Mestre e Doutor em Controladoria e Contabilidade pela Universidade de São Paulo. Bacharel em Ciências Contábeis pela Universidade Federal do Pará. Consultor de empresas em gestão financeira e modelagem de sistemas de informação de custos. Responsável pela implantação de metodologias ABC/ABM em diversas empresas no Brasil. Professor do curso de Mestrado em Contabilidade do Programa de Pós-Graduação em Ciências Contábeis da Universidade Regional de Blumenau (FURB) e de outros cursos de pós-graduação em diversas universidades na cidade de São Paulo.

Jacqueline Veneroso Alves da Cunha

Doutoranda em Controladoria e Contabilidade pela FEA/USP. Mestre em Controladoria e Contabilidade pela FEA/USP. Bacharel em Ciências Contábeis.

Sócia diretora da Núcleo Assessoria e Consultoria Empresarial Ltda. Professora da Faculdade IBMEC. Professora em diversos cursos de pós-graduação.

Jerônimo Antunes

Contador e Administrador de Empresas, Mestre e Doutor em Controladoria e Contabilidade pela Faculdade de Economia, Administração e Contabilidade da Universidade de São Paulo.

Professor Doutor do Departamento de Contabilidade e Atuária da Universidade de São Paulo. Sócio da Antunes Auditores Associados.

Josedilton Alves Diniz

Mestre em Ciências Contábeis pela Universidade de Brasília (UnB). Especialização em Auditoria pela Universidade Potiguar (UNP). Graduado em Ciências Contábeis pela Universidade Federal da Paraíba (EFPB) e em Engenharia Civil pela Universidade Federal da Paraíba (UFPB). Atualmente, é professor do Centro Universitário de João Pessoa (UNIPE).

Josenildo dos Santos

Bacharel em Matemática pela Universidade Federal de Pernambuco (UFPE). Mestre em Matemática pela Universidade Federal de Pernambuco (UFPE). Doutor em Matemática pela University of Wisconsin – Madison. Pós-doutor em Contabilidade e Atuária pela Universidade de São Paulo (USP).

Atualmente, é professor associado I da Universidade Federal de Pernambuco e professor-pesquisador e revisor da revista internacional *Mathematical Reviews*.

Nota sobre os Colaboradores **xvii**

Marcelo Coletto Pohlmann

Bacharel em Ciências Contábeis e em Direito pela Universidade Federal do Rio Grande (UFRGS), mestre e doutor em Contabilidade pela Faculdade de Economia, Administração e Contabilidade da Universidade de São Paulo (FEA-USP), especialista em Integração Econômica e Direito Internacional Fiscal (ESAF/FGV/Universidade de Münster, Alemanha). Professor e pesquisador do Departamento de Contabilidade da FACE/PUCRS e professor convidado de diversos cursos de pós-graduação no Brasil e na Argentina. Autor de vários artigos científicos sobre temas contábeis e tributários, autor do livro *Tributação e política tributária: uma abordagem interdisciplinar* e coautor do livro *Teoria avançada da contabilidade*, ambos publicados pela Atlas. Ex-consultor contábil e tributário de empresas. É Procurador da Fazenda Nacional desde 1993.

Poueri do Carmo Mário

Doutor e Mestre em Ciências Contábeis pela FEA/USP. Especialista em Finanças – Cepederh/UMA. Graduado em Ciências Contábeis pela PUCMINAS.

Professor do Departamento de Ciências Contábeis da UFMG, pesquisador do Centro de Pós-graduação e Pesquisa em Contabilidade (Cepcont). Pesquisa, principalmente, sobre os temas: Fenômeno da Insolvência de Empresas, Fraudes Contábeis e Demonstrações Contábeis e Gestão Financeira.

Faz consultoria e assessoria na área contábil e financeira em reorganização societária, custos e controladoria, gestão financeira, contabilidade gerencial e contabilidade societária. Atua, também, em perícias, como perito oficial e assistente em processos nas áreas de falência e na cível.

Roberto Francisco Casagrande Herdeiro

Graduação e mestrado em Estatística pelo Instituto de Matemática e Estatística da Universidade de São Paulo. MBA Risco pela Fundação Instituto de Pesquisas Contábeis, Atuariais e Financeiras da Universidade de São Paulo.

Assessor de Presidente e Consultoria Técnica do Conselho Diretor do Banco do Brasil. Analista Sênior, Gestão de Recursos de Terceiros, BB DTVM. Gerente Executivo, Avaliação de Empresas, PREVI (Caixa de Previdência dos Funcionários do Banco do Brasil). Diretor Administrativo Financeiro da Caixa de Assistência dos Funcionários do Banco do Brasil (CASSI).

Silvio Hiroshi Nakao

Doutor e Mestre em Contabilidade e Controladoria (FEA/USP), graduado em Ciências Contábeis pela IFEA-RP/USP e em Administração pela Unaerp.

Professor doutor do Departamento de Contabilidade da FEA-RP/USP.

Prefácio

São vários os fatores que explicam a satisfação com que recebemos o convite para prefaciar esta obra. Um dos primeiros é o significado que ela assume para estudantes, professores, pesquisadores e tantos outros profissionais interessados em técnicas estatísticas multivariadas. Não apenas pela escassez de publicações dessa natureza em nossa língua, mas principalmente pela clareza e objetividade com que se apresenta, acreditamos que este trabalho será amplamente utilizado no campo das ciências sociais aplicadas. Ao primeiro contato, pode-se perceber que não foi produzido pelos que desenvolvem ferramentas estatísticas, mas por quem as utiliza em seu cotidiano. Neste aspecto, também, o texto se diferencia positivamente de outros congêneres, já que tende a se tornar mais acessível ao público menos familiarizado com elementos de alta complexidade estatística. Os exemplos de natureza prática que acompanham cada capítulo, a linguagem fortemente sintonizada com o repertório do público-alvo e os exercícios de fixação refletem a preocupação dos autores para com o alcance e a compreensibilidade da obra. Louve-se, por oportuno, o mérito de conciliar simplicidade com a profundidade adequada aos fins a que se destina este título.

Além de poder atuar como texto de referência para uso profissional, a obra incorpora o mérito de subsidiar estudantes e professores no árduo exercício das atividades de pesquisa. Para estes últimos, em especial, acreditamos que o trabalho surge num momento de particular importância. Afinal, cresce cada vez mais a demanda por estudos que exigem tratamento estatístico de dados, objetivando a realização de teste de hipóteses com o apoio de métodos quantitativos mais avançados. Essa tendência parece se fortalecer na mesma proporção em que aumentam a disponibilidade de dados numéricos e os recursos computacionais necessários ao seu tratamento.

Em Contabilidade e Controladoria, por exemplo, estamos nos distanciando a passos largos da época em que predominavam pesquisas de caráter puramente discursivo, sem maiores preocupações com análises de cunho empírico-analítico. Nos ambientes universitários de maior prestígio, a pesquisa em Contabilidade se desenvolve cada vez mais sob a perspectiva da Teoria Positiva, com forte abordagem quantitativa. Uma rápida incursão em periódicos internacionais de maior densidade acadêmica é suficiente para comprovar essa tendência. Aliás, a *Revista de Contabilidade e Finanças/USP* também avança nessa direção. Isso, por si só, já justificaria o esforço empreendido pelos autores para oferecer esse instrumental estatístico a estudantes e professores de Contabilidade e Controladoria.

Outro fator que, em nossa avaliação, vem contribuir positivamente para ampliar o leque de beneficiários deste trabalho é o uso de ferramentas computacionais na apresentação de cada assunto. Sem deixar de explorar os componentes teóricos de maior relevância, demonstra-se didaticamente como utilizar as técnicas estatísticas com o apoio de *softwares* especializados. Nesse particular, nota-se claramente que não se pretende contribuir para formar eruditos em conhecimento estatístico, mas tão somente preparar o usuário para identificar a técnica de análise adequada a determinado problema, lidar com os dados de interesse, gerar e interpretar os relatórios informatizados. Essa abordagem essencialmente prática, entretanto, não chega a sacrificar a visão crítica que o leitor deve ter a respeito das vantagens e limitações associadas a cada técnica apresentada. Com muita habilidade, reafirmamos, conseguiu-se um equilíbrio satisfatório entre prática e teoria. Esta, aliás, é uma das razões pelas quais acreditamos que profissionais de diferentes ramos do conhecimento poderão se beneficiar desta produção.

Por fim, não poderíamos deixar de expressar também as nossas homenagens aos autores deste trabalho, em especial ao Professor Luiz J. Corrar, do Departamento de Contabilidade e Atuária da FEA/USP. A este, em particular, o nosso reconhecimento pela feliz iniciativa e, principalmente, pela serena e competente liderança exercida sobre os alunos do Doutorado que contribuíram para a concretização desta obra. Por experiência própria, sabemos que um trabalho desse porte exige muito esforço e paciência, sobretudo quando executado por vários colaboradores. Isso fica patente, inclusive, na diversidade e riqueza de estilos. Mas a certeza de que o homem se perpetua também por meio do conhecimento que ele consegue gerar e transmitir acaba compensando todo o esforço.

Prof. Dr. Iran Siqueira Lima

Professor do Departamento de Contabilidade e Atuária da Faculdade de Economia, Administração e Contabilidade da Universidade de São Paulo

Presidente da Fundação Instituto de Pesquisas Contábeis, Atuariais e Financeiras (FIPECAFI)

Apresentação

Raríssimos são os ramos do conhecimento e as atividades humanas que podem dispensar o apoio de técnicas estatísticas em seu desenvolvimento. Um olhar mais acurado em torno de quase todos os fenômenos que nos cercam nos remete à conclusão de que tais técnicas estão participando cada vez mais do nosso cotidiano. Essa tendência parece se tornar mais acentuada na medida em que se expandem os recursos oferecidos pela informática, já que eles facilitam sobremaneira a análise de dados. Se antes o conhecimento estatístico era privilégio daqueles que tinham inclinação vocacional para lidar com números, hoje se tornou requisito de primeira ordem no exercício de várias profissões. No estudo de fenômenos da natureza, no desenvolvimento de recursos medicinais, no planejamento das atividades governamentais, na avaliação de problemas que ameaçam o bem-estar social, no controle de eventos relacionados com o mundo corporativo e em muitas outras áreas, a estatística ocupa posição de destaque.

Diante disso e considerando que estudos e atividades práticas em Contabilidade e Finanças também dependem do uso de técnicas estatísticas, sentimo-nos motivados a abraçar o desafio de reunir nesta obra algumas ferramentas de análise que possam ser utilizadas por estudantes e professores das ciências sociais aplicadas, sem excluir deste círculo, é claro, outros profissionais que, de igual forma, precisam desse instrumental. Além disso, como em língua portuguesa ainda são poucos os textos inteiramente dedicados à análise multivariada de dados, especialmente os que se direcionam à área contábil, pensamos em contribuir para reduzir essa carência. Não se teve, contudo, a pretensão de apresentar uma relação completa das diversas ferramentas que compõem a chamada estatística multivariada. Pelo contrário, o nosso objetivo foi tão somente oferecer ao público das ciências sociais aplicadas alguns mecanismos de análise de dados sob uma linguagem mais próxima dos seus referenciais, evitando, sempre que possível, detalhes que pudessem dificultar a sua compreensão. Trata-se, pois, de um trabalho que procura contemplar necessidades específicas e, de certa forma, adequar-se às características dos seus destinatários.

Assim, quando se aborda uma técnica de análise como a Regressão Logística, por exemplo, tem-se a preocupação de equipar o leitor para identificar as diversas situações em que ela pode ser aplicada, objetivando sempre a solução de problemas vinculados à sua área de atuação. Concomitantemente, procura-se instrumentalizar estudantes e professores para utilizar técnicas dessa natureza no desenvolvimento de pesquisas e, sempre que necessário, tornar menos árdua a tarefa de compreender textos científicos produzidos sob linguagem quantitativa. Aliás, em Contabilidade e Finanças, atualmente é raro encontrar trabalhos científicos de maior peso acadêmico que não tenham sido construídos ou veiculados com o apoio de métodos quantitativos. Por isso, na medida do possível, procuramos também fornecer ao leitor conteúdos teóricos que lhe permitam lidar com tais técnicas de maneira crítica, reconhecendo as suas vantagens e limitações.

Por terem sido produzidas sob a perspectiva do usuário, as ferramentas de análise foram apresentadas com o apoio de determinados *softwares*, a exemplo do SPSS® e EViews®. Didaticamente, o leitor é instruído a operar com os recursos da informática em todo o processo da análise de dados e, de modo muito particular, na fase de interpretação dos resultados gerados pelos pacotes estatísticos. Esperamos que isso possa facilitar a compreensão e a aplicação das técnicas de análise multivariada por parte de usuários que, eventualmente, não detenham conhecimentos mais robustos em métodos quantitativos. Aliás, considera-se que o uso intensivo da informática em praticamente todas as áreas é uma das razões pelas quais a estatística multivariada vem se popularizando em todo o mundo. Como se observa, mesmo que não se tenha predileção por métodos quantitativos, dificilmente o indivíduo poderá evitar o uso de certas técnicas, como Análise Discriminante, Análise Fatorial, Regressão Logística, entre outras apresentadas nesta obra. A título de exemplo, qual o administrador que, no uso racional de suas faculdades mentais, não tem interesse em conhecer o risco associado a determinada decisão? De modo semelhante, qual o médico que não tem interesse em identificar os riscos decorrentes do uso de certa droga? Ou ainda, para ficar num exemplo mais simples, qual o vendedor que não gostaria de conhecer até que ponto a inadimplência de seu cliente está relacionada com variáveis como renda familiar e número de dependentes?

Confessamos que a larga aplicação das técnicas multivariadas e a necessidade de disseminá-las de forma mais intensa no ambiente acadêmico e no meio empresarial nos animaram a produzir este trabalho. Porém, o que mais nos impeliu a insistir nesse projeto foi a possibilidade de executá-lo com a participação

Apresentação **xxiii**

de indivíduos que descobriram o valor do conhecimento estatístico a partir das suas próprias experiências e do esforço que empreenderam para adquiri-lo. Estamos nos referindo aos alunos do doutorado em Contabilidade e Controladoria da Universidade de São Paulo que estiveram envolvidos na produção dos diversos capítulos desta obra. Desde que o Prof. Dr. Sérgio de Iudícibus introduziu a disciplina Contabilometria no Departamento de Contabilidade da FEA/USP, criaram-se novos horizontes para a pesquisa contábil no Brasil. Mais instrumentalizados em métodos quantitativos, alunos do Mestrado e do Doutorado se lançaram de maneira mais destemida em estudos que dependiam maciçamente de ferramentas de análise de dados. Foi, sem dúvidas, um marco muito significativo na história da Pós-Graduação em Contabilidade e, por que não dizer, no próprio ensino da Contabilidade por todo o Brasil. Basta considerar a ênfase que se dá atualmente à abordagem quantitativa no bojo das diretrizes curriculares nacionais atinentes ao Curso de Ciências Contábeis.

Esse despertar para a importância dos métodos quantitativos na área contábil fez surgir um primeiro livro, em 2004, intitulado *Pesquisa operacional para decisão em contabilidade e administração – contabilometria*. A exemplo deste, também foi produzido com a participação de alunos do doutorado, sob a orientação do Prof. Dr. Luiz J. Corrar, que deu sequência ao trabalho pioneiro do Prof. Dr. Sérgio de Iudícibus. Desde 1994, quando recebeu deste a missão de ministrar a disciplina Contabilometria, o Prof. Corrar vem estimulando o uso de métodos quantitativos nas diversas pesquisas que se realizam no Departamento de Contabilidade da FEA/USP. Esta produção reflete, portanto, o esforço e a dedicação de muitos que nos precederam no meio acadêmico, aos quais rendemos a nossa gratidão e reconhecimento.

Como mencionamos, esta obra resulta da aplicação de técnicas estatísticas em pesquisas realizadas no Programa de Pós-Graduação em Contabilidade e Controladoria da FEA/USP. Assim, queremos dirigir os nossos agradecimentos também a todos os alunos do doutorado que aceitaram o desafio de participar desse projeto. Com a consciência do dever de contribuir para expandir as fronteiras do conhecimento, dedicaram parte do seu tempo para facilitar o acesso ao instrumental estatístico e, consequentemente, o trabalho de tantos outros que queiram se dedicar à produção científica. Desse modo, podemos afirmar que cada capítulo acaba expressando não apenas o potencial de determinada técnica, mas também uma espécie de testemunho da sua utilidade, já que deriva de aplicações em estudos empíricos. Muitos deles, aliás, apresentados sob a forma de artigo em eventos de caráter científico, como o EnANPAD e o Congresso USP de Contabilidade. Outros foram até destacados com o título de Melhor Tese de Doutorado produzida no Departamento de Contabilidade e Atuária da FEA/USP.

Para que tudo isso se concretizasse, contamos também com o apoio institucional e financeiro da Fundação Instituto de Pesquisas Contábeis Atuariais e Financeiras – FIPECAFI. Registramos, portanto, nossos agradecimentos a este órgão, não apenas pela colaboração prestada diretamente à execução deste projeto, mas também pelo incentivo à participação de alunos e professores em congressos, seminários e outros eventos do gênero. Afinal, conforme citamos, grande parte desta obra emerge de pesquisas apresentadas em tais eventos e, certamente, se beneficiou de contribuições proporcionadas por membros da comunidade científica.

Pelas qualidades e por eventuais limitações, fica claro que este novo trabalho é uma soma de contribuições de vários agentes, mas é, antes de tudo, fruto do desejo de ampliar as fronteiras da pesquisa em Contabilidade no Brasil. Sabemos que nesse caminho existem muitos obstáculos, mas para superá-los precisamos lançar mão de instrumentos adequados. Acreditando que o manejo das técnicas estatísticas é um deles, nos lançamos nesta aventura!

Aos nossos leitores, o desejo de que este livro paire como uma semente em seus projetos pessoais, floresça e se multiplique. Dos que puderem, esperamos contribuições com críticas e sugestões. E, se nos permitem ainda, contamos também com a compreensão de que um livro, como quase tudo na vida, é sempre uma obra que comporta melhorias.

Para maior facilidade de compreensão das técnicas exploradas, os arquivos contendo os bancos de dados dos exemplos e exercícios deste livro estão disponíveis no *site* da Editora Atlas (<www.EditoraAtlas.com.br>). Para tanto, é necessário que o usuário (leitor) possua os programas estatísticos SPSS®, EViews®, QuickNet®, FuzzyTech® e Microsoft Excel® instalados no computador.

Luiz J. Corrar
Edilson Paulo
José Maria Dias Filho

1

Introdução à Análise Multivariada

Adriano Rodrigues
Edilson Paulo

Sumário do capítulo
- Análise multivariada: conceitos e técnicas.
- Exame gráfico dos dados.
- Observações atípicas (*outliers*).
- Dados perdidos (*missing values*).
- Suposições da análise multivariada.
- Transformação de dados.
- Questões propostas.

Objetivos de aprendizado

O estudo deste capítulo permitirá ao leitor:
- Compreender o significado da análise multivariada.
- Conhecer as principais técnicas de análise multivariada.
- Avaliar as características gerais dos dados que venham a ser analisados.
- Identificar observações atípicas (*outliers*) e averiguar seu tipo de influência.
- Saber lidar com os processos de dados perdidos (*missing values*).
- Ter o primeiro contato com os testes de suposições da análise multivariada.
- Utilizar métodos de transformação de dados.

1.1 Análise multivariada: conceitos e técnicas

A análise multivariada refere-se a um conjunto de métodos estatísticos que torna possível a análise simultânea de medidas múltiplas para cada indivíduo, objeto ou fenômeno observado. Desse modo, os métodos que permitem a análise simultânea de mais de duas variáveis podem ser considerados como integrantes da análise multivariada. É natural que esses métodos sejam mais complexos do que os provenientes da análise univariada ou bivariada, mas, em muitos casos, não passam de adaptações dessas análises em situações com mais de duas variáveis.

Já que a análise multivariada corresponde às diversas abordagens analíticas que consideram o comportamento de muitas variáveis simultaneamente, torna-se viável sintetizar as diferenças básicas das análises univariada, bivariada e multivariada da seguinte forma:

Figura 1.1 *Distinção entre análise univariada, bivariada e multivariada.*

Dentro desse contexto, a análise multivariada refere-se a todos os métodos estatísticos que realizam estudo estatístico de múltiplas variáveis em um único relacionamento ou conjunto de relações. A Figura 1.1 apresentada evidencia que qualquer análise simultânea de mais de duas variáveis pode ser considerada análise multivariada.

Cabe ressaltar que as variáveis podem ser quantitativas (discretas ou contínuas) ou qualitativas (ordinais ou nominais):

- **Variáveis Quantitativas:** são variáveis que podem ser medidas em uma escala quantitativa, ou seja, apresentam valores numéricos que fazem algum sentido.
  - *Variáveis Discretas*: possuem características mensuráveis em que somente os valores inteiros fazem sentido, normalmente proveniente de contagem. Exemplos: número de empresas, número de funcionários, número de clientes e número de fornecedores.

- *Variáveis Contínuas*: possuem características mensuráveis em que os valores fracionados também fazem sentido, consequentemente assumem valores em uma escala contínua. Exemplos: tempo de produção, índices de rentabilidade e fluxo de caixa.

- **Variáveis Qualitativas:** são variáveis que não possuem valores quantitativos, sendo definidas por categorias ou classificações. Por isso, esses tipos de variáveis também são conhecidos como "variáveis categóricas".

  - *Variáveis Nominais*: são variáveis qualitativas que não apresentam ordenação entre as categorias. Exemplos: sexo, estado civil, doente e sadio, solvente e insolvente.

  - *Variáveis Ordinais*: são variáveis qualitativas que apresentam ordenação entre as categorias. Exemplos: escolaridade (1º, 2º, 3º graus), mês de observação (janeiro, fevereiro,..., dezembro).

Desse modo, a análise multivariada pode ser definida como o conjunto de métodos que permitem a análise simultânea dos dados recolhidos para um ou mais conjuntos de indivíduos (populações ou amostras) caracterizados por mais de duas variáveis correlacionadas entre si, sendo que as variáveis podem ser quantitativas (discretas ou contínuas) ou qualitativas (ordinais ou nominais). Somente as técnicas de estatística multivariada permitem que se explore a *performance* conjunta das variáveis e se determine a influência ou importância de cada uma, estando as demais presentes.

Por mais que em determinadas situações específicas seja útil isolar cada variável para analisá-las separadamente, percebe-se que na maioria dos casos as dimensões do fenômeno são complexas e as variáveis estão inter-relacionadas. Daí a importância da análise simultânea de todas as variáveis.

De acordo com Pereira (2004, p. 102):

> *"A análise multivariada é um vasto campo do conhecimento que envolve uma grande multiplicidade de conceitos estatísticos e matemáticos, que dificilmente pode ser perfeitamente dominada por pesquisadores de outros campos de conhecimento, já que isso os afastaria de seu mister principal. Como tampouco pode o pesquisador utilizar uma estratégia metodológica desconhecendo seus princípios sob pena de má utilização, uma situação intermediária deve ser buscada, na qual possa o pesquisador ter algum conhecimento essencial que o habilite ao uso produtivo da tecnologia disponível por meio de pacotes estatísticos para computadores."*

A expectativa é de que os métodos de análise multivariada venham influenciar não somente os aspectos analíticos de pesquisa, mas também o planejamento e a abordagem da coleta de dados para decisões e resoluções de problemas. Entretanto, cabe ressaltar que o uso do termo *multivariada* na literatura não é feito de maneira consistente. Enquanto alguns pesquisadores o utilizam simplesmente para designar o exame de relações entre mais de duas variáveis, outros, de forma bastante rígida, somente o utilizam em problemas nos quais todas as variáveis múltiplas são consideradas como tendo uma distribuição normal multivariada.

As técnicas multivariadas são classificadas como técnicas de dependência e de interdependência. Cooper e Schindler (2003) destacam que, se as variáveis dependentes e independentes estão presentes na hipótese da pesquisa, deverá ser utilizada uma das técnicas de dependência, como, por exemplo, regressão múltipla, análise discriminante ou regressão logística. Mas caso não exista uma determinação prévia de quais variáveis são as dependentes e independentes, podemos utilizar uma das técnicas de interdependência, como a análise fatorial, análise de conglomerados (*clusters analysis*) ou MDS (escalonamento multidimensional).

Devem ser considerados como objeto de estudo da estatística multivariada todos os métodos de análise de relações de dependência e/ou interdependência entre conjuntos de variáveis ou indivíduos, quer sejam meramente descritivos, quer permitam que se proceda à inferência estatística.

> *"O truque na estatística multivariada, se existe, não está nos cálculos, fácil e rapidamente feitos num computador com software adequado instalado. O truque consiste em escolher o método apropriado ao tipo de dados, usá-lo corretamente, saber interpretar os resultados e retirar deles as conclusões corretas"* (REIS, 2001, p. 11).

Dentre as técnicas de análise multivariada mais discutidas na literatura, e que serão abordadas neste livro, temos:

- Regressão Múltipla.
- Análise Discriminante.
- Regressão Logística.
- Análise Fatorial.
- Análise de Conglomerados (*Clusters Analysis*).
- MDS (Escalonamento Multidimensional).
- Redes Neurais.
- Lógica Nebulosa.

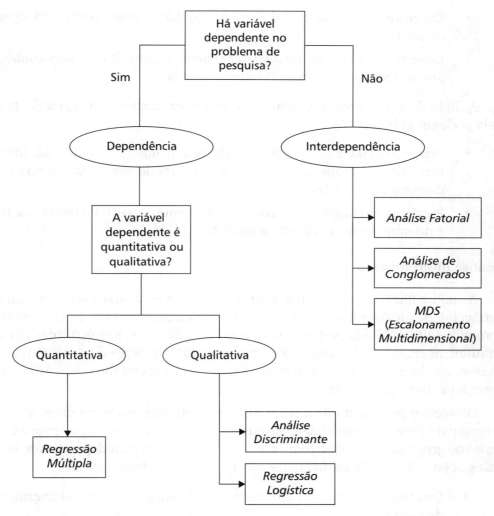

Figura 1.2 *Técnicas multivariadas mais comuns*.

Regressão múltipla

Essa técnica estatística permite analisar a relação entre uma única variável dependente e duas ou mais variáveis independentes. Ela cria as condições necessárias para descrever, através de um modelo matemático, a relação entre uma variável dependente quantitativa e duas ou mais variáveis independentes quantitativas ou qualitativas (variáveis *dummies*). Assim, sua ideia-chave é a dependência estatística de uma variável em relação a duas ou mais variáveis independentes ou explicativas.

Seus principais objetivos podem ser descritos como:

- Encontrar a relação causal entre as variáveis (dependente e independentes).
- Estimar os valores da variável dependente a partir dos valores conhecidos ou fixados das variáveis independentes.

A título de exemplificação, vejamos duas situações em que a regressão múltipla pode ser aplicada:

- Prever as vendas de produtos (variável dependente) a partir dos investimentos em propaganda, variação do nível de preço ou das taxas de descontos praticadas.
- Prever gastos familiares (variável dependente) a partir da renda familiar e do número de membros da família.

Análise discriminante

A análise discriminante é uma técnica multivariada utilizada quando a única variável dependente é qualitativa, podendo ser dicotômica (sim-não) ou multicotômica (alto-médio-baixo) e as variáveis independentes são quantitativas ou qualitativas. Essa técnica estatística auxilia na identificação de quais variáveis conseguem diferenciar os grupos e quantas dessas variáveis são necessárias para obter a melhor classificação.

O objetivo primordial da análise discriminante é entender as diferenças de grupos para prever a possibilidade de que um indivíduo ou objeto pertença a uma classe ou grupo em particular, com base em diversas variáveis independentes. Dentre os objetivos específicos da análise discriminante, podem-se destacar:

- Determinar se existem diferenças significativas entre as características de cada grupo.
- Identificar as características que melhor diferenciam os grupos de observações.
- Descrever uma ou mais funções discriminantes que melhor discrimine (classifique) os grupos.
- Classificar novos indivíduos nos grupos com base nas funções discriminantes estimadas.

São exemplos de situações em que a análise discriminante pode ser aplicada:

- Classificação de empresas em solventes e insolventes (prever falências).
- Classificação de riscos das operações de crédito.

Regressão logística

Técnica de análise multivariada que permite estimar a probabilidade associada à ocorrência de determinado evento em face de um conjunto de variáveis explanatórias.

É recomendada para situações em que a variável dependente é de natureza dicotômica ou binária (qualitativa), especialmente quando alguns dos pressupostos da análise discriminante não forem atendidos. Quanto às variáveis independentes, podem ser tanto quantitativas quanto qualitativas.

O objetivo da regressão logística é encontrar uma função logística formada por meio de ponderações das variáveis (atributos), cuja resposta permita estabelecer a probabilidade de ocorrência de determinado evento e a importância das variáveis (peso) para esta ocorrência.

São exemplos de situações em que a regressão logística pode ser aplicada:

- Classificar se a empresa encontra-se no grupo de empresas solventes ou insolventes.
- Diferenciar os clientes adimplentes dos inadimplentes com relação a empréstimos e financiamentos.
- Diferenciar alunos com chance de terminar o curso de pós-graduação daqueles com poucas possibilidades.

Análise fatorial

Análise fatorial é uma técnica multivariada de interdependência em que todas as variáveis são simultaneamente consideradas, cada uma relacionada com as demais, a fim de estudar as inter-relações existentes entre elas, buscando a sumarização das variáveis.

O objetivo dessa técnica é encontrar um meio de condensar a informação contida nas variáveis originais em um conjunto menor de variáveis estatísticas (fatores) com uma perda mínima de informação, ou seja, sumarizar os dados por meio da combinação entre as variáveis e explicar a relação entre elas.

As correlações entre notas dos alunos e disciplinas cursadas podem ser resultado de fatores, tais como: nível de inteligência, habilidade de raciocínio abstrato e capacidade analítica. Dessa forma, a análise fatorial permite identificar os fatores não diretamente observáveis a partir das variáveis conhecidas (notas).

Outros exemplos de situações em que a análise fatorial pode ser aplicada:

- Quais os principais indicadores financeiros para o acompanhamento e análise das empresas?

- Quais as dimensões que compõem a satisfação do usuário de TI (tecnologia da informação)?

Análise de conglomerados (*clusters analysis*)

Análise de conglomerados é o nome dado ao grupo de técnicas multivariadas cuja finalidade primária é agregar objetos com base nas características que eles possuem. Dessa forma, a análise de conglomerados designa uma série de procedimentos estatísticos que podem ser usados para classificar objetos e pessoas sem prejulgamento, isto é, observando apenas as semelhanças ou diferenças entre eles, sem definir previamente critérios de inclusão em qualquer agrupamento.

O objetivo é classificar uma amostra de indivíduos ou objetos em um pequeno número de grupos mutuamente excludentes, com base nas similaridades entre eles. Cabe ressaltar que na análise de conglomerados, diferentemente da análise discriminante e da regressão logística, os grupos não são predefinidos. Pelo contrário, a finalidade da técnica é identificar a formação de grupos através da análise das semelhanças e diferenças existentes entre suas características.

São exemplos de situações em que a análise de conglomerados pode ser aplicada:

- Identificar empresas com características comuns em seus ramos de atividade para formação de setores.
- Identificar regiões que possuem características semelhantes ou diferentes.
- Identificar segmentação de mercados.

MDS (escalonamento multidimensional)

O escalonamento multidimensional (MDS) é um procedimento que permite determinar a imagem relativa percebida de um conjunto de objetos, transformando os julgamentos de similaridade ou preferência em distâncias representadas no espaço multidimensional.

Da análise de proximidade geométrica entre variáveis ou objetos estudados numa representação gráfica deriva um plano de projeção por meio de análise de componentes principais (mapa perceptual ou espacial).

Pode-se dizer que o objetivo do escalonamento multidimensional é transformar julgamentos dos indivíduos sobre similaridade ou preferência em distâncias representadas em um espaço multidimensional. Os mapas perceptuais resultantes exibem a posição relativa de todos os objetos, mas análises adicionais são necessárias para descrever ou avaliar quais atributos estabelecem a posição de cada objeto.

O escalonamento multidimensional pode ser aplicado para identificar preferências dos consumidores em relação a produtos ou marcas.

Redes neurais

A técnica de redes neurais é útil quando há a necessidade de se reconhecerem padrões a partir do acúmulo de experiência ou de exemplos cuja representação é complexa.

As redes neurais são compostas pelos chamados neurônios artificiais, que representam os elementos processadores, interligados entre si. Elas lembram o cérebro humano em dois sentidos: 1) a rede é capaz de aprender a partir de informação captada em seu ambiente e 2) ela é capaz de guardar o conhecimento adquirido, por meio da força da conexão entre os neurônios.

Na computação tradicional o processamento das informações é serial (em sequência). O grande diferencial da computação com redes neurais é que o processamento das informações pelos neurônios pode ocorrer em paralelo (ao mesmo tempo), o que lhe confere uma capacidade de processar grande quantidade de informações de forma rápida.

Na área de negócios, as redes neurais têm encontrado várias aplicações interessantes com resultados superiores aos métodos estatísticos convencionais. As redes neurais artificiais estão complementando e enriquecendo técnicas estatísticas. Elas têm sido utilizadas na análise de crédito, na análise de riscos de inadimplência, em riscos de seguros, na avaliação de riscos de papéis financeiros, na seleção de pessoal, na simulação de vendas, na sugestão de produtos adaptados ao perfil de cada cliente etc.

Lógica nebulosa

A lógica nebulosa possibilita que seja abordado de maneira mais adequada o problema da representação da imprecisão e da incerteza em informações e, nesse sentido, ela tem se mostrado mais adequada do que a teoria das probabilidades para tratar as imperfeições da informação.

Essa lógica tem como escopo fornecer os fundamentos para efetuar o raciocínio aproximado com proposições imprecisas, usando a teoria dos conjuntos nebulosos como ferramenta principal. A lógica nebulosa e os conjuntos nebulosos possibilitam a geração de técnicas eficazes para a solução de problemas de naturezas diversas.

Na gestão de negócios, preponderantemente nos controles de processos e na geração de informações destinadas às decisões estratégicas, táticas e operacionais, os conceitos e o modelo de controlador de lógica nebulosa vêm sendo adotados para identificação de riscos potenciais no sistema de informações contábeis, análise de rentabilidade de ações, mensuração da tolerância ao risco de investidores financeiros, avaliação dos preços das ações e pagamentos de dividendos, avaliação de riscos de inadimplência para concessão de crédito, julgamento da materialidade

1.2 Exame gráfico dos dados

nos processos de auditoria, avaliação de risco dos controles internos, identificação de fraudes financeiras e outras aplicações.

1.2 Exame gráfico dos dados

Se o pesquisador confia cegamente nas técnicas de análise multivariada para encontrar as respostas de suas questões sem ao menos atentar para as propriedades fundamentais dos dados que serão analisados, aumenta-se o risco de problemas sérios, tais como: uso indevido das técnicas estatísticas, violação de propriedades estatísticas e interpretação inadequada dos resultados.

Sendo assim, antes da aplicação de uma técnica multivariada, o pesquisador deveria se fazer as seguintes perguntas:

- Existe algum problema com meu banco de dados?
- Como solucionar eventuais problemas com meu banco de dados?

Dentro desse contexto, o exame gráfico dos dados é um passo que consome tempo e às vezes é ignorado por pesquisadores, mas pode ser considerado como um recurso extra para avaliar o comportamento dos dados e de suas inter-relações, possibilitando evitar (ou pelo menos minimizar) a ocorrência de problemas sérios (possivelmente fatal) na condução de uma pesquisa.

No entanto, cabe ressaltar que a realização do exame gráfico dos dados não substitui os testes de suposições da análise multivariada, que serão discutidos nas seções seguintes deste capítulo e aprofundados nos capítulos posteriores.

1.2.1 Exemplo de base de dados

Com intuito de exemplificar, no programa Statistical Package for the Social Sciences (SPSS®), este tópico (exame gráfico dos dados) e outros deste capítulo (*outliers*, suposições da análise multivariada e transformação de dados), foi utilizado um banco de dados que se encontra disponível em arquivo (Dados_Capítulo_1).

Primeiramente serão apresentadas as informações relativas à estatística descritiva dessa amostra, que foi retirada de demonstrações contábeis de empresas brasileiras. É importante salientar que a estatística descritiva serve para organizar, resumir e descrever os aspectos importantes de um conjunto de características observadas ou comparar tais características entre dois ou mais conjuntos. As ferramentas descritivas são os muitos tipos de tabelas e gráficos, inclusive as medidas de síntese como porcentagens, médias e desvios.

Sintetizar os dados pode levar a alguma perda de informação, pois não existem as observações originais. Contudo, essa perda de informação é pequena quando comparada ao ganho que se obtém com as interpretações que são proporcionadas.

A descrição dos dados também serve para identificar anomalias provenientes de erros nos registros de valores, detectar dados dispersos e aqueles que não seguem a tendência geral do restante do conjunto.

No SPSS, existe a seguinte rotina para extrair uma estatística descritiva:

1. *Analyze*.
2. *Descriptive Statistics*.
3. *Descriptives....*
4. *Variable(s)* (foram selecionadas as variáveis quantitativas).
5. *Options...* (selecionar opções desejadas).
6. *OK*.

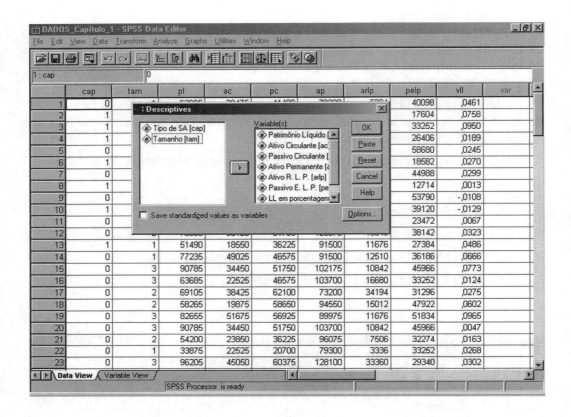

Descriptive Statistics

	N	Minimum	Maximum	Mean	Std. Deviation
Patrimônio Líquido	100	33875	111110	71245,90	15312,14
Ativo Circulante	100	14575	60950	35311,25	10213,83
Passivo Circulante	100	12075	79350	50249,25	12942,80
Ativo Permanente	100	56425	152500	106094,25	24257,34
Ativo R. L. P.	100	1668	45036	19715,76	9971,79
Passivo E. L. P.	100	0	59658	34376,70	12916,70
Lucro Líquido em porcentagem	100	–0,1173	0,0965	1,70E-02	3,13887E-02
Valid N (listwise)	100				

Onde:

N = Número de observações de cada variável.

Minimum = Corresponde ao menor valor encontrado para cada variável.

Maximum = Corresponde ao maior valor encontrado para cada variável.

Mean = Média aritmética não ponderada* de cada variável.

Std. Deviation = Desvio-padrão** de cada variável.

* Média aritmética não ponderada

A média é definida como a soma das observações dividida pelo número de observações. Se tivermos, por exemplo, n valores, temos:

$$Média = \frac{x_1 + x_2 + ... + x_n}{n} = \frac{\sum_{i=1}^{n} x_i}{n}$$

- A média é o centro de gravidade da distribuição. Ela é afetada por todas as observações e é influenciada pelas magnitudes absolutas dos valores extremos na série de dados.

- A soma dos desvios das observações em relação à média é igual a zero.

$$\sum (x - \overline{X}) = 0$$

- A soma dos desvios elevados ao quadrado das observações em relação à média é menor que qualquer soma de quadrados de desvios em relação a qualquer outro número.

$$\sum (x - \overline{X})^2 = \text{é um mínimo.}$$

Onde:

$\overline{X}$ = Média da amostra.

x = Valores das observações.

A ideia básica de selecionar um número tal que a soma dos quadrados dos desvios em relação a este número é minimizada tem grande importância na teoria estatística. Ela chega a ter um nome especial: o "princípio dos mínimos quadrados". Ela é, por exemplo, a base racional do método dos mínimos quadrados que é usado para ajustar a melhor função através de um conjunto de pontos em um sistema de eixos cartesianos.

** Desvio-padrão

Séries estatísticas que apresentam uma mesma média podem distribuir-se de forma distinta em torno da média dessas séries. Na análise descritiva de uma distribuição estatística é fundamental, além da determinação de uma medida de tendência central, conhecer a dispersão dos dados.

O desvio-padrão é a medida de dispersão mais utilizada. Ele é calculado através da raiz quadrada da variância, e são denotados S (para amostra) e σ (para população). Já a variância é definida como a média dos desvios ao quadrado em relação à média da distribuição, conforme equações a seguir:

Para uma amostra,

$$S^2 = \frac{\sum (x - \bar{X})^2}{n - 1}$$

Para uma população finita,

$$\sigma^2 = \frac{\sum (x - \mu)^2}{N}$$

Onde:

$\bar{X}$ = Média da amostra.

μ = Média da população.

n = Número de observações da amostra.

N = Número de observações da população.

x = Valores das observações.

Retornando ao banco de dados do exemplo deste capítulo, é importante salientar que ele também possui duas variáveis qualitativas (Tamanho da Empresa e Tipo de Sociedade Anônima), conforme as duas tabelas de frequência apresentadas a seguir.

No SPSS, existe a seguinte rotina para extrair as frequências dos grupos de uma variável qualitativa:

1. *Analyze*.

2. *Descriptive Statistics*.

3. *Frequencies*....

4. *Variable*(s) (foram selecionadas as variáveis qualitativas).

5. *Statistics*... (selecionar opções desejadas).

6. *OK*.

Introdução à Análise Multivariada 15

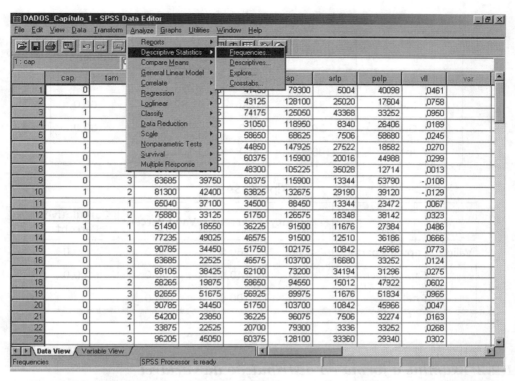

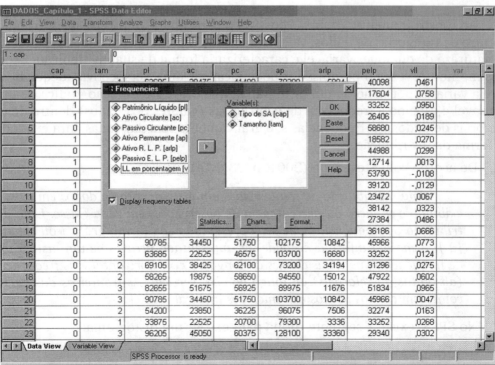

Tamanho

		Frequency	Percent	Valid Percent	Cumulative Percent
Valid	Pequena	34	34,0	34,0	34,0
	Média	32	32,0	32,0	66,0
	Grande	34	34,0	34,0	100,0
	Total	100	100,0	100,0	

Tipo de SA

		Frequency	Percent	Valid Percent	Cumulative Percent
Valid	Capital Aberto	60	60,0	60,0	60,0
	Capital Fechado	40	40,0	40,0	100,0
	Total	100	100,0	100,0	

1.2.2 Examine a forma da distribuição da variável

Ao construir um histograma, é possível representar a frequência de ocorrências dentro de categorias de dados. Vale lembrar que o ponto de partida para entender a natureza de qualquer variável é caracterizar a forma de sua distribuição. Sendo assim, muitas vezes o pesquisador pode alcançar uma perspectiva adequada sobre a variável por meio de um histograma, que é a representação gráfica de uma variável e espelha a frequência de ocorrências (valores dos dados) dentro de categorias de dados. As frequências são graficamente representadas para examinar a forma da distribuição.

De acordo com Stevenson (2001, p. 33 e 34):

> *"Uma distribuição de frequência é um grupamento de dados em classes, exibindo o número ou percentagem de observações em cada classe. Uma distribuição de frequência pode ser apresentada sob forma gráfica ou tabular [...]. A mesma informação pode ser apresentada através de um histograma de frequência, que dá as classes ao longo do eixo horizontal e as frequências (absolutas ou relativas) ao longo do eixo vertical. As fronteiras das barras coincidem com os pontos extremos dos intervalos de classe."*

No SPSS, existe a seguinte rotina para extrair um histograma:

1. *Graphs.*

2. *Histogram*....
3. *Variable* (selecionar a variável desejada).
4. *Display normal curve* (selecionar).
5. *Titles* (para definir título do gráfico).
6. *OK*.

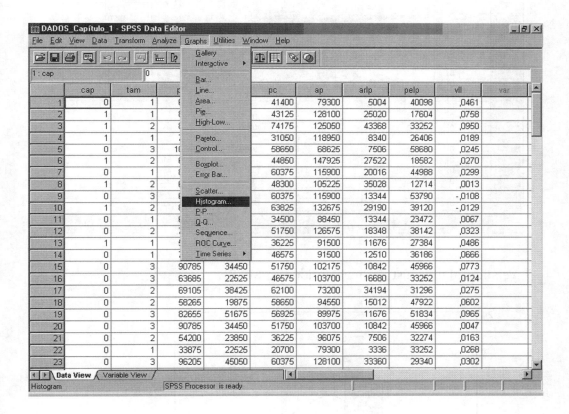

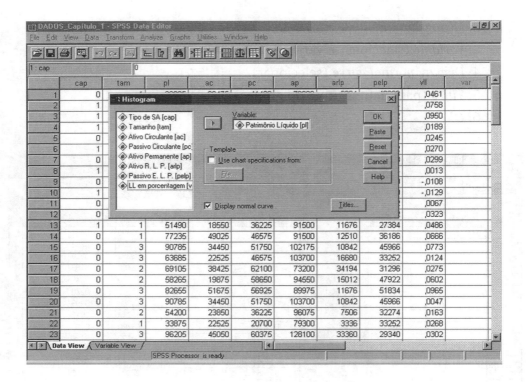

Vejamos alguns histogramas obtidos no SPSS:

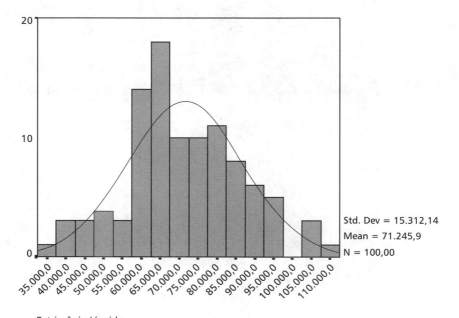

Patrimônio Líquido

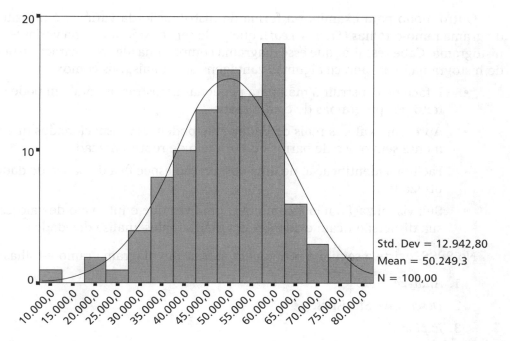

Passivo Circulante

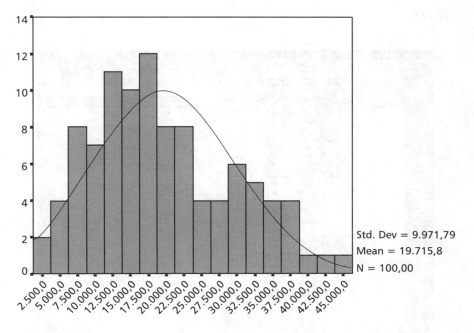

Ativo R. L. P.

20 Análise Multivariada • Corrar, Paulo e Dias Filho

Outro modo para examinar a forma da distribuição da variável é utilizar o diagrama ramo-e-folhas (*Stem & Leaf*), que pode ser considerado uma variante do histograma. Cabe ressaltar que esse diagrama compartilha algumas características do histograma, mas oferece algumas vantagens adicionais, tais como:

- É fácil de construir à mão para pequenas amostras ou também pode ser feito por programas de computador.

- Apresenta valores reais de dados, que podem ser inspecionados diretamente sem o uso de barras ou por meio de representação.

- Facilita a identificação de uma observação específica do banco de dados utilizados.

- Sua visualização não é complexa, uma vez que o intervalo de valores e sua dispersão ficam evidentes em uma simples análise dos dados.

No SPSS, existe a seguinte rotina para extrair um diagrama ramo-e-folhas:

1. *Analyze*.
2. *Descriptive Statistics*.
3. *Explore...*
4. *Dependent List* (Patrimônio Líquido – PL).
5. *Statistics...* (selecionar opções desejadas).
6. *Plots...* (selecionar *Stem-and-Leaf*).
7. *OK*.

Introdução à Análise Multivariada 21

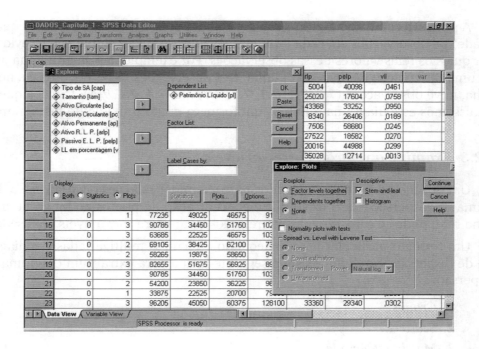

Patrimônio Líquido (Stem-and-Leaf Plot)

FrequencyStem & Leaf

1,00	3 . 3
1,00	3 . 9
3,00	4 . 024
2,00	4 . 67
5,00	5 . 00114
3,00	5 . 668
19,00	6 . 0000000000222333333
19,00	6 . 5555555566667777799
9,00	7 . 011333444
11,00	7 . 55778889999
10,00	8 . 1111222244
5,00	8 . 56999
6,00	9 . 002334
2,00	9 . 66
3,00	10 . 555

1,00 Extremes (>=111110)

Stem width: 10000

Each leaf: 1 case(s)

A primeira coluna do digrama ramo-e-folhas apresenta a frequência (ou quantidade) de observações em cada intervalo. As duas colunas seguintes irão evidenciar quais os reais valores dessas observações. Por exemplo, a primeira linha possui uma observação (3.3), a sexta linha, três observações (5.6, 5.6, 5.8) e a nona linha, nove observações (7.0, 7.1, 7.1, 7.3, 7.3, 7.3, 7.4, 7.4, 7.4). Perceba que se deitássemos este diagrama teríamos um formato muito próximo do histograma.

1.2.3 Examine a relação entre variáveis

Um dos métodos mais conhecidos para examinar relações bivariadas é o diagrama de dispersão. Caso exista forte concentração de pontos ao longo de uma linha reta, pode-se caracterizar uma relação linear entre as variáveis analisadas.

Um formato particularmente adequado a técnicas multivariadas é o diagrama de dispersão. No SPSS, existe a seguinte rotina para extrair um diagrama de dispersão:

1. *Graphs*.
2. *Scatter...*
3. *Matrix* (selecionar).
4. *Define*.
5. *Matrix Variables* (Selecionar as variáveis PL, AC, PC e AP).
6. *OK*.

Introdução à Análise Multivariada 23

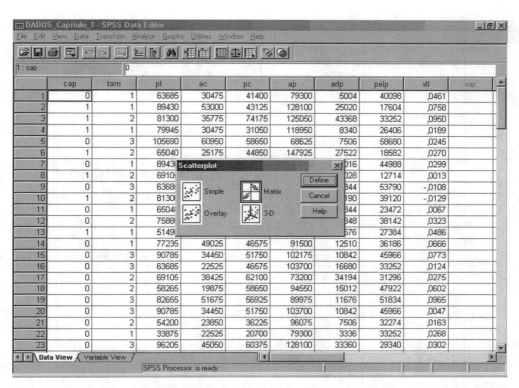

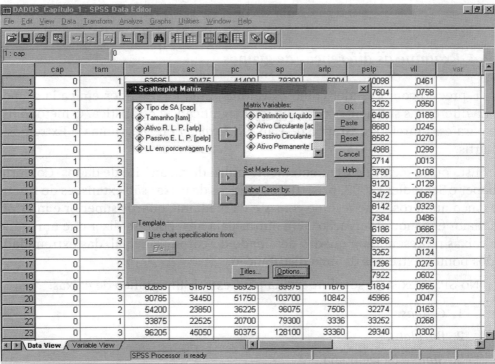

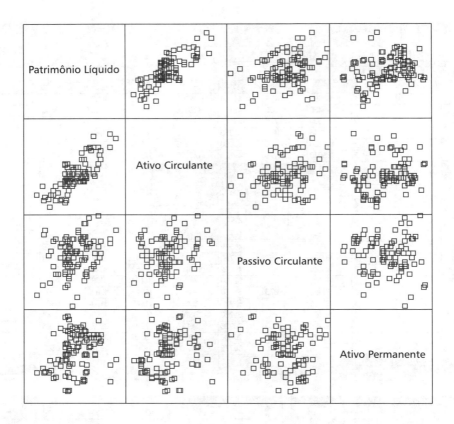

1.2.4 Examine as diferenças de grupos

É preciso compreender como os valores estão distribuídos em cada grupo e se há diferenças suficientes para suportar significância estatística. O método usado para essa tarefa é o Gráfico de Caixas (*Boxplot*) ou Diagrama de Extremos-e-Quartis.

Esta outra técnica é frequentemente utilizada na análise de dados. Conforme Cooper e Schindler (2003, p. 370), "os gráficos de caixas são extensões do resumo de cinco números. Esse resumo consiste da mediana, quartis superior e inferior e da maior e menor observação". Em outras palavras, pode-se dizer que um gráfico de caixas representa um quadro detalhado do corpo principal, das extremidades e dos pontos extremos de uma distribuição.

No SPSS, existe a seguinte rotina para extrair um gráfico de caixas:

1. *Graphs*.
2. *Boxplot...*
3. *Simple* (selecionar).

Introdução à Análise Multivariada **25**

4. *Summaries for groups of cases* (selecionar).

5. *Define*.

6. *Variable* (Patrimônio Líquido – PL).

7. *Category Axis* (Tipo de S.A.).

8. *OK*.

26 Análise Multivariada • Corrar, Paulo e Dias Filho

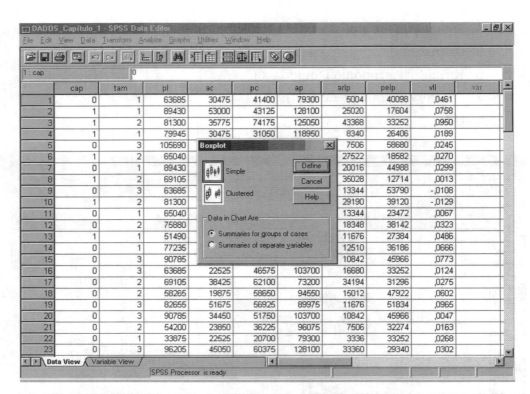

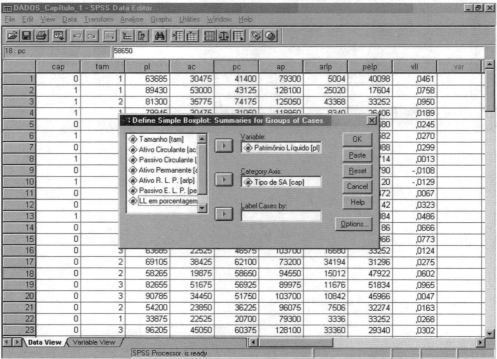

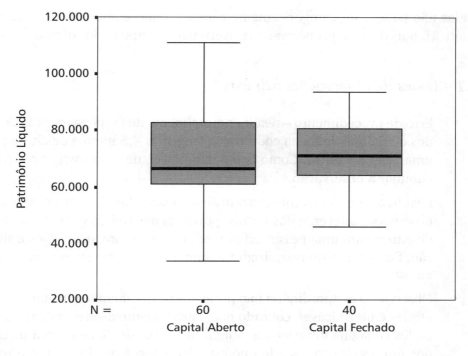

Para uma melhor compreensão dessas figuras, vejamos os comentários feitos por Hair et al. (2005, p. 54):

> "Os limites superior e inferior da caixa marcam os quartis superior e inferior da distribuição de dados. Logo, o comprimento da caixa é a distância entre o 25º percentil e o 75º percentil, de forma que a caixa contém 50% dos valores centrais dos dados. Se a mediana se encontra próxima a um dos extremos da caixa, isso indica assimetria naquela direção. Quanto maior a caixa, maior a dispersão das observações. As linhas que se estendem de cada caixa representam a distância à menor e à maior observação que estão a menos de um quartil da caixa."

1.3 Observações atípicas (*outliers*)

As observações atípicas (ou *outliers*) são observações com uma combinação única de características identificáveis, sendo notavelmente diferentes das outras observações (parecem ser inconsistentes com o restante da amostra).

Elas não podem ser categoricamente caracterizadas como benéficas ou problemáticas, pois deve-se primeiramente averiguar seu tipo de influência.

1.3.1 Classes de observações atípicas

- Erro de procedimento – resulta normalmente de falha na entrada de dados ou de uma falha na codificação (registrar 4,5 metros de altura para uma pessoa adulta). Como isso é impossível, deve-se corrigir o erro ou eliminar a observação.

- Resultado de um evento extraordinário detectável – aqui temos uma observação diferente das outras, porém explicável (registrar 1,2 metro de altura para uma pessoa adulta, por exemplo, um anão). Nesta situação, fica a cargo do pesquisador eliminar ou manter esta observação na amostra.

- Observação extraordinária inexplicável – ocorre quando uma observação atípica é inexplicável, contudo não é proveniente de erro na entrada de dados (imagine um paciente atingir uma taxa de diabetes muito acima dos limites clínicos, sendo que este dado não é originado por erro de procedimento).

- Observação possível, mas com combinação extraordinária entre variáveis – enquadram-se nesta classe situações nas quais uma observação está dentro de um intervalo usual quando o foco é uma variável específica, mas, ao serem combinadas duas ou mais variáveis, se obtêm resultados extraordinários (uma pessoa que possui peso e altura normais, cuja combinação seja diferente do normal, por exemplo, medir 1,8 metro e pesar 50 kg).

Identificação de observações atípicas:

Detecção univariada – casos que estão fora dos intervalos da distribuição, sendo que os principais passos desse procedimento são os seguintes:

- Padronizar a variável para ter média 0 (zero) e desvio-padrão 1 (um).
- Em pequenas amostras (n ≤ 80), *outlier* apresenta *score* ≥ 2,5.
- Em grandes amostras, *outlier* apresenta *score* ≥ 3,0.

Detecção bivariada – casos que estão fora do intervalo das outras observações, percebidas como pontos isolados no diagrama de dispersão (visualização gráfica).

Detecção multivariada – casos com as maiores distâncias no espaço multidimensional de cada observação em relação ao centro médio das observações (visualização gráfica).

Eliminação de observações atípicas

Os estatísticos têm opiniões diferentes sobre a eliminação ou não de *outliers*. Contudo, sob o ponto de vista ético da pesquisa, sugere-se que devam ser mantidas, a menos que exista prova demonstrável de que estão verdadeiramente fora do normal e que não são representativas de quaisquer observações na população. Se as observações atípicas são eliminadas, o pesquisador corre o risco de melhorar a análise multivariada, mas limita sua generalidade. Afifi e Clark (1999) sugerem que se façam duas análises multivariadas, com e sem as observações atípicas, para verificar se existem diferenças significativas nos resultados.

Rotinas no SPSS

Detecção Univariada

1. *Graphs*.
2. *Boxplot...*
3. *Simple* (selecionar).
4. *Summaries of separate variable* (selecionar).
5. *Define*.
6. *Variable* (selecionar variáveis AC e PC).
7. *OK*.

30 Análise Multivariada • Corrar, Paulo e Dias Filho

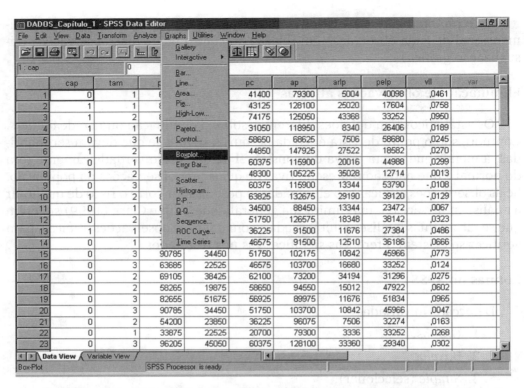

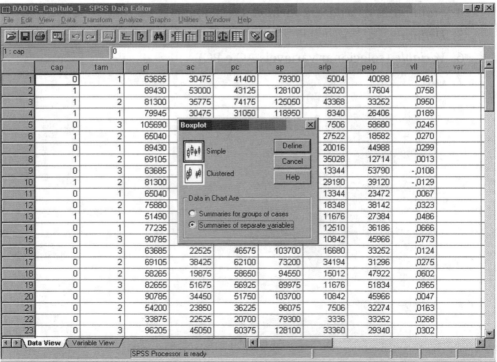

Introdução à Análise Multivariada   31

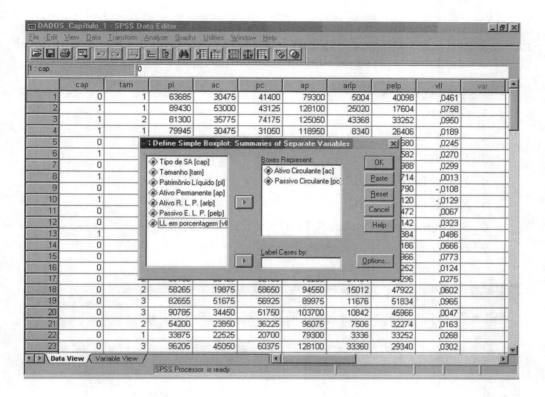

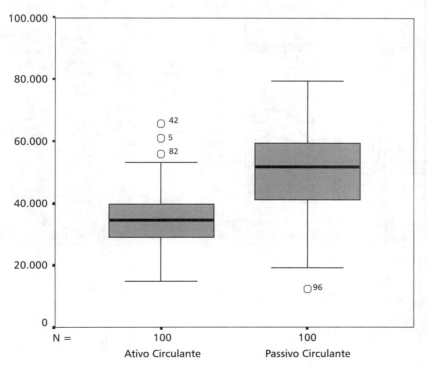

Análise Multivariada • Corrar, Paulo e Dias Filho

Conforme apontado na figura anterior, a variável "Ativo Circulante" apresenta três observações atípicas (*outliers*), que são os casos 42, 5 e 82. Já a variável "Passivo Circulante" apresenta somente um *outlier*, que é o caso 96.

Detecção bivariada

1. *Graphs.*

2. *Scatter...*

3. *Simple.*

4. *Y Axis* (variável PL).

5. *X Axis* (variável PC).

6. *Set markers by* (variável Tamanho).

7. *OK.*

Introdução à Análise Multivariada 33

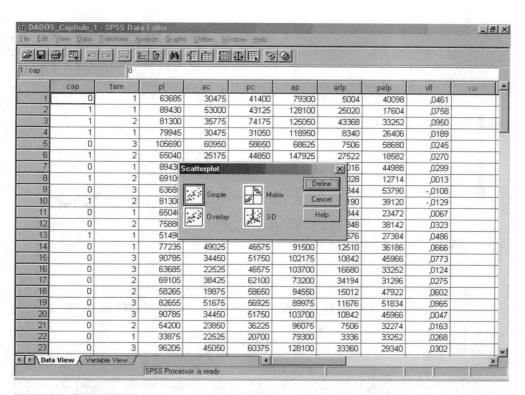

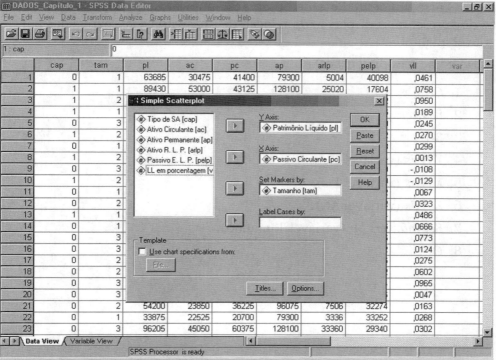

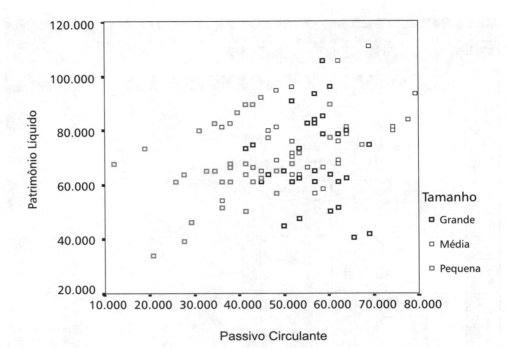

Uma grande limitação da detecção bivariada é a não identificação do número do caso correspondente de cada observação atípica. Contudo, esse gráfico é capaz de apresentar a dispersão da relação de duas variáveis, segregadas por uma variável qualitativa.

Detecção três dimensões

1. *Graphs.*
2. *Scatter...*
3. *3-D.*
4. *Y Axis* (variável PL).
5. *X Axis* (variável PC).
6. *Z Axis* (variável AC).
7. *Set markers by* (variável Tamanho).
8. *OK.*

Introdução à Análise Multivariada 35

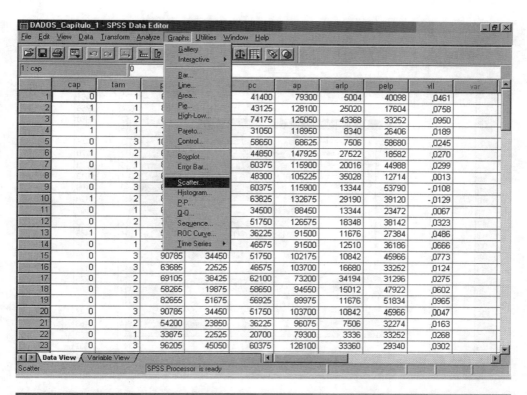

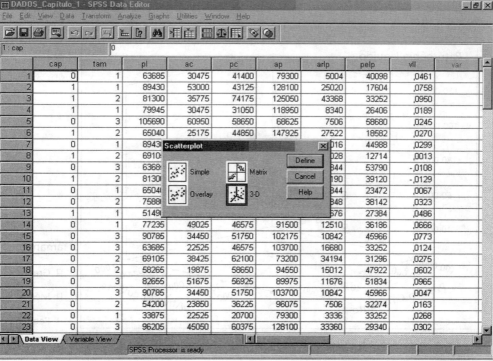

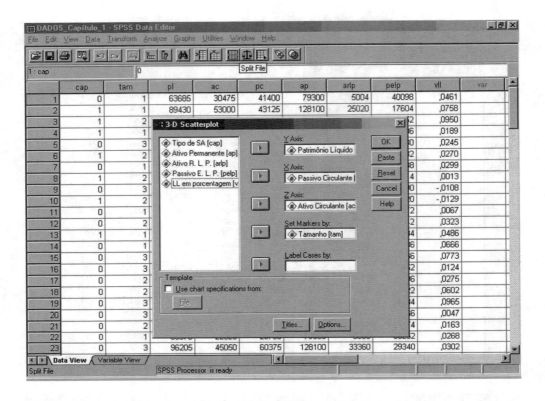

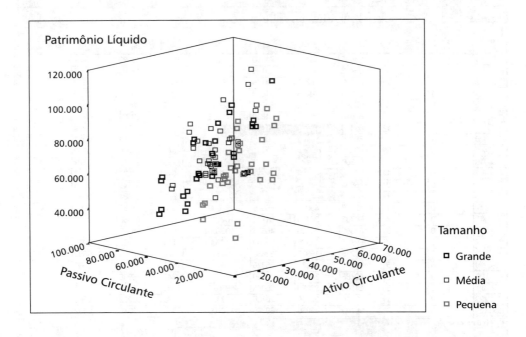

De modo similar à detecção bivariada, a detecção três dimensões também possui a limitação de não identificar o número do caso correspondente de cada observação atípica. Por outro lado, esse gráfico é capaz de apresentar a dispersão da relação de três variáveis, segregadas por uma variável qualitativa.

1.4 Dados perdidos (*missing values*)

Um processo de dados perdidos é qualquer evento sistemático externo ao respondente (como erros na entrada de dados ou problemas na coleta de dados) ou ação por parte do respondente (como a recusa a responder) que conduz a valores perdidos. A preocupação primária do pesquisador é determinar as razões inerentes aos dados perdidos, compreendendo os processos que conduzem aos dados perdidos, a fim de selecionar o curso de ação apropriado.

De um modo geral, raramente o pesquisador consegue evitar a perda de dados, pois é difícil controlar todos os motivos que geram este tipo de situação (erro de digitação, erro de coleta de dados, falta de resposta por constrangimento, erro do respondente por desconhecer o que está sendo questionado etc.). Contudo, diferentes soluções poderão ser adotadas, desde a eliminação de observações até a substituição dos valores perdidos por valores estimados.

Cabe ressaltar que em muitas técnicas de análise multivariada é requerido um conjunto de dados completos para todas as variáveis envolvidas no problema. Se alguma das variáveis possui dados perdidos (*missing values*) de uma determinada observação, esta não poderá ser usada.

Quando os dados perdidos ocorrem em um padrão aleatório, pode haver providências para minimizar seu efeito. Os remédios que serão apresentados a seguir apenas poderão ser usados se o processo de dados perdidos tiver um padrão aleatório, ou seja, quando o processo de dados perdidos for completamente ao acaso, pois, em caso contrário, serão introduzidas tendências nos resultados.

As principais ações corretivas (remédios) para dados perdidos são as seguintes:

- Incluir somente observações com dados completos.
- Eliminar as observações e/ou variáveis problemáticas.
- Utilizar métodos de atribuição.

Incluir somente observações com dados completos

Esse é um tratamento simples e direto, sendo conhecido como abordagem dos dados completos. É mais apropriado quando a extensão de dados perdidos é pequena, a amostra é suficientemente grande e as relações nos dados são tão fortes que não podem ser afetadas por qualquer processo de dados perdidos.

Eliminar as observações e/ou variáveis problemáticas

Pode-se descobrir que os dados perdidos estão concentrados em um pequeno subconjunto de observações e/ou variáveis, sendo que sua exclusão reduz substancialmente a extensão dos dados perdidos.

O pesquisador sempre deve considerar os ganhos na eliminação de uma fonte de dados perdidos *versus* a eliminação de uma variável na análise multivariada.

Utilizar métodos de atribuição

O método de atribuição é um processo de estimação de valores perdidos com base em valores válidos de outras variáveis e/ou observações na amostra. De acordo com Hair et al. (2005, p. 62), os métodos de atribuição podem ser definidos como um entre dois tipos: (1) uso de toda informação disponível de um subconjunto de observações a fim de generalizá-la para toda amostra, ou (2) métodos de estimação de valores substitutos para os dados perdidos.

No primeiro tipo de método de atribuição, o processo não acontece por substituição dos dados perdidos, mas usando-se das características (médias ou desvios-padrão) ou relações (correlação) provenientes de todos os valores válidos disponíveis como informações representativas da amostra inteira.

Já o segundo tipo de método de atribuição é conduzido por meio da substituição dos valores perdidos por valores estimados. Dentre os métodos utilizados que possuem esta característica, podem-se destacar os seguintes:

- Substituição por um caso – isso ocorre quando uma observação com dados perdidos é substituída por outra fora da amostra, de preferência que seja muito semelhante à observação original.

- Substituição pela média* – neste caso, é realizada uma substituição dos dados perdidos por um valor médio dos dados que são válidos na amostra e pertencem à respectiva variável.

- Atribuição por regressão – esse método utiliza a regressão para prever os valores dos dados perdidos tendo como base sua relação com outras variáveis no conjunto de dados. Por esse tema pertencer ao Capítulo 3, a exemplificação do uso de regressão não será abordada nesse momento.

* No SPSS, existe a seguinte rotina para substituir dados perdidos pela média:

1. *Transform*.
2. *Replace Missing Values*.

3. *New Variable* (inserir variável que terão os dados perdidos substituídos pela média).
4. *Name* (nome da variável que será criada).
5. *Method* (selecionar o método desejado).
6. *Ok*.

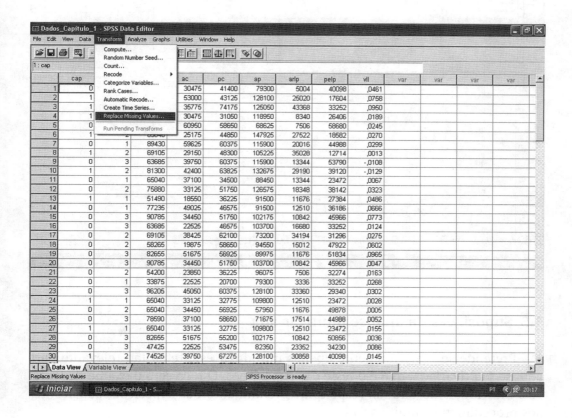

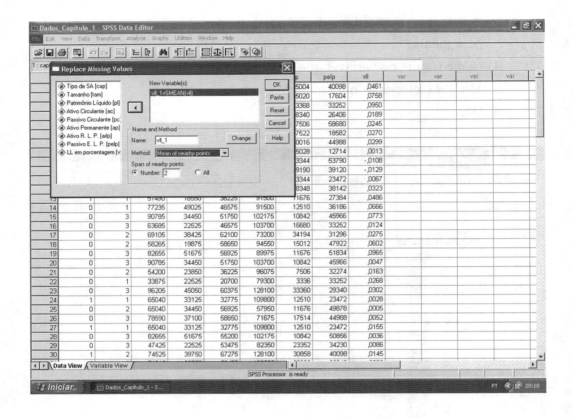

1.5 Suposições da análise multivariada

Pretende-se neste momento apenas introduzir este tema tão relevante para análise multivariada, que é o teste das suposições. O foco será o exame de variáveis individuais no que diz respeito ao atendimento das suposições subjacentes aos procedimentos multivariados.

Nas discussões posteriores serão abordados os métodos usados para avaliar as suposições inerentes às técnicas multivariadas específicas. Isto implica em dizer que a análise multivariada requer testes de suposições para as variáveis separadas e em conjunto. As suposições requeridas para cada técnica estatística serão apresentadas nos capítulos posteriores.

As principais suposições a serem testadas para as variáveis na análise multivariada são as seguintes:

- Normalidade.
- Homoscedasticidade.
- Linearidade.

1.5.1 Normalidade

Os dados devem ter uma distribuição que seja correspondente a uma distribuição normal. Esta é a suposição mais comum na análise multivariada, a qual se refere à forma da distribuição de dados para uma variável quantitativa individual e sua correspondência com a distribuição normal, que representa um padrão de referência para métodos estatísticos. Cabe ressaltar que uma situação em que todas as variáveis exibem uma normalidade univariada ajuda a obter, apesar de não garantir, a normalidade multivariada.

O teste diagnóstico de normalidade mais simples é uma verificação visual do histograma, comparando os valores de dados observados com uma distribuição aproximadamente normal. Vale lembrar que este assunto já foi abordado na seção 1.2 deste capítulo (Exame gráfico dos dados).

Os testes de normalidade específicos também estão disponíveis em programas estatísticos. Kolmogorov-Smirnov, Jarque-Bera e Shapiro-Wilks são exemplos de testes que tentam identificar se uma determinada variável possui distribuição normal. O pesquisador sempre deve usar testes gráficos e testes estatísticos para avaliar o real grau de desvio da normalidade.

No SPSS, existem duas rotinas para realizar o teste de normalidade Kolmogorov-Smirnov:

1. *Analyze.*
2. *Nonparametric Tests.*
3. *1-Sample K-S...*
4. *Test Variable List* (PL, PC, ARLP e LL).
5. *Test Distribution...* (selecionar opção Normal).
6. *Ok.*

ou

1. *Analyze.*
2. *Descriptive Statistics.*
3. *Explore...*
4. *Dependent List* (PL, PC, ARLP e LL).
5. *Plots...* (selecionar: *Normality plots with tests*).
6. *OK.*

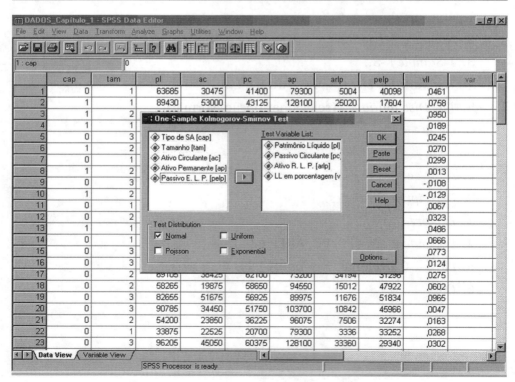

Introdução à Análise Multivariada 43

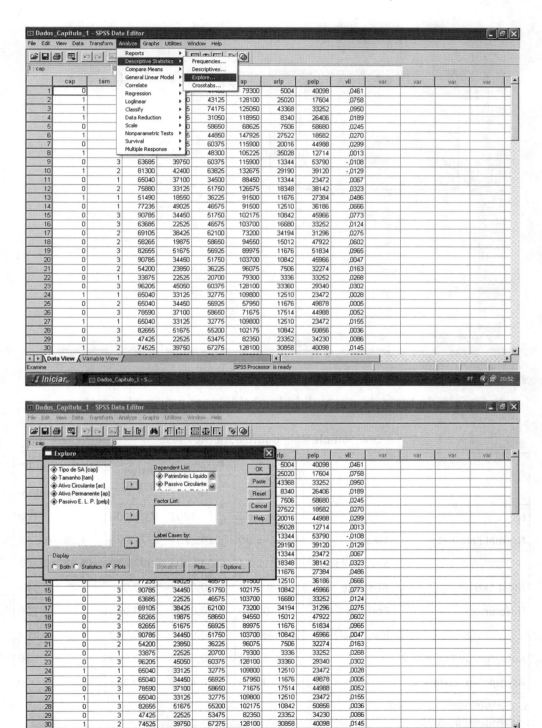

Relatório do teste de normalidade obtido com a primeira rotina:

One-Sample Kolmogorov-Smirnov Test

		Patri-mônio Líquido	Passivo Circulan-te	Ativo R. L. P.	Lucro Líquido em porcentagem
N		100	100	100	100
Normal Parameters[a,b]	Mean	71245,90	50249,25	19715,76	1,69501E-02
	Std. Deviation	15312,14	12942,80	9971,79	3,13887E-02
Most Extreme	Absolute	0,101	0,086	0,095	0,164
Differences	Positive	0,100	0,057	0,095	0,120
	Negative	−0,101	−0,086	−0,068	−0,164
Kolmogorov-Smirnov Z		1,012	0,862	0,945	1,636
Asymp. Sig. (2-tailed)		0,258	0,448	0,333	0,009

a. Test distribution is Normal.

b. Calculated from data.

Nota dos autores: Os relatórios de saída do programa SPSS® não contêm o zero antes da vírgula. Incluímos o zero nos relatórios editados para facilitar o entendimento do leitor.

Dados H_0 (a distribuição é normal) e H_1 (a distribuição não é normal), pode-se dizer que não existem evidências estatísticas para rejeitar H_0 (ao nível de significância de 5%) nas seguintes variáveis: Patrimônio Líquido, Passivo Circulante e Ativo R.L.P. (Sig. > 0,05), ou seja, nestes casos a distribuição é normal. Por outro lado, constatou-se que a variável Lucro Líquido em porcentagem não apresenta uma distribuição normal (Sig. < 0,05). No entanto, cabe ressaltar que esse primeiro teste de normalidade Kolmogorov-Smirnov possui menor rigidez e precisão.

Relatório do teste de normalidade obtido com a segunda rotina:

Tests of Normality

	Kolmogorov-Smirnov[a]		
	Statistic	df	Sig.
Patrimônio Líquido	0,101	100	0,013
Passivo Circulante	0,086	100	0,065
Ativo R. L. P.	0,095	100	0,028
LL em porcentagem	0,164	100	0,000

a. Lilliefors Significance Correction.

Esse segundo teste de normalidade Kolmogorov-Smirnov possui uma correção de significância de Lilliefors, o que torna seus resultados mais robustos e precisos. Nesse caso, pode-se dizer que não existem evidências estatísticas para rejeitar H_0 somente na variável Passivo Circulante (Sig. > 0,05), ou seja, a distribuição dessa variável é normal. Por outro lado, constatou-se que as variáveis Patrimônio Líquido, Ativo R.L.P. e LL em porcentagem não apresentam distribuição normal (Sig. < 0,05).

1.5.2 Homoscedasticidade

A homoscedasticidade significa igualdade de variâncias entre as variáveis, referindo-se à suposição de que as variáveis dependentes exibem níveis iguais de variância ao longo do domínio das variáveis independentes. Se as variáveis dependentes exibem iguais níveis de variância através da escala de previsão, a variância dos resíduos deve ser constante. Deste modo, quando a variância dos termos de erro (ε) parece constante, diz-se que os dados são homoscedásticos.

Para diagnosticar a homoscedasticidade podem ser utilizados gráficos ou testes estatísticos, tais como: Pesarán-Pesarán, Quandt-Goldfeld, Glejser e Park. Os gráficos de caixas (*Boxplot*) funcionam bem para representar o grau de variação entre grupos formados por uma variável qualitativa ou categórica, pois o comprimento da caixa, bem como suas extensões, retratam a variação dos dados dentro daquele grupo. Já os testes estatísticos relativos a esta suposição serão tratados no Capítulo 3 – Regressão Linear Múltipla.

1.5.3 Linearidade

A linearidade pode ser usada para expressar o conceito de que um modelo possui as propriedades de aditividade e homogeneidade, sendo que os modelos lineares preveem valores que recaem em uma linha reta. Por outro lado, a linearidade é uma suposição implícita nas técnicas multivariadas baseadas em medidas correlacionais de associação, incluindo regressão múltipla, regressão logística e análise fatorial.

A maneira mais comum para avaliar linearidade é examinar diagramas de dispersão das variáveis e identificar padrões não lineares nos dados. Um tratamento alternativo é executar uma análise de regressão simples e examinar os resíduos; uma vez que eles refletem a parte não explicada da variável dependente, qualquer parte não linear da relação despontará nos resíduos.

Deste modo, para diagnosticar a linearidade poderão ser utilizados:

- Diagrama de dispersão (já abordado na seção 1.2 – exame gráfico dos dados).
- Análise de regressão simples e resíduos (será visto no Capítulo 3 – Regressão Linear Múltipla).

1.6 Transformação de dados

A transformação de dados é executada normalmente para modificar alguma variável, com intuito de corrigir violações das suposições estatísticas e/ou melhorar as relações entre variáveis. As transformações podem ser tanto nas variáveis dependentes quanto nas independentes, mas cabe ao pesquisador executar este procedimento por tentativa e erro, monitorando as melhorias obtidas e necessidades de outras transformações.

Tendo em vista que a transformação dos dados pode alterar a interpretação das variáveis, convém usar os indicadores de interpretação do modelo com as variáveis originais em vez de somente dar prioridade às variáveis com dados transformados. Dessa forma, não é recomendável o uso exagerado desse recurso.

1.6.1 Assimetria e curtose

As distribuições de frequências das variáveis que compõem uma amostra podem diferir em termos de assimetria e curtose. **Assimetria** é a propriedade que indica a tendência de maior concentração dos dados em relação ao ponto central. **Curtose** é a característica que se refere ao grau de achatamento.

Assimetria e curtose têm importância devido a considerações teóricas relativas à inferência estatística que são frequentemente baseadas na hipótese de populações distribuídas normalmente. Medidas de assimetria e de curtose são, portanto, úteis para se precaver contra erros ao estabelecer esta hipótese.

A medida de assimetria é baseada nas relações entre média, mediana e moda. Estas três medidas são idênticas em valor para uma distribuição simétrica, mas para uma distribuição assimétrica a média distancia-se da moda, situando-se a mediana em uma posição intermediária. Consequentemente, a distância entre a média e a moda pode ser usada para medir a assimetria, ou seja, quanto maior é a distância, seja negativa ou positiva, maior é a assimetria da distribuição.

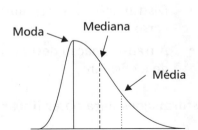

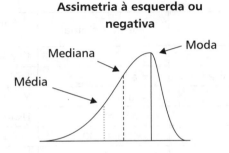

Já a curtose, que representa uma medida de achatamento das distribuições, pode ser ilustrada do seguinte modo:

Achatada com grande dispersão	Alongada com pouca dispersão
	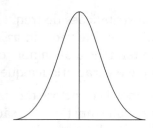

Transformações para obter normalidade

- Distribuição assimétrica positiva: emprega-se o logaritmo das variáveis.
- Distribuição assimétrica negativa: emprega-se a raiz quadrada das variáveis.
- Distribuição achatada: emprega-se o inverso das variáveis (1/y e 1/x).

Transformações para obter homoscedasticidade

- Distribuição dos resíduos: empregam-se logaritmo, raiz quadrada, inverso etc.
- A transformação deverá ser testada para verificar se o remédio utilizado é eficiente.

Transformações para obter linearidade

- De acordo com Matos (1997, p. 32), existem as seguintes formas para obter linearidade:

Tipo de função	Forma Original	Forma linearizada por transformação
Logarítmica ou potencial	$Y = a.X^b$	$LnY = Lna + b.LnX$
Exponencial ou semilogarítmica I	$Y = a.b^x$	$LnY = Lna + Lnb.X$
Semilogarítmica II	$e^y = a.X^b$	$Y = Lna + b.LnX$
Hiperbólica ou recíproca I	$Y = a + b1/X$	Usa-se $1/X$ em vez de X
Hiperbólica ou recíproca II	$Y = 1/(a + bX)$	$1/Y = a + bX$
Quadrática	$Y = a + bX + cX^2$	Usa-se X^2 além de X
Logística	$Y = M/1+b.e^{-mx}$	$Ln(M/Y - 1) = Lnb - mX$

Onde: Ln = Logaritmo neperiano; e = 2,71828..., base de Ln.

Todos os tipos de transformações apresentados para obter normalidade, homoscedasticidade e linearidade podem ser executados de forma simples em programas estatísticos.

No SPSS, existe a seguinte rotina para realizar os mais diferentes tipos de transformações:

1. *Transform*.

2. *Compute...*

3. *Target Variable* (definir nome para a nova variável transformada).

4. *Numeric Expression* (inserir função matemática da transformação).

5. *Functions* (no caso de utilizar uma função de transformação do SPSS).

6. *OK*.

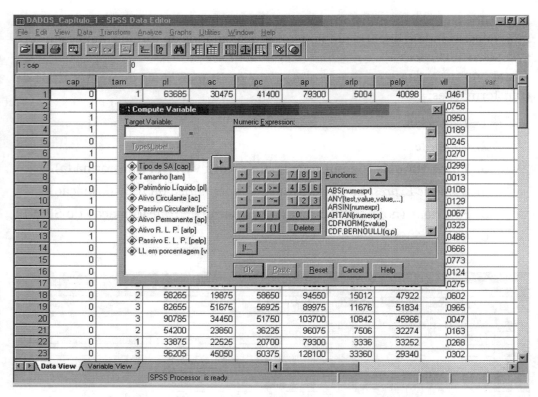

Observação: É importante salientar que essa rotina do SPSS não tem como finalidade emitir relatórios, mas criar uma nova variável no arquivo de banco de dados que estiver sendo utilizado. Os números dessa nova variável corresponderão aos valores transformados, com base na função matemática que for empregada.

1.7 Questões propostas

1. O que significa análise multivariada?

2. Como podem ser classificadas as variáveis empregadas em uma análise multivariada? Dê exemplos de cada um dos diferentes tipos de variáveis.

3. Qual a diferença entre técnicas multivariadas classificadas como de dependência e de interdependência?

4. Comente sobre as particularidades de cada uma das seguintes técnicas de análise multivariada:
   - Regressão múltipla.
   - Análise discriminante.

Introdução à Análise Multivariada **51**

- Regressão logística.
- Análise fatorial.
- Análise de *clusters*.

5. Apresente ao menos um exemplo de pesquisa para cada técnica de análise multivariada apresentada anteriormente.

6. Para que serve a estatística descritiva dos dados?

7. Comente sobre a relevância da média e do desvio-padrão. Como essas medidas são calculadas?

8. Explique o que é um histograma. Qual o benefício de apresentar uma curva normal sobre o histograma?

9. Qual a principal vantagem do diagrama ramo-e-folha (*Stem and Leaf*) quando comparado ao histograma?

10. Encontrar no diagrama de dispersão uma relação bivariada com concentração de pontos ao longo de uma linha reta possui qual significado?

11. Quais informações podem ser extraídas do gráfico de caixas (*Boxplot*) ou diagrama de extremos-e-quartis?

12. O que são observações atípicas (ou *outliers*)? As observações atípicas devem ser eliminadas de uma amostra?

13. Quais as principais ações corretivas no caso de amostras com dados perdidos?

14. Que problemas podem ser encontrados quando as seguintes suposições não são atendidas: normalidade, homoscedasticidade e linearidade?

15. Como é possível obter normalidade quando uma distribuição for: assimétrica positiva, assimétrica negativa ou achatada?

1.8 Exercício resolvido

Os dados utilizados neste exercício foram extraídos do banco de dados da Economática, totalizando 264 observações e 09 variáveis.

Com base nos relatórios extraídos do SPSS apresentados a seguir, responda:

1. Quais variáveis deste caso são qualitativas? Elas são nominais ou ordinais?

2. Quais variáveis deste caso são quantitativas? Elas são discretas ou contínuas?

3. Foram apresentados os histogramas de duas variáveis (Lucro Líquido e LL/AT). Qual das duas variáveis demonstra uma distribuição mais próxima da normal?

4. Foram apresentados os resultados do teste de normalidade Kolmogorov-Smirnov de duas variáveis (Lucro Líquido e LL/AT). Qual variável apresenta distribuição normal?

5. Com base no diagrama ramo-e-folha (*Stem and Leaf*) aponte o número de observações, e seus respectivos valores, para a primeira e a quarta linha da variável LL/AT.

6. O diagrama de dispersão está apresentando a relação de quatro variáveis (vendas, lucro líquido, exigível total e disponível) segregadas por três setores (siderurgia, telecomunicações e energia elétrica). Diante desse gráfico, responda:

   a. Qual setor está contribuindo para uma maior dispersão?

   b. Qual setor está contribuindo para uma menor dispersão?

   c. O que significa ter maior ou menor dispersão numa relação bivariada?

7. O *boxplot* (ou gráfico de caixas) está apresentando a variável LL/AT segregada em quatro grupos (2001, 2002, 2003 e 2004). Diante desse gráfico, responda:

   a. Qual ano apresenta maior dispersão para a variável LL/AT?

   b. Qual ano apresenta menor dispersão para a variável LL/AT?

   c. Qual ano apresenta uma distribuição da variável LL/AT mais simétrica?

   d. Quais observações podem ser classificadas como *outliers* em cada ano?

   e. As observações *outliers* que foram identificadas devem ser eliminadas?

8. A média é uma medida de tendência central, enquanto o desvio-padrão é uma medida de dispersão. Em relação a essas duas medidas, responda:

   a. Qual dos três setores (siderurgia, telecomunicações e energia elétrica) apresentou maior média para a variável "lucro líquido"?

   b. Qual dos três setores (siderurgia, telecomunicações e energia elétrica) apresentou menor desvio-padrão para a variável "lucro líquido"?

   c. Qual dos três setores (siderurgia, telecomunicações e energia elétrica) apresentou valores intermediários para média e desvio-padrão?

Resposta:

Primeiramente veja os relatórios extraídos do SPSS.

Setor

		Frequency	Percent	Valid Percent	Cumulative Percent
Valid	Energia Elétrica	118	44,7	44,7	44,7
	Telecomunicações	77	29,2	29,2	73,9
	Siderurgia	69	26,1	26,1	100,0
	Total	264	100,0	100,0	

Ano

		Frequency	Percent	Valid Percent	Cumulative Percent
Valid	2001	63	23,9	23,9	23,9
	2002	65	24,6	24,6	48,5
	2003	69	26,1	26,1	74,6
	2004	67	25,4	25,4	100,0
	Total	264	100,0	100,0	

Descriptive Statistics

	N	Mean	Std. Deviation
Vendas	264	2029862	2985732,32
Lucro Líquido	264	100460,74	535007,42
Variação do LL	264	68919,65	493427,81
Ativo Total	264	5491397	6630273,26
Exigível Total	264	2716875	3700378,13
Disponível	264	333245,81	633939,35
LL/AT	264	2,33E-02	7,966529E-02
Valid N (listwise)	264		

One-Sample Kolmogorov-Smirnov Test

		Lucro Líquido	LL/AT
N		264	264
Normal Parameters[a,b]	Mean	100460,74	2,33E-02
	Std. Deviation	535007,44	7,97E-02
Most Extreme	Absolute	0,205	0,067
Differences	Positive	0,201	0,048
	Negative	−0,205	−0,067
Kolmogorov-Smirnov Z		3,323	1,084
Asymp. Sig. (2-tailed)		0,000	0,191

a. Test distribution is Normal.

b. Calculated from data.

Descriptives

Setor				Statistic	Std. Error
Lucro Líquido	Energia Elétrica	Mean		−25154,36	44348,89
		95% Confidence	Lower Bound	−112985	
		Interval for Mean	Upper Bound	62676,29	
		5% Trimmed Mean		2859,65	
		Median		17222,00	
		Variance		2,3E+11	
		Std. Deviation		481752,23	
		Minimum		−3417524	
		Maximum		1384801	
		Range		4802325	
		Interquartile Range		241923,00	
		Skewness		−2,998	0,223
		Kurtosis		21,288	0,442
	Telecomunicações	Mean		126040,86	56053,58
		95% Confidence	Lower Bound	14400,49	
		Interval for Mean	Upper Bound	237681,23	
		5% Trimmed Mean		99165,97	
		Median		67851,00	
		Variance		2,4E+11	
		Std. Deviation		491868,13	
		Minimum		−1140761	
		Maximum		2181149	
		Range		3321910	
		Interquartile Range		243615,50	
		Skewness		1,270	0,274
		Kurtosis		5,315	0,541
	Siderurgia	Mean		286734,83	73622,33
		95% Confidence	Lower Bound	139823,76	
		Interval for Mean	Upper Bound	433645,90	
		5% Trimmed Mean		187168,81	
		Median		27626,00	
		Variance		3,7E+11	
		Std. Deviation		611553,00	
		Minimum		−300076	
		Maximum		3018866	
		Range		3318942	
		Interquartile Range		233416,50	
		Skewness		2,977	0,289
		Kurtosis		9,538	0,570

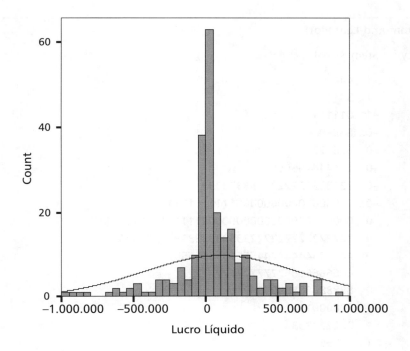

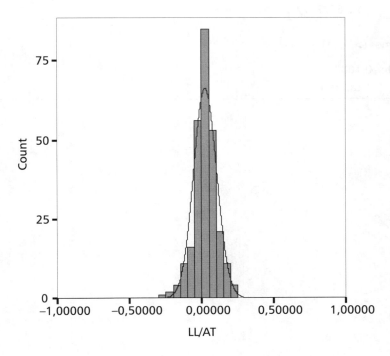

LL/AT (Stem-and-Leaf Plot)

Frequency　　Stem & Leaf

Frequency	Stem & Leaf
3,00	−1 . 444
2,00	−1 . 33
6,00	−1 . 011111
5,00	−0 . 88999
6,00	−0 . 666777
12,00	−0 . 444444455555
22,00	−0 . 2222222222223333333333
27,00	−0 . 000000000000000011111111111
37,00	0 . 0000000000000000000000111111111111111
34,00	0 . 2222222222222223333333333333333333
26,00	0 . 44444444444444555555555555
25,00	0 . 6666666666777777777777777
16,00	0 . 8888888888999999
10,00	1 . 0000001111
9,00	1 . 222223333
5,00	1 . 44555
7,00	1 . 6777777
1,00	1 . 8
4,00 Extremes (>=,21)	

Stem width:　0,10000
Each leaf:　　1 case(s)

Introdução à Análise Multivariada 57

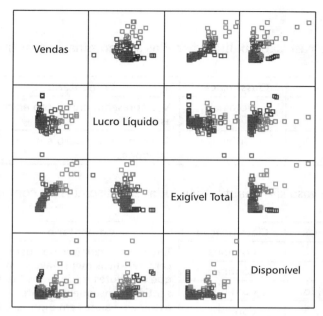

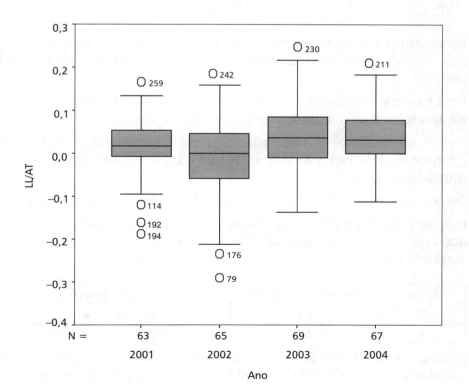

Respostas:

1. Quais variáveis deste caso são qualitativas? Elas são nominais ou ordinais?

Variáveis Qualitativas	Classificação	Comentário
Setor	Nominal	Não apresenta ordenação entre as categorias
Ano	Ordinal	Apresenta ordenação entre as categorias

2. Quais variáveis deste caso são quantitativas? Elas são discretas ou contínuas?

Variáveis Quantitativas	Classificação	Comentário
Vendas	Contínua	Todas essas variáveis possuem características mensuráveis em que os valores fracionados fazem sentido, consequentemente assumem valores em uma escala contínua.
Lucro Líquido	Contínua	
Variação do Lucro Líquido	Contínua	
Ativo Total	Contínua	
Exigível Total	Contínua	
Disponível	Contínua	
LL/AT	Contínua	

3. Foram apresentados os histogramas de duas variáveis (Lucro Líquido e LL/AT). Qual das duas variáveis demonstra uma distribuição mais próxima da normal?

   Com base na análise dos dois histogramas, pode-se dizer que a variável LL/AT apresenta uma distribuição mais próxima da normal.

4. Foram apresentados os resultados do teste de normalidade Kolmogorov-Smirnov de duas variáveis (Lucro Líquido e LL/AT). Qual variável apresenta distribuição normal?

   Somente a variável LL/AT apresenta distribuição normal (Sig. $> 0,05$).

5. Com base no diagrama ramo-e-folha (*Stem and Leaf*), aponte o número de observações, e seus respectivos valores, para a primeira e a quarta linha da variável LL/AT.

Linha	Nº de Observações	Valores das Observações
1ª	03	–1,4 / –1,4 / –1,4
4ª	05	–0,8 / –0,8 / –0,9 / –0,9 / –0,9

6. O diagrama de dispersão está apresentando a relação de quatro variáveis (vendas, lucro líquido, exigível total e disponível) segregadas por três setores

(siderurgia, telecomunicações e energia elétrica). Diante desse gráfico, responda:

6.1. Telecomunicações.

6.2. Energia Elétrica.

6.3. Maior dispersão numa relação bivariada significa menor concentração de pontos ao longo de uma linha reta, e vice-versa.

7. O *boxplot* (ou gráfico de caixas) está apresentando a variável LL/AT segregada em quatro grupos (2001, 2002, 2003 e 2004). Diante desse gráfico, responda:

7.1. 2002 (Quanto maior a caixa, maior a dispersão das observações).

7.2. 2001 (Quanto menor a caixa, menor a dispersão das observações).

7.3. 2003 (Quanto mais a mediana estiver no centro da caixa, significa maior simetria).

7.4. 2001 = 259, 114, 192 e 194; 2002 = 242, 176 e 79; 2003 = 230; e 2004 = 211.

7.5. Não. Deve-se lembrar que, se as observações atípicas são eliminadas, o pesquisador corre o risco de melhorar a análise multivariada, mas limita sua generalidade.

8. A média é uma medida de tendência central, enquanto o desvio-padrão é uma medida de dispersão. Em relação a essas duas medidas, responda:

8.1. Siderurgia (286734,83)

8.2. Energia Elétrica (481752,23)

8.3. Telecomunicações (126040,86 e 491868,13)

1.9 Exercício proposto

Os dados macroeconômicos utilizados neste exercício foram extraídos da base de dados do IPEA (<www.ipeadata.gov.br>) e correspondem ao período de janeiro de 1996 a dezembro de 2005, conforme tabela a seguir:

Ano	Mês	Dados Macroeconômicos				
		Salário Mínimo	Saldo Balança Comercial	Taxa de Desemprego	Taxa de Inflação	Taxa de Juros
1996	1	204,11	33	8,5	1,79	2,58
	2	202,67	−30	9,1	0,76	2,35
	3	202,08	−468	10,1	0,22	2,22
	4	200,22	198	11,0	0,70	2,07
	5	221,41	257	10,8	1,68	2,01
	6	218,51	−328	10,7	1,22	1,98
	7	215,92	−348	10,3	1,09	1,93
	8	214,84	−281	10,3	0,00	1,97
	9	214,80	−633	9,9	0,13	1,90
	10	213,99	−1.309	9,7	0,22	1,86
	11	213,26	−844	9,6	0,28	1,80
	12	212,56	−1.845	9,2	0,88	1,80
1997	1	210,85	1.173	8,9	1,58	1,73
	2	209,90	−1.103	9,1	0,42	1,67
	3	208,49	−901	9,9	1,16	1,64
	4	207,24	−906	10,7	0,59	1,66
	5	221,80	−63	10,7	0,30	1,58
	6	221,03	−364	10,5	0,70	1,61
	7	220,63	−544	10,2	0,09	1,60
	8	220,70	−295	10,2	−0,04	1,59
	9	220,48	−847	10,5	0,59	1,59
	10	219,84	−852	10,5	0,34	1,67
	11	219,51	−1.287	10,5	0,83	3,04
	12	218,27	−765	10,2	0,69	2,97
1998	1	216,43	−724	10,3	0,88	2,67
	2	215,27	−220	11,1	0,02	2,13
	3	214,22	−894	12,0	0,23	2,20
	4	213,26	−53	12,5	−0,13	1,71
	5	229,38	−122	12,4	0,23	1,63
	6	229,04	186	12,3	0,28	1,60
	7	229,68	−423	12,1	−0,38	1,70
	8	230,81	−168	12,0	−0,17	1,48
	9	231,53	−1.185	11,7	−0,02	2,49
	10	231,27	−1.438	11,6	−0,03	2,94
	11	231,69	−1.026	11,3	−0,18	2,63
	12	230,72	−508	10,8	0,98	2,40
1999	1	229,23	−696	10,7	1,15	2,18
	2	226,31	103	11,6	4,44	2,38
	3	223,45	−222	12,9	1,98	3,33
	4	222,41	38	13,4	0,03	2,35
	5	232,55	308	12,9	−0,34	2,02
	6	232,39	−147	12,5	1,02	1,67
	7	230,68	90	12,6	1,59	1,66
	8	229,42	−184	12,4	1,45	1,57
	9	228,53	−56	12,2	1,47	1,49
	10	226,36	−154	11,6	1,89	1,38
	11	224,25	−528	11,4	2,53	1,39
	12	222,60	249	10,5	1,23	1,60

Introdução à Análise Multivariada **61**

Ano	Mês	Dados Macroeconômicos				
		Salário Mínimo	Saldo Balança Comercial	Taxa de Desemprego	Taxa de Inflação	Taxa de Juros
2000	1	221,26	-116	10,6	1,02	1,46
	2	221,14	76	10,5	0,19	1,45
	3	220,86	21	11,3	0,18	1,45
	4	245,00	186	11,8	0,13	1,30
	5	245,12	362	11,8	0,67	1,49
	6	244,38	256	11,7	0,93	1,39
	7	241,03	116	11,6	2,26	1,31
	8	238,15	96	11,2	1,82	1,41
	9	237,13	-322	11,0	0,69	1,22
	10	236,75	-528	10,4	0,37	1,29
	11	236,07	-632	10,3	0,39	1,22
	12	234,78	-214	10,0	0,76	1,20
2001	1	232,98	-476	10,1	0,49	1,27
	2	231,85	78	10,7	0,34	1,02
	3	230,74	-280	11,2	0,80	1,26
	4	272,76	120	11,5	1,13	1,19
	5	271,22	211	11,0	0,44	1,34
	6	269,60	280	10,7	1,46	1,27
	7	266,64	108	10,9	1,62	1,50
	8	264,55	628	11,3	0,90	1,60
	9	263,39	596	11,5	0,38	1,32
	10	260,94	246	11,9	1,45	1,53
	11	257,62	287	11,7	0,76	1,39
	12	255,72	853	11,6	0,18	1,39
2002	1	253,02	169	11,3	0,19	1,53
	2	252,24	262	12,0	0,18	1,25
	3	250,68	597	12,8	0,11	1,37
	4	276,65	502	13,3	0,70	1,48
	5	276,40	378	12,8	1,11	1,42
	6	274,73	679	12,0	1,74	1,33
	7	271,60	1.200	11,5	2,05	1,54
	8	269,29	1.577	11,8	2,36	1,44
	9	267,07	2.490	12,2	2,64	1,38
	10	262,94	2.191	12,3	4,21	1,65
	11	254,32	1.278	12,0	5,84	1,54
	12	247,64	1.800	11,4	2,70	1,74
2003	1	241,67	1.155	11,2	2,17	1,97
	2	238,19	1.113	11,9	1,59	1,83
	3	234,97	1.536	12,7	1,66	1,78
	4	278,13	1.722	13,6	0,41	1,87
	5	275,40	2.518	13,4	-0,67	1,97
	6	275,57	2.354	13,2	-0,70	1,86
	7	275,45	2.055	12,7	-0,20	2,08
	8	274,96	2.673	12,9	0,62	1,77
	9	272,72	2.664	13,2	1,05	1,68
	10	271,66	2.536	13,2	0,44	1,64
	11	270,66	1.717	12,6	0,48	1,34
	12	269,21	2.751	12,0	0,60	1,37

Ano	Mês	Dados Macroeconômicos				
		Salário Mínimo	Saldo Balança Comercial	Taxa de Desemprego	Taxa de Inflação	Taxa de Juros
2004	1	266,99	1.583	11,9	0,80	1,27
	2	265,95	1.960	12,6	1,08	1,08
	3	264,45	2.582	13,3	0,93	1,38
	4	263,37	1.955	13,2	1,15	1,18
	5	284,18	3.110	12,3	1,46	1,23
	6	282,77	3.798	11,8	1,29	1,23
	7	280,72	3.463	11,7	1,14	1,29
	8	279,32	3.433	11,7	1,31	1,29
	9	278,85	3.170	11,4	0,48	1,25
	10	278,37	3.003	10,8	0,53	1,21
	11	277,15	2.077	10,4	0,82	1,25
	12	274,79	3.508	10,0	0,52	1,48
2005	1	273,23	2.187	9,9	0,33	1,38
	2	272,04	2.776	10,4	0,40	1,22
	3	270,06	3.342	10,9	0,99	1,53
	4	267,63	3.870	11,1	0,51	1,41
	5	306,66	3.450	11,0	−0,25	1,50
	6	306,99	4.024	11,0	−0,45	1,59
	7	306,90	5.005	10,8	−0,40	1,51
	8	306,90	3.659	10,6	−0,79	1,66
	9	306,44	4.326	10,4	−0,13	1,50
	10	304,68	3.683	10,6	0,63	1,41
	11	303,04	4.089	10,2	0,33	1,38
	12	301,83	4.345	9,7	0,07	1,47

Observações em relação às variáveis:

- O salário mínimo está em R$.
- O saldo da balança comercial está em US$ (milhões).
- A taxa de desemprego está em %.
- A taxa de inflação é o IGP-DI.
- A taxa de juros é a Selic.

Com base nos relatórios extraídos do SPSS, aponte as principais características desses dados da economia brasileira, referentes ao período de janeiro de 1996 a dezembro de 2005.

Bibliografia

AFIFI, Abdelmonem A.; CLARK, Virginia. *Computer-aided multivariate analysis*. 3. ed. London: Chapman & Hall, 1999.

COOPER, D. R.; SCHINDLER, P. S. *Métodos de pesquisa em administração*. 7. ed. Porto Alegre: Bookman, 2003.

CORRAR, L. J.; THEÓPHILO, C. R. *Pesquisa operacional para decisão em contabilidade e administração*: contabilometria. São Paulo: Atlas, 2004.

GUJARATI, D. N. *Econometria básica*. 3. ed. São Paulo: Makron Books, 2000.

HAIR, J. F. et al. *Análise multivariada de dados*. 5. ed. Porto Alegre: Bookman, 2005.

MATOS, O. C. *Econometria básica*. 2. ed. São Paulo: Atlas, 1997.

PEREIRA, Júlio C. R. *Análise de dados qualitativos*. 3. ed. São Paulo: Edusp, 2004.

REIS, Elizabeth. *Estatística multivariada aplicada*. 2. ed. Lisboa: Sílabo, 2001.

SPSS. *SPSS base 12.0 user's guide*. Chicago: SPSS, 2003.

STEVENSON, W. J. *Estatística aplicada à administração*. São Paulo: Harbra, 2001.

TABACHNICK, B. G.; FIDELL, L. *Using multivariate statistics*. 4. ed. New York: Allyn&Bacon, 2001.

Apêndice A – Alfa de Cronbach

A.1 Alfa de Cronbach: conceitos

Uma das perguntas mais frequentemente feitas pelos leitores e pelos próprios pesquisadores é: até onde podemos confiar nos dados coletados para o desenvolvimento da pesquisa? Teríamos como exemplo: Será que medidas escolhidas para mensurar as perspectivas dos clientes em relação ao produto A estarão coerentes com os propósitos da pesquisa?

Análise da confiabilidade dos dados permite analisar as escalas de mensuração, assim calcula um número de mensurações geralmente usadas de confiabilidade de escalas e também fornece informação sobre as relações entre os itens individuais em uma determinada escala (SPSS, 2004). Assim, utilizando-se a análise da confiabilidade podemos determinar a extensão em que os itens estão relacionados com os demais.

Alguns modelos para análise da confiabilidade são (SPSS, 2004):

- Alfa de Cronbach – esse é um modelo de consistência interna baseada na correlação média entre os itens.

- *Split-half* – esse modelo separa a escala em duas partes e examina a correlação entre as partes.

- Guttman – este modelo calcula o limite inferior de Guttman para a confiabilidade verdadeira.

- Paralelo – esse modelo assume que todos os itens tenham variâncias iguais e variâncias de erros iguais.

- Paralelo estrito – esse modelo faz a preposição do modelo paralelo e também assume a igualdade de médias entre os itens

Dentro desses modelos, o Alfa de Cronbach, que mede a consistência interna, é o mais comum para análise da confiabilidade e está presente em diversos trabalhos científicos. A ideia principal da medida de consistência interna é que os itens ou indicadores individuais da escala devem medir o mesmo constructo e, assim, ser altamente intercorrelacionados (Hair et al., 1998).

A confiabilidade é o grau em que uma escala produz resultados consistentes entre medidas repetidas ou equivalentes de um mesmo objeto ou pessoa, revelando a ausência de erro aleatório. Por exemplo, poderíamos constatar as variáveis que compõem as competências do *controller* obtidas com as respostas do questionário enviado em uma escala Likert e saber se o instrumento é fidedigno. A escala Likert, proposta por Rensis Likert em 1932, é uma escala em que os respondentes não apenas registram sua relação de preferência (ou concordância) das afirmações, mas também relatam qual o grau da relação de preferência ou concordância.

Introdução à Análise Multivariada **65**

A cada dado de resposta é atribuído um número que reflete a direção da atitude do respondente em relação a cada afirmação. A pontuação total da atitude de cada respondente é dada pela somatória das pontuações obtidas para cada afirmação.

O Alfa de Cronbach é um instrumento de mensuração da confiabilidade muito utilizado pela psicometria.[1] Esse nome deve-se a Lee J. Cronbach, psicólogo educacional americano que em seu trabalho de teste de confiabilidade conseguiu destaque com o desenvolvimento da *generalizability theory*, um modelo de identificação e quantificação das origens dos erros de mensuração. Cabe salientar a existência de uma versão anterior denominada *Kuder-Richardson Formula 20* (KR-20), que se referia, também, a uma medida de confiabilidade, mas somente aplicável a variáveis dicotômicas. Além desse, Gittman (1945) desenvolveu uma métrica semelhante, o *Lambda-2*.

O Alfa de Cronbach é frequentemente utilizado em pesquisas empíricas que envolvem testes com vários itens, que abrangem variáveis aleatórias latentes, por exemplo, a avaliação da qualidade de um questionário com uma métrica de perfil latente.

A.2 Modelo matemático do Alfa de Cronbach

O Alfa de Cronbach pode ser calculado pela seguinte fórmula:

$$\alpha = \frac{k(cov/var)}{1 + (k-1)(cov/var)}$$

onde:

k = número de variáveis consideradas

cov = média das covariâncias

var = média das variâncias

O valor assumido pelo Alfa está entre 0 e 1, e quanto mais próximo de 1 estiver seu valor, maior a fidedignidade das dimensões do construto. Segundo Nunnaly (1978) apud Miguel (2002) e Dutra (2000), o valor mínimo para o Alfa de Cronbach deve ser 0,7 para pesquisa preliminar, 0,8 para pesquisa básica e de 0,9 para pesquisa aplicada. Hair (1998) trata 0,7 como mínimo ideal, mas também pode se aceitar 0,6 para pesquisas exploratórias. Entretanto, não existe consenso quanto à regra colocada acima.

Segundo Pereira (2004, p. 87), uma das possibilidades de interpretação do Alfa de Cronbach seria considerá-lo como um coeficiente de correlação ao quadra-

---

[1] Psicometria é um campo de estudo da psicologia interessado em relacionar a teoria e a técnica da mensuração psicológica, incluindo a mensuração do conhecimento, da capacidade, de atitudes e de personalidade.

do; assim, por exemplo, quando um estudo tiver um alfa igual a 0,75, estaríamos medindo 75% do impacto real das variáveis.

Os padrões de confiabilidade requeridos variam entre os tipos de estudos, por exemplo, os testes de inteligência (cognitivos) tendem a ser mais confiáveis que os testes de atitude e personalidade.

Em uma determinada amostra com k itens, o Alfa de Cronbach é definido como uma correlação média entre os itens, ajustados pela fórmula de Spearman-Brown.

A.3 Pressuposto do Alfa de Cronbach

O pressuposto para a análise de Alfa de Cronbach é de que os itens (variáveis) são paralelos, ou seja, as medidas têm *scores* verdadeiros e idênticos e erros não correlacionados têm variâncias homogêneas (KONING; FRANSES, 2003).

Assim, a premissa principal a ser observada é que as correlações entre os itens são positivas, necessitando que seja efetuada previamente análise da matriz de correlação, e, caso alguma variável violar a premissa, deve-se mudar o sentido de direção, multiplicando seus valores por –1.

A.4 Aplicação do Alfa de Cronbach

A equipe de relacionamentos com os clientes de uma determinada empresa de assessoria em TI fez uma pesquisa junto a alguns de seus potenciais clientes para avaliar a percepção que os mesmos tinham sobre os serviços das empresas atuantes nessa área. A pesquisa foi efetuada através de um questionário junto aos *controllers* das 500 maiores companhias brasileiras, segundo uma famosa revista especializada na área de finanças e contabilidade. As perguntas efetuadas e a escala de notas utilizadas foram:

1. Os preços praticados pela assessoria são adequados (preço)?

   (Notas: 1 – Baixo 5 – Muito elevado)

2. Você está satisfeito com os serviços prestados pela empresa (qualidade)?

   (Notas: 1 – Totalmente insatisfeito 5 – Totalmente satisfeito)

3. Qual é o grau de confiança que você possui na sua empresa de assessoria de TI (imagem)?

   (Notas: 1 – Nenhuma 5 – Total)

4. Os serviços são planejados adequadamente no que se referem aos prazos, recursos financeiros e humanos disponíveis (planejamento)?

   (Notas: 0 – Totalmente inadequados 10 – Totalmente adequados)

5. Como você avalia a implantação dos recursos disponibilizados pela TI e os controles internos da sua empresa (controle)?

(Notas: 0 – Totalmente insatisfeito 10 – Totalmente satisfeito)

6. A implantação dos recursos de TI auxilia efetivamente o processo de tomada de decisão da empresa (decisão)?

(Notas: 0 – Totalmente insatisfeito 10 – Totalmente satisfeito)

A tabulação das respostas aos questionários está no arquivo "Alfa Exemplo".

Utilizaremos o *software* estatístico SPSS® para melhor assimilação dos conceitos aqui discutidos.

Abra o arquivo "alfa.sav" e em seguida escolha no *menu* principal:

Analyze → *Scale* → *Reliability Analysis...*

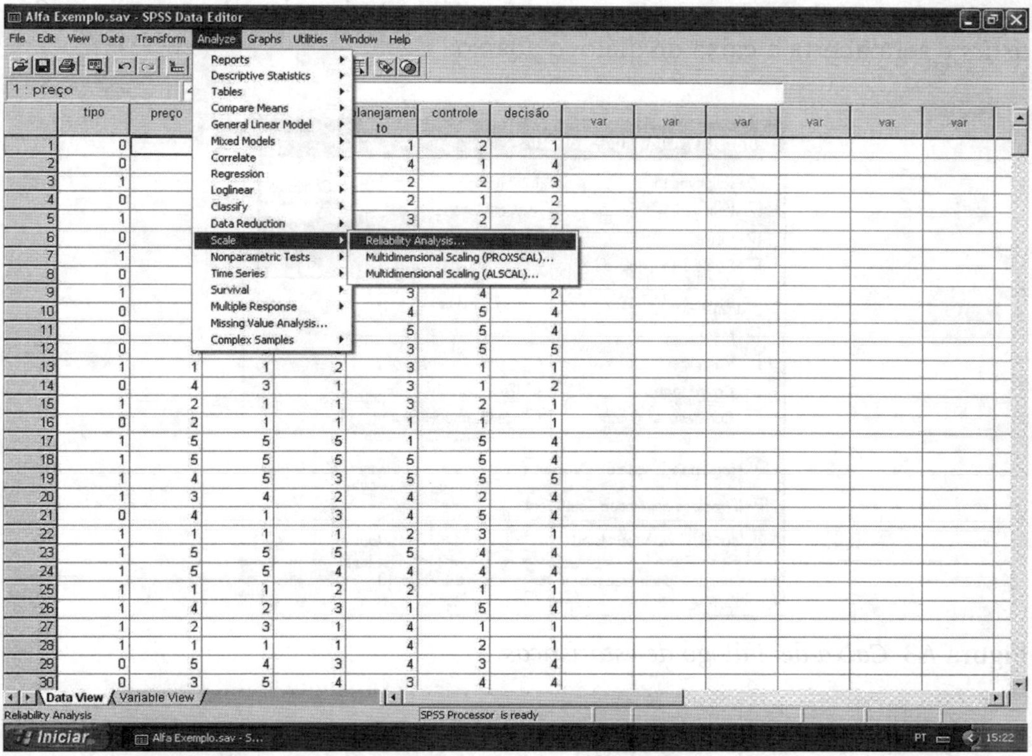

Figura A1 Menu *da análise de confiabilidade do SPSS®*.

Na janela *Reliability Analysis,* escolha todos os itens referentes às respostas da pesquisa.

Figura A2 *Caixa de diálogo da análise de confiabilidade do SPSS®.*

No Campo "Model", selecione a opção "Alpha" (*default*), clique no item *Statistics* e será aberta a caixa de diálogo abaixo:

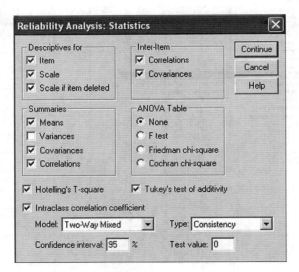

Figura A3 *Caixa de diálogo de estatísticas.*

Na caixa de diálogo *Reliability Analysis: Statistics*, há as seguintes opções:

- **Descriptives for**. Fornece estatísticas descritivas das escalas e itens.
- **Summaries**. Calcula as estatísticas descritivas da distribuição do item através de todos os itens na escala, tendo como opções: média, variância, covariância e correlação.

- **Inter-Item**. Fornece as matrizes de correlação ou covariância entre os itens.

- **ANOVA Table**. Fornece testes de igualdades de médias. O teste *Friedman chi-square* é um teste não paramétrico apropriado quando os dados estão dispostos em forma de *rank* e substitui o teste F. O teste *Cochran chi-square* é teste não paramétrico idêntico ao teste Friedman, porém é aplicável quando todas as respostas são binárias.

- **Hotelling's T-square**. Fornece teste multivariado da hipótese nula de que todos os itens na escala têm médias iguais.

- **Tukey's test of additivity**. Produz um teste do pressuposto de que não existe interação multiplicativa entre os itens.

- **Intraclass correlation coefficient**. Produz medidas de consistência ou concordância dos valores dentro dos casos.

  - **Model**. Estão disponíveis *Two-way mixed*, *Two-way random* e *One-way random*. Seleciona-se *two-way mixed* quando efeitos pessoais são aleatórios e os efeitos dos itens são fixos, *two-way random* quando efeitos pessoais e dos itens são aleatórios e *one-way random* quando os efeitos pessoais são aleatórios.

  - **Type**. Seleciona o tipo do indicador; estão disponíveis *Consistency* (consistência) e *Absolute Agreement* (concordância absoluta).

  - **Confidence interval**. Descreve o nível para o intervalo de confidência.

  - **Test value**. Descreve o valor hipotético do coeficiente para o teste de hipótese, sendo que este é comparado com o valor observado.

Para o exemplo explorado nesta seção, marcarmos os itens para análise conforme a Figura A3. Os itens reportados comuns não serão comentados aqui.

Inicialmente, devemos observar se os coeficientes de correlação entre os itens são positivos, atendendo assim à premissa do método. No nosso exemplo, o pressuposto foi atendido conforme a Figura A4.

	Preços praticados	Qualidade dos serviços prestados	Grau de Confiança	Planejamento dos serviços	Controle	Contribuição para tomada de decisão
Preços praticados	1,000	0,484	0,698	0,299	0,590	0,575
Qualidade dos serviços prestados	0,484	1,000	0,513	0,180	0,430	0,438
Grau de Confiança	0,698	0,513	1,000	0,162	0,598	0,561
Planejamento dos serviços	0,299	0,180	0,162	1,000	0,278	0,237
Controle	0,590	0,430	0,598	0,278	1,000	0,615
Contribuição para tomada de decisão	0,575	0,438	0,561	0,237	0,615	1,000

The co-variance matrix is calculated and used in the analysis.

Figura A4 Output *da Matriz de Correlação no SPSS®*.

Reliability Statistics

Cronbach's Alpha	Cronbach's Alpha Based on Standardized Items	
0,821	0,827	6

Figura A5 Output *do Alfa de Cronbach no SPSS®*.

Com base no relatório do SPSS®, os coeficientes do Alfa de Cronbach não padronizado e padronizado são, respectivamente, 0,821 e 0,827, com base em 6 itens (variáveis). Os valores da estatística (padronizados ou não) nesse exemplo demonstram que escalas utilizadas são consistentes, sendo satisfatórias para a aplicação da análise multivariada, pois é superior a valor recomendado pela literatura existente sobre o assunto.

Supondo que alguma das perguntas do questionário esteja dificultando a análise da confiabilidade das escalas, podemos analisar em outro relatório o que ocorreria com o Alfa de Cronbach se algum item fosse eliminado da análise.

Os resultados do Alfa de Cronbach, excetuando uma das variáveis, estão na Figura A6.

Item-Total Statistics

	Scale Mean if Item Deleted	Scale Variance if Item Deleted	Corrected Item-Total Correlation	Squared Multiple Correlation	Cronbach's Alpha if Item Deleted
Preços praticados	15,66	23,079	0,730	0,578	0,763
Qualidade dos serviços prestados	15,60	24,257	0,539	0,317	0,804
Grau de Confiança	15,69	23,405	0,689	0,579	0,772
Planejamento dos serviços	15,57	27,232	0,289	0,122	0,858
Controle	15,64	22,975	0,684	0,504	0,772
Contribuição para tomada de decisão	15,69	23,965	0,658	0,471	0,779

Figura A6 Output *do Alfa de Cronbach excluindo alguma variável.*

Por exemplo, se excluíssemos a variável "preços", o Alfa de Cronbach (não padronizado) seria de 0,763, ou, se tirássemos o item "planejamento", o valor seria de 0,858 *(comprove você mesmo: retire uma das variáveis da seleção dos itens, "rode" o SPSS novamente e compare os resultados).*

Completando a análise dos resultados, os testes F ANOVA (Figura A7) e *Hotelling's T* (Figura A8) apontam que médias das variáveis são idênticas e, pelo teste Tukey, não existe iteração entres as variáveis analisadas.

ANOVA with Friedman's Test and Tukey's Test for Nonadditivity

			Sum of Squares	df	Mean Square	Friedman's Chi-Square	Sig
Between People			2792,758	499	5,597		
Within People	Between Items		6,242	5	1,248	1,250	0,283
	Residual	Nonadditivity	19,638[a]	1	19,638	19,805	0,000
		Balance	2472,954	2494	0,992		
		Total	2492,592	2495	0,999		
	Total		2498,833	2500	1,000		
Total			5291,592	2999	1,764		

Grand Mean = 3,13

a. Tukey's estimate of power to which observations must be raised to achieve additivity = 6,751. The covariance matrix is calculated and used in the analysis.

Figura A7 Output *do Teste F ANOVA.*

Hotelling's T-Squared Test

Hotelling's T-Squared	F	df1	df2	Sig
4,954	0,983	5	495	0,428

Figura A8 Output *do Teste Hotelling's T*.

Bibliografia

HAIR, Joseph F.; ANDERSON, Rolph E.; TATHAM, Ronald L. et. al. *Multivariate data analysis*. 5. ed. New Jersey: Prentice Hall, 1998.

KONING, Alex J.; FRANSES, Philip Hans. Confidence intervals for Cronbach's coefficient alpha values. *Research in Management*, nº 16, 2003.

KUPERMINTZ, Lee J. Cronbach's contributions to educational psychology. In: ZIMMERMAN, B. J.; SCHUNK, D. H. (Ed.). *Educational psychology*: a century of contributions. New Jersey: Erlbaum, 2003. p. 289-302.

NORUSIS, Marija J. *SPSS professional statistics 6.1*. USA: SPSS, 1996.

PEREIRA, Júlio Cesar Rodrigues. *Análise de dados qualitativos*: estratégias metodológicas para as ciências da saúde, humanas e sociais. 3. ed. São Paulo: EDUSP, 2004.

2

Análise Fatorial

Francisco Antonio Bezerra

Sumário do capítulo

- Análise fatorial: conceitos.
- Técnicas de dependência × interdependência.
- Modelo matemático da análise fatorial.
- Análise fatorial exploratória e confirmatória.
- Processo de preparação para análise fatorial.
- Passos para análise fatorial.
- Exemplo prático: o caso do Mercado Segurador Brasileiro.
- Pressupostos da análise fatorial.
- Resumo.

Objetivos de aprendizado

O estudo deste capítulo permitirá ao leitor:

- Definir análise fatorial.
- Demonstrar o modelo matemático da análise fatorial.
- Explicar a diferença entre análise fatorial exploratória e confirmatória.
- Apresentar os passos para elaboração da análise fatorial.
- Explicar como a análise fatorial auxilia no tratamento dos dados para análises posteriores.
- Apresentar aplicações práticas de utilização da análise fatorial.

2.1 Análise fatorial: conceitos

O que leva um cliente a voltar a utilizar os serviços de uma empresa? Por que um consumidor prefere um produto em especial? Não existe um único indicador que sozinho consiga explicar por que os clientes escolhem alguma empresa ou algum produto em detrimento de outros. No entanto, se precisássemos entender melhor como é construída esta preferência, poderíamos identificar diversos indicadores da relação entre empresas e clientes no intuito de desvendar, mesmo que parcialmente, esse mistério.

Poderíamos, por exemplo, perguntar aos clientes de uma empresa se a sua fidelidade está ligada ao preço, à qualidade na prestação do serviço, ao atendimento, ao tempo de resposta da empresa às solicitações do cliente etc. As respostas poderiam ser dadas por intermédio de uma escala de concordância (que poderia, por exemplo, ir de discordo totalmente a concordo plenamente). O que perceberíamos ao final de nossa pesquisa é que a preferência dos clientes não pode ser medida de forma direta, pois ela é uma variável complexa que só pode ser avaliada a partir de diversas variáveis.

A Análise Fatorial (AF) é uma técnica estatística que busca, através da avaliação de um conjunto de variáveis, a identificação de dimensões de variabilidade comuns existentes em um conjunto de fenômenos; o intuito é desvendar estruturas existentes, mas que não observáveis diretamente. Cada uma dessas dimensões de variabilidade comum recebe o nome de FATOR.

Um raciocínio subjacente dessa técnica é que se cada fenômeno varia independentemente dos demais, então existirão tantas dimensões quanto os próprios fenômenos analisados, mas se os fenômenos não variam independentemente, podendo haver relações de dependência entre eles, pode-se concluir que existe um menor número de dimensões de variação do que os fenômenos. A AF permite detectar a existência de certos padrões subjacentes nos dados, de maneira que possam ser reagrupados em um conjunto menor de dimensões ou fatores.

Resumidamente, a AF tem como um de seus principais objetivos tentar descrever um conjunto de variáveis originais através da criação de um número menor de dimensões ou fatores.

A AF pressupõe que altas correlações entre variáveis geram agrupamentos que configuram os fatores. Aliás, a existência do fator explica a correlação em determinado grupo de variáveis. Ao desvendar os fatores, a AF acaba por simplificar estruturas complexas de relacionamento. A simplificação dos dados permite que se busque um melhor entendimento da estrutura de dados.

Assim, a AF é uma técnica estatística usada para identificação de **fatores** que podem ser usados para explicar o relacionamento entre um conjunto de variáveis. Se retomássemos o exemplo da escolha que os clientes fazem em relação às empresas, poderíamos encontrar, nas respostas ao questionário, que os principais fatores que relacionam o cliente às empresas são: a qualidade, a localização e a diversidade de produtos.

No entanto, cada fator é composto, ou explicado, pela incorporação de diversas variáveis, como a facilidade de acesso por metrô, estacionamento próprio, garantia do produto, compromisso de troca, entre outras características do fornecedor. A AF auxilia no entendimento do que está por trás desses indicadores, ou seja, desvenda, pela análise das variáveis observáveis, a existência de variáveis não observáveis (qualidade, localização e diversidade) e como podemos entendê-las.

Assim, na AF uma situação, com inúmeras variáveis, é explicada a partir de dimensões "escondidas" (fatores). A Figura 2.1 demonstra graficamente a simplificação de fenômeno pela utilização da AF.

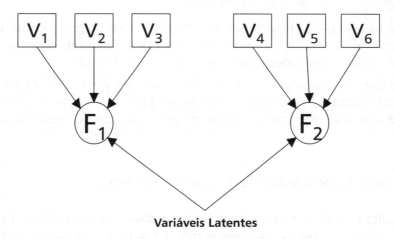

Figura 2.1 *Variáveis latentes e a formação de fatores.*

A AF parte do pressuposto de que a correlação entre as variáveis surge porque essas variáveis compartilham ou estão relacionadas pelo mesmo fator. Entenda-se, desta forma, que o objetivo da análise fatorial é identificar fatores não diretamente observáveis, a partir da correlação entre um conjunto de variáveis, estas sim observáveis e passíveis de medição.

Os fatores observados pela análise fatorial poderão ser utilizados para diversas finalidades como, por exemplo: redução do número de variáveis a serem consideradas em uma pesquisa; sumarização de dados permitindo a escolha de uma ou mais variáveis significativas para serem objeto de avaliação e acompanhamento; eliminação das correlações existentes entre as variáveis observadas para utilização de técnicas estatísticas que pressupõem a não existência de correlação.

> **Breve histórico**
>
> Charles **Spearman** formulou a Análise Fatorial em 1904 para descrever a inteligência através de um único fator. **Spearman** (1904) desenvolveu um método para criação de um índice geral de inteligência (fator "g") com base nos resultados de vários testes que avaliavam essa aptidão.
>
> No entanto, o termo *Análise Fatorial* foi introduzido por **Louis L. Thurstone** em 1931 no artigo Multiple factor analysis, *Psychological Review*, 38, 406-427:
>
> > "It is the purpose of this paper to describe a more generally applicable method of factor analysis which has no restrictions as regards group factors and which does not restrict the number of general factors that are operative in producing the correlations."
>
> **Thurstone** (1931) identificou sete "Habilidades Mentais Primárias", em vez de um único fator "g". Estudos mais recentes têm alterado a quantidade de fatores a serem considerados na análise da inteligência.
>
> Pelo fato de essa técnica ter sido desenvolvida para analisar problemas relacionados com a Psicologia, ela foi quase que exclusivamente, no período inicial de seu desenvolvimento, utilizada por essa área do conhecimento.

2.2 Técnicas de dependência × interdependência

As técnicas de dependência (regressão múltipla, análise discriminante etc.) buscam analisar as variáveis independentes (I_n) para determinar a capacidade de previsão da variável dependente (D_n).

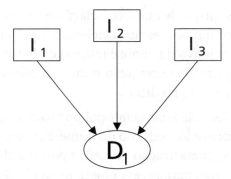

Figura 2.2 *Técnicas de dependência*.

Nas técnicas de interdependência, como no caso da AF, as variáveis (V_n) são analisadas com o intuito de maximizar o poder de explicação do conjunto de variáveis. Cada variável é explicada levando em consideração **todas** as outras, incluindo-se as variáveis latentes (Fatores – F_n).

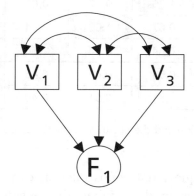

Figura 2.3 *Técnicas de interdependência.*

O intuito das técnicas de interdependência não é o de prever o valor da variável dependente e sim identificar uma estrutura de relacionamentos que permita a explicação das variações ocorridas nas variáveis analisadas.

2.3 Modelo matemático da análise fatorial

A AF avalia a correlação existente entre um grande número de variáveis e identifica a possibilidade de essas variáveis serem agrupadas em um número menor de variáveis latentes e de que, obviamente, se possa identificar o significado dos agrupamentos realizados. É o mesmo que dizer que a AF avalia a possibilidade de agrupar i variáveis (X_1, X_2, X_3... X_i) em um número menor de j fatores (F_1, F_2, F_3... F_j).

Para analisarmos o modelo matemático que está por trás da AF, voltemos ao trabalho de **Spearman** (Apud Institute for the Protection and the Security of the Citizen; 2002), no qual o pesquisador avaliou a correlação existente entre testes de diversas naturezas que mediam aspectos gerais relacionados à inteligência. O pesquisador percebeu que o conjunto de testes poderia ser substituído por um único tipo de avaliação que contivesse as capacidades exigidas em todas as disciplinas. A Tabela 2.1 demonstra as correlações de um dos trabalhos de **Spearman**.

Tabela 2.1 *Correlações de testes de inteligência.*

	C	F	E	M	D	Mu
C	1,00	0,78	0,70	0,66	0,63	0,63
F	0,83	1,00	0,67	0,65	0,57	0,57
E	0,78	0,67	1,00	0,54	0,51	0,51
M	0,70	0,64	0,64	1,00	0,51	0,51
D	0,66	0,54	0,45	0,45	0,40	0,40
Mu	0,63	0,51	0,51	0,40	1,00	1,00

Fonte: Institute for the Protection and the Security of the Citizen, 2002.

Spearman percebeu que a matriz possuía uma característica bastante interessante. Os valores existentes em duas linhas (desconsiderando-se a diagonal) são aproximadamente proporcionais.

$$\frac{0,83}{0,67} \cong \frac{0,70}{0,64} \cong \frac{0,66}{0,54} \cong \frac{0,63}{0,51} \cong 1,2$$

A partir desta observação, Spearman sugeriu a existência de uma variável "invisível" que explica parcialmente as variações que ocorrem em cada uma das variáveis que foram observadas (caracterizada pelos testes C, F, E, M, D e Mu).[1] É como se as variáveis carregassem "algo em comum entre elas" que se repete a cada nova ocorrência das variáveis.

Desta forma, **Spearman** propôs que os seis testes (C, F, E, M, D e Mu) pudessem ser visualizados da seguinte forma.

$$X_i = \alpha_i F + e_i \qquad (1)$$

Onde:

X_i → é a variável i analisada (escores dos testes C, F, E, M, D e Mu, por exemplo);

α_i → é uma constante;

F → é o fator;

e_i → é o erro.

---

[1] Os testes foram: *Classics* (C), *French* (F), *English* (E), *Mathematics* (M), *Discrimination of pitch* (D) e *Music* (Mu).

O que a fórmula representa é que uma variável padronizada (de média zero e variância igual a um) – X_i – é explicada por uma constante – α_i – multiplicada por um fator (de média zero e variância igual a um) – F. Todavia, a variável possui características que não são comuns a nenhuma das outras variáveis no estudo. Por isso, o fator não consegue explicá-la de forma completa, existindo assim um erro – e_i.

Podemos concluir que o fator representa a parcela da variação total dos dados que pode ser explicada de forma conjunta para todas as variáveis que o compõem. Spearman chegou a essa conclusão em função da razão quase constante entre duas linhas da matriz de correlação.

Depreende-se então, desse raciocínio, que as variações em uma variável podem ser explicadas a partir de um conjunto de fatores. O modelo matemático é:

$$X_i = \alpha_{i1}F_1 + \alpha_{i2}F_2 + \alpha_{i3}F_3 + ... + \alpha_{ij}F_j + e_i \tag{2}$$

Onde X_i são as variáveis padronizadas, α_i são as **cargas fatoriais**, F_j são os fatores comuns não relacionados entre si e o e_i é um erro que representa a parcela de variação da variável *i* que é exclusiva dela e não pode ser explicada por um fator nem por outra variável do conjunto analisado.

As **cargas fatoriais** são valores que medem o grau de correlação entre a variável original e os fatores. O quadrado da carga fatorial representa o quanto do percentual da variação de uma variável é explicado pelo fator.

Os fatores, por sua vez, poderiam ser estimados por uma combinação linear das variáveis originais. Assim, tem-se:

$$F_j = \omega_{j1}X_1 + \omega_{j2}X_2 + \omega_{j3}X_3 + ... + \omega_{ji}X_i$$

$$F_j = \sum_{i=1}^{i} \omega_{ji}X_i \tag{3}$$

Onde F_j são os fatores comuns não relacionados, ω_{ji} são os **coeficientes dos escores fatoriais** e X_i são as variáveis originais envolvidas no estudo.

O **escore fatorial** é um número resultante da multiplicação dos coeficientes (ω_{ji}) pelo valor das variáveis originais. Quando existe mais de um fator, o escore fatorial representa as coordenadas da variável em relação aos eixos, que são os fatores.

O fator é o resultado do relacionamento linear entre as variáveis e que consegue explicar uma parcela de variação das variáveis originais. Em outras palavras, significa dizer que a AF agrupa algumas variáveis observáveis (por exemplo, liquidez corrente, liquidez seca e liquidez geral) em um fator não diretamente observável (liquidez) e que por uma relação linear entre as variáveis pode-se chegar à conclusão de que as variáveis que formam o fator (liquidez) têm em comum 98%

de suas variações. Ou seja, quando uma das variáveis que compõem o fator sofre uma variação (liquidez geral), as demais variáveis deste fator (liquidez corrente e liquidez seca) sofrem variações (positivas ou negativas) proporcionais à variação sofrida pela primeira variável.

Isso nos induz ao raciocínio de que, conhecendo-se o grau de relacionamento entre as variáveis, seria possível determinar o que realmente é importante ser medido e acompanhado, bem como o que pode ser inferido ou projetado a partir do controle de apenas algumas variáveis. No exemplo do parágrafo anterior, seria o mesmo que dizer que é preciso controlar o que interfere em uma variável (liquidez geral), pois o impacto nas demais variáveis (liquidez seca e a corrente) poderá ser projetado com 2% de erro (100 – 98). Os 2% são compostos pela variação que é específica de cada uma das variáveis não controladas (liquidez corrente e seca), não podendo ser projetada pela análise da variável controlada (liquidez geral).

2.4 Análise fatorial exploratória e confirmatória

A modalidade de AF mais utilizada é conhecida como **Análise Fatorial Exploratória** (AFE). A AFE caracteriza-se pelo fato de não exigir do pesquisador o conhecimento prévio da relação de dependência entre as variáveis. Neste tipo de AF, o pesquisador não tem certeza de que as variáveis possuem uma estrutura de relacionamento, e muito menos se essa estrutura pode ser interpretada de forma coerente. Na AFE, o pesquisador analisa, entende e identifica uma estrutura de relacionamento entre as variáveis a partir do resultado da AF.

Em contrapartida, na **Análise Fatorial Confirmatória** (AFC) o pesquisador já parte de uma hipótese de relacionamento preconcebida entre um conjunto de variáveis e alguns fatores latentes. A AFC pretende confirmar (daí a sua denominação) se a teoria que sustenta a hipótese de relacionamento do pesquisador está correta ou não.

Este capítulo não tem a intenção de tratar aspectos relacionados à AFC, mesmo porque, dadas as suas diversas peculiaridades em relação à AFE, a AFC mereceria um capítulo exclusivo para demonstrá-la. Recomenda-se, aos que se interessarem em conhecer melhor a AFC, os trabalhos de Hair, Anderson, Tathan e Black (1998) e Kim e Mueller (1978).

2.5 Processo de preparação para análise fatorial

Antes de utilizar a AF, o pesquisador deve realizar algumas escolhas que serão influenciadas pelo tipo de pesquisa que está sendo implementada. São elas:

- Qual o método de extração dos fatores a ser utilizado?

- Que tipo de análise será realizada?
- Como será feita a escolha dos fatores?
- Como aumentar o poder de explicação da AF?

2.5.1 Qual o método de extração dos fatores a ser utilizado?

Os principais métodos que podem ser utilizados são: Análise de Componentes Principais e Análise Fatorial Comum. Na Análise de Componentes Principais leva-se em conta a variância total nos dados. Na Análise Fatorial Comum, os fatores são estimados com base apenas na variância comum.

O método mais comum é a Análise de Componentes Principais (ACP), pelo qual se procura uma combinação linear entre as variáveis, de forma que o máximo de variância seja explicado por essa combinação. Em seguida, retira-se a variância já explicada no passo anterior e busca-se uma nova combinação linear entre as variáveis que explique a maior quantidade de variância restante, e assim por diante. Este procedimento resulta em fatores ortogonais, ou seja, não correlacionados entre si.

Recomenda-se a utilização do método de ACP quando o pesquisador estiver interessado em determinar fatores que contenham o maior grau de explicação da variância possível e também para o tratamento dos dados para utilização em outras técnicas estatísticas que sejam prejudicadas pela correlação entre as variáveis analisadas. Hair, Anderson, Tathan e Black (1998, p. 100) comentam que esse método deve ser escolhido quando:

> "[...] *o objetivo é de que um número mínimo de fatores venha a explicar a parcela máxima da variância existente nas variáveis originais e quando o conhecimento prévio das variáveis sugira que a variância específica e o erro representem uma parcela pequena na explicação da variância total das variáveis.*"

Segundo Hair, Anderson, Tathan e Black (1998, p. 101), a variância pode ser dividida em: comum, específica e erro. A variância comum é aquela que é compartilhada entre as variáveis; a variância única (específica) é de exclusividade de uma variável, não sendo possível identificá-la em nenhuma outra variável; e o erro é a variância causada por fatores aleatórios (incertos).

Já o método da Análise Fatorial Comum (AFC) se limita a identificar os fatores a partir da variância comum, desconsiderando-se, assim, a parcela da variância específica e a parcela de erro. Este método é indicado para os pesquisadores que têm como principal objetivo a análise das estruturas subjacentes de relacionamento entre as variáveis. Este é um método que deve ser utilizado quando o pesquisador possuir um bom conhecimento das variáveis em análise, pois isso o capacitará a fazer um maior número de inferências sobre os relacionamentos criados pela AF.

2.5.2 Que tipo de análise será realizada?

Existem diversos modos de análise das variáveis em uma AF, as mais comuns são: **R-mode factor analysis** e o **Q-mode factor analysis**.

A estrutura mais comum de uma AF está demonstrada na Figura 2.4, onde as colunas representam as variáveis – V_n (características analisadas) –, as linhas são os casos – C_1 (empresas, indivíduos, linhas de produção, unidades de negócio etc.) – e as células são os valores assumidos pelas variáveis em cada caso – **x** (escores). Neste caso, a AF criará agrupamentos de variáveis. Este tipo de análise é denominado **R-mode factor analysis**.

O **R-mode factor analysis** é utilizado quando o pesquisador busca identificar estruturas subjacentes capazes de ser percebidas apenas pela construção de relacionamentos entre diversas variáveis. Estas "estruturas subjacentes" não são observáveis diretamente ou quantificadas por intermédio de uma única variável. Para avaliação destas estruturas de relacionamento o pesquisador se utiliza do **R-mode factor analysis**.

Um exemplo desse tipo de análise poderia ser a avaliação das características de um "processo de fabricação" classificado como *best practice* em determinado segmento de negócio. Variáveis como qualificação da mão de obra, sistemas de qualidade, controles de produção, nível de automação, entre outros indicadores, podem ser reunidos na intenção de descobrir características "invisíveis" que fazem com que esses processos sejam mais eficientes, rentáveis, seguros etc.

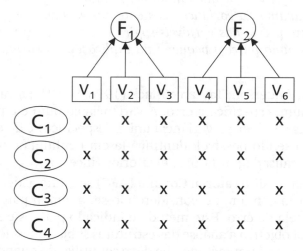

Figura 2.4 R-mode factor analysis.

Caso o pesquisador queira utilizar a AF para realizar um agrupamento de casos (C_1, C_2, C_3, C_n), ou seja, de empresas, indivíduos ou mesmo de unidades de negócio, estará realizando o ***Q-mode factor analysis***. Este tipo de análise agrupa os casos de acordo com a análise das características comuns percebidas pela correlação das variáveis (V_1, V_2, V_3, V_n) de cada caso.

Neste tipo de análise, o pesquisador está interessado em criar agrupamentos (*clusters*) dos casos. Um exemplo deste tipo de pesquisa poderia ser a determinação de um padrão de consumo de recursos de agências bancárias espalhadas por todo o Brasil, o que poderia identificar que o consumo de recursos varia significativamente entre agências urbanas e do interior, agências captadoras e aplicadoras, as que utilizam maior número de viagens aéreas (Região Norte) etc. A Figura 2.5 demonstra a disposição da ***Q-mode factor analysis***.

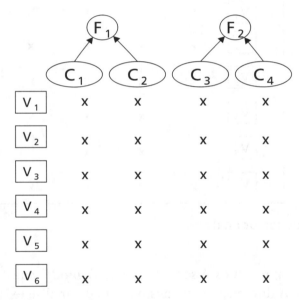

Figura 2.5 Q-mode factor analysis.

Existem outros tipos de análises que podem ser realizadas com AF. No entanto, são menos usuais do que as já demonstradas, são elas: ***O-mode factor analysis***, ***T-mode factor analysis*** e ***S-mode factor analysis***

Se a pesquisa pretende analisar apenas um caso (C_1) de acordo com *n* variáveis (V_1, V_2, V_3, V_n) no decorrer de diversos anos, o pesquisador pode utilizar o ***O-mode factor analysis***. Nesse modo, o pesquisador estará realizando uma análise de série temporal, na intenção de criar relacionamentos entre os diversos anos de um caso.

Como exemplo, poderíamos imaginar a análise da situação econômico-financeira de uma empresa (C_1), em que teríamos um histórico (20 anos, por exemplo) de indicadores de desempenho (V_1, V_2, V_3, V_n). O intuito do pesquisador é agrupar os anos e identificar comportamentos semelhantes das variáveis analisadas nesses anos, buscando assim identificar variáveis significativas que expliquem o comportamento da empresa no decorrer de uma série histórica. A Figura 2.6 demonstra a estrutura do *O-mode factor analysis*.

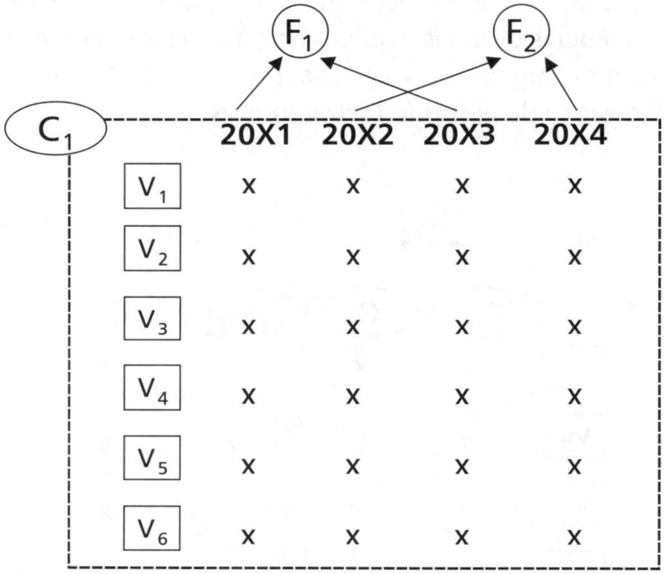

Figura 2.6 O-mode factor analysis.

O *T-mode factor analysis* é semelhante ao *O-mode*; suas colunas também representam anos. A diferença é que neste modo de análise existem vários casos (C_1, C_2, C_3, C_n); no entanto, avalia-se apenas uma variável (V_1) no decorrer dos anos. O objetivo nesse tipo de análise é o agrupamento dos diversos anos, tendo como base o comportamento de uma variável (V_1).

Um exemplo que pode ser dado para este tipo de análise é a avaliação do impacto de uma variável – V_1 (ex.: índice de satisfação dos clientes) – para diversas empresas (C_1, C_2, C_3, C_n) por um período de tempo específico. Com base nos agrupamentos dos anos resultantes da AF, o pesquisador poderá avaliar se o comportamento da variável analisada pode ser relacionado com algum tipo de variação econômico-financeira verificado nos casos agrupados pela análise. A Figura 2.7 demonstra a estrutura do *T-mode factor analysis*.

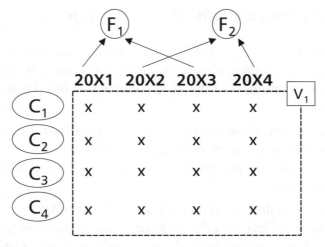

Figura 2.7 T-mode factor analysis.

Outra variação no modo de utilização da AF é o *S-mode factor analysis*. Nesse modo, as colunas representam os casos (C_1, C_2, C_3, C_n), as linhas são representadas pelos anos e as células são as medidas de uma única variável (V_1). O objetivo nesse tipo de análise é o agrupamento dos casos sob a perspectiva de uma variável no decorrer de um período de tempo.

Um pesquisador pode estar interessado em analisar, com base em uma variável em especial (ex.: rentabilidade sobre capital próprio), se é possível o agrupamento de diversas empresas e encontrar, considerando os agrupamentos, similaridades em relação a sua rentabilidade, as estratégias, tamanho, volume de vendas em seu segmento, inovação, entre outras características que os grupos de empresas possam ter. A Figura 2.8 demonstra a estrutura do *S-mode factor analysis*.

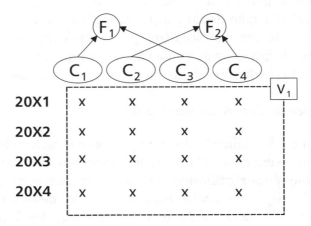

Figura 2.8 S-mode factor analysis.

2.5.3 Como será feita a escolha do número de fatores?

A escolha do número de fatores é um ponto fundamental na elaboração da AF. Como os fatores têm como objetivo a sumarização ou substituição do conjunto de variáveis, é natural que o número de fatores seja inferior ao número de variáveis analisadas.

No entanto, ao preferir os fatores, em vez de trabalhar com o conjunto completo de variáveis, o pesquisador está optando não tratar 100% da variância observada, mas sim com uma parcela da variação total dos dados que consegue ser explicada pelos fatores.

Dessa forma, a escolha do número de fatores determinará a capacidade de extrapolação das inferências que serão realizadas pela análise dos fatores. O pesquisador, ao limitar demais o número de fatores, pode estar analisando um conjunto de fatores que explicam uma pequena parcela da variância total dos dados, o que prejudicaria as suas inferências. Já se o pesquisador, ao contrário, optar por um número muito grande de fatores, eliminar uma das vantagens da AF (sumarização dos dados), ou até mesmo criar um problema, ao tratar um número muito grande de informação, de forma análoga à situação anterior, isso poderia prejudicar as inferências do pesquisador.

Existem diversas técnicas para definição do número de fatores. Apresentaremos algumas no intuito de esclarecer o que significa a escolha de cada uma delas.

Critério do autovalor

Por esse critério, apenas os fatores com autovalores acima de 1,0 são considerados. O autovalor (*eigenvalue*) corresponde a quanto o fator consegue explicar da variância, ou seja, quanto da variância total dos dados pode ser associada ao fator. Como se trabalha com dados padronizados, cada variável tem média zero e variância igual a 1,0. Isso significa dizer que fatores com autovalores abaixo de 1,0 são menos significativos do que uma variável original. Esse critério também é denominado de critério da raiz latente ou critério *Kaiser* (*Kaiser test*).

Critério do gráfico de declive ou scree plot

A forma gráfica de definição dos fatores segue o raciocínio de que grande parcela de variância será explicada pelos primeiros fatores e que entre eles haverá sempre uma diferença significativa. Quando essa diferença se torna pequena (suavização da curva), este ponto determina o número de fatores a serem considerados. A Figura 2.9 evidencia a diferença de definição dos fatores pelo autovalor e pelo gráfico de declive.

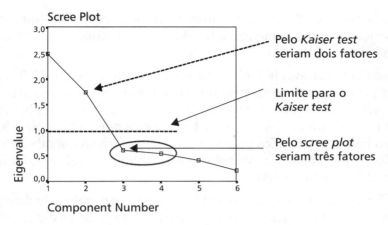

Figura 2.9 *Critério do autovalor e do* scree plot.

Porcentagem da variância explicada

O que é levado em consideração nessa forma de definição dos fatores é o percentual de explicação da variância. O número de fatores a ser extraído é aquele que explica um percentual de variância considerado adequado pelo pesquisador. Se o pesquisador acredita que seu trabalho deve ser realizado com no mínimo 80% de variância explicada, então o número de fatores a serem escolhidos será aquele que permita explicar esse percentual de variação.

Um detalhe importante sobre a escolha da técnica para definição do número de fatores é que essa escolha está diretamente relacionada ao resultado que se quer atingir e com a facilidade de interpretação dos resultados gerados pela AF.

Os pesquisadores podem utilizar mais de uma técnica para confirmar os resultados obtidos e até mesmo para verificar se os resultados seriam mais bem explicados por outro critério, dependendo dos conhecimentos teóricos sobre as variáveis analisadas e tipo de pesquisa.

2.5.4 Como aumentar o poder de explicação da AF?

Um ponto fundamental na AF é a capacidade de análise dos fatores. Como as variáveis serão agrupadas nos fatores, cabe ao pesquisador identificar o que significam os agrupamentos realizados pela AF.

Para exemplificar esse problema, tomemos o caso de Rummel (1975), que descreve uma AF aplicada sobre 7 países (A; B; C; D; E; F e G) levando em consideração 6 variáveis por país (PIB por habitante; telefones por habitante; veículos por habitante; população; renda nacional e área).

A AF indicou a existência de 2 fatores. O primeiro agrupava (ou possuía uma maior correlação) os três primeiros indicadores; o segundo, por sua vez, agrupava os outros três indicadores.

Foi criada uma variável hipotética (não observada) chamada "Nível de Desenvolvimento", como forma de interpretar o resultado obtido com o primeiro fator. Os demais indicadores foram agrupados em uma segunda variável hipotética, que foi chamada de "Tamanho". Assim, com base nesses dois indicadores, foi possível classificar os países observados pelo seu nível de desenvolvimento (PIB por habitante; telefones por habitante; veículos por habitante) e pelo seu tamanho (população; renda nacional; e área).

Uma AF será mais ou menos útil em função de sua capacidade de produzir fatores que possam ser traduzidos. No entanto, não são raros os casos em que mais de um dos fatores explica muito bem o comportamento de uma das variáveis do problema analisado. Nestes casos, buscam-se soluções que expliquem o mesmo grau de variância total, mas que gerem **resultados melhores em relação à sua interpretação**. Isso é feito através da **rotação dos fatores**. Existem diversos métodos de rotação que permitem obter fatores com maior potencial de interpretabilidade (Varimax, Quartimax, Equimax, Promax etc.).

A interpretação dos fatores só é possível pela existência de parâmetros da AF que relacionam os fatores com as variáveis; são as **cargas fatoriais**. As cargas fatoriais, como já comentado, representam a correlação (covariância) entre o fator e as variáveis do estudo. Não são raros os casos em que numa primeira extração (não rotacionada) os fatores estejam relacionados à grande maioria das variáveis (cargas fatoriais de valor semelhante em todas ou em grande parte das variáveis). No entanto, este relacionamento fica mais claro depois da rotação dos fatores.

Existem diversas maneiras de se realizar a rotação dos fatores. No entanto, a lógica que sustenta todas elas é sempre a mesma. O objetivo da rotação é aumentar o poder explicativo dos fatores.

Resumidamente, a rotação dos fatores é possível, pois as cargas fatoriais podem ser representadas como pontos entre eixos (que, neste caso, são os próprios fatores). Estes eixos podem ser girados sem alterar a distância entre os pontos. Todavia, as coordenadas do ponto em relação aos eixos são alteradas, ou seja, as cargas fatoriais (relação entre fator e variável) são alteradas na rotação.

Análise Fatorial 89

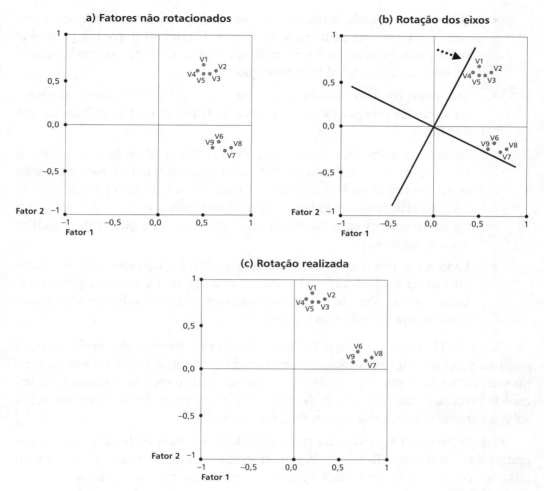

Figura 2.10 *Rotação dos fatores*.

A rotação não altera o total de variância obtida na etapa anterior. O que ocorre é um rearranjo dos autovalores. As principais escolhas que o pesquisador pode fazer quanto aos métodos de rotação são:

- **Varimax**: é um tipo de rotação ortogonal.[2] É o tipo de rotação mais utilizado e que tem como característica o fato de minimizar a ocorrência de uma variável possuir altas cargas fatoriais para diferentes fatores, permitindo que uma variável seja facilmente identificada com um único fator.

---

[2] A rotação ortogonal mantém os fatores perpendiculares entre si, ou seja, sem correlação entre eles. A Figura 2.10b é um exemplo de rotação ortogonal.

- **Quartimax:** rotação ortogonal que minimiza o número de fatores necessário para explicar cada variável. Tende a concentrar grande parte das variáveis em um único fator; em função disso, esse método pode produzir estruturas de difícil interpretação.

- **Equimax:** rotação também ortogonal que tenta agregar tanto as características da rotação Varimax quanto da Quartimax. Sua utilização não é comum.

- **Direct Oblimin:** tipo de rotação oblíqua (na qual os fatores possuem correlação). Este método permite alcançar autovalores elevados, mas se aumenta a complexidade dos fatores. Isso ocorre porque esse tipo de rotação cria relações entre os fatores que precisam ser analisadas em conjunto com os agrupamentos resultantes da AF, o que torna a análise mais complexa.

- **Promax:** outro tipo de rotação oblíqua, que é mais rápida de ser calculada do que a Oblimin. O Promax é uma opção interessante para tratamento de grandes bancos de dados em que o pesquisador acredite haver relacionamento entre os fatores.

Segundo Hair et al. (1998, p.110), "[...] *não existem regras desenvolvidas para guiar os pesquisadores na seleção de um método de rotação* [...]". No entanto, os autores comentam que, "se o objetivo do pesquisador é reduzir o número de variáveis originais, com o cuidado de quão significativos os fatores possam ser, a solução apropriada poderá ser a rotação ortogonal".

Caso a pesquisa seja voltada para identificar estruturas de relacionamento complexas e mais significativas (já que dificilmente um fator não é relacionado com outro fator), a solução mais apropriada seria uma rotação oblíqua.

Deve ficar claro que caberá sempre ao pesquisador avaliar o que existe de comum em cada um dos conjuntos de variáveis que compõem os fatores. As características em comum que porventura possam existir entre as variáveis facilitarão as interpretações dos seus respectivos fatores.

Outro conceito importante nos resultados produzidos pela AF são as **comunalidades** (*communalities*). As comunalidades representam o percentual de explicação que uma variável obteve pela AF, ou seja, quanto todos os fatores juntos são capazes de explicar uma variável. Quanto mais próximo de 1 estiverem as comunalidades, maior é o poder de explicação dos fatores.

2.6 Passos para análise fatorial

Basicamente, os passos a serem seguidos na elaboração de uma AF são:

1. **Cálculo da matriz de correlação**: nessa etapa é avaliado o grau de relacionamento entre as variáveis e a conveniência da aplicação da AF.

2. **Extração dos fatores**: determinação do método para cálculo dos fatores e definição do número de fatores a serem extraídos. Nessa etapa, busca-se descobrir o quanto o modelo escolhido é adequado para representar os dados.

3. **Rotação dos fatores**: etapa na qual se busca dar maior capacidade de interpretação dos fatores.

4. **Cálculo dos escores**: os escores resultantes desta fase podem ser utilizados em diversas outras análises (análise discriminante, *cluster*, regressão logística etc.).

Para demonstrar os passos de elaboração da AF, bem como os conceitos envolvidos nessa técnica, apresentaremos uma aplicação da AF no mercado segurador brasileiro.

A pesquisa foi realizada com o auxílio do *software* SPSS for Windows.[3] Na seção seguinte, são descritos os passos para realização da AF no SPSS® e o estudo de caso.

Executando a AF no SPSS

Supondo que os dados já estejam devidamente importados para o *software* e que todos os testes já tenham sido realizados, o próximo passo é acessar o menu *Analyze* do SPSS (Figura 2.11):

➲ *Analyze*

   Data Reduction

      Factor...

---

[3] *Copyright © SPSS Inc. All rigths reserved.*

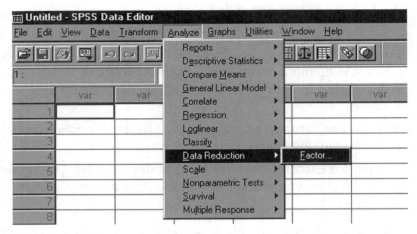

Figura 2.11 *Análise fatorial no SPSS 10.*

Na caixa de diálogo da AF, é necessário escolher quais as variáveis que farão parte da análise e inseri-las no campo **Variables** (Figura 2.12).

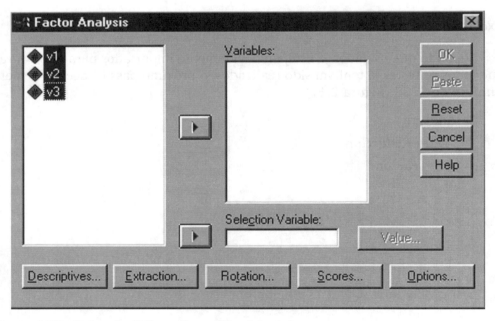

Figura 2.12 *Caixa de diálogo da análise fatorial.*

O botão **Descriptives...** dá acesso à caixa de diálogo **Factor Analysis: Descriptives** (Figura 2.13), que permite habilitar o cálculo de estatísticas descritivas – média e desvio-padrão de cada uma das variáveis (**Univariate descriptives**).

A opção *Initial solution* habilita o cálculo e a demonstração das comunalidades, bem como dos autovalores e do total de variância iniciais explicada. A caixa de diálogo *Factor Analysis: Descriptives* também permite a escolha de várias opções de cálculo relacionada à Matriz de Correlação. Entre eles destaca-se o *KMO and Bartlett's test of sphericity*. O teste de *Kaiser-Meyer-Olkin* (KMO) mede o grau de correlação parcial entre as variáveis (*Measure of Sampling Adequacy*). O *Bartlett's test of sphericity* indica se a matriz de correlação é uma matriz identidade (correlação zero entre as variáveis); esta situação nos leva à conclusão de que o modelo de AF é inadequado para tratamento dos dados.

A opção *Anti-image* é um importante instrumento de avaliação da AF, pois apresenta a matriz *Anti-image*, que carrega na sua diagonal o valor do *Measure of Sampling Adequacy* (MSA) para cada uma das variáveis e nos demais campos mostra a **correlação parcial**. Uma boa AF possui valores, não considerando a diagonal da matriz, muito pequenos de correlação parcial.

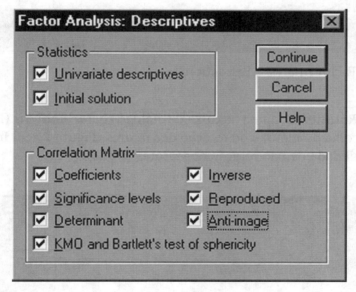

Figura 2.13 Factor Analysis: Descriptives.

Voltando à caixa de diálogo *Factor Analysis* (figura 2.12), no botão *Extraction...* escolhe-se o método de extração dos fatores, opta-se por demonstrar o gráfico *scree plot* e define-se o número de fatores que serão considerados (Figura 2.14).

O pesquisador terá à sua disposição diversas opções para escolha dos métodos de extração dos fatores. Aconselha-se a avaliação das características desses métodos para identificação do que melhor se adequa aos objetivos da pesquisa.

Perceba-se que o critério *Kaiser* de escolha do número de fatores está disponível nesta caixa de diálogo sob o título *Eigenvalues over*. Esta opção, preenchida com o valor 1 (*default* do *software*), iguala-se ao critério *Kaiser*.

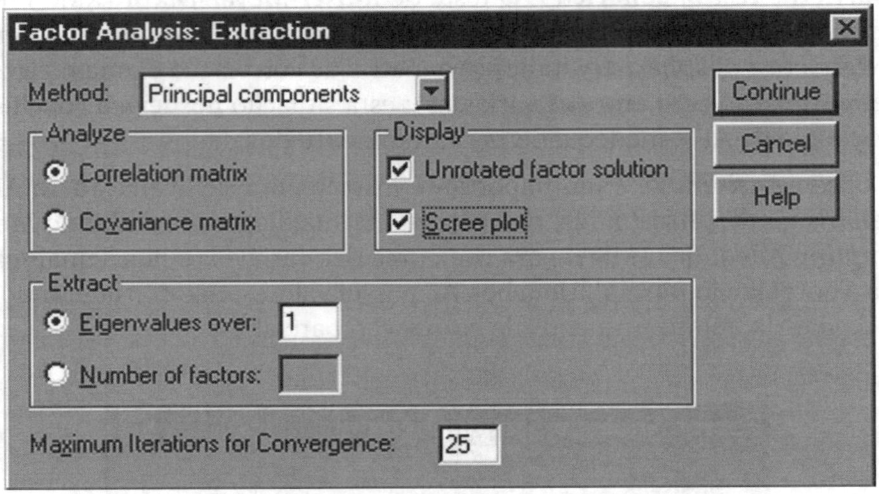

Figura 2.14 Factor Analysis: Extraction.

O botão *Rotation...*, ainda na caixa de diálogo *Factor Analysis* (Figura 2.12), permite a escolha do método de rotação dos fatores (Figura 2.15). Inclui-se também a possibilidade de não rotação dos fatores (*None*).

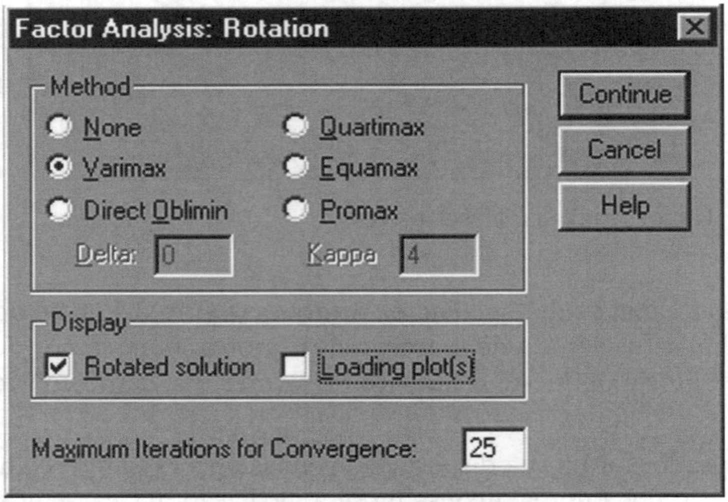

Figura 2.15 Factor Analysis: Rotation.

O botão **Scores...** (Figura 2.12) permite que o pesquisador salve os escores para serem analisados através de outras técnicas (Figura 2.16). Esta opção também permite a demonstração da matriz de coeficientes dos escores. Os valores desta matriz, ao serem multiplicados pelos valores originais das variáveis, dão origem aos "indicadores latentes" ou, simplesmente, **escores fatoriais**.

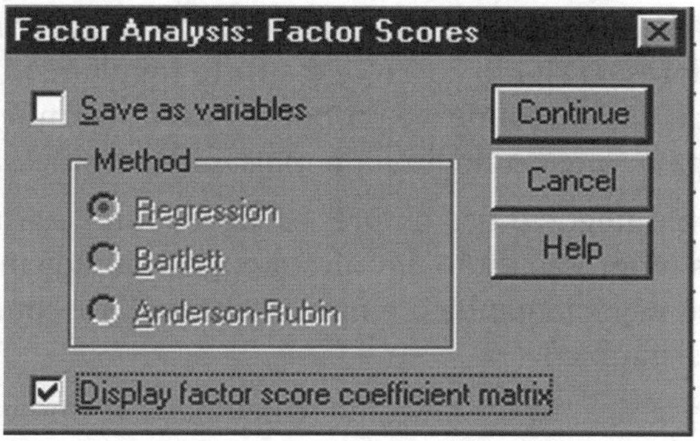

Figura 2.16 Factor Analysis: Factor Scores.

Por último, o botão **Options...** (Figura 2.12) dá acesso à caixa de diálogo *Factor Analysis: Options* (Figura 2.17) que permite alterar o critério de tratamento dos dados não válidos (*Missing Values*), bem como a escolha da forma de ordenação dos coeficientes e a supressão de valores não significativos.

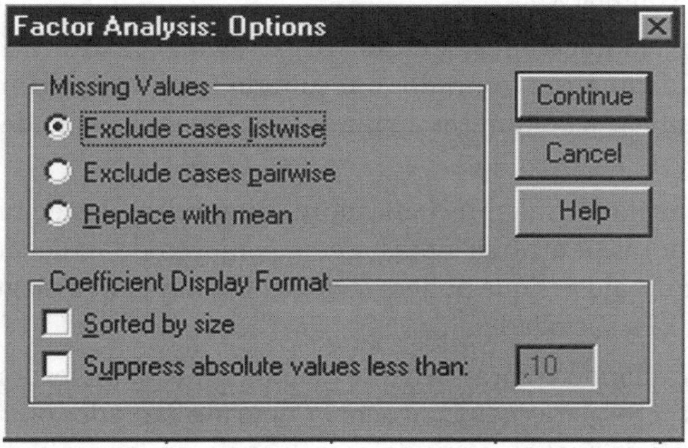

Figura 2.17 Factor Analysis: Options.

Depois de especificados os detalhes da AF, cabe ao pesquisador retornar à caixa de diálogo *Factor Analysis* (Figura 2.12) e executar os cálculos.

2.7 Exemplo prático: o caso do mercado segurador brasileiro

As seguradoras são agentes que possuem uma forte influência na economia dos países, na medida em que atenuam os impactos negativos das fatalidades (ou sinistros) sofridos por indivíduos ou empresas.

Em função de sua importância para a sociedade, essas empresas são merecedoras de especial atenção quanto à sua avaliação econômico-financeira por parte dos órgãos reguladores. O rígido controle e a forte regulamentação que o setor é obrigado a enfrentar são diretamente proporcionais ao grande malefício que poderia ser causado pela falência de uma ou mais empresas dessa natureza.

Como o principal negócio das empresas seguradoras é assumir os riscos de seus clientes, essas empresas estão em direta exposição aos mais diversos riscos do mercado e nesse negócio ganha a empresa que melhor equilibrar sua carteira de produtos (riscos/ganhos).

No exemplo de aplicação da AF, foram calculados 15 indicadores financeiros para 107 empresas seguradoras designadas pelas siglas S1 até S107, tomando-se como base o ano de 2001 (Anexo I deste capítulo).

Análise de indicadores financeiros

São diversas as empresas que avaliam a situação econômico-financeira das seguradoras. Em todas as avaliações, as empresas seguradoras são colocadas em um *rating* que se fundamenta em indicadores financeiros calculados com base nas demonstrações contábeis.

O conjunto de indicadores que cada órgão avaliador utiliza varia de acordo com o objetivo da análise. Contudo, o resultado final a ser alcançado é sempre o mesmo: classificar as empresas segundo sua atual capacidade econômico-financeira.

Em última análise, avaliar os indicadores financeiros das empresas, em especial das seguradoras, e atribuir notas a esse conjunto de indicadores tem como objetivo indicar desajustes que podem levar problemas para as seguradoras e, por conseguinte, para a sociedade.

No entanto, quando colocado diante de uma série de indicadores financeiros, como decidir os pesos para cada indicador? Como avaliar todos os indicadores conjuntamente e definir qual ou quais deles influenciaram o resultado da empresa?

Essas perguntas são, em geral, respondidas com um grande grau de subjetividade e as respostas serão diferentes, dependendo do profissional que as responda. Neste exemplo, será apresentada uma forma de simplificar esta questão através da análise da correlação entre diversos indicadores, utilizando-se a AF. Através dessa técnica, definiremos os indicadores que, em conjunto, explicam grande parte da variação que ocorre em todos os demais indicadores.

Indicadores financeiros

Como comentado anteriormente, foram calculados 15 indicadores financeiros:

- **Índices de Estrutura de Capital:**
  - Índice de captações → ICAP = PTL/ATT
  - Índice de Endividamento → IEND = (PCD+ELP)/PTL
  - Índice de Recursos Próprios em Giro → IRPG = (PTL-IMO-IVD-RLP)/ACL
  - Índice de Imobilização de Recursos → IIMR = (IMO+IVD)/PTL
- **Índices de rentabilidade:**
  - Índice de Sinistralidade → ISIN = SRT/PGN
  - Índice de Colocação do Seguro → ICOL = DCM/PGN
  - Índice de Despesas Administrativas → IDAD = DAD/PRT
  - Índice de Lucratividade sobre Prêmio Ganho → ILPG = LLQ/PGN
  - Índice de Retorno sobre o PL → IRPL = LLQ/PTL
- **Índices de alavancagem:**
  - Índice de Solvência Prêmios → PRPL = PRT/PTL
  - Índice de Alavancagem Líquida → IALI = (PRT+PCC+PCD)/PTL
- **Índices de liquidez:**
  - Índice de Liquidez Corrente → ILCO = ACL/(PCC+PCD)
  - Índice de Liquidez Geral → ILGE = (ACL+RLP)/(PCC+PCD+ELP)
- **Índices operacionais:**
  - Índice Combinado → ICOM = (SRT + DCM+ DAD)/PGN
  - Índice Combinado Ampliado → ICOA = (SRT + DCM+ DAD)/(PGN + RFC)

Onde:

ACL → Ativo circulante

ATT → Ativo total

DAD → Despesa administrativa

DCM → Despesa comercial

ELP → Exigível a longo prazo

IMO → Imobilizado

IVD → Investimento e diferido

LLQ → Lucro Líquido

PCC → Provisão comprometida circulante

PCD → Passivo circulante – Demais

PCP → Provisão comprometida

PGN → Prêmio ganho

PRT → Prêmio retido

PTL → Patrimônio Líquido

RFC → Resultado Financeiro

RLP → Realizável a longo prazo

SRT → Sinistro retido

Perguntas iniciais

a. Qual o método de extração dos fatores a ser utilizado?

Como nossa pesquisa tem a intenção de identificar um número mínimo de fatores que venha a explicar a parcela máxima da variância existente nas variáveis originais, o método escolhido foi a análise de componentes principais.

b. Que tipo de análise será realizada?

No nosso caso, a AF criará agrupamentos de variáveis com base em sua estrutura de relacionamento. Este tipo de análise é denominado *R-mode factor analysis*.

c. Como será feita a escolha dos fatores?

O número de fatores será escolhido pelo critério **Kaiser** (variância explicada de no mínimo 1,0). Desta forma, fatores que explicam um valor de variância inferior à capacidade de explicação das próprias variáveis do estudo não serão tratados.

d. Como aumentar o poder de explicação da AF?

Foi escolhido o método de rotação **ortogonal – Varimax**, pois a intenção é facilitar ao máximo o entendimento dos relacionamentos subjacentes entre as variáveis (fatores). Uma vez que os métodos oblíquos criam relações entre fatores, isso produziria relações ainda mais complexas para análises subsequentes.

Correlation Matrix[a]

		ICOM	ICOA	ICAP	IEND	IRPG	IIMR	ISIN	ICOL	IDAD	ILPG	IRPL	PRPL	IALI	ILCO	ILGE
Correlation	ICOM	1,000	-0,070	0,296	-0,127	0,190	-0,152	-0,029	-0,051	0,928	0,994	-0,009	-0,134	-0,113	0,360	0,374
	ICOA	-0,070	1,000	0,038	-0,060	0,029	-0,014	0,161	-0,156	-0,016	-0,122	-0,546	-0,131	-0,110	0,042	0,038
	ICAP	0,296	0,038	1,000	-0,566	0,142	0,108	0,058	-0,117	0,331	0,314	-0,083	-0,548	-0,779	-0,074	-0,055
	IEND	-0,127	-0,060	-0,566	1,000	-0,142	0,048	-0,018	0,048	-0,151	-0,131	-0,057	0,490	0,563	-0,251	-0,254
	IRPG	0,190	0,029	0,142	-0,142	1,000	-0,402	0,023	-0,068	0,179	0,201	-0,027	-0,010	0,041	0,145	0,158
	IIMR	-0,152	-0,014	0,108	0,048	-0,402	1,000	-0,149	0,094	-0,165	-0,158	-0,277	-0,064	-0,132	-0,083	-0,105
	ISIN	-0,029	0,161	0,058	-0,018	0,023	-0,149	1,000	-0,424	-0,036	-0,069	-0,135	-0,185	-0,176	-0,081	-0,069
	ICOL	-0,051	-0,156	-0,117	0,048	-0,068	0,094	-0,424	1,000	-0,049	-0,028	0,103	0,273	0,285	0,036	0,027
	IDAD	0,928	-0,016	0,331	-0,151	0,179	-0,165	-0,036	-0,049	1,000	0,946	-0,039	-0,185	-0,149	0,412	0,424
	ILPG	0,994	-0,122	0,314	-0,131	0,201	-0,158	-0,069	-0,028	0,946	1,000	0,019	-0,130	-0,113	0,360	0,374
	IRPL	-0,009	-0,546	-0,083	-0,057	-0,027	-0,277	-0,135	0,103	-0,039	0,019	1,000	0,148	0,084	0,017	0,022
	PRPL	-0,134	-0,131	-0,548	0,490	-0,010	-0,064	-0,185	0,273	-0,185	-0,130	0,148	1,000	0,761	-0,226	-0,223
	IALI	-0,113	-0,110	-0,779	0,563	0,041	-0,132	-0,176	0,285	-0,149	-0,113	0,084	0,761	1,000	0,111	0,093
	ILCO	0,360	0,042	-0,074	-0,251	0,145	-0,083	-0,081	0,036	0,412	0,360	0,017	-0,226	0,111	1,000	0,989
	ILGE	0,374	0,038	-0,055	-0,254	0,158	-0,105	-0,069	0,027	0,424	0,374	0,022	-0,223	0,093	0,989	1,000
Sig. (1–tailed)	ICOM		0,237	0,001	0,096	0,025	0,059	0,382	0,303	0,000	0,000	0,464	0,085	0,122	0,000	0,000
	ICOA	0,237		0,348	0,271	0,384	0,443	0,049	0,054	0,436	0,106	0,000	0,089	0,129	0,332	0,348
	ICAP	0,001	0,348		0,000	0,072	0,135	0,278	0,116	0,000	0,000	0,198	0,000	0,000	0,223	0,286
	IEND	0,096	0,271	0,000		0,072	0,312	0,429	0,311	0,061	0,090	0,281	0,000	0,000	0,005	0,004
	IRPG	0,025	0,384	0,072	0,072		0,000	0,406	0,245	0,033	0,019	0,391	0,458	0,339	0,068	0,052
	IIMR	0,059	0,443	0,135	0,312	0,000		0,062	0,167	0,045	0,052	0,002	0,256	0,087	0,198	0,141
	ISIN	0,382	0,049	0,278	0,429	0,406	0,062		0,000	0,356	0,241	0,083	0,028	0,035	0,204	0,239
	ICOL	0,303	0,054	0,116	0,311	0,245	0,167	0,000		0,307	0,388	0,146	0,002	0,001	0,357	0,391
	IDAD	0,000	0,436	0,000	0,061	0,033	0,045	0,356	0,307		0,000	0,343	0,028	0,063	0,000	0,000
	ILPG	0,000	0,106	0,000	0,090	0,019	0,052	0,241	0,388	0,000		0,421	0,091	0,124	0,000	0,000
	IRPL	0,464	0,000	0,198	0,281	0,391	0,002	0,083	0,146	0,343	0,421		0,064	0,196	0,430	0,413
	PRPL	0,085	0,089	0,000	0,000	0,458	0,256	0,028	0,002	0,028	0,091	0,064		0,000	0,010	0,011
	IALI	0,122	0,129	0,000	0,000	0,339	0,087	0,035	0,001	0,063	0,124	0,196	0,000		0,128	0,171
	ILCO	0,000	0,332	0,223	0,005	0,068	0,198	0,204	0,357	0,000	0,000	0,430	0,010	0,128		0,000
	ILGE	0,000	0,348	0,286	0,004	0,052	0,141	0,239	0,391	0,000	0,000	0,413	0,011	0,171	0,000	

a. Determinant = 8,452E–08.

Figura 2.18 *Matriz de correlação: indicadores das seguradoras.*

AF com todos os indicadores

Inicialmente, imaginou-se estabelecer os fatores utilizando todos indicadores ao mesmo tempo. No entanto, como a AF busca a criação de fatores que explicam melhor **simultaneamente** todos os indicadores, o fato de existirem indicadores que possuem um pequeno (ou nenhum) relacionamento com os demais fez com que a AF atingisse resultados que não foram satisfatórios. Os resultados foram os seguintes:

- A matriz de correlação demonstra um baixo índice de correlação entre os indicadores (diversos índices abaixo de 0,40).

- Na parte inferior da matriz de correlação (Figura 2.18) está uma tabela de significância (sig. ou *p-test*). Os valores dessa tabela devem ser próximos a zero para se obter uma boa AF.

Além da matriz de correlação, observou-se outro teste que nos permite avaliar se os dados originais viabilizam a utilização da AF de forma satisfatória. O teste de *Kaiser-Meyer-Olkin* (*Measure of Sampling Adequacy – MSA*) indica o grau de explicação dos dados a partir dos fatores encontrados na AF. Caso o MSA indique um grau de explicação menor do que 0,50, significa que os fatores encontrados na AF não conseguem descrever satisfatoriamente as variações dos dados originais.

KMO and Bartlett's Test

Kaiser-Meyer-Olkin Measure of Sampling Adequacy		0,569
Bartlett's Test of Sphericity	Approx. Chi-Square	1631,344
	df	105
	Sig.	0,000

Figura 2.19 *Teste KMO e Bartlett*.

Anti–image Matrices

		ICOM	ICOA	ICAP1	IEND1	IRPG1	IIMR1	ISIN2	ICOL2	IDAD2	ILPG2	IRPL2	PRPL3	IALI3	ILCO4	ILGE4
Anti–image Covariance	ICOM	4,513E-03	-2,49E-02	8,170E-03	1,508E-03	7,438E-03	-5,64E-03	-2,26E-02	1,960E-03	9,607E-03	-3,64E-03	-1,31E-03	-5,53E-04	2,976E-03	-7,61E-04	5,754E-04
	ICOA	-2,49E-02	0,374	-3,67E-02	8,613E-03	-2,47E-02	0,109	0,123	1,753E-02	-6,90E-02	2,134E-02	0,209	-2,31E-02	3,665E-03	2,541E-04	-2,81E-04
	ICAP	8,170E-03	-3,67E-02	0,250	9,973E-02	-9,44E-02	-7,76E-02	-3,74E-02	-5,22E-02	6,949E-03	-6,73E-03	8,827E-03	-1,33E-02	0,102	3,915E-03	-1,21E-03
	IEND	1,508E-03	8,613E-03	9,973E-02	0,479	3,336E-02	-7,63E-02	-2,02E-02	5,859E-03	-1,08E-02	-9,95E-04	4,189E-02	2,371E-02	-7,14E-02	1,512E-02	-7,60E-03
	IRPG	7,438E-03	-2,47E-02	-9,44E-02	3,336E-02	0,694	0,253	-7,67E-02	7,018E-02	3,263E-02	-6,89E-03	0,102	-2,36E-03	-5,07E-02	-1,10E-03	-1,84E-03
	IIMR	-5,64E-03	0,109	-7,76E-02	-7,63E-02	0,253	0,596	0,123	-2,17E-02	5,658E-03	4,220E-03	0,229	-4,56E-02	3,029E-02	-1,80E-02	1,538E-02
	ISIN	-2,26E-02	0,123	-3,74E-02	-2,02E-02	-7,67E-03	0,123	0,626	0,204	-5,10E-02	1,861E-02	6,348E-02	2,544E-02	-9,60E-03	9,108E-03	-7,56E-03
	ICOL	1,960E-03	1,753E-02	-5,22E-02	5,859E-03	7,018E-02	-2,17E-02	0,204	0,730	2,586E-03	-1,27E-03	3,674E-03	-1,95E-02	-6,38E-02	1,328E-04	-3,96E-04
	IDAD	9,607E-03	-6,90E-02	6,949E-03	-1,08E-02	3,263E-02	5,658E-03	-5,10E-02	2,586E-03	4,896E-02	-9,34E-03	4,366E-03	-2,27E-03	9,422E-03	-3,89E-03	2,302E-03
	ILPG	-3,64E-03	2,134E-02	-6,73E-03	-9,95E-04	-6,89E-03	4,220E-03	1,861E-02	-1,27E-03	-9,34E-03	3,038E-02	9,971E-04	2,557E-04	-2,57E-03	7,102E-04	-5,42E-04
	IRPL	-1,31E-03	0,209	8,827E-03	4,189E-02	0,102	0,229	6,348E-02	3,674E-03	4,366E-03	9,971E-04	0,551	-7,22E-02	3,861E-02	-6,69E-03	4,417E-03
	PRPL	-5,53E-04	-2,31E-02	-1,33E-02	2,371E-02	-2,36E-03	-4,56E-02	2,544E-02	-1,95E-02	-2,27E-03	2,557E-04	-7,22E-02	0,289	-0,141	1,970E-02	-1,34E-02
	IALI	2,976E-03	3,665E-03	0,102	-7,14E-02	-5,07E-02	3,029E-02	-9,60E-03	-6,38E-02	9,422E-03	-2,57E-03	3,861E-02	-0,141	0,159	-1,35E-02	9,779E-03
	ILCO	-7,61E-04	2,541E-04	3,915E-03	1,512E-02	-1,10E-03	-1,80E-02	9,108E-03	1,328E-04	-3,89E-03	7,102E-04	-6,69E-03	1,970E-02	-1,35E-02	1,956E-02	-1,98E-02
	ILGE	5,754E-04	-2,81E-04	-1,21E-03	-7,60E-03	-1,84E-03	1,538E-02	-7,56E-03	-3,96E-04	2,302E-03	-5,42E-04	4,417E-03	-1,34E-02	9,779E-03	-1,98E-02	2,081E-02
Anti–image Correlation	ICOM	0,531[a]	-0,606	0,243	3,243E-02	0,133	-0,109	-0,425	3,416E-02	0,646	-0,983	-2,62E-02	-1,53E-02	0,111	-8,10E-02	5,938E-02
	ICOA	-0,606	0,228[a]	-0,120	2,033E-02	-4,84E-02	0,230	0,254	3,356E-02	-0,510	0,633	0,459	-7,04E-02	1,503E-02	2,970E-03	-3,19E-03
	ICAP	0,243	-0,120	0,724[a]	0,288	-0,227	-0,201	-9,47E-02	-0,122	6,284E-02	-0,244	2,379E-02	-4,94E-02	0,513	5,602E-02	-1,68E-02
	IEND	3,243E-02	2,033E-02	0,288	0,824[a]	5,784E-02	-0,143	-3,68E-02	9,907E-02	-7,06E-02	-2,61E-02	8,147E-02	6,369E-02	-0,258	0,156	-7,60E-02
	IRPG	0,133	-4,84E-02	-0,227	5,784E-02	0,515[a]	0,393	-1,16E-02	9,862E-02	0,177	-0,150	0,165	-5,27E-03	-0,153	-9,40E-03	-1,53E-02
	IIMR	-0,109	0,230	-0,201	-0,143	0,393	0,415[a]	0,201	-3,28E-02	3,311E-02	9,915E-02	0,399	-0,110	9,835E-02	-0,167	0,138
	ISIN	-0,425	0,254	-9,47E-02	-3,68E-02	-1,16E-02	0,201	0,329[a]	0,302	-0,291	0,427	0,108	5,983E-02	-3,05E-02	8,234E-02	-6,63E-02
	ICOL	3,416E-02	3,356E-02	-0,122	9,907E-02	9,862E-02	-3,28E-02	0,302	0,710[a]	1,368E-02	-2,71E-02	5,794E-03	-4,26E-02	-0,187	1,111E-03	-3,22E-03
	IDAD	0,646	-0,510	6,284E-02	-7,06E-02	0,177	3,311E-02	-0,291	1,368E-02	0,624[a]	-0,766	2,657E-02	-1,91E-02	0,107	-0,126	7,211E-02
	ILPG	-0,983	0,633	-0,244	-2,61E-02	-0,150	9,915E-02	0,427	-2,71E-02	-0,766	0,514[a]	2,437E-02	8,628E-03	-0,117	9,214E-02	-6,82E-02
	IRPL	-2,62E-02	0,459	2,379E-02	8,147E-02	0,165	0,399	0,108	5,794E-03	2,657E-02	2,437E-02	0,485[a]	-0,181	0,130	-6,44E-02	4,124E-02
	PRPL	-1,53E-02	-7,04E-02	-4,94E-02	6,369E-02	-5,27E-03	-0,110	5,983E-02	-4,26E-02	-1,91E-02	8,628E-03	-0,181	0,709[a]	-0,656	0,262	-0,173
	IALI	0,111	1,503E-02	0,513	-0,258	-0,153	9,835E-02	-3,05E-02	-0,187	0,107	-0,117	0,130	-0,656	0,639[a]	-0,242	0,170
	ILCO	-8,10E-02	2,970E-03	5,602E-02	0,156	-9,40E-03	-0,167	8,234E-02	1,111E-03	-0,126	9,214E-02	-6,44E-02	0,262	-0,242	0,571[a]	-0,979
	ILGE	5,938E-02	-3,19E-03	-1,68E-02	-7,60E-02	-1,53E-02	0,138	-6,63E-02	-3,22E-03	7,211E-02	-6,82E-02	4,124E-02	-0,173	0,170	-0,979	0,602[a]

a. Measures of Sampling Adequacy(MSA)

Figura 2.20 *Matriz anti-imagem.*

No nosso caso, o teste indicou um baixo poder de explicação entre fatores e as variáveis (0,569). Outro teste que pode ser visualizado nessa mesma tabela é o de esfericidade de Bartlett, que indica se existe relação suficiente entre os indicadores para aplicação da AF. Para que seja possível a aplicação da AF, recomenda-se que o valor de *Sig.* (teste de significância) não ultrapasse 0,05. Caso isso ocorra, é provável que a correlação dos indicadores seja muito pequena, o que impede a aplicação da AF. Se o valor de *Sig.* atingir 0,10, a AF é desaconselhável. Apesar de o teste de esfericidade indicar a possibilidade de aplicação da AF nas variáveis analisadas (0,000), preferiu-se aumentar o poder de explicação dos fatores retirando algumas variáveis da análise, buscando, assim, uma melhor associação entre as variáveis analisadas.

A escolha dos indicadores que, em um primeiro momento, ficariam fora da AF foi facilitada pela matriz de anti-imagem.

A Matriz Anti-imagem (Figura 2.20) indica o poder de explicação dos fatores em cada uma das variáveis analisadas. A diagonal da parte inferior da tabela (*Anti-image Correlation*) indica o MSA para cada uma das variáveis analisadas. Esses valores encontram-se na diagonal principal e são assinalados com a letra *a* sobrescrita. Os valores inferiores a 0,50 são considerados muito pequenos para análise e nesses casos indicam variáveis que podem ser retiradas da análise. Segundo esse critério, foram retirados da análise os indicadores: ICOA, IIMR1, ISIN2 e IRPL2.

Apesar de algumas variáveis possuírem pouca relação com os fatores, a maioria dos indicadores conseguiu (na tentativa com todos os indicadores) um poder de explicação alto, considerando todos os fatores obtidos (comunalidades). É claro que alguns obtiveram explicações razoáveis (abaixo de 0,70). Isso pode ser observado na tabela de **Communalities** (Figura 2.21).

Communalities

	Initial	Extraction
ICOM	1,000	0,971
ICOA	1,000	0,748
ICAP	1,000	0,853
IEND	1,000	0,736
IRPG	1,000	0,743
IIMR	1,000	0,750
ISIN	1,000	0,690
ICOL	1,000	0,688
IDAD	1,000	0,945
ILPG	1,000	0,990
IRPL	1,000	0,832
PRPL	1,000	0,765
IALI	1,000	0,908
ILCO	1,000	0,984
ILGE	1,000	0,977

Extraction Method: Principal Component Analysis.

Figura 2.21 *Comunalidades*.

Uma última análise que pode ser feita antes de se realizarem outros testes é o grau de explicação atingido pelos 6 fatores que foram calculados pela AF. Com relação a esse indicativo, apesar da fraca relação entre os fatores e algumas variáveis, o modelo consegue explicar quase 84% da variância dos dados originais, o que é muito bom. É possível observar isso na tabela total de Variância Explicada (*Total Variance Explained*) (Figura 2.22).

Total Variance Explained

Component	Initial Eigenvalues			Extraction Sums of Squared Loadings			Rotation Sums of Squared Loadings		
	Total	% of Variance	Cumulative %	Total	% of Variance	Cumulative %	Total	% of Variance	Cumulative %
1	4,007	26,712	26,712	4,007	26,712	26,712	3,005	20,030	20,030
2	2,764	18,424	45,136	2,764	18,424	45,136	2,863	19,087	39,117
3	1,681	11,207	56,344	1,681	11,207	56,344	2,130	14,198	53,315
4	1,566	10,443	66,787	1,566	10,443	66,787	1,594	10,624	63,939
5	1,469	9,791	76,577	1,469	9,791	76,577	1,528	10,186	74,125
6	1,091	7,276	83,853	1,091	7,276	83,853	1,459	9,728	83,853
7	0,650	4,334	88,187						
8	0,572	3,816	92,003						
9	0,457	3,045	95,048						
10	0,321	2,139	97,187						
11	0,227	1,513	98,699						
12	0,111	0,738	99,437						
13	7,244E-02	0,483	99,920						
14	1,020E-02	6,801E-02	99,988						
15	1,787E-03	1,192E-02	100,000						

Extraction Method: Principal Component Analysis.

Figura 2.22 *Total de variância explicada*.

Tentativa com 11 Indicadores

Retirados os quatro indicadores da análise (ICOA, IIMR1, ISIN2 e IRPL2), foi realizada uma segunda tentativa para se obter uma AF satisfatória.

KMO and Bartlett's Test

Kaiser-Meyer-Olkin Measure of Sampling Adequacy.		0,673
Bartlett's Test of Sphericity	Approx. Chi-Square	1444,31
	df	55
	Sig.	0,000

Figura 2.23 *Novo teste KMO e Bartlett: 11 indicadores.*

O teste de KMO (MSA) melhorou e passou para 0,673, o que é bem melhor do que os 0,569 atingidos na tentativa anterior. O teste de esfericidade continua validando a utilização da AF (Sig. < .05).

Apesar da melhora no teste de KMO, ocorreu uma piora significativa no poder de explicação do modelo. Percebe-se isso na tabela de comunalidades, que possui valores muito pequenos em algumas variáveis (IRPG e ICOL).

Communalities

	Initial	Extraction
ICOM	1,000	0,968
ICAP	1,000	0,794
IEND	1,000	0,628
IRPG	1,000	80,477E-02
ICOL	1,000	0,119
IDAD	1,000	0,939
ILPG	1,000	0,984
PRPL	1,000	0,750
IALI	1,000	0,905
ILCO	1,000	0,978
ILGE	1,000	0,973

Extraction Method: Principal Component Analysis.

Figura 2.24 *Comunalidades:11 indicadores.*

Além da tabela de comunalidades, a tabela de explicação das variâncias também demonstra uma queda de explicação do modelo. A segunda tentativa levou à criação de três fatores que explicam quase 74% da variação dos indicadores (houve uma perda de 10% no poder de explicação do modelo, já que na tentativa anterior o modelo explicava quase 84% das variações).

Perceba-se também que houve uma redução significativa do número de fatores entre a primeira e a segunda tentativa. Na primeira, pelo critério *Kaiser*, extraíram-se 6 fatores; com a eliminação das quatro variáveis, estes fatores caíram para 3 (utilizando o mesmo critério *Kaiser*).

Total Variance Explained

Component	Initial Eigenvalues			Extraction Sums of Squared Loadings			Rotation Sums of Squared Loadings		
	Total	% of Variance	Cumulative %	Total	% of Variance	Cumulative %	Total	% of Variance	Cumulative %
1	3,982	36,200	36,200	3,982	36,200	36,200	3,091	28,098	28,098
2	2,578	23,433	59,633	2,578	23,433	59,633	2,912	26,473	54,571
3	1,562	14,198	73,831	1,562	14,198	73,831	2,119	19,260	73,831
4	0,993	9,027	82,857						
5	0,974	8,856	91,713						
6	0,452	4,113	95,826						
7	0,254	2,312	98,139						
8	0,114	1,032	99,171						
9	7,659E-02	0,696	99,867						
10	1,058E-02	9,617E-02	99,963						
11	1,025E-03	3,660E-02	100,000						

Extraction Method: Principal Component Analysis.

Figura 2.25 Total de variância explicada: 11 indicadores

Como a perda de explicação foi significativa, e levando em consideração que existem alguns indicadores com uma baixa correlação com os fatores, fez-se uma nova análise na tabela de anti-imagem para verificar se existiam variáveis que poderiam estar prejudicando a análise.

		ICOM	ICAP	IEND	IRPG	ICOL	IDAD	ILPG	PRPL	IALI	ILCO	ILGE
Anti–image Covariance	ICOM	9,514E–03	9,327E–03	5,698E–04	7,660E–03	1,879E–02	1,064E–02	–7,86E–03	8,002E–04	4,206E–03	–8,06E–04	6,002E–04
	ICAP	9,327E–03	0,269	9,394E–02	–9,46E–02	–5,99E–02	–3,20E–03	–8,27E–03	–1,50E–02	0,113	2,487E–03	4,470E–04
	IEND	5,698E–04	9,394E–02	0,501	8,177E–02	6,546E–02	–1,94E–02	–6,17E–05	2,913E–02	–7,70E–02	1,413E–02	–5,95E–03
	IRPG	7,660E–03	–9,46E–02	8,177E–02	0,851	0,132	2,138E–02	–7,95E–03	2,694E–02	–8,49E–02	1,043E–02	–1,21E–02
	ICOL	1,879E–02	–5,99E–02	6,546E–02	0,132	0,812	3,117E–02	–1,60E–02	–3,79E–02	–6,62E–02	–5,68E–03	4,414E–03
	IDAD	1,064E–02	–3,20E–03	–1,94E–02	2,138E–02	3,117E–02	7,909E–02	–1,41E–02	2,381E–03	9,176E–03	–3,85E–03	1,725E–03
	ILPG	–7,86E–03	–8,27E–03	–6,17E–05	–7,95E–03	–1,60E–02	–1,41E–02	6,978E–03	–1,26E–03	–3,94E–03	8,773E–04	–6,64E–04
	PRPL	8,002E–04	–1,50E–02	2,913E–02	2,694E–02	–3,79E–02	2,381E–03	–1,26E–03	0,302	–0,144	1,915E–02	–1,27E–02
	IALI	4,206E–03	0,113	–7,70E–02	–8,49E–02	–6,62E–02	9,176E–03	–3,94E–03	–0,144	0,163	–1,30E–02	9,239E–03
	ILCO	–8,06E–04	2,487E–03	1,413E–02	1,043E–02	–5,68E–03	–3,85E–03	8,773E–04	1,915E–02	–1,30E–02	2,042E–02	–2,05E–02
	ILGE	6,002E–04	4,470E–04	–5,95E–03	–1,21E–02	4,414E–03	1,725E–03	–6,64E–04	–1,27E–02	9,239E–03	–2,05E–02	2,142E–02
Anti–image Correlation	ICOM	0,659[a]	0,184	8,252E–03	8,515E–02	0,214	0,388	–0,964	1,493E–02	0,107	–5,78E–02	4,204E–02
	ICAP	0,184	0,763[a]	0,256	–0,198	–0,128	–2,20E–02	–0,191	–5,27E–02	0,539	3,354E–02	5,887E–03
	IEND	8,252E–03	0,256	0,843[a]	0,125	0,103	–9,74E–02	–1,04E–03	7,490E–02	–0,270	0,140	–5,74E–02
	IRPG	8,515E–02	–0,198	0,125	0,537[a]	0,158	8,243E–02	–0,103	5,317E–02	–0,228	7,916E–02	–8,99E–02
	ICOL	0,214	–0,128	0,103	0,158	0,479[a]	0,123	–0,212	–7,65E–02	–0,182	–4,41E–02	3,347E–02
	IDAD	0,388	–2,20E–02	–9,74E–02	8,243E–02	0,123	0,806[a]	–0,599	1,541E–02	8,082E–02	–9,57E–02	4,191E–02
	ILPG	–0,964	–0,191	–1,04E–03	–0,103	–0,212	–0,599	0,625[a]	–2,73E–02	–0,117	7,349E–02	–5,43E–02
	PRPL	1,493E–02	–5,27E–02	7,490E–02	5,317E–02	–7,65E–02	1,541E–02	–2,73E–02	0,724[a]	–0,647	0,244	–0,157
	IALI	0,107	0,539	–0,270	–0,228	–0,182	8,082E–02	–0,117	–0,647	0,629[a]	–0,226	0,156
	ILCO	–5,78E–02	3,354E–02	0,140	7,916E–02	–4,41E–02	–9,57E–02	7,349E–02	0,244	–0,226	0,583[a]	–0,979
	ILGE	4,204E–02	5,887E–03	–5,74E–02	–8,99E–02	3,347E–02	4,191E–02	–5,43E–02	–0,157	0,156	–0,979	0,607[a]

a. Measures of Sampling Adequacy(MSA).

Figura 2.26 *Nova matriz anti-imagem: 11 indicadores.*

A análise da tabela de anti-imagem demonstrou a presença de outro indicador com explicação abaixo de 0,50 (ICOL). O indicador foi retirado da análise e uma nova tentativa foi realizada.

Tentativa com 10 indicadores

Depois de retirado mais um indicador, percebemos uma melhora significativa na explicação gerada pelo modelo em análise. Antes dessa discussão, cabe a avaliação dos testes iniciais que validam a AF.

O teste de KMO melhorou e foi para 0,677 (na tentativa anterior era 0,673). O teste de esfericidade continua validando a utilização da AF (Sig. < 0,05).

KMO and Bartlett's Test

Kaiser-Meyer-Olkin Measure of Sampling Adequacy.		0,677
Bartlett's Test of Sphericity	Approx. Chi-Square	1.427,836
	df	45
	Sig.	0,000

Figura 2.27   *Novo teste KMO e Bartlett: 10 indicadores.*

Os valores individuais de MSA indicam valores acima de 0,50, o que valida a utilização de todos os indicadores restantes na AF.

Anti-image Matrices

		ICOM	ICAP	IEND	IRPG	IDAD	ILPG	PRPL	IALI	ILCO	ILGE
Anti-image Covariance	ICOM	9,970E-03	1,141E-02	-1,00E-03	4,959E-03	1,055E-02	-8,22E-03	1,767E-03	6,218E-03	-7,08E-04	5,224E-04
	ICAP	1,141E-02	0,274	0,101	-8,85E-02	-9,33E-04	-1,01E-02	-1,82E-02	0,114	2,107E-03	7,867E-04
	IEND	-1,00E-03	0,101	0,507	7,377E-02	-2,25E-02	1,299E-03	3,272E-02	-7,49E-02	1,477E-02	-6,38E-03
	IRPG	4,959E-03	-8,85E-02	7,377E-02	0,873	1,700E-02	-5,76E-03	3,413E-02	-7,87E-02	1,167E-02	-1,32E-02
	IDAD	1,055E-02	-9,33E-04	-2,25E-02	1,700E-02	8,030E-02	-1,43E-02	3,917E-03	1,231E-02	-3,69E-03	1,581E-03
	ILPG	-8,22E-03	-1,01E-02	1,299E-03	-5,76E-03	-1,43E-02	7,308E-03	-2,11E-03	-5,67E-03	8,032E-04	-6,05E-04
	PRPL	1,767E-03	-1,82E-02	3,272E-02	3,413E-02	3,917E-03	-2,11E-03	0,304	-0,153	1,903E-02	-1,25E-02
	IALI	6,218E-03	0,114	-7,49E-02	-7,87E-02	1,231E-02	-5,67E-03	-0,153	0,169	-1,40E-02	9,939E-03
	ILCO	-7,08E-04	2,107E-03	1,477E-02	1,167E-02	-3,69E-03	8,032E-04	1,903E-02	-1,40E-02	2,046E-02	-2,05E-02
	ILGE	5,224E-04	7,867E-04	-6,38E-03	-1,32E-02	1,581E-03	-6,05E-04	-1,25E-02	9,939E-03	-2,05E-02	2,145E-02
Anti-image Correlation	ICOM	0,667[a]	0,219	-1,41E-02	5,317E-02	0,373	-0,963	3,211E-02	0,152	-4,96E-02	3,573E-02
	ICAP	0,219	0,760[a]	0,273	-0,181	-6,29E-03	-0,225	-6,32E-02	0,529	2,815E-02	1,027E-02
	IEND	-1,41E-02	0,273	0,846[a]	0,111	-0,111	2,135E-02	8,343E-02	-0,256	0,145	-6,12E-02
	IRPG	5,317E-02	-0,181	0,111	0,620[a]	6,424E-02	-7,21E-02	6,631E-02	-0,205	8,733E-02	-9,65E-02
	IDAD	0,373	-6,29E-03	-0,111	6,424E-02	0,816[a]	-0,591	2,508E-02	0,106	-9,11E-02	3,810E-02
	ILPG	-0,963	-0,225	2,135E-02	-7,21E-02	-0,591	0,631[a]	-4,47E-02	-0,162	6,569E-02	-4,83E-02
	PRPL	3,211E-02	-6,32E-02	8,343E-02	6,631E-02	2,508E-02	-4,47E-02	0,699[a]	-0,674	0,241	-0,155
	IALI	0,152	0,529	-0,256	-0,205	0,106	-0,162	-0,674	0,615[a]	-0,238	0,165
	ILCO	-4,96E-02	2,815E-02	0,145	8,733E-02	-9,11E-02	6,569E-02	0,241	-0,238	0,582[a]	-0,979
	ILGE	3,573E-02	1,027E-02	-6,12E-02	-9,65E-02	3,810E-02	-4,83E-02	-0,155	0,165	-0,979	0,607[a]

a. Measures of Sampling Adequacy(MSA)

Figura 2.28 *Nova matriz anti-imagem: 10 indicadores.*

O poder de explicação dos três fatores extraídos da AF aumentou para 80% (um aumento de 6 pontos percentuais em relação à tentativa anterior, mas continua inferior à primeira tentativa – 84%).

Total Variance Explained

Component	Initial Eigenvalues			Extraction Sums of Squared Loadings			Rotation Sums of Squared Loadings		
	Total	% of Variance	Cumulative %	Total	% of Variance	Cumulative %	Total	% of Variance	Cumulative %
1	3,965	39,646	39,646	3,965	39,646	39,646	3,076	30,759	30,759
2	2,517	25,172	64,818	2,517	25,172	64,818	2,852	28,522	59,281
3	1,561	15,613	80,431	1,561	15,613	80,431	2,115	21,150	80,431
4	0,976	9,763	90,194						
5	0,512	5,118	95,312						
6	0,260	2,597	97,909						
7	0,118	1,177	99,086						
8	7,659E-02	0,766	99,852						
9	1,058E-02	0,106	99,958						
10	4,221E-03	4,221E-02	100,000						

Extraction Method: Principal Component Analysis.

Figura 2.29 *Total de variância explicada: 10 indicadores.*

No entanto, ocorreu um problema na explicação de um dos indicadores. O IRPG não possui um relacionamento razoável com nenhum dos fatores resultantes da AF. A solução encontrada foi a exclusão desse indicador. A tabela de comunalidades demonstra o baixo relacionamento dos fatores com o indicador IRPG.

Communalities

	Initial	Extraction
ICOM	1,000	0,968
ICAP	1,000	0,825
IEND	1,000	0,652
IRPG	1,000	8,534E-02
IDAD	1,000	0,939
ILPG	1,000	0,984
PRPL	1,000	0,737
IALI	1,000	0,900
ILCO	1,000	0,980
ILGE	1,000	0,975

Extraction Method: Principal Component Analysis.

Figura 2.30 *Comunalidades: 10 indicadores.*

Tentativa com 9 indicadores

Depois de extrair o indicador IRPG, percebeu-se uma melhora no poder de explicação do modelo.

O teste de KMO ficou em 0,678 (maior do que a tentativa anterior, que era de 0,677). O teste de esfericidade continua inferior a 0,05, o que valida a utilização da AF.

KMO and Bartlett's Test

Kaiser-Meyer-Olkin Measure of Sampling Adequacy.		0,678
Bartlett's Test of Sphericity	Approx. Chi-Square	1418,575
	df	36
	Sig.	0,000

Figura 2.31 *Novo teste KMO e Bartlett: 9 indicadores.*

A matriz de anti-imagem que fornece o MSA para cada um dos indicadores apresenta valores superiores a 0,50 em todos os casos.

Anti-image Matrices

		ICOM	ICAP1	IEND1	IDAD2	ILPG2	PRPL3	IALI3	ILCO4	ILGE4
Anti-image Covariance	ICOM	9,998E-03	1,236E-02	-1,44E-03	1,053E-02	-8,25E-03	1,584E-03	6,978E-03	-7,83E-04	6,048E-04
	ICAP	1,236E-02	0,283	0,114	8,226E-04	-1,11E-02	-1,53E-02	0,114	3,428E-03	-5,77E-04
	IEND	-1,44E-03	0,114	0,513	-2,43E-02	1,818E-03	3,034E-02	-7,22E-02	1,406E-02	-5,38E-03
	IDAD	1,053E-02	8,226E-04	-2,43E-02	8,064E-02	-1,43E-02	3,279E-03	1,451E-02	-3,97E-03	1,863E-03
	ILPG	-8,25E-03	-1,11E-02	1,818E-03	-1,43E-02	7,346E-03	-1,90E-03	-6,50E-03	8,916E-04	-7,03E-04
	PRPL	1,584E-03	-1,53E-02	3,034E-02	3,279E-03	-1,90E-03	0,305	-0,157	1,880E-02	-1,22E-02
	IALI	6,978E-03	0,114	-7,22E-02	1,451E-02	-6,50E-03	-0,157	0,176	-1,36E-02	9,219E-03
	ILCO	-7,83E-04	3,428E-03	1,406E-02	-3,97E-03	8,916E-04	1,880E-02	-1,36E-02	2,062E-02	-2,07E-02
	ILGE	6,048E-04	-5,77E-04	-5,38E-03	1,863E-03	-7,03E-04	-1,22E-02	9,219E-03	-2,07E-02	2,165E-02
Anti-image Correlation	ICOM	0,662^a	0,232	-2,01E-02	0,371	-0,963	2,869E-02	0,166	-5,45E-02	4,111E-02
	ICAP	0,232	0,766^a	0,299	5,446E-03	-0,243	-5,22E-02	0,511	4,489E-02	-7,37E-03
	IEND	-2,01E-02	0,299	0,848^a	-0,120	2,961E-02	7,672E-02	-0,240	0,137	-5,10E-02
	IDAD	0,371	5,446E-03	-0,120	0,814^a	-0,589	2,091E-02	0,122	-9,73E-02	4,460E-02
	ILPG	-0,963	-0,243	2,961E-02	-0,589	0,625^a	-4,02E-02	-0,181	7,245E-02	-5,57E-02
	PRPL	2,869E-02	-5,22E-02	7,672E-02	2,091E-02	-4,02E-02	0,702^a	-0,676	0,237	-0,150
	IALI	0,166	0,511	-0,240	0,122	-0,181	-0,676	0,629^a	-0,226	0,149
	ILCO	-5,45E-02	4,489E-02	0,137	-9,73E-02	7,245E-02	0,237	-0,226	0,582^a	-0,979
	ILGE	4,111E-02	-7,37E-03	-5,10E-02	4,460E-02	-5,57E-02	-0,150	0,149	-0,979	,607^a

a. Measures of Sampling Adequacy(MSA).

Figura 2.32 *Matriz anti-imagem: 9 indicadores.*

O somatório do quadrado dos relacionamentos dos fatores com as variáveis se apresenta de forma bastante razoável (a maioria das comunalidades acima de 0,80).

Communalities

	Initial	Extraction
ICOM	1,000	0,973
ICAP	1,000	0,823
IEND	1,000	0,651
IDAD	1,000	0,946
ILPG	1,000	0,988
PRPL	1,000	0,738
IALI	1,000	0,898
ILCO	1,000	0,984
ILGE	1,000	0,978

Extraction Method: Principal Component Analysis.

Figura 2.33 *Comunalidades: 9 indicadores.*

Além disso, os três fatores extraídos na AF explicam quase 89% das variações dos indicadores que participam da análise (melhor até do que a primeira tentativa de 84%).

Total Variance Explained

Component	Initial Eigenvalues			Extraction Sums of Squared Loadings			Rotation Sums of Squared Loadings		
	Total	% of Variance	Cumulative %	Total	% of Variance	Cumulative %	Total	% of Variance	Cumulative %
1	3,909	43,435	43,435	3,909	43,435	43,435	2,981	33,119	33,119
2	2,509	27,881	71,316	2,509	27,881	71,316	2,857	31,743	64,862
3	1,561	17,347	88,663	1,561	17,347	88,663	2,142	23,801	88,663
4	0,544	6,040	94,704						
5	0,262	2,911	97,615						
6	0,123	1,365	98,980						
7	7,685E-02	0,854	99,834						
8	1,069E-02	0,119	99,953						
9	4,236E-03	4,707E-02	100,000						

Extraction Method: Principal Component Analysis.

Figura 2.34 *Total de variância explicada: 9 indicadores.*

Desta forma, acredita-se ter chegado a um grau de relacionamento e explicação das variáveis capaz de ser útil na avaliação das seguradoras.

Cabe agora ao pesquisador identificar quais indicadores fazem parte de cada um dos fatores.

A tabela *Component Matrix* (Figura 2.35) permite verificar qual dos fatores melhor explica cada um dos indicadores considerados.

Component Matrix[a]

	Component		
	1	2	3
ICOM	0,832	0,335	0,412
ICAP	0,569	-0,679	0,197
IEND	-0,511	0,521	0,345
IDAD	0,857	0,308	0,343
ILPG	0,838	0,333	0,418
PRPL	-0,535	0,603	0,296
IALI	-0,458	0,829	-2,08E-02
ILCO	0,585	0,454	-0,660
ILGE	0,598	0,448	-0,647

Extraction Method: Principal Component Analysis.

a. 3 components extracted.

Figura 2.35 Component Matrix.

Percebe-se, no entanto, que essa matriz causa dúvidas quanto à composição de cada fator, na medida em que existem valores de explicação muito próximos em alguns casos (ICAP, IEND, PRPL, ILCO e ILGE). Nestes casos, cabe a verificação dos valores após a aplicação da rotação dos fatores, nesse exemplo é feito pelo critério **Varimax** (Figura 2.36).

Rotated Component Matrix[a]

	Component		
	1	2	3
ICOM	0,970	−7,95E−02	0,159
ICAP	0,303	−0,830	−0,206
IEND	−4,87E−03	0,760	−0,271
IDAD	0,941	−0,127	0,213
ILPG	0,978	−8,34E−02	0,156
PRPL	−2,24E−02	0,833	−0,207
IALI	−6,79E−02	0,929	0,175
ILCO	0,217	−3,47E−02	0,967
ILGE	0,232	−4,41 E−02	0,960

Extraction Method: Principal Component Analysis.

Rotation Method: Varimax with Kaiser Normalization.

a. Rotation converged in 5 iterations.

Figura 2.36 Rotated Component Matrix.

A matriz, após a rotação dos fatores (*Rotated Component Matrix*), já permite uma classificação mais precisa dos indicadores em cada um dos fatores. Assim, podemos concluir que:

- O **Fator 1** é composto por ICOM, IDAD e ILPG.
- O **Fator 2** é composto por ICAP, IEND, PRPL e IALI.
- O **Fator 3** é composto por ILCO e ILGE.

Depois de identificada a composição dos fatores, é necessário verificar se é possível interpretar essa composição. No nosso modelo, foi possível interpretar o primeiro fator como sendo o "Controle das Despesas Operacionais"; o segundo fator pode ser interpretado como sendo um indicativo de "Alavancagem" e o terceiro, de "Liquidez."

Considerações sobre os indicadores excluídos da análise

Os indicadores que foram excluídos da análise passaram por uma série de testes para verificar se era possível criar agrupamentos que pudessem resultar em outros fatores, que, isolados dos três inicialmente identificados, comporiam o modelo de avaliação das seguradoras.

No entanto, os resultados não foram satisfatórios. Em nenhum dos testes realizados, o KMO ultrapassou o valor de 0,54 (na maioria dos casos era menor que 0,50), um valor muito próximo da linha de rejeição dos dados para aplicação da AF.

Em função disso, os demais indicadores não farão parte do modelo em análise.

Considerações sobre os fatores

A seguir são feitos alguns comentários sobre os agrupamentos realizados pela AF e como eles podem ser entendidos na melhoria dos instrumentos de avaliação das seguradoras.

- **Fator 1: Controle das despesas operacionais**

O fator que sugere um maior "Controle das Despesas Operacionais" é responsável por 33,11% da variância explicada. Esse fator é representado pelos indicadores:

> **ICOM** (Índice Combinado): representa o desempenho das operações da empresa antes do resultado financeiro. Apresenta o percentual de sinistros, despesas comerciais e administrativas sobre os prêmios ganhos. Quanto maior o valor dessas despesas sobre o total dos prêmios ganhos, menos recursos sobram para investimentos e para aumento da capacidade de assumir um maior volume de riscos (prêmios).

> **IDAD** (Índice de Despesas Administrativas): analogamente ao anterior, este indicador representa a importância assumida pelas despesas administrativas nas empresas seguradoras.

> **ILPG** (Índice de Lucratividade sobre Prêmio Ganho): descreve quanto do total dos prêmios ganhos a empresa conseguiu transformar em lucro. O controle rigoroso do volume de despesas operacionais (sinistralidades, comerciais e administrativas) irá determinar parte importante da lucratividade das empresas seguradoras.

- **Fator 2: Alavancagem**

O fator "Alavancagem" é responsável por 31,74% da variância explicada. Esse fator é representado pelos indicadores:

> **ICAP** (Índice de Captações): avalia a participação do capital próprio sobre o total de ativo investido na empresa.

> **IEND** (Índice de Endividamento): indica a participação do capital de terceiros em comparação com o capital próprio empregado.

> **PRPL** (Prêmios Retidos sobre Patrimônio Líquido): indica o grau de alavancagem decorrente do resultado líquido do negócio (após considerado o resseguro aceito e cedido) em relação ao patrimônio líquido.

IALI (Índice de Alavancagem Líquida): considera o somatório dos prêmios retidos com o passivo circulante sobre o patrimônio líquido. Mede a exposição da companhia aos erros na estimativa da provisão de sinistros a liquidar.

Os dois primeiros indicadores podem causar estranheza quanto à sua classificação com os indicadores para avaliação da Alavancagem. No entanto, como as empresas devem, preferencialmente, recorrer a empréstimos (capital de terceiros) quando a taxa de retorno do negócio é maior que o custo da dívida, justifica-se, neste caso, a importância de se analisar até que ponto é interessante para as seguradoras depender de capitais de terceiros levando em consideração sua taxa de retorno e o custo de suas dívidas (Alavancagem).

• *Fator 3: Liquidez*

O fator "Liquidez" é responsável por 23,80% da variância explicada. Este fator é representado pelos indicadores:

ILCO (Índice de Liquidez Corrente): mede a proporção entre o disponível (ou valores de realização de curto prazo) em relação às dívidas de curto prazo.

ILGE (Índice de Liquidez Geral): esse indicador mede a capacidade de pagamento das dívidas de curto e de longo prazo de acordo com o total de realizáveis também de curto e de longo prazo.

Os indicadores de liquidez são importantes para seguradoras na medida em que representam sua capacidade de resposta a saídas de caixa provenientes da ocorrência de sinistros.

Cálculo dos escores

Ressalta-se que os indicadores latentes (fatores) podem ser transformados em novos indicadores (*Controle das Despesas Operacionais, Alavancagem e Liquidez*) para cada uma das seguradoras que participaram da pesquisa. Para isso, basta multiplicar os *Scores* apresentados na tabela ***Component Score Coefficient Matrix*** em cada um dos casos (seguradoras). O SPSS faz esse cálculo e permite salvar os resultados para análises posteriores.

Component Score Coefficient Matrix

	Component		
	1	2	3
ICOM	0,355	0,047	−0,067
ICAP	0,087	−0,281	−0,154
IEND	0,100	0,279	−0,145
IDAD	0,331	0,027	−0,033
ILPG	0,358	0,046	−0,069
PRPL	0,089	0,305	−0,108
IALI	0,019	0,336	0,101
ILCO	−0,067	0,002	0,479
ILGE	−0,060	0,000	0,473

Extraction Method: Principal Component Analysis.

Rotation Method: Varimax with Kaiser Normalization.

Figura 2.37 Component Score Coefficient Matrix.

Limitações do estudo

Em primeiro lugar, é necessário esclarecer aos pesquisadores que farão uso da AF que, pelo fato de essa técnica utilizar como principal fonte para seus cálculos uma matriz de correlação, ela se torna vulnerável à situação de **correlação espúria**. Dessa forma, a qualidade das informações geradas terá direta relação com a qualidade das informações que são submetidas à AF. A fase de análise dos dados, nesse caso, deve ser criteriosa para se obter um bom resultado com a AF.

Dessa forma, mais do que determinar que indicadores que devem ser utilizados para avaliação dos resultados de uma seguradora, a metodologia apresentada pode ser utilizada como forma de análise de um conjunto de variáveis, numéricas ou não, no intuito de determinar sua importância na explicação das variáveis envolvidas.

2.8 Pressupostos da análise fatorial

Segundo Hair et al. (1998, p. 99), os pressupostos que regem a AF são mais conceituais do que estatisticamente comprovados. Os pressupostos de normalidade multivariada, multicolinearidade e linearidade impactam a AF no grau em que interferem na observação das correlações entre as variáveis.

A hipótese da normalidade é assumida pela AF dependendo do método utilizado para extração dos fatores. Por exemplo, um dos métodos para extração é o da **máxima verossimilhança**; este é um método que assume que as variáveis envolvidas no estudo seguem uma distribuição normal. No entanto, a **análise de componentes principais** não possui essa restrição.

A multicolinearidade é, de certa forma, importante para AF, pois essa técnica tem como objetivo a identificação de relacionamentos entre variáveis. E esses relacionamentos só existem se houver certo grau de multicolinearidade.

Outros detalhes importantes na avaliação da AF são os seguintes:

- Maioria das correlações acima de 0,30;
- Baixos valores nas correlações parciais ou anti-imagem;
- *Bartlett Test of Sphericity* (Significância < 0,05);
- *Measure of Sampling Adequacy* (MSA) maior que 0,50;
- Existência de uma estrutura que une as variáveis do estudo.

2.9 Resumo

A utilização da AF é recomendada quando o pesquisador está diante de uma amostra com um número elevado de casos e diversas variáveis associadas. Esse tipo de situação leva o pesquisador a dois tipos de problemas:

- Como avaliar os casos da amostra diante de todas as variáveis a eles associadas?
- Existem variáveis com maior importância na explicação dos fenômenos de interesse?

A aplicação bem-sucedida de uma AF tende a diminuir esses dois problemas na medida em que:

- Reduz o número de variáveis analisadas sem grandes perdas de informação. Evidentemente, isso facilita a análise dos dados.
- Indica a existência de estruturas subjacentes, as quais permitem que o pesquisador faça inferências sobre os dados e seus agrupamentos. Isso facilita a indicação dos fatores ou variáveis mais importantes na avaliação dos elementos da pesquisa.

Os principais objetivos de uma AF são:

- Reduzir um grande número de variáveis a um número menor de fatores para elaboração de modelos em que o número de variáveis originais é um impeditivo para sua elaboração.

- Seleção de uma ou algumas variáveis dentro de um grupo maior de variáveis, baseada na sua maior correlação com os fatores.
- Montagem de fatores ortogonais entre si para serem utilizados por outras técnicas de análise de dados que não permitem a correlação entre variáveis.
- Para identificar agrupamento de casos (*Cluster*).

Uma AF pode ser considerada bem-sucedida quando, ao reduzir o número de elementos a serem tratados em um conjunto inicial de dados, ela cria condição de interpretabilidade dos relacionamentos entre as variáveis ou casos do estudo.

2.10 Questões propostas

1. Como a AF pode ser útil para outras técnicas de análise de dados?
2. Quais são as principais aplicações da AF?
3. Como definiria o que é um fator?
4. Qual o objetivo da rotação?
5. Qual a diferença entre a rotação ortogonal e oblíqua?
6. Que tipo de análise AF deve ser realizada para se agruparem casos baseados em um conjunto de variáveis?
7. Qual a lógica do critério **Kaiser** para determinação do número dos fatores?
8. Qual o objetivo do teste de esfericidade?
9. Defina cargas fatoriais, autovalor e comunalidades.

2.11 Exercício resolvido

Uma empresa do ramo de calçados populares gostaria de entender melhor a forma de relacionamento de algumas variáveis e como este relacionamento pode interferir na condução de seu negócio. Para isso, resolveu encomendar uma pesquisa com outras empresas do ramo para identificar a importância de algumas variáveis.

As variáveis que fizeram parte da pesquisa foram:

$v1 \rightarrow$ Automação

$v2 \rightarrow$ Crescimento do PIB

$v3 \rightarrow$ Parceria com os fornecedores

v4→ Novos concorrentes

v5→ Diversidade de produtos

v6→ Controle de despesas

v7→ Câmbio

v8→ Estabilidade econômica

A pesquisa era respondida por uma escala de concordância:

1 → Não interfere

2 → Interfere pouco

3 → Interfere

4 → Interfere muito

5 → Fundamental

Os resultados da pesquisa foram:

Empresas	v1	v2	v3	v4	v5	v6	v7	v8
C1	4	1	2	2	2	4	1	3
C2	4	1	2	2	2	4	1	3
C3	2	2	1	3	1	3	2	4
C4	5	4	3	3	3	5	2	4
C5	4	2	3	3	1	3	2	4
C6	4	2	2	3	3	4	2	4
C7	5	3	3	4	5	5	4	5
C8	2	1	1	4	6	3	5	5
C9	3	2	1	3	3	5	2	4
C10	4	2	2	3	1	3	2	4
C11	3	2	1	3	1	3	2	4
C12	3	2	1	3	2	4	6	4
C13	3	3	1	4	2	4	3	5
C14	3	3	1	4	2	4	3	5
C15	5	3	3	4	1	3	3	5
C16	3	1	1	2	2	4	1	3
C17	3	3	1	4	2	4	3	5
C18	5	2	3	3	3	5	2	4
C19	3	3	1	4	1	3	3	5
C20	3	2	1	3	3	5	2	4
C21	3	2	1	2	3	5	3	2
C22	4	3	2	3	1	3	2	3
C23	4	5	2	4	1	3	3	5
C24	4	3	2	4	3	5	3	5
C25	4	2	2	3	2	4	2	4
C26	4	3	2	4	3	5	3	5
C27	5	3	3	4	2	4	3	5
C28	5	3	3	4	2	4	3	5
C29	4	3	2	4	2	4	3	5
C30	5	3	3	4	2	4	3	5

Pede-se:

1. Faça uma AF e avalie o seu resultado (teste de esfericidade, KMO e KMO individual, total de variância explicada e comunalidades) e comente sobre a aderência da referida técnica à solução deste caso.

2. Qual sua conclusão sobre os fatores encontrados para este caso?

Resposta:

1. O caso da empresa de calçados resultou em um KMO de 0,665. Portanto, está acima do nível de 0,500, que é um dos limitadores da aplicação da AF. O teste de esfericidade também ficou abaixo do valor considerado como limite (0,05). Os valores de MSA individuais na tabela de anti-imagem estão na sua maioria acima de 0,500. As comunalidades estão entre 0,651 e 0,891. A variância total explicada pelos três fatores (extraídos pelo critério Kaiser) é de quase 77%. Estes números são considerados satisfatórios, o que nos permite aprofundar as análises sobre os fatores gerados pela AF. A seguir são apresentadas as tabelas produzidas pela AF.

KMO and Bartlett's Test

Kaiser–Meyer–Olkin Measure of Sampling Adequacy.		0,665
Bartlett's Test of Sphericity	Approx. Chi-Square	89,201
	df	28
	Sig.	0,000

Anti-image Matrices

		AUTO	PIB	FORN	CONC	DIVP	DESP	CAMB	EECO
Anti-image Covariance	AUTO	0,677	-3,40E-02	-0,319	-2,28E-03	1,055E-02	-1,54E-02	-6,29E-02	5,667E-02
	PIB	-3,40E-02	0,483	8,836E-03	-1,34E-02	-6,76E-02	8,803E-02	-0,139	-8,91E-03
	FORN	-0,319	8,836E-03	0,676	-0,143	-8,16E-02	4,766E-03	6,174E-02	-1,58E-02
	CONC	-2,28E-03	-1,34E-02	-0,143	0,462	4,854E-02	1,949E-03	-0,159	4,034E-02
	DIVP	1,055E-02	-6,76E-02	-8,16E-02	4,854E-02	0,468	-0,331	3,807E-03	-3,36E-02
	DESP	-1,54E-02	8,803E-02	4,766E-03	1,949E-03	-0,331	0,472	-4,66E-02	6,398E-02
	CAMB	-6,29E-02	-0,139	6,174E-02	-0,159	3,807E-03	-4,66E-02	0,215	-0,176
	EECO	5,667E-02	-8,91E-03	-1,58E-02	4,034E-02	-3,36E-02	6,398E-02	-0,176	0,415
Anti-image Correlation	AUTO	0,668[a]	-5,94E-02	-0,472	-4,07E-03	1,875E-02	-2,73E-02	-0,165	0,107
	PIB	-5,94E-02	0,821[a]	1,546E-02	-2,83E-02	-0,142	0,184	-0,433	-1,99E-02
	FORN	-0,472	1,546E-02	0,546[a]	-0,255	-0,145	8,436E-03	0,162	-2,99E-02
	CONC	-4,07E-03	-2,83E-02	-0,255	0,769[a]	0,104	4,173E-03	-0,505	9,218E-02
	DIVP	1,875E-02	-0,142	-0,145	0,104	0,513[a]	-0,704	1,200E-02	-7,64E-02
	DESP	-2,73E-02	0,184	8,436E-03	4,173E-03	-0,704	,484[a]	-0,146	0,145
	CAMB	-0,165	-0,433	0,162	-0,505	1,200E-02	-0,146	0,657[a]	-0,591
	EECO	0,107	-1,99E-02	-2,99E-02	9,218E-02	-7,64E-02	0,145	-0,591	0,738[a]

a. Measures of Sampling Adequacy(MSA).

Communalities

	Initial	Extraction
AUTO	1,000	0,724
PIB	1,000	0,673
FORN	1,000	0,775
CONC	1,000	0,651
DIVP	1,000	0,857
DESP	1,000	0,853
CAMB	1,000	0,891
EECO	1,000	0,719

Extraction Method: Principal Component Analysis.

Total Variance Explained

Component	Initial Eigenvalues			Extraction Sums of Squared Loadings			Rotation Sums of Squared Loadings		
	Total	% of Variance	Cumulative %	Total	% of Variance	Cumulative %	Total	% of Variance	Cumulative %
1	3,070	38,374	38,374	3,070	38,374	38,374	2,849	35,612	35,612
2	1,816	22,701	61,075	1,816	22,701	61,075	1,715	21,437	57,049
3	1,256	15,702	76,777	1,256	15,702	76,777	1,578	19,728	76,777
4	0,533	6,660	83,437						
5	0,471	5,892	89,329						
6	0,442	5,525	94,854						
7	0,265	3,308	98,162						
8	0,147	1,838	100,000						

Extraction Method: Principal Component Analysis.

2. A AF resultou em 3 fatores. O primeiro fator agrupa os indicadores: PIB, novos concorrentes, câmbio e estabilidade econômica. O segundo agrupa: diversidade de produtos e despesas. O último fator é composto por automação e parceria com fornecedores.

Rotated Component Matrix[a]

	Component		
	1	2	3
AUTO	0,203	4,514E–02	0,825
PIB	0,816	7,490E–03	8,144E–02
FORN	1,258E–02	0,121	0,872
CONC	0,738	–4,79E–02	0,323
INCE	6,847E–02	0,918	9,199E–02
DESP	–3,64E–02	0,920	7,036E–02
CAMB	0,935	7,488E–02	0,102
EECO	0,846	1,214E–02	–5,57E–02

Extraction Method: Principal Component Analysis.
Rotation Method: Varimax with Kaiser Normalization.

a. Rotation converged in 5 iterations.

O primeiro fator pode ser denominado de "Mercado". É composto por variáveis externas à empresa e que possuem diferentes graus de interferência no negócio. A empresa pode elaborar sistemas de informações para monitorar o nível de interferência de cada variável em suas atividades e, em seguida, com base em um histórico, iniciar projeções de resultado baseando-se em simulações das variáveis. A empresa pode também escolher um dos indicadores dentre os que compõem este fator para monitorá-lo.

O segundo fator pode ser denominado de "Produção". Este está diretamente associado à capacidade da empresa em encontrar um equilíbrio entre a diversidade de produtos postos à disposição do cliente e o controle do nível de despesas (ou custos) associado aos produtos. Este fator chama atenção para dois pontos críticos no mercado de calçados populares: o custo de produção e até que ponto o público-alvo é sensível à diversificação da produção. A empresa deve despender esforços para conhecer seu público-alvo e simular demandas diferenciadas para identificar os pontos ótimos de capacidade de produção e diversificação.

O terceiro fator é composto pelos indicadores automação e parceria com fornecedores, como mencionamos. Este fator é muito interessante e pode ser entendido de diversas formas. Denominaremos este fator de "Estratégias de Fabricação". Basicamente, o que ele informa é que o mercado de calçados ou as empresas calçadistas se preocupam com a definição do formato que o processo de fabricação possui. A empresa precisa definir qual será a participação dos fornecedores no

Análise Fatorial **125**

processo de fabricação. As estratégias envolvendo fornecedores são muitas e vão desde o simples fornecimento de matéria-prima, passando pelo repasse de parte do processo de produção, podendo chegar ao extremo de terceirização de todo o processo produtivo. Tendo a "estratégia de fabricação" como fio condutor das decisões, a empresa define o seu grau de automação fabril e, obviamente, levará em consideração o balanceamento entre despesas e diversidade de produtos comentados anteriormente.

Perceba-se que o objetivo da execução da AF neste caso foi o de gerar subsídios para análise da estrutura subjacente, fruto do relacionamento entre as variáveis associadas ao negócio de calçados.

2.12 Exercício proposto

Um pesquisador está interessado em definir que aspectos da formação do pós-graduando são priorizados pelos cursos de pós-graduação. Para isso realizou uma pesquisa com os alunos matriculados nos cursos de Mestrado e Doutorado de sua universidade. A pesquisa foi composta pelas seguintes questões:[4]

Q01 → Adquiri responsabilidade em relação ao meu próprio aprendizado.

Q02 → Passei a frequentar outros espaços culturais como exposições, museus e teatros.

Q03 → Aprendi a administrar meu tempo, dividindo-o entre as atividades de lazer, de trabalho e de estudo.

Q04 → Adquiri postura, comportamento e habilidades necessárias ao desempenho da profissão que escolhi.

Q05 → Tornei-me uma pessoa crítica com capacidade para analisar e contrapor diferentes pontos de vista e opiniões.

Q06 → Passei a entender e a lidar com sistemas administrativos e burocráticos.

Q07 → Passei a ler mais livros de assuntos genéricos.

Q08 → Passei a ler mais livros de assuntos relacionados ao curso escolhido.

Q09 → Aprendi a examinar e sintetizar vários tipos de informações e experiências.

Q10 → Passei a frequentar bibliotecas e livrarias.

Q11 → Desenvolvi a capacidade de me relacionar com outras pessoas e trabalhar em equipe.

---

4 Exercício adaptado de Godoy, Santos e Moura (2001).

Q12 → Passei a aplicar na vida prática aquilo que aprendi em sala de aula.

Q13 → Aprendi a analisar situações e a tomar decisões.

Q14 → Tornei-me uma pessoa autônoma, com pensamentos próprios.

Q15 → Ampliei o meu conhecimento sobre as matérias ensinadas.

Q16 → Desenvolvi habilidades de oratória e fluência verbal que facilitam minha comunicação com outras pessoas.

Q17 → Aprendi a estudar e pesquisar de maneira independente.

O pesquisador está interessado em avaliar se os cursos se preocupam apenas em formar um profissional da área acadêmica focado apenas em aspectos técnicos ligados à sua área de estudo, ou se os cursos primam pela formação de profissionais capazes de entender um problema sob diversas perspectivas (financeira, econômica, social etc.).

Os resultados da pesquisa estão na tabela a seguir.

Pede-se:

1. Faça e avalie o resultado da AF (teste de esfericidade, KMO e KMO individual, total de variância explicada e comunalidades) e comente sobre a aderência da AF à solução deste caso (se necessário, elimine variáveis para concluir a análise dos agrupamentos sugeridos pela AF).

2. Supondo que o pesquisador escolha o método *Kaiser* como critério para determinação do número de fatores, quais suas conclusões sobre os resultados fornecidos pela AF?

Alunos	Q1	Q2	Q3	Q4	Q5	Q6	Q7	Q8	Q9	Q10	Q11	Q12	Q13	Q14	Q15	Q16	Q17
C1	2	4	2	1	1	3	2	2	2	3	2	2	2	1	2	1	4
C2	2	3	5	4	3	1	2	2	2	3	3	3	3	3	3	1	4
C3	2	3	3	2	2	3	3	2	2	3	3	2	2	2	2	2	3
C4	1	4	2	1	1	4	2	2	1	1	2	2	1	1	1	1	1
C5	2	2	2	2	3	4	1	2	2	1	2	2	3	2	1	1	5
C6	2	3	5	3	1	4	2	2	1	4	3	2	2	1	3	4	3
C7	4	4	4	3	4	5	3	3	1	3	2	4	3	4	3	1	4
C8	1	1	2	1	3	3	1	1	1	1	2	3	1	1	1	1	5
C9	3	2	3	4	3	4	2	3	2	3	2	2	3	2	4	1	3
C10	2	2	3	3	1	2	1	1	2	3	2	1	2	2	1	1	3
C11	1	2	2	1	2	1	1	1	1	4	2	2	2	1	3	1	3
C12	1	2	1	1	1	2	1	1	1	1	2	1	1	1	1	1	3
C13	1	2	1	1	1	4	1	1	1	3	1	1	3	2	1	1	4
C14	3	3	2	1	3	2	3	3	3	2	3	2	4	4	1	3	1
C15	3	2	4	2	5	2	4	3	2	2	4	4	1	1	5	5
C16	1	3	3	5	3	2	2	4	2	5	5	5	3	3	1	4	4
C17	5	5	1	4	5	1	4	3	2	2	2	2	4	4	4	1	1
C18	3	5	4	1	2	3	1	5	2	3	2	3	1	3	2	5	1
C19	3	5	3	4	4	4	2	3	4	1	5	2	2	2	5	2	2
C20	3	1	2	2	4	2	5	4	2	1	4	5	5	3	3	4	1
C21	1	1	2	1	4	1	5	1	4	5	1	1	3	5	2	2	2
C22	5	1	1	5	4	3	1	3	1	4	2	1	4	5	3	5	2
C23	2	3	4	5	4	1	2	4	4	4	3	3	2	4	1	3	4
C24	1	5	5	1	4	3	2	3	4	3	5	1	4	1	4	3	3
C25	5	5	2	3	5	5	1	3	5	2	3	4	4	3	3	1	5
C26	4	4	1	4	5	3	2	5	4	1	1	4	3	4	1	1	4
C27	1	2	5	3	1	5	4	2	4	5	1	5	2	3	3	2	3
C28	1	4	4	5	1	4	5	5	2	1	3	3	2	3	2	4	5
C29	4	1	5	4	4	2	4	2	3	4	5	3	5	4	2	5	5
C30	5	5	2	3	2	4	5	4	1	5	1	2	2	2	2	4	1
C31	4	1	4	2	1	5	1	3	2	4	4	4	2	3	3	5	3
C32	5	4	1	3	3	5	1	3	3	2	4	1	4	5	3	3	2
C33	3	5	1	2	4	2	2	3	5	1	1	2	1	3	2	1	4
C34	3	1	2	1	2	1	3	3	3	1	2	2	4	3	5	3
C35	1	3	2	3	2	5	2	5	5	2	5	2	5	5	3	5	5
C36	2	2	4	3	2	3	3	1	4	4	3	1	1	4	3	4	3
C37	2	3	5	5	2	2	1	1	2	3	5	5	4	1	3	3	1
C38	2	3	2	3	2	2	4	4	3	4	5	3	1	2	5	4	4
C39	1	2	1	1	4	4	4	2	4	4	4	3	4	5	4	5	5
C40	3	3	1	2	3	3	4	3	1	1	3	4	3	3	4	4	4
C41	4	3	1	1	2	1	5	4	1	1	1	4	3	5	2	3	4
C42	2	3	4	5	4	1	4	3	4	5	1	5	5	3	2	3	5
C43	1	2	3	2	1	1	4	1	2	2	1	3	3	3	2	1	5
C44	5	5	5	5	2	5	4	3	1	1	5	2	2	1	5	4	2
C45	4	5	3	5	1	3	4	4	4	5	2	3	4	1	3	2	4
C46	5	5	3	5	2	1	4	2	5	5	4	5	2	1	4	1	3
C47	1	2	5	1	5	4	2	4	2	2	2	4	4	3	4	5	4
C48	3	3	1	4	3	2	3	2	4	5	1	3	3	4	3	3	5
C49	4	1	5	3	1	1	4	2	5	4	4	4	4	3	4	1	2
C50	1	5	2	3	2	1	3	1	2	5	4	4	2	3	5	3	2

Bibliografia

ARTES, Rinaldo. Aspectos estatísticos da análise fatorial de escalas de avaliação. *Revista de Psiquiatria Clínica*, nº 25, p. 223-228, 1998.

CORRAR, Luiz João. *Indicadores de desempenho de empresas de saneamento básico*. Dissertação de Mestrado apresentada à FEA/USP, São Paulo, 1981.

GODOY, A. S.; SANTOS, F. C.; MOURA, J. A. Avaliação do impacto dos anos de graduação sobre os alunos. Estudo exploratório com estudantes do último ano dos cursos de Ciências Contábeis e Administração de uma faculdade particular de São Paulo. *Administração On Line*. FECAP. v. 2, nº 1, 2001. Disponível em: <http://www.fecap.br/adm_online/>. Acesso em: 24/02/2002.

HAIR JR., Joseph F.; ANDERSON, Rolph E.; TATHAN, Ronald L.; BLACK, William C. *Multivariate data analysis*. New Jersey: Prentice Hall. 1998.

INSTITUTE FOR THE PROTECTION AND THE SECURITY OF THE CITIZEN. *State-of-the-art report on current methodologies and practices for composite indicator development*. Joint Research Centre, Ispra, Italy, 2002. Disponível em: <http://www.cordis.lu/euroabstracts/en/february03/innov03.htm>. Acesso em: 16/08/2003.

KANITZ, Stephen C. *Contribuição à teoria do rateio dos custos fixos*. Tese de Doutorado apresentada à FEA/USP, 1972.

KIM, Jae-on; MUELLER, Charles W. *Factor analysis*: statistical methods and pratical issues. Londres: Sage, 1978.

LATIF, Sumaia Abdei. A análise fatorial auxiliando a resolução de um problema real de pesquisa de marketing. *Caderno de pesquisas em Administração*, nº 0, 2º sem. 1994.

LUPORINI, Carlos Eduardo de Mori. *Avaliação de cias. seguradoras*: insuficiências dos critérios atuais e propostas de um novo modelo. Tese de Doutorado apresentada à FEA/USP, 1993.

PEREIRA, Júlio Cesar Rodrigues. *Análise de dados qualitativos*: estratégias metodológicas para as ciências da saúde, humanas e sociais. São Paulo: EDUSP, 2001.

ROSA, Fernando de. *Significância prática em análise multivariada*: um caso de aplicação de análise fatorial em dados de potencial de mercado bancário no Brasil. IV SEMEAD, out. 1999.

RUMMEL, R. J. *Applied factor analysis*. Northwestern University Press, 1975.

SILVA, Cibele Aparecida da. Proposta de rating para seguradoras brasileiras (ramos elementares). ENCONTRO ANUAL DA ANPAD, p. 107, 1997.

SPEARMAN, C. General intelligence objectivelly determined and measured. *American Journal of Psychology* 15, p. 201-293, 1904.

THURSTONE, Louis L. Multiple factor analysis. *Psychological Review* 38, p. 406-427, 1931.

Anexo I

Indicadores Financeiros das Seguradoras

SEGURADORAS	ICOM	ICOA	ICAP	IEND	IRPG	IIMR	ISIN	ICOL	IDAD	ILPG	IRPL	PRPL	IALI	ILCO	ILGE
S001	0,885	0,843	0,306386	2,025536	0,194051	0,337447	0,506526	0,18221	0,172808	0,165306	0,775909	4,509626	7,318553	1,386757	1,444756
S002	1,073	0,96	0,300834	1,101956	0,190632	0,333064	0,639386	0,204711	0,198677	0,04446	0,088264	1,989418	4,860906	3,478202	2,714289
S003	1,125	0,99	0,254535	1,037175	0,171744	0,223465	0,668026	0,178355	0,246123	0,01187	0,027933	2,394771	5,930802	3,96597	3,572469
S004	0,948	0,845	0,521968	0,896237	0,30458	0,221494	0,634791	0,153668	0,183934	0,174146	0,198126	0,806294	2,123237	1,617178	1,890499
S005	1,352	1,373	0,562166	0,765987	-0,587199	1,101719	0,642313	0,454238	0,221288	-0,367685	-0,56842	1,535641	2,026337	0,644027	0,883976
S006	15,551	0,468	0,702469	0,344628	0,428223	0,45759	2,091723	0,067423	-10,9279	17,66016	0,326968	-0,012456	0,728306	4,254598	2,802906
S007	1,494	1,188	0,363059	1,669096	0,234879	0,45895	0,597095	-0,140405	0,943616	-0,236606	-0,243005	1,063123	3,356055	1,373756	1,375248
S008	1,294	1,125	0,202222	2,699594	-0,049064	0,429194	0,809623	0,221247	0,24939	-0,143692	-0,471476	3,081828	6,842384	1,901223	1,672796
S009	1,027	0,655	0,691577	0,407458	-0,159981	0,781089	0,76853	0,057964	0,151416	0,540614	0,175788	0,314177	0,698642	1,106813	1,63178
S010	1,011	0,892	0,416605	0,80737	-0,988421	0,429322	0,634714	0,182002	0,168073	0,122834	0,244727	2,015133	2,719389	0,887699	2,441306
S011	1,863	1,269	0,37079	1,696825	0,021456	0,851745	1,035282	0,000966	0,57167	-0,395289	-0,187644	0,473198	2,207351	1,63677	1,087443
S012	0,755	0,658	0,347148	0,316238	0,271455	0,250237	0,177331	0,151027	0,320542	0,392936	0,255378	0,721359	3,302692	8,770796	8,317717
S013	0,976	0,704	0,45231	1,092282	-0,15779	0,340718	0,620813	0,043807	0,284384	0,409773	0,35866	0,824931	1,87078	1,505989	1,712155
S014	0,876	0,541	0,281809	0,753504	0,110517	0,513025	0,366317	0,166549	0,214368	0,743214	0,189627	0,254862	3,120014	5,215314	4,028486
S015	1,323	0,571	0,076189	0,697448	-0,192148	0,316852	0,532252	0,328557	0,357109	0,995694	0,3873	0,455265	10,62618	20,13656	18,36464
S016	1,063	0,931	0,536692	0,660012	-0,157169	0,986529	0,683127	0,202729	0,141654	0,078296	0,046265	0,633751	1,379768	1,388157	1,328368
S017	0,891	0,841	0,400544	0,644231	-0,199798	1,08624	0,656301	0,155991	0,049724	0,168051	0,26384	1,697217	2,944597	2,601885	2,18922
S018	1,032	0,964	0,733857	0,346055	-0,077566	1,026081	0,418457	0,288747	0,262536	0,039047	0,027811	0,711028	1,047587	1,079827	0,972628
S019	9,6	5,737	0,328485	0,211494	0,256505	0,294729	0,593309	0,240618	8,535543	-7,92641	-0,630512	0,078459	2,828006	14,14447	13,00057
S020	1,198	0,978	0,473635	1,111218	-0,283157	0,490794	0,826846	0,00037	0,33251	0,027206	0,022364	0,820729	1,68682	0,781348	1,458343
S021	4,498	3,559	0,481529	0,186494	0,336196	0,449016	0,743905	0,182313	3,314309	-3,23416	-0,93553	0,301986	1,924027	8,697556	8,727904
S022	0,91	0,825	0,256793	0,798694	-0,440554	0,005147	0,745506	0,093925	0,063412	0,193585	0,630183	3,17858	5,187658	2,718059	4,86925
S023	0,833	0,832	0,596988	0,670955	-0,022841	0,901998	0,316726	0,210502	0,247364	0,167578	0,175541	1,003493	1,663492	1,016855	1,152202
S024	1,133	1,034	0,248616	2,254969	0,049551	0,232502	0,678926	0,218331	0,236385	-0,037499	-0,133946	3,220435	6,400272	1,86067	1,680631
S025	1,036	0,907	0,368119	1,399173	0,269192	0,108304	0,441723	0,256751	0,298925	0,106552	0,258828	2,489148	4,837939	1,88121	1,864109
S026	1,098	0,948	0,377499	1,290724	-0,340958	0,334152	0,690311	0,118206	0,327625	0,060753	0,116638	1,559174	2,788902	1,2605	1,79346
S027	0,979	0,958	0,441786	1,180236	-0,118393	0,897933	0,496756	0,188144	0,270475	0,043288	0,088346	1,975883	3,105665	1,12946	1,157063
S028	1,061	0,966	0,295365	1,423177	0,135403	0,459261	0,665124	0,208869	0,170894	0,036786	0,109342	2,799877	5,559126	1,994142	2,056228
S029	1,294	1,191	0,080342	3,196305	-0,076044	1,675645	0,270493	0,38563	0,614588	-0,207786	-1,26342	5,825772	16,46364	3,329374	3,36988
S030	1,253	1,194	0,364325	1,743792	0,34907	0,064326	0,325688	0,409612	0,48616	-0,203581	-1,06899	5,123756	7,804235	1,537155	1,537155
S031	1,192	0,999	0,307957	1,634969	-0,400998	0,929941	0,56154	0,273138	0,336285	0,001173	0,001155	0,932245	2,536252	1,433343	1,417317
S032	0,936	0,861	0,268946	2,23558	-1,27841	0,585407	0,572999	0,268002	0,071464	0,15175	0,480814	3,051164	4,244196	0,615305	1,401341
S033	1,109	1,021	0,098776	8,410603	-0,082922	0,62388	0,520223	0,212874	0,30336	-0,023144	-0,064685	2,911837	11,3371	1,128632	1,12953
S034	3,09	2,891	0,894289	0,097022	0,881877	0,10629	0,283187	0,289875	1,501443	-2,02123	-0,075227	0,057729	1,058442	11,00699	10,42975
S035	1,106	1,004	0,48063	0,690169	0,198744	0,363198	0,63263	0,207149	0,258433	-0,004833	-0,003846	0,743071	2,091709	2,516375	2,488387
S036	0,967	0,885	0,371764	1,371998	0,325535	0,18266	0,672784	0,039196	0,232426	0,125407	0,387875	2,969985	5,475498	1,826179	1,827424
S037	1,03	0,938	0,32483	1,079994	0,225908	0,297855	0,747177	0,141836	0,128059	0,068329	0,221508	3,211219	5,89634	2,486238	2,574716
S038	0,788	0,743	0,339062	1,883937	0,118459	0,248559	0,441114	0,243479	0,082233	0,273111	0,971278	3,380145	5,591398	1,576186	1,433568
S039	0,812	0,315	0,469746	0,638482	0,401079	0,244071	0,132628	0,267439	0,185102	1,765025	0,595794	0,340093	2,224834	2,951907	2,951907
S040	0,898	0,855	0,560039	0,784956	-0,132841	0,906093	0,481801	0,103592	0,316275	0,151735	0,224301	1,421566	2,115036	1,160247	1,120443
S041	0,958	0,844	0,207854	2,47985	-0,253055	0,271466	0,590634	0,110109	0,230171	0,177503	0,773715	4,317088	7,358518	1,412353	1,8306
S042	1,046	0,978	0,288866	1,594918	-0,074269	0,914473	0,665983	0,201895	0,160997	0,023385	0,061778	2,618155	4,909777	1,893632	1,597164
S043	1,131	0,996	0,528904	0,823686	0,02606	0,970158	0,740913	0,028045	0,344075	0,004037	0,003637	0,901398	1,815932	1,123378	1,11759
S044	1,175	0,975	0,325762	1,876601	0,112719	0,058802	0,584905	0,136454	0,470244	0,030053	0,037149	1,066988	3,399654	1,486949	1,604458
S045	1,813	1,152	0,364565	1,735178	-2,60675	0,976086	0,045423	0,056309	11,55859	-0,238863	-0,031665	0,025258	0,508519	4,799849	1,018289
S046	1,128	1,025	0,207811	1,82526	0,13018	0,165676	0,668562	0,248603	0,154912	-0,027625	-0,10814	4,648741	9,031324	3,069512	2,545601
S047	0,83	0,737	0,184956	1,572761	-0,668993	0,713563	0,50941	0,10811	0,178666	0,29645	0,783454	2,617996	5,258325	1,984307	2,984006
S048	1,052	0,91	0,189431	0,804668	0,030711	0,653748	0,519242	0,259454	0,253461	0,103972	0,144532	1,331392	5,745922	5,678881	5,747973
S049	1,076	0,946	0,195147	1,704486	0,160491	0,146836	0,60572	0,240109	0,182856	0,061381	0,247657	4,458792	9,371607	2,885577	2,920246
S050	1	0,961	0,586812	0,414095	0,332683	0,565215	0,41963	0,242071	0,302752	0,040146	0,065346	1,669577	2,724734	2,548107	2,750362
S051	8,292	0,642	0,263052	0,053263	0,022199	0,93442	0,779771	0,00188	6,772403	4,627254	0,052337	0,011242	2,87638	53,84748	53,82928

SEGURADORAS	ICOM	ICOA	ICAP	IEND	IRPG	IIMR	ISIN	ICOL	IDAD	ILPG	IRPL	PRPL	IALI	ILCO	ILGE
S052	0,982	0,864	0,41268	0,802631	0,019896	0,654624	0,564244	0,202413	0,179586	0,155155	0,222826	1,488767	2,940841	2,143217	2,203453
S053	0,725	0,574	0,437177	1,199028	0,362402	0,198514	0,423712	-0,451351	0,678567	0,539388	0,301118	0,572243	2,591392	1,683989	1,742155
S054	1,293	1,039	0,603734	0,275017	0,346716	0,645569	0,699285	0,107618	0,413692	-0,048164	-0,020889	0,44929	1,453995	4,953499	3,675375
S055	1,089	1,007	0,237174	1,726363	0,028599	0,403492	0,646345	0,228552	0,191804	-0,008017	-0,033989	4,263962	7,574974	3,053525	2,208591
S056	549,67	0,534	0,961683	0,039219	0,96132	0,009739	0,240542	0,038755	96,57327	478,9568	0,072681	0,000777	1,030882	26,27179	26,26527
S057	0,986	0,945	0,277897	1,470785	0,107856	0,502164	0,593098	0,192049	0,184708	0,057043	0,375155	6,543135	9,455725	2,981292	2,105193
S058	1,572	1,434	0,257592	2,426022	-0,211081	1,480841	0,504557	0,111523	0,87421	-0,475986	-0,69384	1,506565	3,886351	0,980942	0,989798
S059	1,46	0,957	0,84797	0,178897	0,439874	0,856919	0,190661	0,017523	1,036547	0,065872	0,00345	0,050376	0,37046	1,789202	1,801975
S060	0,781	0,79	0,691629	0,432281	0,336777	0,773114	0,367971	0,094038	0,294927	0,207835	0,335711	1,547234	2,219498	1,555157	1,556274
S061	1,236	1,098	0,683733	0,450257	0,151425	0,697518	0,567851	0,284344	0,360203	-0,110568	-0,092325	0,807256	1,352358	1,305517	1,699123
S062	1,063	0,941	0,240021	1,448823	0,180409	0,249692	0,733745	0,183299	0,116778	0,06696	0,235133	3,776143	7,639406	2,690884	2,703301
S063	1,527	1,458	0,602068	0,3163	0,448418	0,259598	0,38539	0,279834	1,106685	-0,479782	-0,346137	0,713909	1,912176	3,788385	4,430425
S064	58,686	0,375	0,920137	0,086731	0,919963	0	0,049284	0,20302	44,00048	97,73691	0,266986	0,002646	1,087078	12,50347	12,53071
S065	1,067	0,998	0,461839	1,01133	-0,055833	0,854831	0,30053	0,280862	0,422673	0,002081	0,001935	0,9585	2,062138	1,146678	1,295745
S066	0,869	0,87	0,670213	0,482895	0,233105	0,846634	0,725133	0,018044	0,116986	0,13048	0,440581	3,250095	3,891725	1,360351	1,336582
S067	0,57	0,503	0,719343	0,156321	0,446882	0,562706	0,255618	0,009715	0,26286	0,563668	0,382469	0,714661	1,420038	5,594909	5,293278
S068	1,963	1,053	0,604353	0,653957	0,44912	0,002992	1,565815	0,125637	0,461876	-0,099446	-0,01511	0,06225	1,250643	3,229115	2,525655
S069	1,173	1,019	0,467267	1,140031	0,174547	0,624919	0,805696	0,000254	0,335036	-0,02223	-0,027701	1,245228	2,626412	1,22344	1,329072
S070	1,09	0,902	0,30497	1,210453	0,218989	0,148403	0,608274	0,169909	0,193195	0,118424	0,186412	2,144627	5,062654	2,765104	2,586311
S071	1,018	0,918	0,256198	1,659665	0,0962	0,5931	0,571254	0,226792	0,188147	0,090718	0,287225	3,248951	6,461195	4,067798	1,994455
S072	7,908	0,706	0,116124	0,539694	0,041836	0,665331	0,796244	0,122214	2,68123	3,297889	0,29628	0,221204	8,164992	21,874	14,72338
S073	1,284	1,02	0,518168	0,589978	0,382591	0,294207	0,635819	0,133938	0,467485	-0,024683	-0,021859	0,898934	2,405026	5,241721	2,772423
S074	1,585	1,275	0,566038	0,694955	0,314497	0,125797	0,738705	0,104333	0,680634	-0,341583	-0,273089	0,81965	1,93805	1,800446	2,361117
S075	1,014	0,887	0,16833	1,413673	-0,181871	0,443156	0,701685	0,128481	0,150713	0,129197	0,381374	3,163101	7,343516	3,054836	3,888847
S076	1,355	0,858	0,453909	1,123362	0,255834	0,212735	0,93759	0,003204	0,35161	0,223352	0,088233	0,391331	2,008019	1,917934	1,771779
S077	1,107	0,931	0,598803	0,48828	0,258727	0,720055	0,563235	0,186066	0,338294	0,081797	0,050495	0,588225	1,492073	2,091402	1,945491
S078	1,036	0,927	0,765177	0,285702	0,120482	0,887077	0,638878	-0,011721	0,505715	0,081625	0,022711	0,224977	0,573903	1,308494	1,4694
S079	0,916	0,921	0,763385	0,276707	0,058951	0,888462	0,351155	0,287066	0,254035	0,07833	0,094932	1,175352	1,504724	1,190327	1,523247
S080	0,662	0,404	0,311057	0,609719	0,164214	0,065282	0,330098	-0,002904	0,27087	0,97721	0,505469	0,535195	3,185214	4,399284	5,165605
S081	1,28	1,216	0,813065	0,228822	-3,48026	1,126607	0,394566	0,256809	0,452978	-0,227073	-0,014615	0,059268	0,110586	0,862755	0,451472
S082	0,897	0,845	0,231413	1,921853	0,033906	0,079065	0,432279	0,310837	0,105476	0,16439	1,041058	6,115972	9,553815	2,591384	2,207357
S083	10,039	1,187	0,618739	0,595115	0,4708	0,362542	4,753847	0,427415	11,16751	-1,57899	-0,031445	0,004702	1,169082	2,009382	2,106564
S084	1,204	1,081	0,457704	0,849993	-0,152661	1,014335	0,570929	0,218164	0,36098	-0,089901	-0,11053	1,196979	2,224877	1,282681	1,37705
S085	1,012	0,897	0,544818	0,757337	0,261523	0,571476	0,500212	0,153071	0,312293	0,11602	0,081212	0,706584	1,837936	1,511621	1,669007
S086	0,796	0,689	0,305553	0,659607	0,160399	0,131214	0,563985	-0,032963	0,222084	0,359068	0,208462	0,606376	3,313329	4,249168	4,762757
S087	1,169	1,06	0,21587	0,9676	-0,16233	0,096242	0,678333	0,145916	0,305763	-0,065663	-0,122536	1,763546	4,88866	3,799978	4,688066
S088	7,015	2,914	0,488108	0,94473	0,373184	0,261463	2,436256	-1,52881	4,602744	-4,60751	-0,767343	0,211677	1,884779	1,770985	1,891826
S089	10,842	1,56	0,420819	1,34423	-0,140518	0,110121	8,70628	-0,684457	1,773453	-3,89058	-0,14371	0,047069	1,253817	1,039505	1,68587
S090	0,999	0,934	0,337905	1,571422	0,099163	0,15362	0,447429	0,369907	0,163626	0,070165	0,196609	2,55396	4,72906	1,394736	1,78551
S091	0,964	0,833	0,265839	1,225286	0,144245	0,272379	0,14141	0,07053	0,628423	0,193603	0,408262	2,522769	5,749942	3,210686	2,847735
S092	0,931	0,669	0,078163	0,620264	0,075441	0,025098	0,206092	0,412296	0,206778	0,460973	0,519134	1,423094	14,17923	20,56566	20,58592
S093	0,98	0,951	0,50216	0,90313	0,220492	0,257738	0,816266	0,03901	0,113635	0,050799	0,24054	4,740453	6,012279	2,0748	1,919615
S094	0,951	0,897	0,112717	2,275858	0,083715	0,071579	0,550875	0,266764	0,119089	0,109433	0,302918	2,771087	11,36204	3,835236	3,866754
S095	1,069	0,974	0,406503	0,854952	-0,168069	0,892361	0,685274	0,220676	0,143886	0,028999	0,050384	1,6944	2,944331	1,746781	1,833607
S096	4,584	1,508	0,558315	0,772647	-0,317477	0,209484	3,579918	-0,050924	1,087815	-1,54426	-0,080488	0,052974	0,653443	1,023981	2,047014
S097	1,032	0,952	0,270745	1,923003	0,060963	0,825135	0,424348	0,164355	0,363439	0,051585	0,162283	3,50486	6,373233	1,491612	1,491613
S098	1,097	0,901	0,339158	1,281019	0,283131	0,197661	0,652807	0,200941	0,189126	0,120613	0,21087	1,934377	4,652415	2,141917	2,147366
S099	1,499	1,079	0,303506	2,244249	-0,059159	0,730952	0,817869	-0,355539	1,080493	-0,110289	-0,050093	0,420706	2,587353	1,149331	1,142419
S100	1,013	0,894	0,50264	0,673004	0,312541	0,383877	0,599539	0,187502	0,171233	0,119505	0,088092	0,845475	2,284825	2,58559	2,385747
S101	1,025	1,011	0,261204	1,035952	-0,012241	0,762996	0,807762	0,054074	0,158846	-0,010764	-0,054839	4,828441	7,62266	4,500544	2,959045
S102	1,008	0,801	0,702867	0,422147	-0,124765	0,754514	0,650077	0,013651	0,296483	0,25099	0,077305	0,303394	0,679244	1,040173	1,58293
S103	1,103	0,998	0,245926	1,447959	0,139774	0,305135	0,69421	0,223236	0,144784	0,002681	0,008422	3,488163	7,052654	2,999393	2,597541
S104	1,083	1,015	0,247044	0,801223	0,094017	0,476116	0,4917	0,371656	0,199815	-0,016425	-0,036832	2,190051	5,5542	5,127527	4,457865
S105	1,031	0,612	0,663827	0,474723	0,631781	0,020184	0,646473	0,09586	0,230042	0,652687	0,210603	0,319321	1,69464	3,079899	3,130736
S106	1,031	0,92	0,272816	1,70262	-0,036886	0,672026	0,610281	0,191439	0,183363	0,089709	0,24657	3,022077	5,592733	1,751371	1,758143
S107	1,163	1,073	0,314739	1,217548	0,18455	0,335219	0,49996	0,233381	0,378831	-0,079287	-0,155447	2,0146	4,684582	2,212862	2,334214

3

Regressão Linear Múltipla

Jacqueline Veneroso Alves da Cunha
Antonio Carlos Coelho

Sumário do capítulo

- Regressão linear múltipla: conceitos.
- Exemplo de regressão linear simples e múltipla.
- Pressupostos na análise de regressão.
- Métodos de seleção de variáveis.
- Um exemplo completo utilizando o SPSS®.
- Um exemplo utilizando o EVIEWS®.
- Considerações finais.

Objetivos de aprendizado

O estudo deste capítulo permitirá ao leitor:

- Compreender o significado da regressão linear.
- Identificar situações em que a técnica possa ser aplicada.
- Entender como a regressão nos permite fazer previsões e fornecer explicações utilizando o método dos mínimos quadrados.
- Identificar e entender os pressupostos inerentes à técnica.
- Aplicar ações corretivas quando os pressupostos forem violados.
- Compreender e interpretar os resultados da regressão linear tanto do ponto de vista gerencial quanto estatístico.

3.1 Regressão linear múltipla: conceitos

Nas empresas, há muitas vezes a necessidade de descrever e prever o comportamento de certas variáveis importantes para a tomada de decisões, tais como: custos, despesas, resultados.

As variáveis relevantes nos negócios podem ser previstas de diversas formas: utilizando um valor médio do que ocorreu no passado, fazendo uma pesquisa de mercado etc. Entretanto, à medida que o horizonte de planejamento se amplia, as previsões tornam-se mais difíceis de ser realizadas. O estudo de relações entre variáveis consegue resolver eficientemente tanto problemas de curto prazo como de longo prazo.

As duas técnicas utilizadas nesse estudo são a regressão e a correlação. Ambas as técnicas compreendem a análise de dados amostrais para obter informações sobre se duas ou mais variáveis são relacionadas e qual a natureza desse relacionamento.

A análise de regressão, bastante empregada nas áreas de negócios e em pesquisas acadêmicas, é utilizada principalmente com o propósito de previsão.

Consiste em determinar uma função matemática que busca descrever o comportamento de determinada variável, denominada dependente, com base nos valores de uma ou mais variáveis, denominadas independentes.

A análise de correlação visa medir a força ou o grau de relacionamento entre variáveis.

A ideia chave da regressão é a existência de dependência estatística de uma variável denominada dependente, ou variável prevista ou explicada, em relação a uma ou mais variáveis independentes, explanatórias ou preditoras.

O objetivo da análise de regressão é estimar os valores da variável dependente selecionada pelo pesquisador, com base nos valores conhecidos ou fixados das variáveis independentes.

Como premissa para o emprego da análise de regressão, o pesquisador deve ser capaz de classificar as variáveis de que ele dispõe em dependentes e independentes. Normalmente, a variável dependente não é passível de controle pelo pesquisador e as variáveis independentes podem ser controladas.

A título de exemplo, podemos identificar situações em que a técnica de análise de regressão pode ser empregada quando desejamos:

- Estimar as vendas de algum produto (variável dependente) a partir dos gastos com propaganda e publicidade (variável independente).

- Estimar os gastos das famílias (variável dependente), a partir de sua renda conjunta e número de membros da família.

- Estimar o salário (variável dependente) a partir do tempo de casa, número de horas trabalhadas, produtividade e assiduidade do empregado.

- Estabelecer a relação entre as variáveis macroeconômicas (câmbio, renda, taxa de juros etc.) e o resultado do exercício (lucro ou prejuízo) de uma empresa.

- Conhecer quais elementos das demonstrações financeiras que exercem maior influência (se é que exercem) no retorno do preço das ações de uma companhia.

- Descobrir quais os componentes do parecer do auditor independente que impactam o preço das ações.

Conforme pode ser observado pelos exemplos apresentados, em alguns casos o problema envolve uma única variável independente e em outros mais de uma.

Quando o problema apresentado tem por objetivo prever uma variável dependente a partir do conhecimento de uma única variável independente, a técnica estatística é denominada **regressão simples**.

Quando o problema apresentado tem por objetivo prever uma variável dependente a partir do conhecimento de mais de uma variável independente, a técnica estatística é denominada **regressão múltipla**.

A regressão pode ser entendida como sendo o estabelecimento de uma relação funcional entre duas ou mais variáveis envolvidas para a descrição de um fenômeno.

Pode-se elaborar um gráfico em que são plotadas duas variáveis. Esse gráfico bidimensional, denominado diagrama de dispersão, permite analisar o comportamento das variáveis em estudo. A análise desse diagrama de dispersão pode sugerir a forma da relação funcional entre duas variáveis, por exemplo, uma reta, uma curva exponencial, entre outras.

Observe o exemplo a seguir (Gráfico 3.1), onde a relação sugerida entre as variáveis Y e X_1 tem a forma linear.

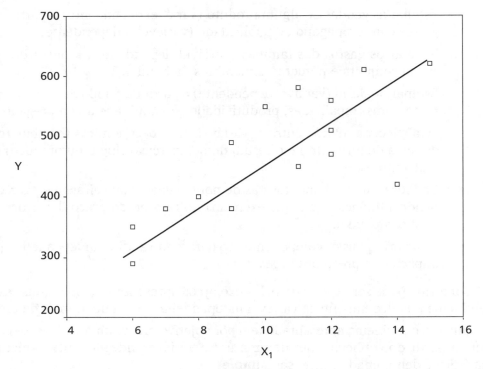

Gráfico 3.1 *Diagrama de dispersão com reta linear*.

A regressão linear surge no caso em que a relação funcional entre as variáveis é linear.

A regressão linear múltipla é uma técnica de análise multivariada de dados que permite analisar a relação existente entre uma única variável dependente e duas ou mais variáveis independentes e fazer projeções a partir desta relação descoberta.

O emprego dessa técnica, portanto, se dá quando no problema a ser pesquisado existe uma relação de dependência, ela é linear e a escala de medida dessa variável dependente é métrica.

Em certas circunstâncias, é possível incluir dados não métricos como variáveis dependentes ou independentes. O caso de variáveis dependentes não métricas será tratado no Capítulo 5, Regressão Logística. O caso de variáveis independentes não métricas será tratado neste mesmo capítulo, no tópico específico em que serão incluídas as denominadas variáveis *dummy*.

A combinação linear de variáveis independentes usadas coletivamente para prever a variável dependente é também conhecida como equação ou modelo de regressão. Uma generalização seria a regressão linear múltipla, cujo modelo estatístico utilizado é dado por:

$$Y = \beta_0 + \beta_1 x_1 + \beta_2 x_2 + \ldots\ldots + \beta_n x_n + \varepsilon$$

Onde,

Y é a variável dependente;

$X_1, X_2 \ldots X_n$ são as variáveis independentes;

$\beta_0, \beta_1, \beta_2 \ldots \beta_n$ são denominados parâmetros da regressão;

ε é o termo que representa o resíduo ou erro da regressão.

O termo β_0 é denominado intercepto, ou coeficiente linear, e representa o valor da interseção da reta de regressão com o eixo dos Y. Em outros termos, β_0 representa o valor de Y quando X é igual a zero.

Os termos $\beta_1, \beta_2 \ldots \beta_n$, são chamados coeficientes angulares.

Cabem aqui algumas considerações sobre esse modelo geral. Os modelos de regressão apresentam como pressupostos básicos:

a) A variável Y é aleatória.

b) A esperança matemática dos resíduos é nula, ou seja, a média dos resíduos é nula.

c) A variância de ε (termos de erro) é constante e igual a σ^2 (condição de homoscedasticidade dos resíduos).

d) Os resíduos são independentes entre si.

e) Os resíduos têm distribuição normal.

Tais suposições serão aprofundadas no texto mais adiante.

Breve histórico

"O termo regressão foi introduzido por Francis GALTON. Em um famoso ensaio, GALTON verificou que, embora houvesse uma tendência de pais altos terem filhos altos e de pais baixos terem filhos baixos, a altura média dos filhos de pais de uma dada altura tendia a se deslocar ou regredir até a altura média da população como um todo. Em outras palavras, a altura dos filhos de pais extraordinariamente altos ou baixos tende a se mover para a altura média da população. A lei de regressão universal de GALTON foi confirmada por seu amigo Karl Pearson, que coletou mais de mil registros das alturas dos membros de grupos de famílias. Ele verificou que a altura média dos filhos de um grupo de pais altos era inferior à altura de seus pais, e que a altura média dos filhos de um grupo de pais baixos era superior à altura de seus pais. Assim, tanto os filhos altos como baixos regrediram em direção à altura média de todos os homens. Nas palavras de GALTON, tratava-se de uma regressão à mediocridade" (GUJARATI, 2000, p. 3).

3.2 Exemplo de regressão linear simples e múltipla

Para ilustrar os conceitos e princípios básicos desenvolvidos até aqui, utilizaremos um estudo realizado em uma academia de ginástica, cujo propósito foi identificar quais fatores afetavam seus gastos gerais. Foram identificados três fatores potenciais (gastos com energia expressos em *kilowatts* consumidos, gastos com pessoal expressos em horas de Mão de Obra Direta (MOD) e o número de alunos matriculados). A coleta dos dados foi realizada durante os 15 meses em que o estudo perdurou. O resultado encontrado na pesquisa está apresentado na Tabela 3.1.

Tabela 3.1 *Resultados da pesquisa sobre os gastos da academia.*

Identificação do período	Gastos da academia	Consumo de *kilowatts*	Horas de MOD	Número de alunos
1	350	6	10	100
2	400	8	14	110
3	470	12	16	110
4	550	10	26	98
5	620	15	24	112
6	380	7	12	95
7	290	6	13	75
8	490	9	21	124
9	580	11	20	126
10	610	13	24	116
11	560	12	23	99
12	420	14	12	104
13	450	11	19	108
14	510	12	19	108
15	380	9	11	89

O primeiro passo para a estimação do modelo de regressão foi a seleção das variáveis e a sua identificação como dependentes ou independentes. Os gastos gerais da academia foram estabelecidos como a variável dependente (Y) e *kilowatts* consumidos (X_1), horas de MOD (X_2) e número de alunos matriculados (X_3) foram estabelecidos como as variáveis independentes ou preditoras.

3.2.1 Estimação de modelos: método dos mínimos quadrados

A explicação estatística de um fenômeno da natureza fundamenta-se na análise dos erros ou resíduos, que se caracterizam pela diferença entre as observações reais e os valores estimados para cada observação da amostra, por qualquer das técnicas estatísticas utilizadas. A estimativa mais adequada será aquela que apresentar o menor resíduo estatístico, ou seja, a menor diferença entre os valores reais observados e os valores estimados pelo modelo.

As estimativas representam, obviamente, uma medida de tendência central, e as menos enviesadas são aquelas que mais aproximam os dois valores; deste modo, a diferença entre o real e o estimado terá sinais contrários entre os casos, eis que alguns estarão acima e outros estarão abaixo da medida estimada central. O somatório dos erros então será igual a zero, porque os desvios para menos e os desvios para mais tenderão a se compensar.

Considerada somente a medida acima descrita, qualquer técnica que considere a tendência central das observações produzirá o mesmo resultado quanto ao resíduo; seu somatório será zero. Deste modo, a evolução da ciência estatística foi de trabalhar com o erro em medidas quadráticas, de modo a eliminar a contraposição de sinais.

O pressuposto é de que a equação que melhor se ajusta aos dados é aquela para a qual a diferença entre os valores observados e os valores estimados é menor, isto é, a de menor resíduo ponderado entre todas as observações reais e as estimadas.

O método de estimação de modelos mais comumente utilizado em regressão linear é o Método dos Mínimos Quadrados (MMQ),[1] cujo objetivo é justamente obter a menor soma de quadrados dos resíduos (SQR) possível.

O exemplo descrito anteriormente será discutido em três etapas, que mostrarão como a regressão estima o relacionamento entre as variáveis independentes e a variável dependente utilizando o Método dos Mínimos Quadrados (MMQ):

1. Previsão dos gastos gerais da academia sem o uso de variáveis independentes – o ponto que servirá de referência será a média.

2. Previsão utilizando a técnica estatística chamada de regressão simples – uma única variável independente.

3. Previsão utilizando a técnica estatística chamada de regressão múltipla – mais de uma variável independente.

---

[1] A derivação matemática do Método dos Mínimos Quadrados pode ser encontrada em Corrar e Theóphilo, 2004 (regressão simples) e em MATOS, 2000 (regressão múltipla).

3.2.2 Previsão dos gastos gerais da academia sem variáveis independentes

Primeiramente, antes de estimarmos qualquer modelo de regressão – simples ou múltipla – estabeleceremos um ponto de referência para que possamos comparar a capacidade preditiva dos nossos modelos de regressão estimados.

Admitindo-se que a variável dependente não se relaciona com as demais variáveis alinhadas, um bom estimador de seu valor esperado seria a média, representativa de sua tendência central. A média aritmética da nossa variável dependente – os gastos gerais da academia nos 15 meses observados – será utilizada, portanto, como ponto de referência.

Utiliza-se a média como ponto de referência porque ela é considerada a melhor medida preditiva sem o uso de variáveis independentes.

Em nosso exemplo, a média aritmética dos gastos da academia é $\overline{Y} = 470{,}67$. Escrevendo isso sob a forma de equação de regressão, teremos:

$$\textit{Gastos gerais previstos} = \textit{Gasto geral médio}$$

Ou,

$$\hat{Y} = \overline{Y}$$

A Tabela 3.2 evidencia a precisão da previsão realizada com a média. Como a média não prevê perfeitamente cada valor da variável dependente, o mecanismo utilizado para avaliar sua precisão preditiva é examinando os resíduos.

Já constatamos anteriormente que a somatória dos desvios (ou resíduos) em relação à média sempre somam zero. Logo, examinar a soma simples dos resíduos de nada adiantaria, independentemente da precisão de nossa previsão. Assim, utilizaremos a soma de quadrados dos resíduos, que representa a Variação Total (VT) entre os valores estimados (a média) e os valores observados.

Tabela 3.2 *Soma de quadrados dos resíduos (SQR) utilizando a média.*

ID	Gastos reais da academia	Previsão pela Média	Resíduos	(Resíduos)^2
1	350	470,67	−120,67	14.561,25
2	400	470,67	−70,67	4.994,25
3	470	470,67	−0,67	0,44
4	550	470,67	79,33	6.293,25
5	620	470,67	149,33	22.299,45
6	380	470,67	−90,67	8.221,05
7	290	470,67	−180,67	32.641,65
8	490	470,67	19,33	373,65
9	580	470,67	109,33	11.953,05
10	610	470,67	139,33	19.412,85
11	560	470,67	89,33	7.979,85
12	420	470,67	−50,67	2.567,45
13	450	470,67	−20,67	427,24
14	510	470,67	39,33	1.546,85
15	380	470,67	−90,67	8.221,05
Soma	7.060	7.060	0	**141.493,33**

A soma dos quadrados dos resíduos (SQR) é de 141.493,33 (ver Tabela 3.2).

Ao realizar nossas estimações de regressões simples e múltipla, utilizaremos a previsão pela média como uma referência para comparação em busca do modelo que apresente a menor soma de quadrados dos resíduos (SQR) comparativamente à média.

3.2.3 *Previsão utilizando uma única variável independente – regressão simples*

Agora que já estabelecemos um ponto de referência com a média aritmética da variável dependente ao longo dos 15 meses observados, podemos estabelecer o nosso primeiro modelo de regressão baseado em uma única variável independente, ou seja, o modelo de regressão linear simples. Nesse momento, nosso intuito é incrementar o acerto de nossas previsões, ou seja, a redução da SQR.

Dentre as informações coletadas, encontramos medidas que, atuando como variáveis independentes, poderiam aumentar nossa capacidade preditiva.

O modelo de regressão simples é um procedimento para prever os valores de uma variável, que no nosso exemplo é o montante dos gastos gerais da academia. Continuaremos a utilizar a mesma regra para avaliar o modelo, ou seja, a soma de quadrados dos resíduos (SQR).

Entretanto, qual das variáveis independentes observadas devemos utilizar? Qual delas nos dará o melhor modelo? O melhor modelo seria aquele que apresentasse o menor valor para a somatória dos quadrados dos resíduos.

Como o nosso objetivo é melhorar nossas previsões diminuindo o valor da somatória dos resíduos, a resposta a todas essas perguntas é dada pelo coeficiente de correlação (r). O coeficiente de correlação é a base para estimar todas as relações da regressão.

A correlação ou associação representada pelo coeficiente de correlação mede a força do relacionamento ou grau de associação entre duas variáveis. Duas variáveis são altamente correlacionadas se as mudanças ocorridas em uma delas estiverem fortemente associadas com as mudanças ocorridas na outra.

O coeficiente de correlação varia de –1 a +1. Quanto mais próximo de –1 ou de +1, maior o grau de associação; e quanto mais próximo de zero, menor. Quando a correlação atinge –1, é denominada correlação negativa perfeita – as variáveis estão perfeitamente associadas –; entretanto, à medida que uma delas aumenta a outra diminui.

Quando a correlação atinge +1, é chamada de correlação positiva perfeita e também representa uma associação exemplar entre as variáveis no mesmo sentido – à medida que uma variável aumenta de valor, a outra também o faz. Se o grau de associação for próximo de zero, o significado é que não existe correlação entre as variáveis.

Podemos, assim, escolher a variável independente em nosso estudo sobre os gastos gerais da academia com base no coeficiente de correlação, tendo a certeza de que estamos selecionando a melhor variável. Quanto maior o coeficiente de correlação, maior o grau de associação entre as variáveis e, consequentemente, maior o poder preditivo esperado do modelo.

Existem vários *softwares* estatísticos disponíveis para realizar o cálculo do coeficiente de correlação e para todos os outros procedimentos utilizados neste capítulo. Utilizaremos o *SPSS*® (*Statistical Package of Social Science*).

A Figura 3.1 mostra os coeficientes de correlação da variável dependente – gastos gerais da academia (Y) – com as variáveis independentes *kilowatts* consumidos de energia (X_1), horas de MOD (X_2) e número de alunos matriculados (X_3).

Os passos para obtenção dos relatórios obtidos nesta seção serão demonstrados na seção 3.5, um exemplo completo utilizando o SPSS®.

Correlations

		y	x_1	x_2	x_3
y	Pearson Correlation	1,000	0,762**	0,892**	0,665**
	Sig. (2-tailed)	0,0	0,001	0,000	0,007
	N	15	15	15	15
x_1	Pearson Correlation	0,762**	1,000	0,566*	0,486
	Sig. (2-tailed)	0,001	0,0	0,028	0,066
	N	15	15	15	15
x_2	Pearson Correlation	0,892**	0,566*	1,000	0,471
	Sig. (2-tailed)	0,000	0,028	0,0	0,076
	N	15	15	15	15
x_3	Pearson Correlation	0,665**	0,486	0,471	1,000
	Sig. (2-tailed)	0,007	0,066	0,076	0,0
	N	15	15	15	15

** Correlation is significant at the 0,01 level (2-tailed).

* Correlation is significant at the 0,05 level (2-tailed).

Figura 3.1 *Coeficientes de correlação.*

Observamos que a variável independente que possui o maior grau de associação com a variável dependente (gastos gerais da academia) é X_2 (horas de MOD), ou seja, 0,892. Portanto, nosso modelo de regressão linear simples pode ser enunciado como se segue:

$$\hat{Y} = \beta_0 + \beta_2 X_2$$

Ou,

Gastos gerais da academia	=	Intercepto	+	Variação nos gastos gerais da academia em relação à variação de uma unidade nas horas de MOD	×	Horas de MOD

142 Análise Multivariada • Corrar, Paulo e Dias Filho

A equação de regressão simples estimada com o método dos mínimos quadrados e os resultados apresentados utilizando como variável independente as horas de MOD vêm demonstrados na Figura 3.2 e serão explicados na sequência.

Model Summary

Model	R	R Square	Adjusted R Square	Std. Error of the Estimate
1	0,892[a]	0,796	0,781	47,07

a. Predictors: (Constant), x_2

ANOVA[b]

Model		Sum of Squares	df	Mean Square	F	Sig.
1	Regression	112689,633	1	112689,633	50,860	0,000[a]
	Residual	28803,700	13	2215,669		
	Total	141493,333	14			

a. Predictors: (Constant), x_2
b. Dependent variable: y

Coefficients[a]

Model		Unstandardized Coefficients		Standardized Coefficients	t	Sig.
		B	Std. Error	Beta		
1	(Constant)	176,577	42,991		4,107	0,001
	x_2	16,710	2,343	0,892	7,132	0,000

a. Dependent variable: y

Figura 3.2 *Resumo regressão simples.*

A análise do primeiro quadro nos fornece o coeficiente de correlação (R) de 0,892, que representa o grau de associação entre as variáveis dependente e independente e é o mesmo valor encontrado na Figura 3.1 e em função do qual a variável "horas de MOD" foi escolhida.

O valor *R Square* = 0,796, que denominaremos de R^2, pode ser obtido tomando-se o valor de R = 0,892 e elevando-o ao quadrado ($0,892^2$ = 0,796). O R^2 é denominado coeficiente de determinação ou poder explicativo da regressão.

Indica quanto da variação na variável dependente Y é explicado pelas variações na variável independente X_2. Em nosso exemplo, 79,6% da variação nos gastos gerais da academia são explicados pelas variações nas horas de MOD.

O erro-padrão da estimativa – 47,07(*Std. Error of the Estimate*) – é uma outra medida da precisão da previsão, representando uma espécie de desvio-padrão em torno da reta de regressão. Quanto menor o erro-padrão da estimativa, melhor o modelo estimado.

No segundo quadro, percebemos o quanto a estimativa do nosso modelo utilizando apenas uma variável independente é melhor do que a nossa previsão de referência utilizando a média.

O uso da média nos deixava uma soma de quadrados de resíduos (SQR) no valor total de 141.493,33.

O modelo de regressão simples estimado acrescentou um poder explicativo de 112.689,63 (SSR, ou soma dos quadrados explicados pela regressão), deixando uma nova soma de quadrados de resíduos (SQR) bastante inferior àquela apresentada pela média, num montante de 28.803,70. Logo, a variável independente adicionada explica 112.689,63 dos quadrados dos resíduos ao se mudar da estimativa pela média para a estimativa pelo modelo de regressão simples e deixa apenas 28.803,70 dos quadrados dos resíduos sem explicação (a nova SQR).

Ao se analisar o ajustamento do modelo estimado, utiliza-se uma série de testes estatísticos com os mais variados objetivos, principalmente no que se refere à validação do modelo adotado. Esta questão é estudada por meio de testes de hipóteses, nos quais podem ser adotados níveis de significância (α). Nesse capítulo adotaremos o nível de significância de 5%. Portanto, $\alpha = 0,05$.

O teste F-ANOVA tem por finalidade testar o efeito do conjunto de variáveis independentes sobre a variável dependente. Consiste em se verificar a probabilidade de que os parâmetros da regressão em conjunto sejam iguais a zero. Neste caso, não existiria uma relação estatística significativa.

Significa verificar se a combinação linear das variáveis independentes exerce influência significativa ou não sobre a variável dependente. A maneira mais simples de verificar a significância do modelo geral é testando a hipótese nula de que a quantia de variação explicada pelo modelo de regressão é maior que a variação explicada pela média.

Como se viu antes, a variação explicada pela regressão é dada pelo R^2. Assim, a hipótese a ser testada é se H_0: $R^2 = 0$, contra a hipótese alternativa $H_1 = R^2 > 0$.

Para que a regressão seja significativa, a hipótese nula tem que ser rejeitada, ou seja, R^2 tem que ser significativamente maior que zero. Pelo valor *Sig* que consta do segundo quadro (ANOVA), constata-se que o modelo apresenta um R^2 significativamente diferente de zero (*Sig* = 0,000 é menor que $\alpha = 0,05$).

144 Análise Multivariada • Corrar, Paulo e Dias Filho

Finalmente, do terceiro quadro (coeficientes) podemos extrair o modelo de regressão estimado:

$$\hat{Y} = 176,57 + 16,71X_2$$

e testar a significância dos coeficientes do modelo de regressão isoladamente.

Neste caso, utiliza-se a distribuição t de *Student*, que tem a finalidade de testar a significância dos coeficientes β_0 e β_2.

As hipóteses básicas a serem testadas são: H_0: $\beta_0 = 0$ e H_0: $\beta_2 = 0$, contra as hipóteses alternativas de que esses coeficientes são significativamente diferentes de zero. Novamente, pelo valor *Sig* que consta do terceiro quadro constata-se que o modelo apresenta os coeficientes β_0 e β_2 significativamente diferentes de zero (*Sig* dos dois coeficientes é menor que $\alpha = 0,05$, nível de significância adotado).

O modelo de regressão simples estimado indica, finalmente, que a cada unidade de aumento nas horas de MOD (X_2) os gastos gerais da academia (Y) sofrem, em média, um aumento de $ 16,71.

3.2.4 *Previsão utilizando mais de uma variável independente – regressão múltipla*

Ao adicionarmos outra variável capaz de incrementar o poder explicativo sobre os gastos gerais da academia, chegamos à regressão linear múltipla. A ideia inicial continua a mesma. Procuramos um modelo que tenha a menor soma dos quadrados dos resíduos, ou seja, que deixe a menor quantidade possível da variável dependente sem explicação.

Observando novamente a Figura 3.1, percebemos que a variável que apresenta o segundo maior coeficiente de correlação com a variável dependente é X_1 – consumo de *kilowatts* –, que apresenta um grau de correlação de 0,762, contra 0,665 da variável "número de alunos".

Portanto, X_1 será a próxima variável a entrar no modelo que agora, por se tratar de um modelo de regressão múltipla (possui mais de uma variável independente), passa a apresentar a seguinte expressão:

$$\hat{Y} = \beta_0 + \beta_1 X_1 + \beta_2 X_2$$

Ou,

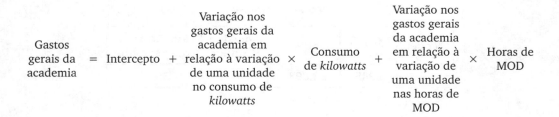

O modelo de regressão linear múltiplo com duas variáveis independentes, quando estimado pelo procedimento dos mínimos quadrados, apresenta os resultados apostos na Figura 3.3, que passaremos a analisar.

Ao trabalharmos com regressão linear múltipla, duas observações de suma importância devem ser feitas. A primeira e principal observação refere-se ao grau de correlação.

Observando a Figura 3.1, vemos que a variável X_1 apresenta um coeficiente de correlação com Y da ordem de 0,762. Como o coeficiente de correlação ao quadrado é igual ao coeficiente de determinação, teríamos:

$(0,762)^2 = 58,06\%$, em que R^2 = Coeficiente de Correlação (R) elevado ao quadrado.

Entretanto, ao compararmos o R^2 do modelo de regressão simples (79,6%) (Figura 3.2) com o R^2 do modelo de regressão múltiplo (89,3%) (Figura 3.3), identificamos um acréscimo de apenas 9,7% = (89,3% – 79,6%) em contraste com o valor de 58,06% acima calculado.

Model Summary

Model	R	R Square	Adjusted R Square	Std. Error of the Estimate
1	0,945[a]	0,893	0,875	35,49

a. Predictors: (Constant), x2, x1.

ANOVA[b]

Model		Sum of Squares	df	Mean Square	F	Sig.
1	Regression	126380,668	2	63190,334	50,175	0,000[a]
	Residual	15112,666	12	1259,389		
	Total	141493,333	14			

a. Predictors: (Constant), x2, x1.
b. Dependent variable: y.

Coefficients[a]

Model		Unstandardized Coefficients		Standardized Coefficients	t	Sig.
		B	Std. Error	Beta		
1	(Constant)	106,725	38,722		2,756	0,017
	x1	13,579	4,119	0,377	3,297	0,006
	x2	12,706	2,144	0,679	5,927	0,000

a. Dependent Variable: y

Figura 3.3 *Resumo regressão múltipla*.

Por que o R^2 do modelo de regressão múltipla aumentou apenas em 9,7% se o poder explicativo da variável independente "consumo de *kilowatts*" sobre a variável dependente "gastos da academia" é de 58,06%?

A explicação para o fato reside no conceito de correlação parcial, que passaremos a explicar e demonstrar a seguir.

Como decidir sobre a inclusão de novas variáveis?

É necessário agora entendermos como se processa a escolha e adição de variáveis na formatação da regressão multivariada.

Quando a variável estatística contém apenas uma variável independente (regressão simples), o cálculo para sua inclusão se baseia apenas na correlação entre ela e a variável dependente. O percentual de explicação da variável dependente proporcionado pela variável independente é direto e se refere apenas ao grau de correlação ao quadrado.

Ao acrescentarmos uma nova variável no modelo de regressão, os cálculos agora devem considerar também as inter-relações existentes entre as variáveis independentes. Na medida em que as variáveis independentes são correlacionadas, elas compartilham uma parte do seu poder preditivo, ou seja, as duas variáveis independentes explicam uma mesma parcela da variável dependente.

Assim, se utilizarmos apenas o grau de correlação estaremos contando duas vezes a variação provocada na variável dependente. A Figura 3.4 permite uma melhor visualização do que está sendo explicado.

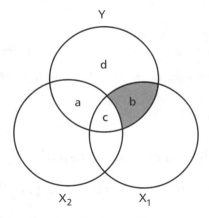

Obs.: a – variância de Y unicamente explicada por X_2.
b – variância de Y unicamente explicada por X_1.
c – variância de Y explicada conjuntamente por X_1 e X_2.
d – variância de Y não explicada por X_1 ou X_2.

Figura 3.4 *Correlação parcial.*

A variável independente X_2 (que foi incluída em primeiro lugar) possui um grau de associação com a variável dependente Y (representada por a) da ordem de 0,892. Sozinha, explica 79,6% ($0,892^2$) da variação em Y. Ao acrescentarmos X_1 ao modelo, uma parte da explicação que é dada por X_1, já foi fornecida por X_2 (representada por c). Portanto, a explicação adicional dada por X_1 e somente por ela é a que nos interessa (representada por b, que aparece sombreada no diagrama).

Essa explicação adicional dada por X_1 é o que chamamos de correlação parcial e representa estritamente a correlação de X_1 com Y, isolada a correlação de X_2, que já está presente na regressão, com Y.

Deste modo, para a adição de novas variáveis para a análise multivariada, considera-se a correlação parcial, assim definida:

a) a correlação de uma variável independente e a dependente quando já existem outras variáveis independentes na regressão;

b) é a representação do efeito preditivo incremental de uma variável independente não explicado pelas variáveis independentes que já estão na regressão;

c) sua utilidade é identificar as próximas variáveis independentes com o maior poder preditivo incremental que farão parte do modelo de regressão.

Voltando ao nosso exemplo, teríamos as seguintes correlações com a variável dependente Y após a variável X_2 já estar na relação (Figura 3.5).

O novo grau de correlação de X_1 com Y é r = 0,6894 e antes de X_2 entrar no modelo era r = 0,762.

Como,

$$r^2 = R^{2,} \text{ teremos que } (0,6894)^2 = 0,4753,$$

que significa o efeito preditivo incremental de X_1 para Y, após X_2 já estar na regressão.

| | – PARTIAL CORRELATION COEFFICIENTS – | | |
| | Controlling for... X_2 | | |
	Y	X_1	X_3
Y	1,0000	0,6894	0,6152
	(0)	(12)	(12)
	P = 0,0	P = 0,006	P = 0,019
X_1	0,6894	1,0000	0,3013
	(12)	(0)	(12)
	= 0,006	P = 0,0	P = 0,295
X_3	0,6152	0,3013	1,0000
	(12)	(12)	(0)
	P = 0,019	P = 0,295	P = 0,0

Figura 3.5 *Correlação parcial controlada por X_2.*

Nosso modelo de regressão simples apresentou um R^2 de 0,796, ou seja, 79,6% das variações na variável dependente Y são explicadas pela variável independente X_2.

O modelo de regressão simples deixou, portanto, 20,4% (100% – 79,6%) da variação na variável dependente Y sem explicação. Ao acrescentarmos a variável independente X_1 ao modelo, ele acrescentará um poder explicativo de 47,53% ao modelo de regressão. Esse percentual de explicação que X_1 acrescenta é o seu poder preditivo adicional, ou seja, dos 20,4% que faltam ser explicados, X_1 explica 47,53%.

Assim,

$$0,204 \times 47,53\% = 9,70\%,$$

que representa exatamente o poder explicativo adicional representado pela variável X_1 e que pode ser comprovado pela comparação entre o R^2 do modelo de regressão simples e o R^2 do modelo de regressão múltipla com as variáveis independentes X_1 e X_2.

R^2 do modelo de regressão simples = 79,6%

R^2 do modelo de regressão múltipla = 89,3%

Poder explicativo adicional = 9,7%

A segunda observação relevante sobre regressão múltipla diz respeito ao coeficiente de determinação ajustado (o R^2 ajustado).

Quando a nossa pretensão é a comparação entre várias equações de regressão envolvendo números de variáveis independentes diferentes, ou mesmo tamanhos de amostra diferentes, o valor do R^2 ajustado é extremamente útil, pois ele considera essas especificidades do modelo.

Portanto, no modelo de regressão simples, obtivemos um R^2 ajustado de 0,781 contra 0,875 no modelo de regressão múltipla. A conclusão é que, no modelo de regressão múltipla, a variável dependente "gastos gerais da academia" é explicada em 87,5% pelo conjunto de variáveis independentes utilizado, enquanto no modelo de regressão simples a variável dependente é explicada em 78,1% pela variável "horas de MOD".

Após atentarmos a esses dois pontos muitíssimo importantes, passaremos à análise do modelo de regressão múltipla estimado anteriormente.

No primeiro quadro da Figura 3.3 destacamos o valor do R^2 de 0,893, significando que 89,3% da variação nos gastos gerais da academia são explicados pelo conjunto de variáveis na regressão, X_1 e X_2.

O modelo apresenta um R^2 ajustado de 0,875 contra 0,781 do modelo de regressão simples, expressando que o nível de precisão da previsão com o modelo de regressão múltipla é maior que aquele encontrado no modelo simples.

Apenas lembrando, o R^2 ajustado é uma medida modificada do coeficiente de determinação que considera o número de variáveis independentes incluídas no modelo e o tamanho da amostra. Quando o objetivo é a comparação entre equações, é uma medida mais útil que o R^2. O erro padrão da estimativa confirma essa precisão da previsão.

A medida encontrada no modelo de regressão simples foi de 47,07 (Figura 3.2) e no modelo de regressão múltipla 35,49 (Figura 3.3). Recordando, quanto menor o erro padrão da estimativa, melhor o modelo estimado.

O segundo quadro (ANOVA da Figura 3.3) nos fornece a comprovação de quanto o modelo utilizando duas variáveis independentes é melhor do que a nossa previsão utilizando uma única variável. O uso da média nos deixava uma soma de quadrados de resíduos (SQR ou parte não explicada) de 141.493,33.

O modelo de regressão simples estimado (Figura 3.2) acrescentou um poder explicativo de 112.689,63 (SSR), deixando uma soma de quadrados de resíduos (SQR) bastante inferior àquela apresentada pela média, um montante de 28.803,70.

O modelo de regressão múltipla, por sua vez (Figura 3.3), deixou uma soma de quadrados de resíduos (SQR), ou parte não explicada, de apenas 15.112,66 e seu poder explicativo, ou o quanto se acerta com o modelo, subiu para 126.380,67.

O teste F-ANOVA verifica se a variável estatística exerce influência significativa sobre a variável dependente. Pelo valor *Sig* constante do segundo quadro da Figura 3.3, constata-se que o modelo apresenta um R^2 significativamente diferente de zero (*Sig* menor que α), ou que pelo menos um dos coeficientes do modelo é diferente de zero.

O terceiro quadro (*Coefficients* da Figura 3.3) nos dá a confirmação da significância de cada um dos coeficientes isoladamente e nos permite escrever o modelo de regressão estimado:

$$\hat{Y} = 106,72 + 13,58X_1 + 12,70X_2$$

O modelo de regressão múltipla estimado indica, finalmente, que a cada unidade de aumento nas horas de MOD os gastos gerais da academia sofrem, em média, um aumento de doze reais e setenta centavos e a cada unidade de aumento no consumo de *kilowatts* os gastos da academia sofrem, em média, um aumento de treze reais e cinquenta e oito centavos.

Uma última informação importante pode ser extraída desse terceiro quadro: o valor dos coeficientes padronizados. A lógica é simples. Como normalmente as variáveis podem ser obtidas em unidades diferentes, por exemplo, reais, unidades, quilos e outras, a ferramenta estatística nos fornece uma padronização dos coeficientes, que nada mais é do que o coeficiente dividido pelo desvio-padrão.

Essa medida, em número de desvios-padrões, nos permite comparar o peso de cada coeficiente no modelo de regressão. Portanto, a ideia dessa informação é retirar diferenças de escala e natureza das variáveis, para que se possa avaliar a ponderação de cada uma das variáveis independentes na definição da variável explicada.

Em resumo, ao lidarmos com modelos de regressão múltipla, devemos respeitar o valor preditivo adicional (ou correlação parcial) fornecido pelas variáveis independentes para a escolha de sua entrada no modelo e não apenas o seu grau de correlação.

Podemos ficar com a impressão de que quanto mais variáveis adicionarmos ao modelo de regressão, mais significativo ele se tornará. A realidade pode não ser bem esta. Tente avaliar se o poder preditivo adicional fornecido pela variável independente X_3 compensa sua inclusão no modelo.

3.3 Pressupostos na análise de regressão

Como vimos no Capítulo 1, a análise multivariada requer testes de suposições para as variáveis separadas e em conjunto e cada técnica apresenta seu conjunto de suposições ou pressupostos. A aplicação apropriada de um procedimento estatístico depende do cumprimento desse conjunto de pressupostos. Os principais pressupostos requeridos para a análise de regressão que serão apresentados a seguir são:

- Normalidade dos resíduos.
- Homoscedasticidade dos resíduos.
- Linearidade dos coeficientes.
- Ausência de autocorrelação serial nos resíduos.
- Multicolinearidade entre as variáveis independentes.

A avaliação de uma boa ou má regressão múltipla está sempre atrelada à situação dos seus resíduos. Vimos até aqui que a principal medida de precisão do poder preditivo de um conjunto de variáveis é o resíduo. Os pressupostos quanto aos resíduos dizem respeito fundamentalmente a que se evitem vieses nas estimativas.

Pelo princípio da aleatoriedade do processo de amostragem, para cada conjunto de variáveis independentes (X's) observadas (escolhidas ao acaso) se coletam as ocorrências da variável dependente (Y) a elas associadas. Assim, para a observação X_n escolhida há vários valores possíveis de Y correspondentes àquele conjunto X_n.

Este processo de aleatoriedade na coleta dos dados é que garante que a amostra de dados selecionada representa a população sobre a qual se quer fazer inferências com a estimativa.

Se os pressupostos não forem seguidos, portanto, as estimativas podem ser inconsistentes e enviesadas, o que implicará em maior erro padrão, ou maior dispersão em torno da reta e prejudicará a análise da regressão.

3.3.1 Normalidade dos resíduos

O conjunto dos resíduos produzidos em todo o intervalo das observações deve apresentar distribuição normal (normalidade dos resíduos), indicando, assim, que os casos amostrados se dispõem normalmente em toda a extensão da população. A condição de normalidade dos resíduos não é necessária para a obtenção dos estimadores pelo método dos mínimos quadrados, mas sim para a definição de intervalos de confiança e testes de significância.

Possíveis causas para a falta de normalidade dos resíduos são: a omissão de variáveis explicativas importantes, a presença de *outliers* ou a formulação matemática incorreta (forma funcional da equação).

As soluções possíveis passam pela inclusão de novas variáveis explicativas, pela retirada de *outliers* – se existe uma explicação conceitual, econômica para tal – ou pela formulação correta da relação funcional, que poderá ser logarítmica, exponencial, dentre outras.

O diagnóstico da normalidade dos resíduos pode ser feito por meio de gráficos ou de testes estatísticos, dentre os quais cabe destacar o KOLMOGOROV-SMIRNOV, o SHAPIRO-WILK e o JARQUE-BERA.

3.3.2 Homoscedasticidade

O conjunto de resíduos referentes a cada observação de X deve ter variância constante ou homogênea em toda a extensão das variáveis independentes; isto é, a dispersão de Y em relação às observações de X deve manter consistência ou ser constante em todas as dimensões desta variável. Tal característica se define como homoscedasticidade, ou seja, dispersão homogênea das ocorrências de Y em relação a cada observação de X (vide o Gráfico 3.2).

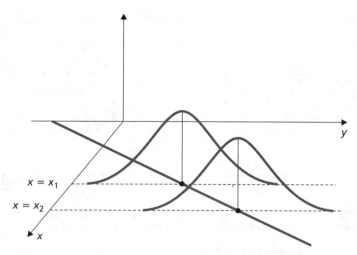

Gráfico 3.2 *Homoscedasticidade*.

A presença de variâncias não homogêneas é uma violação de um dos pressupostos da regressão e é conhecida como **heteroscedasticidade**.

Possíveis causas são originadas: de diferenças entre os dados da amostra decorrentes de diferenças em dados seccionados a um dado intervalo de tempo (em corte ou *cross-section*), de modo que apenas se examina parte da realidade da população; de existência na amostra de dados que extrapolam a realidade do fenômeno estudado (*outliers*); de erros de especificação de variáveis ou da função matemática, dentre outros.

Soluções possíveis nesses casos podem ser dadas pela mudança da forma funcional através de transformações das variáveis ou estimação da regressão via mínimos quadrados ponderados, os quais observam diferenças efetivas entre classes diferentes de fenômenos ou, ainda, pela retirada de dados em desacordo com a natureza do fenômeno estudado.

O diagnóstico da homoscedasticidade pode ser realizado por meio de gráficos ou testes estatísticos, como: PESARÁN-PESARÁN, QUANDT-GOLDFELD, GLEJSER, PARK, WHITE HETEROSKEDASTICITY.

No Gráfico 3.3, apresentam-se exemplos de:

- Homoscedasticidade (gráfico à esquerda), onde se nota que os resíduos (eixo vertical) têm comportamento aleatório em relação à variável X (eixo horizontal), mantendo variância constante em cada nível desta variável;
- Heteroscedasticidade (gráfico à direita), onde se observa que a dispersão dos resíduos aumenta com deslocamento do valor de X para a direita, alterando a variância dos resíduos.

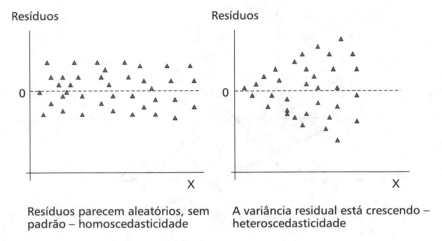

Gráfico 3.3 *Homoscedasticidade e heteroscedasticidade.*

3.3.3 Ausência de autocorrelação serial

O modelo pressupõe que a correlação entre os resíduos, ao longo do espectro das variáveis independentes, é zero; isto implica em que o efeito de uma observação de dada variável X é nulo sobre as observações seguintes; portanto, não há causalidade entre os resíduos e a variável X, e, por consequência, a variável Y só sofre influências da própria variável X considerada e não dos efeitos defasados de X_1 sobre X_2 e desta sobre Y. Dito de outro modo, os resíduos são independentes entre si e só se observa o efeito de X sobre Y, ou seja, não existe autocorrelação residual.

Da ótica formal, viés de especificação, ausência de variáveis, forma funcional incorreta, manuseio dos dados (interpolação/extrapolação) podem ferir este pressuposto.

Solução para a questão formal será formular corretamente a relação funcional e para questões temporais tornar a série estacionária, cujo estudo foge ao escopo deste livro. O diagnóstico da ausência de autocorrelação serial também pode ser realizado por meio de gráficos ou testes estatísticos, como DURBIN-WATSON e BREUSCH-GODFREY.

No Gráfico 3.4, são mostrados exemplos de resíduos autocorrelacionados (dois primeiros gráficos), onde se percebe o fenômeno em que os erros parecem estar correlacionados com os demais e há uma lei de formação nos valores dos resíduos à proporção que o valor de X avança; no terceiro gráfico, os valores dos resíduos são distribuídos aleatoriamente em torno do eixo X, não apresentando nenhuma tendência.

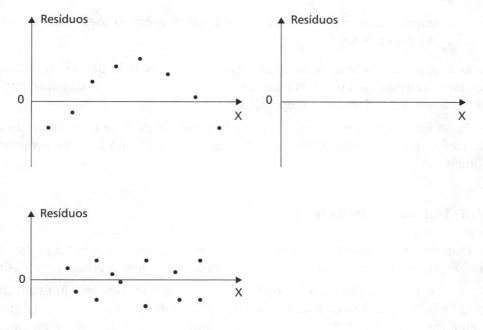

Gráfico 3.4 *Autocorrelação serial.*

3.3.4 Linearidade

A linearidade da relação representa o grau em que a variação na variável dependente é associada com a variável independente de forma estritamente linear. A variação da variável explicada se dará em proporção direta com a variação da variável explanatória.

Dito de outro modo, a relação acima descrita pode ser representada matematicamente por uma função de primeiro grau.

Do ponto de vista dos pressupostos sobre a linearidade, derivados logicamente da relação matemática linear do Método dos Mínimos Quadrados, deve-se destacar que o termo "Linear" assume duas conotações:

a. Linearidade nas variáveis: Y é uma função linear de X_i (i = 1, 2,..., n) e geometricamente as relações da regressão múltipla se dão num plano formado pelas observações das diversas variáveis independentes e da dependente; a variação da variável dependente, que enfatizamos, se dará como uma proporção definida por uma função de primeiro grau.

b. Linearidade nos parâmetros: os parâmetros (coeficientes lineares e angulares) são elevados apenas à primeira potência, sendo sua aplicação na estimação de Y feita de forma matemática e proporcional, isto é, a variação de uma unidade em qualquer das variáveis independentes gera impacto proporcional equivalente ao seu respectivo coeficiente na variá-vel dependente.[2]

O diagnóstico da linearidade das variáveis pode ser feito pelos diagramas de dispersão, que dão uma boa ideia sobre sua linearidade em torno das observações das variáveis dependentes e independentes.

Já no que tange aos coeficientes, sua linearidade decorre do método de sua estimação, que tem como resposta números que se aplicam linear e proporcio-nalmente.

3.3.5 Multicolinearidade

Outro pressuposto envolve o exame da correlação existente entre as diversas variáveis independentes. Este fenômeno é conhecido como multicolinearidade.

Ocorre quando duas ou mais variáveis independentes do modelo explicando o mesmo fato contêm informações similares, por exemplo, tentar explicar o preço de uma casa com regressão que tenha como variáveis explicativas a área da casa e o número de cômodos; como se vê, para maior número de cômodos é necessá-ria maior área.

Assim, duas ou mais variáveis independentes altamente correlacionadas le-vam a dificuldades na separação dos efeitos de cada uma delas sozinha sobre a variável dependente, fornecendo informações similares para explicar e prevê-la, fazendo com que uma delas perca significância na explanação do comportamen-to do fenômeno.

Do ponto de vista técnico, a multicolinearidade tende a distorcer os coefi-cientes angulares estimados para as variáveis que a apresentam, prejudicando a habilidade preditiva do modelo e a compreensão do real efeito da variável inde-pendente sobre o comportamento da variável dependente.

As consequências são previsíveis: erros-padrão maiores; menor eficiência dos estimadores; estimativas mais imprecisas; estimadores sensíveis a pequenas varia-ções dos dados, de modo que se estabelece dificuldade na separação dos efeitos de cada uma das variáveis.

Entretanto, o problema da multicolinearidade é uma questão de grau e não de natureza – sempre existirá correlação entre variáveis independentes, deven-do-se buscar as que a apresentem em menor grau para minimizar dificuldades na interpretação dos resultados.

---

[2] Ver GUJARATI, 2000, para esclarecimentos matemáticos a respeito destas relações de lineari-dade.

O diagnóstico de multicolinearidade pode ser feito observando-se modelos que apresentem coeficientes de determinação (R^2) altos e coeficientes de regressão (angular e linear) não significativos, ou seja, *Sig* maior que α. Ou, ainda por meio de testes estatísticos, como FARRAR e GLAUBER e FIV (Fator de Inflação da Variância).

A situação ideal para todo pesquisador seria ter diversas variáveis independentes altamente correlacionadas com a variável dependente, mas com pouca correlação entre elas próprias.

Algumas ações corretivas podem ser empregadas para a multicolinearidade, mas, normalmente, elas provocam alterações nos modelos. Possíveis ações corretivas para a multicolinearidade são:

a) Omitir uma ou mais variáveis independentes altamente correlacionadas e identificar outras para ajudar na previsão.

   Advertências:

   - Pode causar um erro de especificação ou regressões com poder preditivo baixo.

   - Pode deixar de fora variáveis que são importantes para o estudo.

b) Utilizar o modelo de regressão com variáveis independentes muito correlacionadas apenas para fazer previsões.

   Advertências:

   - Não tente interpretar os coeficientes de regressão.

   - O conjunto de variáveis explicativas pode perder poder explicativo.

E, ainda:

c) Utilizar as correlações simples para compreender a relação entre variáveis dependentes e independentes.

d) Usar informação *a priori* sobre o valor da estimativa dos parâmetros obtida de estudos prévios, prevenindo que o pesquisador aceite parâmetros incorretos.

e) Transformar a relação funcional (por exemplo, elevando as variáveis ao quadrado ou extraindo o logaritmo).

f) Utilizar o método de seleção de variáveis *stepwise* (o qual será examinado na sequência).

g) Verificar a existência de *outliers*.

h) Aumentar o tamanho da amostra.

3.4 Métodos de seleção de variáveis

Na maioria das pesquisas, existe um grande número de variáveis independentes disponíveis que podem ser escolhidas para inclusão na equação de regressão. A etapa da seleção de quais variáveis farão parte do modelo se constitui num ponto importante do processo de estimação do modelo.

Trataremos aqui de três métodos utilizados para escolha dessas variáveis e seu uso mais frequente.

3.4.1 Especificação confirmatória

Nesta modalidade, o conjunto de variáveis explicativas é completamente especificado pelo pesquisador. Ele tem o poder absoluto sobre a equação que resultará da sua seleção e insere as variáveis conforme deseja de acordo com sua vontade, necessidade ou especificação.

Normalmente, esse método é utilizado em estudos onde se busca uma confirmação de estudos anteriores e, dessa maneira, é preciso especificar o conjunto de variáveis explicativas nas mesmas bases do estudo anterior.

3.4.2 Abordagem combinatória

Nesse método, todas as possíveis combinações de variáveis independentes são examinadas e aquela variável estatística mais preditiva é identificada. Na realidade, é utilizada a metodologia da tentativa e erro, com uma busca generalizada por todas as possíveis combinações de variáveis.

É um método bastante trabalhoso, e só com a ajuda de procedimentos de estimação computadorizados se torna viável. Para se ter uma ideia, se as variáveis independentes forem em número de 10 (dez), existem 1.024 equações de regressão possíveis de ser estimadas (começando com uma regressão apenas com a constante, 10 regressões simples, 45 regressões múltiplas com 2 variáveis e assim por diante).

Um alerta se torna necessário. A seleção caracterizada pela busca generalizada não identifica problemas de multicolinearidade alta, observações atípicas ou interpretação dos resultados finais. Assim, o "melhor modelo" pode apresentar sérios problemas.

3.4.3 Métodos de busca sequencial

Os métodos de busca sequencial estimam a variável estatística primeiramente com um conjunto de variáveis independentes e, a partir dele, acrescentam ou eliminam variáveis até alcançarem a melhor medida dentro do critério utilizado. Na abordagem utilizada neste capítulo, a melhor combinação de variáveis explicativas é a que apresenta a menor soma dos quadrados dos resíduos.

Cuidados adicionais referentes à multicolinearidade devem ser observados. O critério adotado por esse tipo de método para inclusão ou eliminação de variáveis é a maximização do poder preditivo incremental de cada variável independente adicional; portanto, se duas variáveis independentes forem altamente correlacionadas entre si e ainda forem correlacionadas com a variável dependente num mesmo grau, é provável que apenas uma delas entre no modelo, pois, quando a primeira delas for incluída, sobrará pouco poder preditivo adicional para a outra. A adoção de precauções evita que o pesquisador tire conclusões precipitadas quanto à importância de variáveis no modelo.

Grande parte dos pacotes estatísticos (e o SPSS® utilizado neste capítulo não é diferente) trabalha com duas abordagens de busca sequencial.

Adição *forward* e eliminação *backward*

São processos de tentativa e erro. Na adição *forward* vão sendo acrescentadas variáveis independentes ao modelo, sem alternativa de eliminar as que já foram introduzidas, até que seja encontrada a menor soma dos quadrados dos resíduos. Na eliminação *backward* é estimada uma equação de regressão utilizando todas as variáveis disponíveis e então vão sendo eliminadas aquelas que não contribuem significativamente com o poder preditivo do modelo. Assim como na adição *forward*, se uma variável independente é eliminada do modelo, não há como reverter esse processo numa etapa posterior.

Estimação *stepwise*

Também chamado de método por etapas ou passo a passo. É o mais comum dos métodos de busca sequencial, e possibilita examinar a contribuição adicional de cada variável independente ao modelo, pois cada variável é considerada para inclusão antes do desenvolvimento da equação.

As etapas obedecidas na estimação *stepwise* estão ilustradas na Figura 3.6.

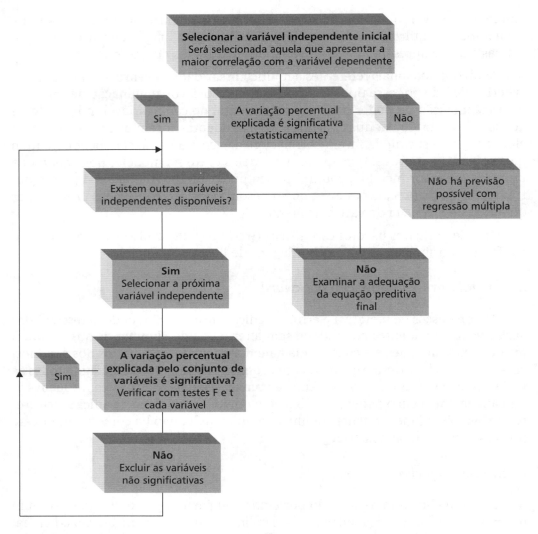

Fonte: Adaptada de HAIR (2005, p. 258).

Figura 3.6 *Etapas na estimação* stepwise.

O processo se inicia com um modelo de regressão simples onde a variável independente com o maior coeficiente de correlação com a variável dependente é escolhida.

As próximas variáveis independentes a serem incluídas são selecionadas com base na sua contribuição incremental (correlação parcial) à equação de regressão.

A cada nova variável independente introduzida no modelo é examinado pelo teste F se a contribuição das variáveis que já se encontram no modelo continua significativa, dada a presença da nova variável. Caso não seja, a estimação *stepwise* permite que as variáveis que já estão no modelo sejam eliminadas.

O procedimento continua até que todas as variáveis independentes ainda não presentes no modelo tenham sua inclusão avaliada e a reação das variáveis já presentes no modelo seja observada quando dessas inclusões.

Na seção 3.5 será demonstrado o processo de busca sequencial utilizando a abordagem da estimação *stepwise* presente no *software* estatístico SPSS®, primeiramente explicando o processo passo a passo que o método utiliza e, posteriormente, permitindo que o próprio sistema computacional realize todo o procedimento utilizando apenas o comando disponível para essa finalidade.

3.5 Um exemplo completo utilizando o SPSS®

Serão examinados paralelamente, nesta seção, a metodologia da Regressão Linear Múltipla e o uso da ferramenta específica para este fim no *software* acima citado.

O *software* que estamos utilizando fornece relatórios automáticos, considerando a análise que foi desenvolvida nas seções anteriores, pela seleção de métodos de processamento. Tais procedimentos são programados para o caso de mais de uma variável independente, o que caracteriza a Regressão Múltipla. Os mesmos providenciam a seleção de variáveis a serem consideradas nos modelos, obedecendo à lógica da avaliação global do modelo através da estatística F-ANOVA. Tal utilidade é relevante principalmente no caso de pesquisas exploratórias, em que não há expectativa formada acerca do comportamento de variáveis e se opta por testar grande número destas.

Assim, variáveis são incluídas ou removidas do modelo a partir da definição, pelo pesquisador, da probabilidade (*Sig*) ou de um valor crítico de F. A orientação geral seria trabalhar com a probabilidade, pois os valores críticos de F dependem tanto do tamanho da amostra quanto da quantidade de variáveis.

Como o interesse das pesquisas é rejeitar a hipótese de Coeficiente de Determinação nulo (R^2 = zero), a programação para o método de busca sequencial *stepwise* permite estabelecer um limite inferior de F abaixo do qual a variável é introduzida e um limite superior de F acima do qual a variável é removida.

Adicionalmente, são desconsideradas variáveis que apresentem sinais de multicolinearidade, optando-se por manter no modelo a de maior significância estatística. Por esse motivo, o método *stepwise* é considerado como uma das ações corretivas para a multicolinearidade.

Obviamente, cabe ao pesquisador exercer o julgamento sobre qual modelo adotar, ficando claro também que o programa não fornece as melhores alternati-

162 Análise Multivariada • Corrar, Paulo e Dias Filho

vas, mas a melhor alternativa ajustada estatisticamente, dado o nível de confiança adotado.

Cuidados devem ser tomados no sentido de analisar a efetiva causa da saída de uma variável do modelo; por exemplo, se a saída da variável foi causada por multicolinearidade, recomenda-se que se teste isso, retirando a variável que permaneceu no modelo e recolocando a variável que foi retirada do mesmo; ou então, mesmo sendo uma variável representativa, pode não adicionar muito poder explanatório ao modelo e, portanto, foi retirada. Outra questão diz respeito a variáveis que têm obrigatoriamente que estar no modelo, não podendo ser excluídas, porque se constituem na base teórica da pesquisa.

A base de dados utilizada para o exemplo que será desenvolvido é oriunda da revista *Exame – 500 Melhores & Maiores* (cuja realização está a cargo da FIPECAFI – Fundação Instituto de Pesquisas Contábeis, Atuariais e Financeiras) relativa ao ano de 2001, contendo indicadores financeiros selecionados referentes a empresas brasileiras de diversos setores econômicos, excetuados os setores de bancos e seguros.

Foram selecionadas as seguintes variáveis:

- RENTAT $\rightarrow$ Rentabilidade do Ativo.
- RENTPL $\rightarrow$ Rentabilidade do Patrimônio Líquido.
- ALOPER $\rightarrow$ Alavancagem Operacional.
- MARVEN $\rightarrow$ Margem Líquida de Vendas.
- ALFIN $\rightarrow$ Alavancagem Financeira.
- LUPRE $\rightarrow$ Lucro ou Prejuízo.

Assim, o exemplo consistirá em testar estatisticamente essas relações de análise de rentabilidade utilizando as informações coletadas das 500 Melhores e Maiores empresas brasileiras; a amostra resultou em 297 observações válidas, isto é, nas relações de rentabilidade de 297 firmas.

Este exemplo caracteriza uma Regressão Linear Múltipla, pois se estabelecem várias variáveis independentes no sentido de predizer e explanar o comportamento de uma única variável dependente.

As primeiras fases da realização de uma pesquisa não serão aprofundadas neste capítulo por não ser de seu escopo e por ser tratada em literatura especificamente voltada para o assunto, inclusive no capítulo inicial deste livro.

Tais fases são constituídas: do processo de definição do tamanho da amostra; de realização da amostragem; da coleta de dados; do tratamento dos dados prontos a ser transportados ao SPSS®, *software* para processamento de diversas ferramentas estatísticas.

Criado o arquivo de dados, a primeira tarefa será, após estabelecimento de premissas e hipóteses teóricas, definir a variável dependente, bem como as variáveis independentes.

Dadas as características econômicas das variáveis, estabeleceu-se como variável dependente a Rentabilidade do Patrimônio Líquido e como independentes Rentabilidade do Ativo, Alavancagem Operacional, Alavancagem Financeira, Margem Líquida de Vendas e Lucro ou Prejuízo. Com exceção da última, todas as outras variáveis são quantitativas. A variável "Lucro ou Prejuízo" representa a situação da empresa quanto ao seu resultado contábil.

Passaremos agora a avaliar, passo a passo, todo o processo percorrido pelo *software* no método de busca sequencial *stepwise*.

Assim, a proposta é que se vá descobrindo as relações mais relevantes através do uso de medidas descritivas e de correlação, disponíveis no *software* em causa, uma vez que é quase impossível fazer esse exame apenas graficamente. No caso da regressão simples, a plotagem da variável independente com a variável dependente já esclarece sobre o grau de correlação entre as duas, tarefa impossível de ser feita na Regressão Múltipla.

1ª Etapa – Estimação e avaliação do modelo de regressão simples

A primeira etapa do processo consiste em analisar a matriz de correlação. No SPSS®, existe a seguinte rotina para extraí-la:

1. *Analyze*.
2. *Correlate*.
3. *Bivariate*.
4. Selecionar as variáveis.
5. Em *Correlation Coeficients*, optar por *Pearson*.
6. *OK*.

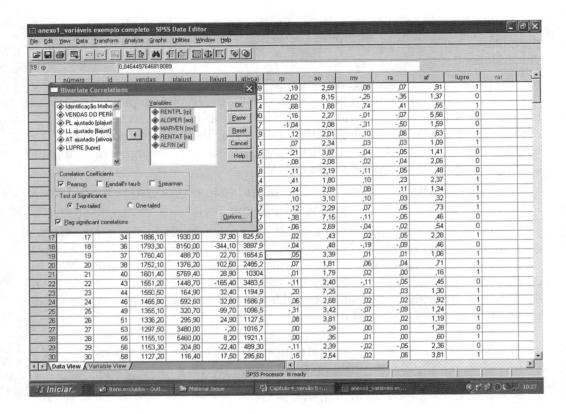

Na Figura 3.7 podemos identificar as variáveis independentes de maior correlação tanto com a variável dependente quanto entre si. As variáveis RENTAT, MARVEN e ALOPER são, nesta ordem, as mais correlacionadas com RENTPL, com significância estatística (*Sig* menor que α).

A maior correlação se dá com a variável RENTAT (r = 0,859), com alta significância estatística. Assim, esta será selecionada para a construção da equação de regressão usando nossa melhor variável independente.

Correlations

		RENTPL	ALOPER	MARVEN	RENTAT	ALFIN
RENTPL	Pearson Correlation	1,000	−0,143*	0,303**	0,859**	0,003
	Sig. (2–tailed)	0,0	0,014	0,000	0,000	0,964
	N	297	297	297	297	297
ALOPER	Pearson Correlation	−0,143*	1,000	−0,012	−0,139*	−0,115*
	Sig. (2–tailed)	0,014	0,0	0,840	0,017	0,048
	N	297	297	297	297	297
MARVEN	Pearson Correlation	0,303**	−0,012	1,000	0,580**	0,025
	Sig. (2–tailed)	0,000	0,840	0,0	0,000	0,664
	N	297	297	297	297	297
RENTAT	Pearson Correlation	0,859**	−0,139*	0,580**	1,000	0,012
	Sig. (2–tailed)	0,000	0,017	0,000	0,0	0,840
	N	297	297	297	297	297
ALFIN	Pearson Correlation	0,003	−0,115*	0,025	0,012	1,000
	Sig. (2–tailed)	0,964	0,048	0,664	0,840	0,0
	N	297	297	297	297	297

* Correlation is significant at the 0.05 level (2–tailed).
** Correlation is significant at the 0.01 level (2–tailed).

Figura 3.71 *Matriz de correlação.*

Assim,

1. *Analyze.*
2. *Regression.*
3. *Linear.*
4. Selecionar variável dependente – RENTPL.
5. Selecionar variável independente – RENTAT.
6. *OK.*

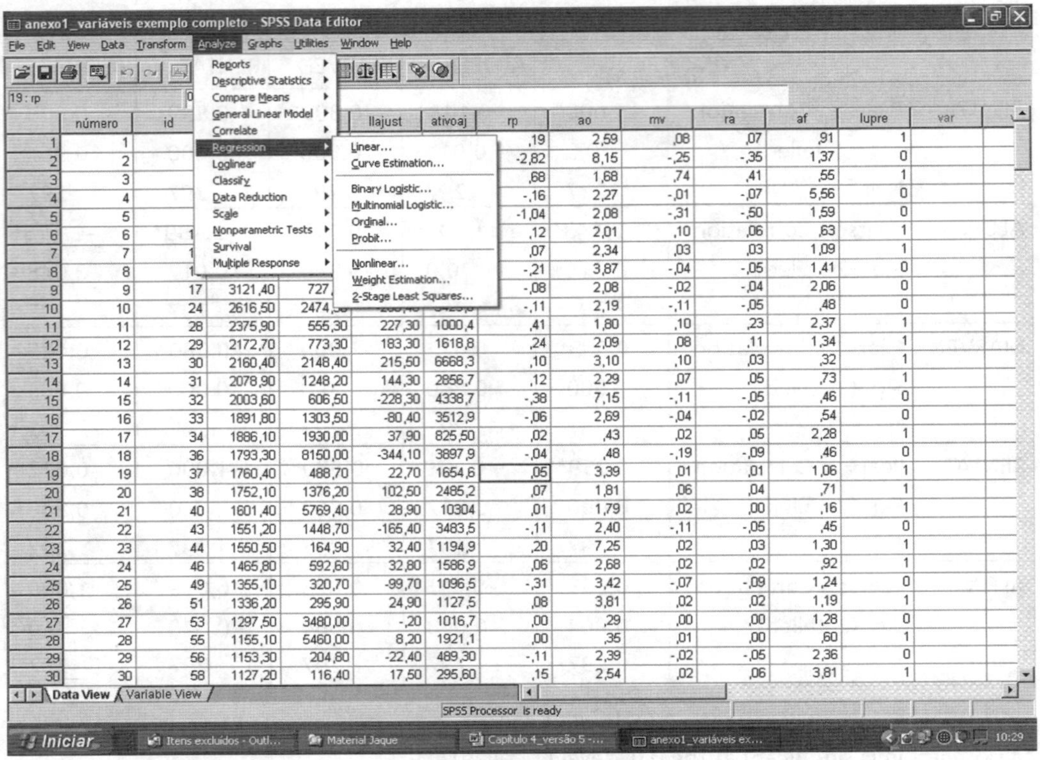

Os resultados desse primeiro passo aparecem nas Figuras 3.8, 3.9 e 3.10 e as análises são feitas a seguir.

Model Summary

Model	R	R Square	Adjusted R Square	Std. Error of the Estimate
1	0,859[a]	0,739	0,738	9,6746

a. Predictors: (Constant), RENTAT

Figura 3.82 *Resultados do modelo de regressão simples – sumário*.

As análises e avaliações se concentram nos seguintes pontos:

R (coeficiente de correlação) (Figura 3.8) – reflete apenas o grau de associação entre a variável dependente Rentabilidade do Patrimônio Líquido e a variável independente escolhida Rentabilidade do Ativo, que é de 0,859 e foi o parâmetro utilizado para a escolha dessa variável.

R^2 **(coeficiente de determinação)** (Figura 3.8) – indica que 73,9% da variação na variável dependente RENTPL é explicada pelas variações ocorridas na variável independente RENTAT.

ANOVA[b]

Model		Sum of Squares	df	Mean Square	F	Sig.
1	Regression	78.023,268	1	78.023,268	833,599	0,000[a]
	Residual	27.611,438	295	93,598		
	Total	105.634,70	296			

a. Predictors: (Constant), RENTAT.
b. Dependent variable: RENTPL.

Figura 3.9 *Resultados do modelo de Regressão Simples – ANOVA.*

Soma dos quadrados (*Sum of Squares*) (Figura 3.9) – A soma total dos quadrados (105.634,70) é o resíduo quadrado que ocorreria se utilizássemos apenas a média da variável dependente RENTPL para predição. Utilizando a variável independente RENTAT, esse resíduo cai para 27.611,43.

Teste F – ANOVA (Figura 3.9) – como o *Sig.* (0,000) é menor que α (0,05), rejeita-se a hipótese de que o R^2 é igual a zero. A variável estatística exerce influência sobre a variável dependente e o modelo é significativo.

Coefficients[a]

Model		Unstandardized Coefficients		Standardized Coefficients	t	Sig.
		B	Std. Error	Beta		
1	(Constant)	–0,704	0,562		–1,254	0,211
	RENTAT	23,379	0,810	0,859	28,872	0,000

a. Dependent variable: RENTPL.

Figura 3.10 *Resultados do modelo de regressão simples – coeficientes.*

Equação de regressão (Figura 3.10) – O valor previsto para cada observação é o valor do intercepto (Constant)(- 0,704), mais o coeficiente de regressão (RENTAT)(23,379) multiplicado pelo valor da variável independente (RENTPL = – 0,704 + 23,379. RENTAT). O modelo de regressão simples estimado indica, final-

168 Análise Multivariada • Corrar, Paulo e Dias Filho

mente, que a cada 1 ponto percentual de aumento na rentabilidade do ativo a rentabilidade do PL sofre, em média, um aumento de 23,379 pontos percentuais.

Teste t (Figura 3.10) – o fato de o *Sig.* do intercepto ser maior que α pode significar que o mesmo não deveria ser utilizado para fins preditivos. Em termos práticos, entretanto, não é necessário testar o termo constante. O coeficiente de regressão da variável independente, por sua vez, difere significativamente de zero (*Sig.* menor que α).

2ª Etapa – Estimação e avaliação do modelo com o acréscimo de uma variável – regressão múltipla

A etapa seguinte é a escolha da próxima variável independente a entrar no modelo e se processa pela avaliação da correlação parcial, controlada pela variável que já entrou na regressão, no nosso exemplo, RENTAT.

1. *Analyze.*
2. *Correlate.*
3. *Partial.*
4. Selecionar variáveis que não estão na regressão e a variável dependente – ALOPER, MARVEN, ALFIN e RENTPL.
5. Selecionar, em *Controlling For,* a variável que já está na regressão – RENTAT.
6. *OK.*

Na Figura 3.11, mostra-se a correlação parcial entre as variáveis independentes e a variável dependente, controladas por RENTAT, que já faz parte do modelo.

PARTIAL CORRELATION COEFFICIENTS			
Controlling for RENTAT			
	RENTPL	ALOPER	MARVEN	ALFIN
RENTPL	1,0000	−0,0471	−0,4699	−0,0145
	P = 0,0	P = 0,419	P = 0,000	P = 0,803
ALOPER	−0,0471	1,0000	0,0852	−0,1144
	P = 0,419	P = 0,0	P = 0,144	P = 0,049
MARVEN	−0,4699	0,0852	1,0000	0,0227
	P = 0,000	P = 0,144	P = 0,0	P = 0,697
ALFIN	−0,0145	−0,1144	0,0227	1,0000
	P = 0,803	P = 0,049	P = 0,697	P = 0,0

Figura 3.11 *Correlação parcial controlada por RENTAT.*

Da análise da tabela na Figura 3.11 se destaca que a variável MARVEN mantém grau de correlação significante com RENTPL, quando isolado o efeito da variável RENTAT (−0,4699). As demais variáveis não apresentam grau de correlação significativo com a variável dependente, tendo correlação estatisticamente igual a zero (*Sig.* maior que α).

Antes mesmo de estimarmos o modelo com a inclusão da variável independente MARVEN, já conseguimos estabelecer qual sua contribuição para o poder preditivo da variável estatística.

O modelo de regressão simples conseguiu explicar 73,9% da variação na RENTPL. Ficaram sem explicação, portanto, 26,1% (1 − 0,739). Como a variável MARVEN apresenta um coeficiente de correlação parcial com RENTPL de 0,4699, seu coeficiente de determinação (R^2) é de 22,1% $(0,4699)^2$. Assim, seu poder explicativo adicional será de 22,1% da parte não explicada por RENTAT, ou seja, 5,7% (0,261 × 22,1%).

Assim, utilizamos a rotina para a estimação de um modelo com mais de uma variável independente.

1. *Analyze.*
2. *Regression.*
3. *Linear.*
4. Selecionar variável dependente – RENTPL.

5. Selecionar variáveis independentes – RENTAT e MARVEN.
6. *OK*.

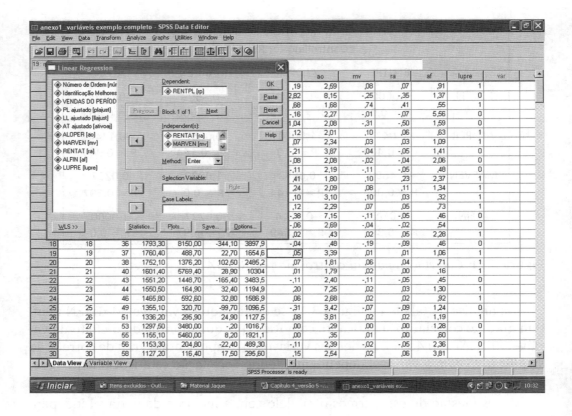

As Figuras 3.12, 3.13 e 3.14 mostram os resultados alcançados com esse novo modelo utilizando duas variáveis independentes.

Model Summary

Model	R	R Square	Adjusted R Square	Std. Error of the Estimate
1	0,892[a]	0,7960	0,795	8,5546

a. Predictors: (Constant), MARVEN, RENTAT.

Figura 3.12 *Resultados do modelo de regressão múltipla com duas variáveis – sumário.*

Passaremos às análises pertinentes.

R^2 **(coeficiente de determinação)** (Figura 3.12) – com a inclusão de MARVEN o R^2 aumentou exatamente em 5,7% a quantia que previmos anteriormente com base na correlação parcial. O conjunto de variáveis independentes explica, assim, 79,6% da variação na variável dependente RENTPL.

R^2 **ajustado (coeficiente de determinação ajustado)** (Figura 3.12) – o primeiro modelo apresentou um R^2 ajustado de 0,738, contra 0,795 do modelo atual, demonstrando a superioridade do modelo de regressão múltipla em relação ao modelo de regressão simples.

Erro-padrão da estimativa (*Std. Error of the Estimate*) (Figura 3.12) – como também é uma medida da precisão das nossas previsões, sua diminuição (de 9,6746 para 8,5546) demonstra o maior ajustamento do modelo de regressão múltipla.

ANOVA[b]

Model		Sum of Squares	df	Mean Square	F	Sig.
1	Regression	84.119,270	2	42.059,635	574,728	0,000[a]
	Residual	21.515,437	294	73,182		
	Total	105.634,7	296			

a. Predictors: (Constant), MARVEN, RENTAT.

b. Dependent variable: RENTPL.

Figura 3.13 *Resultados do modelo de regressão múltipla com duas variáveis – ANOVA.*

Soma dos quadrados (Figura 3.13) – os resíduos quadrados deixados pelo modelo com duas variáveis (21.515,437) são menores que os da regressão simples (27.611,43). Nosso modelo estimado com 2 variáveis independentes é, portanto, mais preciso que a equação com uma única variável.

Teste F – ANOVA (Figura 3.13) – como *Sig.* é menor que α, rejeita-se a hipótese de que o R^2 é igual a zero. Pelo menos uma das variáveis independentes exerce influência sobre a RENTPL. O modelo é significativo como um todo.

Coefficients[a]

Model		Unstandardized Coefficients		Standardized Coefficients	t	Sig.
		B	Std. Error	Beta		
1	(Constant)	−0,945	0,497		−1,900	0,058
	RENTAT	28,034	0,879	1,031	31,890	0,000
	MARVEN	−6,114	0,670	−0,295	-9,127	0,000

a. Dependent variable: RENTPL.

Figura 3.14 *Resultados do modelo de regressão múltipla com duas variáveis – coeficientes.*

Equação de regressão (Figura 3.14) – o modelo estimado é RENTPL = − 0,945 + 28,034. RENTAT − 6,114. MARVEN. A variação de 1 ponto percentual em RENTAT provoca uma variação positiva de 28,034 pontos percentuais, em média, na variável dependente, e a variação de 1 ponto percentual na MARVEN provoca um decréscimo de 6,114 pontos percentuais, em média, em RENTPL.

Coeficiente padronizado Beta (*Standardized Coefficients Beta*) (Figura 3.14) – a variável RENTAT apresenta maior impacto sobre a variável dependente que a variável MARVEN. Percebe-se que RENTAT tem um impacto cerca de três vezes maior que MARVEN, na definição de RENTPL; esses coeficientes têm sua função mais bem exercida na tentativa de explicar os comportamentos das variáveis envolvidas, sendo inúteis para a tarefa de estimativas e predições. Note que em regressões simples o coeficiente padronizado é a medida de correlação entre as variáveis.

Teste t (Figura 3.14) – a probabilidade de que os coeficientes de RENTAT e MARVEN sejam estatisticamente nulos tende a zero (*Sig.* menor que α).

Considerando a significância estatística dos estimadores, estes podem ser usados para predizer o nível de rentabilidade do patrimônio líquido de empresas da natureza das estudadas na amostra, dado o nível de rentabilidade do ativo total e a margem de vendas.

Exemplificando, tomemos a observação com o número de ordem (ORDEM) 398 (CODEMPR = 1580), que nos dá as seguintes informações:

- RENTPL = 9,08% ou 0,0908.
- RENTAT = 5,35% ou 0,0535.
- MARVEN = 8,16% ou 0,0816.

Podemos, então, estimar RENTPL por meio da equação de regressão estimada acima:

$$\text{RENTPL} = -0,945 + 28,034 \text{ RENTAT} - 6,114 \text{ MARVEN}$$

Substituindo-se na equação os valores observados e os coeficientes estimados, obtemos a seguinte relação:

$$\text{RENTPL (estimada)} = -0,945 + 28,034 \times 0,0535 - 6,114 \times 0,0816$$
$$= 0,0559$$

Ou,

$$\text{RENTPL} = 5,59\%$$

Por fim, é relevante também o exame dos sinais associados aos estimadores porque eles indicam o tipo de relacionamento existente:

- Percebe-se, então, que quanto maior a rentabilidade do ativo (quanto maior o lucro e menor o ativo) – RENTAT –, maior a rentabilidade dos proprietários, pois o sinal do seu coeficiente é positivo.

- Já o estimador da variável MARVEN é negativo, decorrendo daí que quanto maior a margem de venda (quanto maior o lucro e menor o valor das vendas) menor o resultado para os proprietários.

- Contudo, outra inferência plausível para o sinal negativo da variável MARVEN é que se decompõe o efeito do "lucro líquido" – presente no numerador das três variáveis – na formação da rentabilidade do PL, retirando do efeito positivo atribuído ao ativo outros efeitos derivados da margem de vendas.[3]

- Por sua vez, o intercepto da reta apenas nos informa que outras variáveis, não colocadas no modelo, também impactam o resultado da variável dependente, embora seu sinal negativo, neste caso, possa sugerir outros tipos de análise.

3ª Etapa – Estimação e avaliação do modelo com o acréscimo de mais uma variável – regressão múltipla

Mais uma vez recorreremos à matriz de correlação parcial para avaliar a possibilidade de inclusão de mais uma variável no modelo de regressão múltipla. Dessa vez, estabeleceremos o poder preditivo adicional das variáveis independentes ALOPER e ALFIN, dada a presença de RENTAT e MARVEN na equação.

---

[3] É bom lembrar que a análise aqui procedida refuta o modelo de análise dinâmica de DU PONT, não cabendo, contudo, maiores discussões teóricas a respeito do mesmo. O que se intenta é disponibilizar possibilidades de verificação para os pesquisadores contábeis.

174 Análise Multivariada • Corrar, Paulo e Dias Filho

Pela análise da matriz de correlação parcial na Figura 3.15, observamos que nenhuma das duas variáveis independentes (ALOPER e ALFIN) apresenta significância estatística para ser incluída no modelo (*Sig.* maior que α).

	– PARTIAL CORRELATION COEFFICIENTS – Controlling for.. RA MV		
	RP	AO	AF
RP	1,0000 (0) P = 0,0	–0,0080 (293) P = 0,891	–0,0044 (293) P = 0,941
AO	–0,0080 (293) P = 0,891	1,0000 (0) P = 0,0	–0,1168 (293) P = 0,045
AF	–0,0044 (293) P = 0,941	–0,1168 (293) P = 0,045	1,0000 (0) P = 0,0

Figura 3.15 *Correlação parcial controlada por RENTAT e MARVEN.*

Mesmo assim, prosseguiremos estimando um modelo com três variáveis independentes apenas para que possamos esclarecer alguns pontos. Escolheremos a variável ALOPER por apresentar a maior correlação parcial com RENTPL (0,0080). A mesma rotina empregada anteriormente será realizada, apenas as variáveis independentes agora serão três – RENTAT, MARVEN e ALOPER.

Os resultados obtidos estão apresentados nas Figuras 3.16, 3.17 e 3.18.

Model Summary[b]

Model	R	R Square	Adjusted R Square	Std. Error of the Estimate
1	0,892[a]	0,796	0,794	8,5689

a. Predictors: (Constant), RENTAT, ALOPER, MARVEN.

b. DependentVariable.

Figura 3.16 *Resultados do modelo de regressão múltipla com três variáveis – sumário.*

Passando às análises pertinentes:

R^2 (coeficiente de determinação) (Figura 3.16) – com a inclusão de ALOPER, o R^2 não sofreu alteração, permanecendo em 79,6%. Este é um indício de que o modelo com três variáveis independentes não apresenta vantagens em relação ao de duas variáveis.

R^2 ajustado (coeficiente de determinação ajustado) (Figura 3.16) – o primeiro modelo apresentou um R^2 ajustado de 0,795 contra 0,794 do modelo atual, demonstrando a superioridade do modelo de regressão múltipla com apenas duas variáveis.

Erro-padrão da estimativa (Figura 3.16) – como também é uma medida da precisão das nossas previsões, seu aumento (de 8,5546 para 8,5689) demonstra o menor ajustamento do modelo de regressão múltipla com três variáveis.

ANOVA[b]

Model		Sum of Squares	df	Mean Square	F	Sig.
1	Regression	84.120,657	3	28.040,219	381,880	0,000[a]
	Residual	21.514,050	293	73,427		
	Total	105.634,7	296			

a. Predictors: (Constant), RENTAT, ALOPER, MARVEN.

b. Dependent variable: RENTPL.

Figura 3.17 *Resultados do modelo de regressão múltipla com três variáveis – ANOVA.*

Soma dos quadrados (Figura 3.17) – os resíduos quadrados deixados pelo modelo com duas variáveis (21.515,437) são maiores que os da regressão com três variáveis (21.514,05).

Teste F-ANOVA (Figura 3.17) – como o *Sig.* é menor que α, rejeita-se a hipótese de que o R^2 é igual a zero. Pelo menos uma das variáveis independentes exerce influência sobre a RENTPL. O modelo é significativo como um todo.

Coefficients[a]

Model		Unstandardized Coefficients		Standardized Coefficients	t	Sig.
		B	Std. Error	Beta		
1	(Constant)	−0,904	0,579		−1,562	0,119
	ALOPER	−6,35E−03	0,046	−0,004	−0,137	0,891
	MARVEN	−6,106	0,673	−0,295	−9,067	0,000
	RENTAT	28,014	0,892	1,030	31,394	0,000

a. Dependent variable: RENTPL.

Figura 3.18 *Resultados do modelo de regressão múltipla com três variáveis – coeficientes.*

Teste t (Figura 3.18) – a probabilidade de que os coeficientes de RENTAT e MARVEN sejam estatisticamente nulos tende a zero (*Sig.* menor que α). Entretanto, o coeficiente de ALOPER não se apresentou significativamente diferente de zero (*Sig.* maior que α) e, portanto, não deverá fazer parte do modelo de regressão.

Confirma-se, portanto, a análise anterior realizada na matriz de correlação da inexistência de variáveis independentes (ALOPER e ALFIN), apresentando significância estatística para ser incluída no modelo (*Sig.* maior que α).

Num segundo momento, a proposta é deixar o próprio *software* selecionar a variável estatística utilizando como variáveis independentes todas as variáveis quantitativas. A rotina é a seguinte:

1. *Analyze.*
2. *Regression....linear.*
3. Selecionar variável dependente – RENTPL.
4. Selecionar variáveis independentes – RENTAT, MARVEN, ALOPER e ALFIN.
5. *Method....stepwise.*
6. OK.

Regressão Linear Múltipla 177

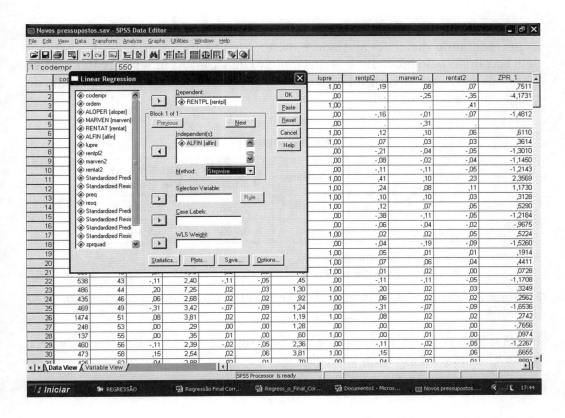

Os principais resultados obtidos são apresentados a seguir, nas Figuras 3.19, 3.20, 3.21 e 3.22.

Na Figura 3.19, percebemos que o método *stepwise* fez duas tentativas de equação e que o critério utilizado para a inclusão de variáveis foi por valores de probabilidade F iguais ou menores que 0,05 e para remoção, maiores ou iguais a 0,10.

Variables Entered/Removed[a]

Model	Variables Entered	Variables Removed	Method
1	RENTAT	0,0	Stepwise (Criteria: Probabilit y-of-F-to-e nter <=,050, Probabilit y-of-F-to-r emove >=,100).
2	MARVEN	0,0	Stepwise (Criteria: Probabilit y-of-F-to-e nter <=,050, Probabilit y-of-F-to-r emove >=,100).

a. Dependent variable: RENTPL.

Figura 3.19 *Resultados do modelo de regressão múltipla* stepwise *– variáveis.*

178 Análise Multivariada • Corrar, Paulo e Dias Filho

A seguir, na Figura 3.20 constatamos a superioridade do modelo final (modelo 2) apresentando maior R^2 ajustado e menor erro-padrão da estimativa. No modelo escolhido pelo procedimento, o conjunto de variáveis independentes explica 79,6% da variação na variável dependente. E, ainda, apresenta a menor soma de quadrados de resíduos deixada por ele.

Model Summary

Model	R	R Square	Adjusted R Square	Std. Error of the Estimate
1	0,859[a]	0,739	0,738	9,6746
2	0,892[b]	0,796	0,795	8,5546

a. Predictors: (Constant), RENTAT.

b. Predictors: (Constant), RENTAT, MARVEN.

Figura 3.20 *Resultados do modelo de regressão múltipla* stepwise *– sumário.*

Mas ambos os modelos apresentaram R^2 significativamente diferente de zero (teste F), conforme comprovado pela Figura 3.21.

ANOVA[c]

Model		Sum of Squares	df	Mean Square	F	Sig.
1	Regression	78.023,268	1	78.023,268	833,599	0,000[a]
	Residual	27.611,438	295	93,598		
	Total	105.634,7	296			
2	Regression	84.119,270	2	42.059,635	574,728	0,000[b]
	Residual	21.515,437	294	73,182		
	Total	105.634,7	296			

a. Predictors: (Constant), RENTAT.

b. Predictors: (Constant), RENTAT, MARVEN.

c. Dependent variable: RENTPL.

Figura 3.21 *Resultados do modelo de regressão múltipla* stepwise *– ANOVA.*

A Figura 3.22 traz as duas equações encontradas e comprova a significância dos coeficientes. O modelo final estimado pelo *software* utilizando o método *stepwise* foi:

RENTPL = – 0,945 + 28,034 RENTAT – 6,114 MARVEN

Coefficients[a]

Model		Unstandardized Coefficients		Standardized Coefficients	t	Sig.
		B	Std. Error	Beta		
1	(Constant)	–0,704	0,562		–1,254	0,211
	RENTAT	23,379	0,810	0,859	28,872	0,000
2	(Constant)	–0,945	0,497		–1,900	0,058
	RENTAT	28,034	0,879	1,031	31,890	0,000
	MARVEN	–6,114	0,670	–0,295	–9,127	0,000

a. Dependent variable: RENTPL.

Figura 3.22 *Resultados do modelo de regressão múltipla* stepwise – *coeficientes.*

Finalmente, a Figura 3.23 apresenta as variáveis que foram excluídas dos modelos. Percebe-se que na primeira tentativa de modelo estimado apenas a variável MARVEN apresenta correlação parcial significativamente diferente de zero, tanto que ela é a próxima a ser incluída. No segundo modelo, foram excluídas ALOPER e ALFIN, que apresentaram correlação parcial igual a zero.

Excluded Variables[c]

	Model	Beta In	t	Sig.	Partial Correlation
1	ALOPER	–0,024[a]	–0,809	0,419	–0,047
	ALFIN	–0,007[a]	–0,249	0,803	–0,015
	MARVEN	–0,295[a]	–9,127	0,000	–0,470
2	ALOPER	–0,004[b]	–0,137	0,891	–0,008
	ALFIN	–0,002[b]	–0,075	0,941	–0,004

a. Predictors in the Model: (Constant), RENTAT.

b. Predictors in the Model: (Constant), RENTAT, MARVEN.

c. Dependent variable: RENTPL.

Figura 3.23 *Resultados do modelo de regressão múltipla* stepwise – *Variáveis excluídas.*

180 Análise Multivariada • Corrar, Paulo e Dias Filho

Tornam-se desnecessárias quaisquer outras considerações quanto às análises realizadas, visto que o resultado é o mesmo nos dois casos (o comandado por nós e o estimado pelo *software*). Todas as análises já foram realizadas quando da apresentação das etapas percorridas pelo método. Optou-se por utilizar esta abordagem com as duas formas por entender-se que é didaticamente vantajosa.

Alguns cuidados precisam ser observados quando da seleção de um método de seleção de variáveis. Primeiramente, o modelo escolhido não tem o poder de determinar qual variável é mais importante, constituindo-se a escolha em um dos papéis do pesquisador. Para qualquer modelo que seja adotado, o critério mais importante é o conhecimento do pesquisador sobre o contexto da pesquisa, quanto às variáveis a serem incluídas e os sinais e magnitudes esperados dos coeficientes.

A seguir, iniciaremos nossos estudos de regressão utilizando variáveis qualitativas.

3.5.1 Incluindo variáveis dummy

Na formatação de um problema de pesquisa, geralmente aparece alguma característica qualitativa associada ao fenômeno estudado ou a determinado aspecto assumido pela variável dependente, cujo efeito no relacionamento dos condicionantes múltiplos envolvidos no fenômeno interessa ao pesquisador analisar.

A análise de regressão não permite que uma variável não métrica seja incluída diretamente no modelo, isto é, pelo seu atributo qualitativo. Entretanto, muitas vezes a variável dependente é influenciada por variáveis de natureza essencialmente qualitativa: sexo, religião, gênero, grau, ausência ou presença de determinada condição etc. Geralmente, as variáveis qualitativas indicam presença ou ausência de uma "qualidade", ou atributo, como homem ou mulher, pequeno ou grande.

Assim, se desejarmos incorporar informações de uma variável qualitativa em nossos modelos, um método para "quantificar" esses atributos é construir variáveis artificiais, associando valores numéricos a elas. Contudo, tais valores numéricos não podem ter tal significado.

A solução encontrada é então criar variáveis independentes *dummy*, também chamadas de variáveis binárias ou categóricas, usadas para indicar a presença ou ausência de determinado atributo, assumindo apenas o valor 1 ou 0. Exemplo clássico seria designar a existência ou não de piscinas numa regressão acerca do preço de casas; para tanto, seria criada a variável abaixo com os valores indicados:

$X_i = 1$, se a casa tem piscina;

$X_i = 0$, se a casa não a tem.

Essas variáveis podem ser usadas também para avaliar qualitativamente algumas situações com mais de duas alternativas possíveis, sem que se atribua precedência a elas.

Uma regressão simples, portanto, transforma-se em regressão múltipla com a introdução de variáveis *dummy*. A questão que se quer resolver com seu uso é a melhora do percentual do R^2. Eventualmente, também se pode desejar retirar inferências apenas sobre as condições associadas a dada categoria da variável dependente. Por exemplo, qual a relação entre lucratividade dos proprietários e rentabilidade dos ativos especificamente para as empresas com lucro no período estudado.

A análise específica do coeficiente da variável *dummy*, se estatisticamente significante, responderá se houve diferença estatística com sua inclusão. Isto é, a variável assim introduzida somente permanecerá no modelo se houver incremento no coeficiente de determinação (R^2) e se seu estimador tiver significância estatística, como qualquer outra variável introduzida. Define, portanto, se a diferença entre as duas naturezas expressas pela variável *dummy* é realmente significante.

No exemplo que estamos desenvolvendo, usamos a hipótese de que a situação de lucro ou prejuízo na variável RENTPL pode alterar a relação entre as variáveis explicativas do lucro, pois outros fatores não incluídos no modelo podem ter influenciado a situação de resultado negativo; portanto, criou-se a variável binária com o valor 1 para as empresas com lucro e com o valor 0 para as empresas com prejuízo.

A criação de uma variável *dummy* na forma proposta, isto é, baseada nos valores de outra variável, equivale a recodificar a variável original, o que pode ser efetuado através do SPSS® pela seguinte rotina:

1. *Transform*.
2. *Recode*.
3. *Into Different Variables*.
4. *Input → Output* (RENTPL → LUPRE).
5. *Change*.
6. *Old and New Values*.
7. *Old Value*: > 0 → *New Value*: 1.
8. *Old Value*: < 0 → *New Value*: 0.
9. *OK*.

Visualizamos a tela de criação da variável LUPRE.

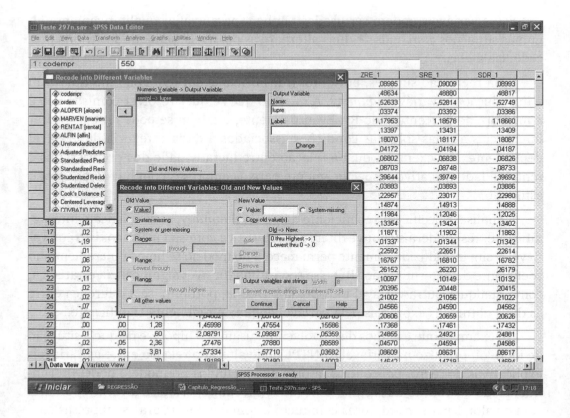

Nas Figuras 3.24 e 3.25, observa-se o resultado da inclusão da variável LUPRE (utilizando a mesma rotina já demonstrada anteriormente) constatando-se o incremento do coeficiente de determinação (R^2), bem como a significância estatística da variável introduzida (*Sig.* menor que α).

Model Summary

Model	R	R Square	Adjusted R Square	Std. Error of the Estimate
1	0,859[a]	0,739	0,738	9,6746
2	0,892[b]	0,796	0,795	8,5546
3	0,897[c]	0,804	0,802	8,4063

a. Predictors: (Constant), RENTAT.
b. Predictors: (Constant), RENTAT, MARVEN.
c. Predictors: (Constant), RENTAT, MARVEN, LUPRE.

Figura 3.24 *Resultados com inclusão da variável* dummy – *sumário.*

Coefficients[a]

Model		Unstandardized Coefficients		Standardized Coefficients	t	Sig.
		B	Std. Error	Beta		
1	(Constant)	−0,704	0,562		−1,254	0,211
	RENTAT	23,379	0,810	0,859	28,872	0,000
2	(Constant)	−0,945	0,497		−1,900	0,058
	RENTAT	28,034	0,879	1,031	31,890	0,000
	MARVEN	−6,114	0,670	−0,295	−9,127	0,000
3	(Constant)	1,465	0,863		1,697	0,091
	RENTAT	28,465	0,873	1,046	32,600	0,000
	MARVEN	−5,829	0,664	−0,281	−8,783	0,000
	LUPRE	−3,633	1,073	−0,091	−3,387	0,001

a. Dependent variable: RENTPL.

Figura 3.25 *Resultados com inclusão da variável* dummy *– coeficientes.*

A variável estatística resultante da estimativa com a inclusão da variável *dummy* é mostrada a seguir:

RENTPL = 1,465 + 28,465 . RENTAT − 5,829 . MARVEN − 3,633 . LUPRE

Os efeitos da variável introduzida em relação à regressão original podem ser assim resumidos:

a) O intercepto passou a ter sinal positivo, isolando-se consequências negativas a variáveis não observáveis atribuídas ao coeficiente da variável LUPRE, no caso dos resultados positivos na rentabilidade do patrimônio líquido;

b) Para o caso de situações de prejuízo (quando a *dummy* assume valor nulo), há apenas o intercepto positivo e as consequências dos coeficientes associados às duas variáveis explicativas;

c) A forte influência da rentabilidade do ativo sobre a rentabilidade final das empresas faz com que as demais variáveis com poder explanatório se associem negativamente à variável independente, reduzindo o impacto do alto coeficiente da rentabilidade do ativo.

3.5.2 Analisando os pressupostos da regressão

Nesta seção usaremos o exemplo desenvolvido para avaliar os pressupostos que garantem a integridade dos testes de ajustamento e de significância do modelo.

Algumas das checagens já são feitas de forma automática pelo SPSS®; outras necessitam de informações a serem salvas em conjunto com o processamento.

Desse modo, a primeira providência é salvar as séries de resíduos necessárias para as análises referidas. Necessitaremos primeiramente de uma variável com os resíduos padronizados e uma variável com os valores previstos padronizados. A rotina utilizada é:

1. *Analyze.*
2. *Regression.*
3. *Linear.*
4. Selecionar variável dependente – RENTPL.
5. Selecionar variáveis independentes – RENTAT, MARVEN e LUPRE.
6. *Save... Predicted values....Standardized.*
7. *Residuals...... Standardized.*
8. *Method....stepwise.*
9. *OK.*

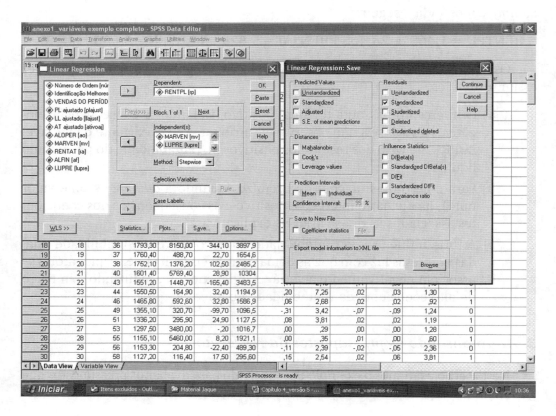

Surgem as "novas" variáveis Zpr_1, representando a variável com os valores previstos padronizados e Zre_1, que representa a variável com os resíduos padronizados.

Após a criação das duas variáveis, precisaremos de uma variável com os resíduos padronizados elevados ao quadrado e uma variável com os valores previstos padronizados também elevados ao quadrado. Para tanto, seguiremos a seguinte rotina:

1. *Transform.*
2. *Compute.*
3. *Target variable.............Zpr_2.*
4. *Numeric expression......Standardized predicted x Standardized predicted.*
5. *OK.*

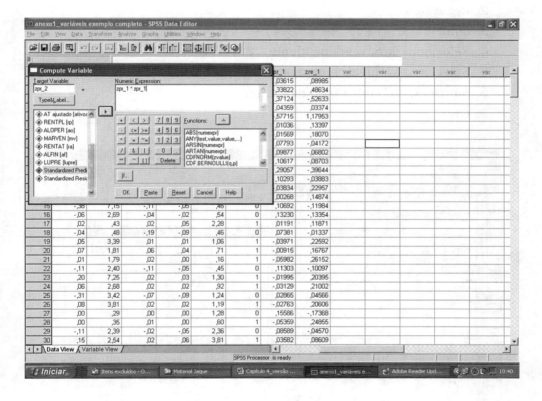

A seguir aparece imediatamente a variável com os valores previstos padronizados elevados ao quadrado. Em seguida:

1. *Transform.*
2. *Compute.*

3. *Target variable.............Zre_2.*
4. *Numeric expression...... Standardized residuals x Standardized residuals.*
5. *OK.*

E obtemos a variável com os resíduos padronizados elevados ao quadrado. Todos os testes podem agora ser realizados.

Multicolinearidade

A análise da multicolinearidade se dá a partir da emissão de relatórios específicos no SPSS® no mesmo momento em que a regressão é gerada. Segue-se a mesma rotina para a emissão do relatório de regressão, acrescentando-se os relatórios de diagnóstico de colinearidade:

1. *Analyze.*
2. *Regression.*
3. *Linear.*
4. Selecionar variável dependente – RENTPL.
5. Selecionar variáveis independentes – RENTAT, MARVEN e LUPRE.
6. *Statistics.....Collinearity diagnostics.*
7. *OK.*

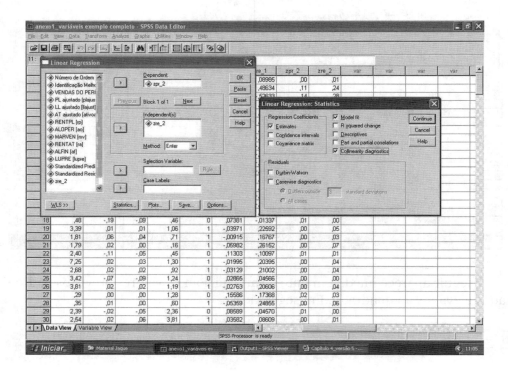

Os relatórios gerados são mostrados nas Figuras 3.26 e 3.27; o primeiro (Figura 3.26) apresenta os testes VIF e *Tolerance* e o outro (Figura 3.27) facilita a avaliação por meio de análise de variância. Ressalte-se que o estudo dessa questão passa pelo exame das variâncias, já que estas é que indicam a correlação entre variáveis. O problema da multicolinearidade normalmente tem relação com regressões que apresentam alto R^2 e coeficientes não significantes:

Coefficients[a]

Model		Unstandardized Coefficients		Standardized Coefficients	t	Sig.	Collinearity Statistics	
		B	Std. Error	Beta			Tolerance	VIF
1	(Constant)	1,465	0,863		1,697	0,091		
	MARVEN	−5,829	0,664	−0,281	−8,783	0,000	0,653	1,532
	RENTAT	28,465	0,873	1,046	32,600	0,000	0,649	1,540
	LUPRE	−3,633	1,073	−0,091	−3,387	0,001	0,917	1,090

a. Dependent variable: RENTPL.

Figura 3.26 *Diagnóstico da multicolinearidade – VIF e* Tolerance.

Collinearity Diagnostics[a]

Model	Dimension	Eigenvalue	Condition Index	Variance Proportions			
				(Constant)	MARVEN	RENTAT	LUPRE
1	1	1,831	1,000	0,08	0,01	0,02	0,08
	2	1,578	1,077	0,02	0,19	0,18	0,00
	3	0,419	2,091	0,00	0,77	0,78	0,00
	4	0,172	3,264	0,91	0,02	0,02	0,91

a. Dependent variable: RENTPL.

Figura 3.27 *Diagnóstico da multicolinearidade – Análise da variância.*

Na Figura 3.26 são apresentadas as estatísticas *Tolerance* e VIF (*Variance Inflation Factor*), que são medidas recíprocas, tendo, portanto, a mesma interpretação.

O cálculo da medida *Tolerance* é feito estimando cada variável independente como se dependente fosse e regredindo-a em relação às demais, e obtendo-se,

188 Análise Multivariada • Corrar, Paulo e Dias Filho

assim, o valor $(1 - R^2)$ de tal regressão; portanto, quando *Tolerance* (ou VIF) são próximos da unidade, é indicativo de não detecção de multicolinearidade, pois o Coeficiente de Determinação terá sido próximo de zero.

A regra de bolso para o VIF é dada pela literatura (GUJARATI, 2000; HAIR, 2005) na seguinte escala:

- Até 1 – sem multicolinearidade.
- De 1 até 10 – com multicolinearidade aceitável.
- Acima de 10 – com multicolinearidade problemática.

Obviamente a "regra de bolso" para o índice *Tolerance* será o inverso:

- Até 1 – sem multicolinearidade.
- De 1 até 0,10 – com multicolinearidade aceitável.
- Abaixo de 0,10 – com multicolinearidade problemática.

No nosso exemplo, então, não se detectam por esses testes problemas de multicolinearidade, dados os resultados vistos na Figura 3.26.

A Figura 3.27 demonstra a decomposição da variância dos coeficientes calculados pela função. A medida *eigenvalue* ou autovalor capta a razão entre variação explicada e a variação não explicada dos coeficientes da regressão, calculada como determinante da matriz de covariância dos coeficientes.

A medida *condition index* compara a magnitude das razões entre as variações do *eigenvalue*; altos índices (maiores que 15) importam em alto relacionamento entre variáveis, indicando a presença de multicolinearidade; já a coluna *variance proportions* apresenta uma decomposição percentual de cada coeficiente com cada *eigenvalue*. Altas proporções de um coeficiente associadas a mais de uma rodada de *eigenvalue* indicam problemas de multicolinearidade. Como se observa na Figura 3.27, essas duas situações não são encontradas em nosso exemplo.

Ausência de autocorrelação serial

A avaliação da independência dos erros – ausência de autocorrelação serial – também é automaticamente fornecida pelo SPSS®, através da edição dos resultados do teste de DURBIN-WATSON, juntamente com a regressão, conforme se constata na Figura 3.28 de sumário do modelo. A mesma rotina é seguida:

1. *Analyze*.
2. *Regression*.
3. *Linear*.
4. Selecionar variável dependente – RENTPL.

5. Selecionar variáveis independentes – RENTAT, MARVEN e LUPRE.
6. Statistics.....Durbin-Watson.
7. OK.

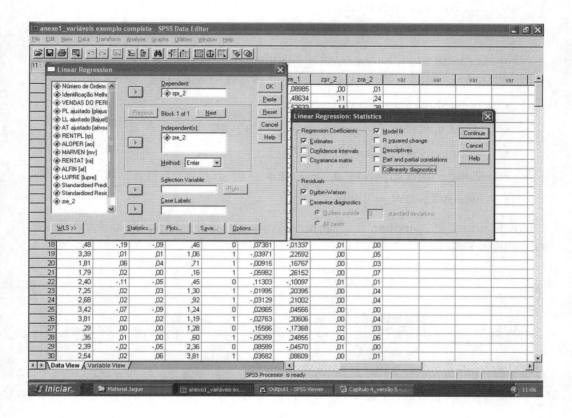

Model Summary[b]

Model	R	R Square	Adjusted R Square	Std. Error of the Estimate	Durbin-Watson
1	0,897[a]	0,804	0,802	8,4063	2,045

a. Predictors: (Constant), LUPRE, MARVEN, RENTAT.
b. Dependent variable: RENTPL.

Figura 3.28 *Estatística Durbin-Watson*.

O teste de DURBIN-WATSON baseia-se em cálculo de medida conhecida como Estatística DW, tabelada para valores críticos segundo o nível de confiança escolhido.

Considerando o tamanho da amostra (n) e o número de variáveis independentes (p), são estabelecidos os valores crítico inferior (d_L) e crítico superior (d_U).

As seguintes hipóteses são formuladas:

- H_0: Não existe correlação serial dos resíduos.
- H_1: Existe correlação serial dos resíduos.

No nosso exemplo, temos o valor calculado da estatística DW de 2,045 e valores de d_L e d_U tabelados de 1,797 e 1,824 respectivamente.[4]

- Tamanho da amostra: n = 297
- Nº de variáveis independentes: p = 3
- Valor crítico inferior: d_L = 1,797
- Valor crítico superior: d_U = 1,824
- Estatística DW = 2,045

A Figura 3.29, auxiliar, nos permite avaliar a ausência ou presença de autocorrelação serial.

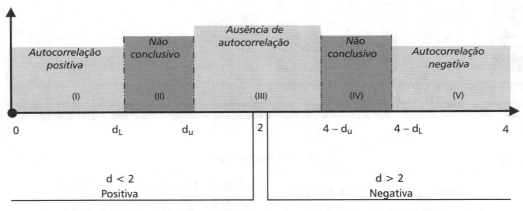

Figura 3.29 *Autocorrelação serial*.

Como nossa estatística DW é maior que 2, nossa medida está situada na parte direita da tabela. Assim, deveremos calcular ($4 - d_u$) e ($4 - d_L$) para encontrarmos a posição correta.

---

[4] Valores encontrados em tabela disponível no endereço <http://www.csus.edu/indiv/j/jensena/mgmt105/durbin.htm>. Acesso em: 29-5-2006.

Logo,

4 – 1,824 = 2,176 e

4 – 1,797 = 2,203

Concluímos que nossa estatística DW (2,045) se encontra na parte (III) da Figura 3.29, dentro do âmbito de ausência de autocorrelação serial, atendendo ao pressuposto da regressão.

Uma "regra de bolso" que pode ser utilizada é de que valores de estatística DW próximos a 2 atendem ao pressuposto.

Uma crítica que deve ser feita quanto a este teste é sua operacionalização totalmente indireta e a possibilidade de serem encontrados valores que se localizem em áreas consideradas não conclusivas.

Normalidade

A avaliação do pressuposto da distribuição normal dos resíduos é feita pelo procedimento denominado teste Kolmogorov-Smirnov, que examina se dada série está conforme a distribuição esperada (tem, portanto, o sentido da distribuição qui-quadrado), com as seguintes hipóteses:

- H_0: a distribuição da série testada é normal.
- H_1: tal distribuição não tem comportamento normal.

A estatística K-S usa a distribuição D (distância euclidiana máxima), calculada com a seguinte regra de decisão: Se D calculado $\leq$ D crítico, se aceita a hipótese nula, ou ainda, se *Sig.* é maior que α, se aceita H_0.

O teste é realizado nos resíduos padronizados – Zre_1 –, que foram gerados com essa finalidade. Para tanto obedecemos à seguinte rotina:

1. *Analyze.*
2. *Nonparametric tests.*
3. 1 – *Sample* K-S.
4. Selecionar variável.....*standardized residual* – Zre_1.
5. *OK.*

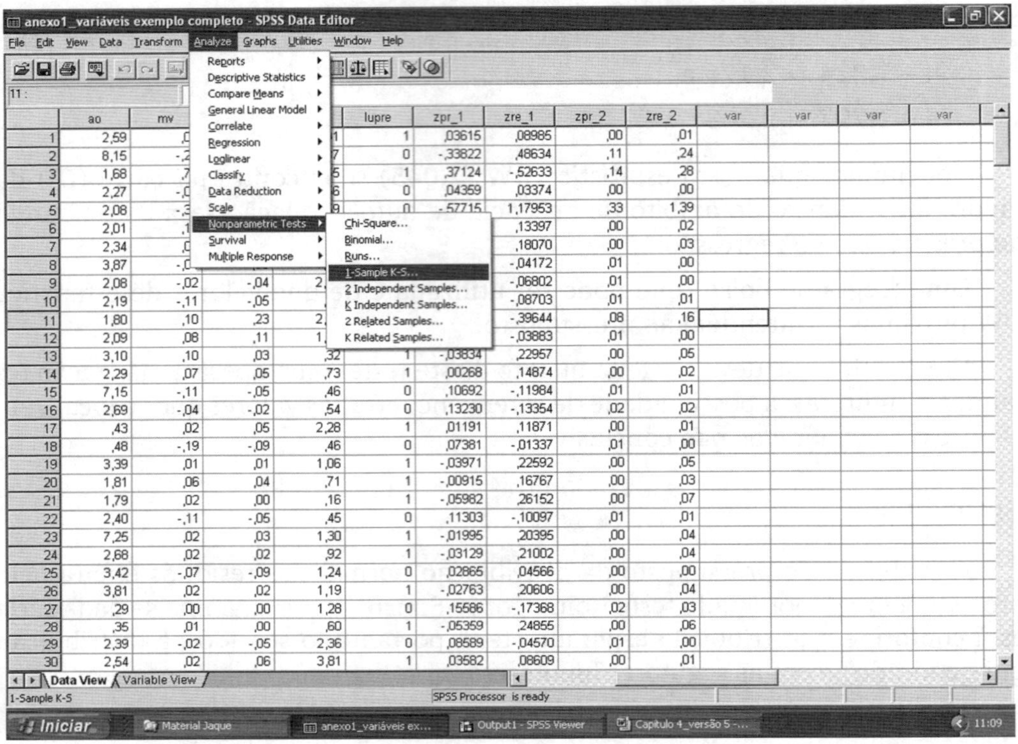

192   Análise Multivariada • Corrar, Paulo e Dias Filho

No nosso exemplo, o pressuposto da normalidade da distribuição não se verifica, como se nota dos resultados do testes de Kolmogorov-Smirnov dispostos na Figura 3.30, com *Sig.* = 0,000, portanto menor que α (geralmente estabelecido em 5% ou 1%).

One–Sample Kolmogorov–Smirnov Test

		Unstandardized Residual
N		297
Normal Parameters[a,b]	Mean	3,955769E–09
	Std. Deviation	8,3635502
Most Extreme	Absolute	0,328
Differences	Positive	0,328
	Negative	–0,291
Kolmogorov-Smirnov Z		5,644
Asymp. Sig. (2–tailed)		0,000

a. Test distribution is Normal.

b. Calculated from data.

Figura 3.30 *Teste Kolmogorov-Smirnov.*

A implicação de tal resultado é que deverão ser feitas transformações nas variáveis ou na composição da amostra como forma de corrigir a violação ao pressuposto, ou outras alternativas, como, por exemplo, aumento do tamanho da amostra, retirada de *outliers* etc.

Conforme visto no Capítulo 1, as transformações mais comuns são: a inversão do valor das variáveis (1/X), sua expressão em forma de logaritmo ou sua potenciação.

Cabe observar que, em caso de amostras com número de observações menores que 30, o teste Kolmogorov-Smirnov deve ser substituído pelo teste de normalidade Shapiro-Wilk.

Homoscedasticidade

O último teste para a avaliação do comportamento dos resíduos é o de Pesarán-Pesarán, desenvolvido para examinar a existência de homoscedasticidade, isto é, se a variância dos resíduos mantém-se constante em todo o espectro das variáveis independentes.

Sua forma implica em se regredir o quadrado dos resíduos padronizados $(Zre\_1)^2$, que já criamos no início do tópico e que chamamos de Zre_2 como função do quadrado dos valores estimados padronizados $(Zpr\_1)^2$, nomeado por nós como Zpr_2.

As hipóteses a serem testadas são:

- H_0: os resíduos são homoscedásticos.
- H_1: os resíduos são heteroscedásticos.

Avalia-se o coeficiente de Zpr_2 na regressão, do ponto de vista de sua significância estatística, conforme já estudado para qualquer regressão; se esta se mostrar estatisticamente significante, indica presença de heteroscedasticidade, pois os resíduos são influenciados pela variável dependente, não tendo um comportamento aleatório em relação às variáveis independentes (as quais geraram Y).

A rotina é a mesma para a emissão de qualquer regressão, apenas substituindo-se a variável dependente por Zre_2 e a variável independente por Zpr_2, conforme abaixo:

1. *Analyze*.
2. *Regression......linear*.
3. Selecionar variável dependente.....Zre_2.
4. Selecionar variável independente....Zpr_2.
5. *OK*.

No nosso exemplo, se rejeita, com base no resultado da regressão (Figura 3.31), a hipótese nula de que os resíduos são homoscedásticos, implicando em que o pressuposto da homoscedasticidade é violado (*Sig.* < 0,01). Em outras palavras, a variância dos resíduos (variável Y) não é constante para todas as observações referentes a cada conjunto de valores das variáveis independentes (X).

Novamente, aqui, deverão ser feitas transformações nas variáveis ou na amostra, conforme destacado quando da análise da violação do pressuposto da normalidade.

ANOVA[b]

	Model	Sum of Squares	df	Mean Square	F	Sig.
1	Regression	11.682,878	1	11.682,878	213,231	0,000[a]
	Residual	16.163,007	295	54,790		
	Total	27.845,884	296			

a. Predictors: (Constant), ESTQUD.
b. Dependent variable: UQUD.

Figura 3.31 Teste Pesarán-Pesarán.

3.5.3 Análise através de gráficos

A utilização dos gráficos produzidos pelo SPSS® está ligada ao sentido de auxiliar no exame dos pressupostos associados à Regressão Múltipla:

a) Relação de linearidade entre variável dependente e cada uma das variáveis independentes.

b) Multicolinearidade entre as variáveis independentes.

c) Normalidade dos resíduos.

d) Homoscedasticidade.

e) Independência dos resíduos.

Nos primeiros casos, não há como visualizar através de gráficos bidimensionais todos os relacionamentos esperados numa regressão múltipla, os quais são mensurados num hiperplano; contudo, já se terá boa aproximação do relacionamento das variáveis entre si, plotando-as por pares.

Vale lembrar que apenas o nível da correlação não é bastante para decidir sobre inclusão ou não de variáveis, uma vez que podem se verificar altos graus de correlação também em relações quadráticas, exponenciais, logarítmicas e assim por diante.

A rotina disponível no SPSS® para a emissão de gráficos é:

1. *Graphs*.
2. *Scatterplot*.
3. *Define*.
4. Seleciona variáveis.
5. *OK*.

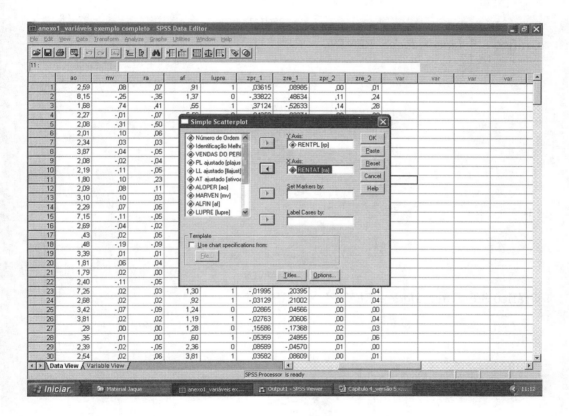

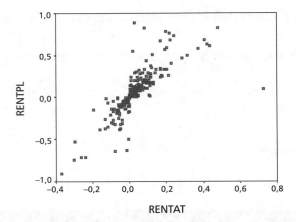

Gráfico 3.5 *Linearidade – RENTPL × RENTAT*.

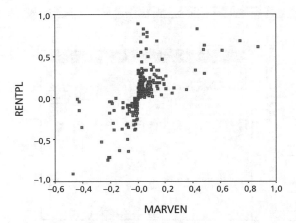

Gráfico 3.6 *Linearidade – RENTPL × MARVEN*.

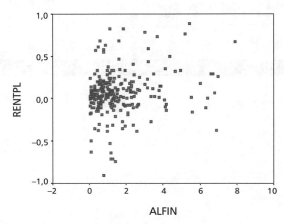

Gráfico 3.7 *Linearidade – RENTPL × ALFIN*.

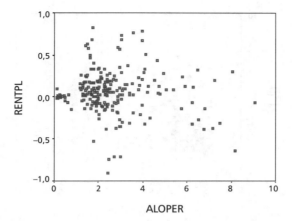

Gráfico 3.8 *Linearidade – RENTPL × ALOPER.*

Para a análise da linearidade no nosso exemplo, observando os Gráficos 3.5, 3.6, 3.7 e 3.8, constatamos que há uma definição satisfatória de linearidade para as duas variáveis utilizadas no modelo (RENTAT e MARVEN), enquanto se visualiza uma relação difusa entre a variável independente e as variáveis referentes à alavancagem.[5]

Em seguida, selecionaram-se para plotagem dois pares de variáveis independentes, de modo a analisar-se a presença de multicolinearidade, conforme Gráficos 3.9 e 3.10.

Confirmando a matriz de correlação, constata-se visualmente que as variáveis sobre rentabilidade estão mais correlacionadas que aquelas associadas à alavancagem, embora as primeiras não configurem multicolinearidade problemática.

---

[5] Note-se que foi realizada uma adaptação de escala, de modo a se destacar a maior massa de dados, que define o relacionamento.

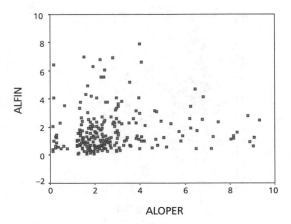

Gráfico 3.9 *Multicolinearidade – ALFIN × ALOPER*.

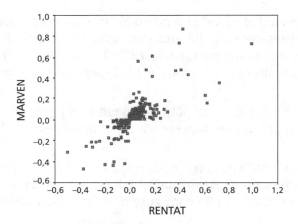

Gráfico 3.10 *Multicolinearidade – MARVEN × RENTAT*.

3.5.4 Ajustamento aos pressupostos

No item 3.5.2 ficou constatado que os pressupostos de normalidade multivariada, dada pela distribuição normal dos resíduos, e de homoscedasticidade dos resíduos não estão atendidos na forma como foram processados os modelos, o que invalida, em princípio, inferências estatísticas realizadas a partir de tal modelo.

Assim, procederemos à etapa de ajustamento e/ou correção dos dados, de tal modo que se garanta que os efeitos captados pelos coeficientes das variáveis explicativas não estejam contaminados com vieses decorrentes de interferência dos resíduos no resultado estimado da variável explicada.

Os ajustes que destacamos a seguir podem ser comuns à solução da violação desses dois pressupostos, uma vez que estando os resíduos com distribuição normal aumenta a probabilidade de que a variância dos resíduos seja constante ao longo de todos os valores das variáveis independentes:

- Exame da influência de casos extremos no resultado da regressão através da análise de resíduos classificados como *outliers*, com a retirada do modelo de observações espúrias, as quais prejudicam o estudo de relações genuínas entre as variáveis modeladas.

- Avaliação do relacionamento entre as variáveis explicativas e os resíduos produzidos pela regressão; para tanto, se utilizará o teste de heteroscedasticidade de White[6] que avalia se há alguma correlação entre os resíduos e uma ou várias das variáveis independentes; alguns autores propõem soluções operadas pela transformação da especificação de variáveis.[7]

- Mudanças na especificação do modelo, o que não faria sentido em nosso exemplo, já que estamos testando modelo baseado em teoria aceita e conhecida no campo da análise de demonstrações financeiras. Contudo, se persistirem as condições de violação das premissas, pode-se rejeitar a evidência empírica do modelo.

Deste modo, ficou constatado que algumas firmas apresentavam "rentabilidades" e "margens" da ordem de 500% a 30.000%, conforme podemos observar na Figura 3.32, as quais não estão no rol de rentabilidades e margens esperadas de empresas em funcionamento normal.

Tais casos geralmente se referem a empresas em implantação, em processo de falência ou então se devem à apuração de dados equivocados (erros de transcrição) ou ainda em situações muito peculiares e específicas ao período que está sendo observado.

Ademais, se observam medidas de assimetria (*skewness*) extremamente negativas, valendo dizer que poucas observações à esquerda da média distorcem as medidas de tendência central em detrimento da massa representativa da amostra que se encontra em torno da média.

---

[6] O Capítulo 11 de Gujarati (2006) apresenta explicação mais rigorosa de tal teste, bem como de procedimentos de correção robusta dos resíduos para validação de coeficientes na presença de resíduos heteroscedásticos.

[7] Sobre o assunto, ver Matos (2000), Capítulo 10, que apresenta quando e como podem ser realizadas transformações matemáticas na forma das variáveis.

Descriptive Statistics

	N	Minimum	Maximum	Mean	Std.	Skewness	
	Statistic	Statistic	Statistic	Statistic	Statistic	Statistic	Std. Error
RENTAT	297	−9,70	1,11	−0,0203	0,69444	−10,988	0,141
MARVEN	297	−11,03	1,89	−0,0548	0,91136	−9,008	0,141
RENTPL	297	−323,08	5,55	−1,1801	18,89111	−16,846	0,141
Valid N (listwise)	297						

Figura 3.32 *Análise de* outliers *através da assimetria e do desvio-padrão.*

3.5.4.1 Análise da influência de valores extremos através dos resíduos

O relatório a seguir (Figura 3.33) é apropriado para analisar a existência de *outliers*, sendo emitido pelo SPSS® através da rotina:

1. *Regression*.
2. *Linear*.
3. *Statistics*.
4. *Casewise Diagnostics*.
5. *Continue .... OK*.

Os *outliers* são definidos na análise multivariada como as observações que apresentam resíduos padronizados maiores em módulo que uma marca exigida pelo pesquisador (ver Capítulo 1, onde se discute a identificação e soluções para estes casos extremos).

Sua análise é relevante, pois casos com resíduos excessivos influenciam a determinação dos coeficientes da regressão, podendo levar a violações dos pressupostos associados ao comportamento dos resíduos.

No nosso exemplo, utilizando a marca formal do SPSS® de 3 desvios-padrão, chega-se ao resultado do quadro comentado, com apenas quatro observações contendo desvios extraordinários em relação à média dos resíduos.

Casewise Diagnostics[a]

Case Number	Std. Residual	RENTPL
45	12,168	–23,04
165	–8,657	–323,08
175	–4,530	–1,68
272	–3,026	1,54

a. Dependent variable: RENTPL.

Figura 3.33 *Observações com resíduos extremos.*

O SPSS® apresenta também, acoplado à solicitação da análise de valores residuais extremos, quadro contendo as estatísticas descritivas relacionadas a todas as formas de apresentação dos resíduos já mostrados acima (Figura 3.34), a partir da seguinte rotina:

1. *Regression.*
2. *Linear.*
3. *Statistics.*
4. *Casewise Diagnostics.*
5. *Continue .... OK.*

Sua análise não carece de maiores comentários, pois se assemelha a qualquer descrição das medidas de tendência central e de dispersão de distribuições amostrais.

A análise completa destas medidas visa identificar:

- Os casos extremos em termos de medidas de desvio-padrão (*standardized residuals*) e de medidas de unidades da Distribuição de Student (*studentized residuals*).

- As observações que, individualmente, possuem influência exacerbada sobre o ajustamento dos resultados da regressão.

Residuals Statistics[a]

	Minimum	Maximum	Mean	Std. Deviation	Nº
Predicted Value	−250,2997	36,4028	−1,1801	16,9389	297
Std. Predicted Value	−14,707	2,219	0,000	1,000	297
Standard Error of Predicted Value	0,6020	7,2081	0,7674	0,6034	297
Adjusted Predicted Value	−155,7121	107,2441	−0,3689	12,1701	297
Residual	−72,7772	102,2890	1,138E−15	8,3636	297
Std. Residual	−8,657	12,168	0,000	0,995	297
Stud. Residual	−16,826	13,858	−0,032	1,404	297
Deleted Residual	−274,8846	132,6679	−0,8112	19,1402	297
Stud. Deleted Residual	−91,379	23,567	−0,254	5,517	297
Mahal. Distance	0,521	216,636	2,990	17,679	297
Cook's Distance	0,000	196,547	0,802	11,536	297
Centered Leverage Value	0,002	0,732	0,010	0,060	297

a. Dependent variable: RENTPL.

Figura 3.34 *Estatísticas referentes à influência dos resíduos.*

Seu cálculo decorre da comparação do resultado original da regressão com o resultado obtido retirando dada observação, bem como da distância regular entre as observações, medida pelas variações dos resíduos quando um caso é retirado do cálculo.[8]

As diversas medidas disponibilizadas pelo SPSS® para tal fim estão associadas ao processamento da regressão através da tela seguinte, onde se marcam as que serão utilizadas na explanação seguinte, para que elas sejam salvas como variáveis de análise dos resíduos:

---

[8] Ver sobre o assunto PESTANA; GAJEIRO (2003, p. 629-645).

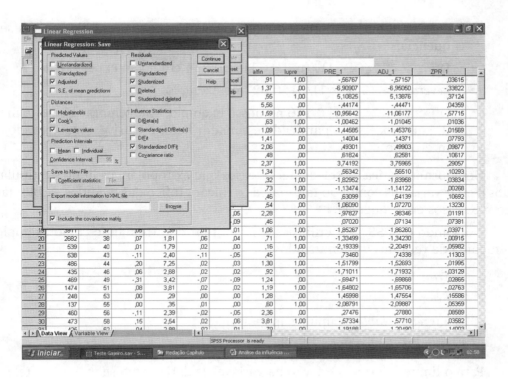

No nosso exemplo, identificaremos os casos que podem estar levando à violação das premissas tratadas pelas medidas seguintes:

- Resíduos em termos de Distribuição de Student;
- Cook's Distance: variação dos resíduos quando um caso é excluído.
- Valores estimados ajustados (calculados sem a presença do caso específico) comparados aos valores estimados.
- Diferença de ajuste (DfFit), obtida pela diferença entre o valor estimado de Y e aquela estimativa com a exclusão de um caso particular.
- Medida de *leverage*, que varia de zero (quando a observação não tem qualquer influência no ajustamento) até $\{(n-1)/n\}$.

Os limites para expurgo dos casos são estabelecidos em função da quantidade de estimadores (k = 3, no exemplo) e do número de observações (n = 297, no exemplo), a partir das seguintes relações:

- Resíduos estudantizados com valores absolutos superiores a 2.
- Resíduos estandardizados com valores absolutos superiores a 3.
- *Cook's Distance* > $\{4/(n - k - 1)\}$; ±0,014 no exemplo.

- Diferença entre valores estimados, pela inspeção visual das curvas sequenciais.
- DfFit > {2* $\sqrt{(k+1)}$ /(n – k – 1); ±0,234 em nosso experimento.
- *Leverage* > {2(k + 1)/n}; 0,027 no exemplo.
- DfBeta > {2/ $\sqrt{n}$ }; 0,116 no nosso exemplo; vale lembrar que esta medida é processada para cada estimador beta, inclusive considerando o intercepto.

Uma forma prática de selecionar os casos que extrapolam os limites estipulados é criar variáveis contendo tais marcas e traçar gráfico das medidas escolhidas com os casos em sequência.

Utilizando o SPSS®, se utilizaria a seguinte rotina (tomando como exemplo a medida de resíduos estudantizados):

1. *Transform*.
2. *Compute*.
3. *Target Variable*: "Limite_superior".
4. *Numeric Expression*: 2 ... OK.

Para o limite inferior, a criação da variável se daria como se mostra na tela a seguir:

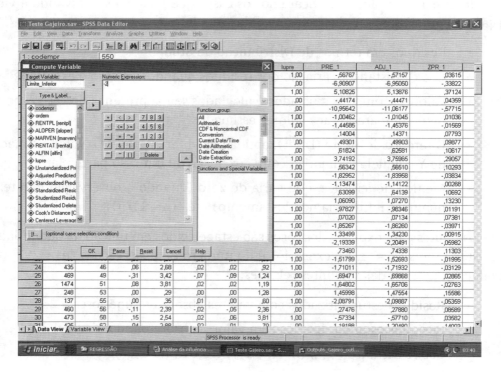

Em seguida, através dos comandos relacionados, se produz o Gráfico 3.11, que explicita os casos influentes para cada uma das medidas selecionadas pelo pesquisador:

1. *Graphs*.
2. *Sequence*.
3. Seleciona as variáveis: SRE_1; Limite_Superior; Limite_Inferior; *OK*.

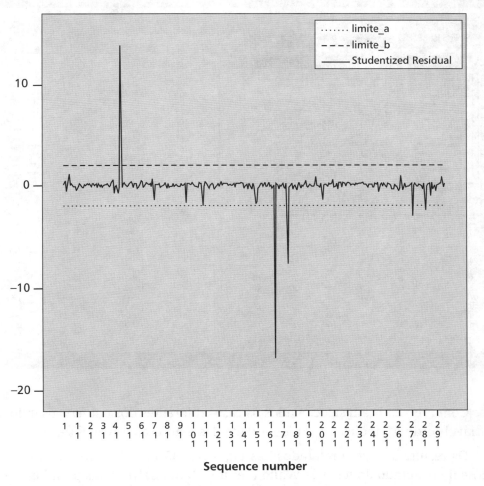

Gráfico 3.11 *Limites de observações* outliers.

Como se nota, ficam destacados os casos 45, 165, 175, 197, 272 e 282 como os que extrapolam os limites estipulados e, portanto, tendem a influenciar os estimadores regredidos. Como exercício para os leitores, sugere-se repetir o procedimento para as demais medidas, salientando que a comparação das estimativas naturais de Y e suas estimativas ajustadas se dá pela plotagem das duas curvas.

Para o processamento de nova regressão, retiram-se os casos representativos de *outliers*, fazendo então com que o tamanho da amostra passe a ser de $n = 291$, e realizando novos testes de normalidade e heteroscedasticidade dos resíduos, através da seguinte rotina:

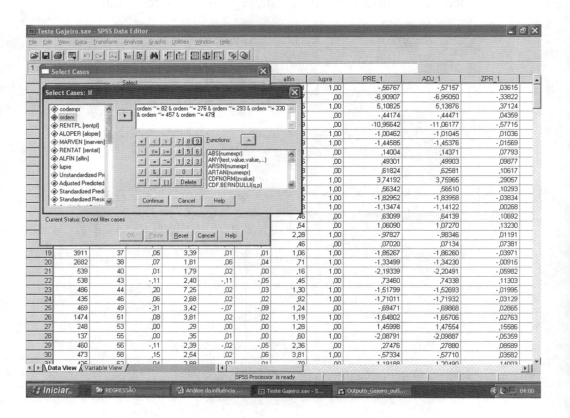

Como se vê, foram selecionados os casos diferentes dos *outliers*, usando-se a variável "ordem", indicativa da identidade das empresas sob análise.

Os resultados estão relatados nas Figuras 3.35 (estimadores) e 3.36 (teste KS) e no resultado do teste de White (ver item 3.5.4.2), os quais permitem as seguintes conclusões:

- O modelo com amostra expurgada apresenta ajuste global inferior ao modelo completo, já que o Coeficiente de Determinação (R^2 ajustado) deste último é superior (0,80 contra 0,54); provavelmente os casos retirados ponderam mais adequadamente as medidas combinadas dos erros.

A medida de Normalidade dos Resíduos (KS = 3,9) melhora em relação à estatística da amostra completa (KS = 5,6), o que se explica pela retirada de observações dos extremos das caudas da distribuição.

Não há alteração relevante nos resultados sobre homoscedasticidade, quando se compara o teste Pesarán-Pesarán (realizado acima) e o teste de White (ver item 3.5.4.2), indicando que as variâncias dos resíduos no intervalo de observações mantido continuam com comportamento heterogêneo ao longo dos casos da amostra.

Model Summary[b]

Model	R	R Square	Adjusted R Square	Std. Error of the Estimate	Durbin–Watson
1	0,739[a]	0,546	0,541	1,33027	1,988

a. Predictors: (Constant), lupre, MARVEN, RENTAT.

b. Dependent variable: RENTPL.

Coefficients[a]

Model		Unstandardized Coefficients		Standardized Coefficients	t	Sig.	Collinearity Statistics	
		B	Std. Error	Beta			Tolerance	VIF
1	(Constant)	0,036	0,142		0,253	0,800		
	MARVEN	−4,225	0,537	−0,494	−7,872	0,000	0,402	2,485
	RENTAT	11,461	0,689	1,092	16,637	0,000	0,367	2,722
	lupre	−0,426	0,190	−0,103	−2,240	0,026	0,754	1,326

a. Dependent variable: RENTPL.

Figura 3.35 *Coeficientes com amostra expurgada.*

One-Sample Kolmogorov-Smirnov Test

		Standardized Residual
N		291
Normal Parameters[a,b]	Mean	0,0000000
	Std. Deviation	0,99481414
Most Extreme	Absolute	0,228
Differences	Positive	0,215
	Negative	−0,228
Kolmogorov-Smirnov Z		3,897
Asymp. Sig. (2-tailed)		0,000

a. Test distribution is normal.

b. Calculated from data.

Figura 3.36 *Teste de normalidade dos resíduos – amostra expurgada.*

3.5.4.2 Avaliação da correlação entre variáveis

Dentre outras prováveis causas para a heteroscedasticidade, destaca-se a ideia emergente de que os resíduos representam o efeito de variáveis não observáveis – e, portanto, não incorporáveis aos modelos de regressão –, as quais mantêm correlação heterogênea com as variáveis explicativas ao longo da extensão dos valores de tais variáveis.

Ademais, o principal efeito da violação do pressuposto de homoscedasticidade se dá sobre os testes de significância de que os estimadores são diferentes de zero e não sobre os estimadores em si, uma vez que no cálculo das estatísticas "F" e "t" se supõem distribuições constantes dos possíveis valores dos coeficientes "beta".

Assim, diferentes testes de heteroscedasticidade se concentram nas correlações entre os termos de erro e as variáveis explicativas, com diferentes especificações matemáticas, como é o caso do teste de heteroscedasticidade de White,[9] que tem a seguinte especificação:

$$\hat{u}_i^2 = \alpha_1 + \alpha_2 X_{2i} + \alpha_3 X_{3i} + \alpha_4 X_{2i}^2 + \alpha_5 X_{3i}^2 + \alpha_6 X_{2i} X_{3i} + \upsilon_i$$

Tal regressão auxiliar correlaciona os erros estimados com diversas especificações matemáticas das variáveis independentes, demonstrando-se que, sob a hipótese nula de heteroscedasticidade, o tamanho da amostra multiplicado pelo coeficiente de determinação segue de forma assintótica distribuição de qui-quadrado com graus de liberdade dados pelo número de regressores dessa regressão auxiliar, na seguinte forma:

$$N.R^2 \sim \chi_{gl}^2$$

No nosso exemplo, se aceita também com este teste a hipótese de heteroscedasticidade, já que o resultado do teste de White (183.7493) é maior que o valor qui-quadrado crítico com 6 graus de liberdade, com 5% de nível de significância, que é 12,592.

Outra solução para avaliar a heteroscedasticidade dos resíduos de regressão multivariada, também desenvolvida por White, é a de utilizar "matriz de erros-padrão e covariâncias" que corrige, tornando robustos e consistentes com a heteroscedasticidade, os erros-padrão a serem utilizados no cálculo das estatísticas "t" de "Student" utilizadas para testar a probabilidade de que os regressores sejam iguais a zero.

Dito de outro modo, foi desenvolvida pelo autor fórmula alternativa de homogeneização de variâncias, a qual considera explicitamente que a variância dos resíduos é heterogênea ao longo da extensão das observações da amostra.

---

[9] Para discussão mais aprofundada dos conceitos envolvendo a análise de heteroscedasticidade, ver Gujarati (2006, Capítulo 11) e Pindyck e Rubinfeld (2004, Capítulo 6).

Portanto, as medidas de erro calculadas nessa opção podem ser utilizadas para a avaliação da significância estatística dos estimadores, sem induzir a erros derivados da ausência de homoscedasticidade dos resíduos.

Assim, se os coeficientes associados às variáveis forem significantemente diferentes de zero usando-se esses "erros-padrão" robustos (homogeneizados), significa que a questão da heteroscedasticidade estará resolvida para inferências estatísticas.

Tal opção pode ser processada no *software E-views* 5.0®, pela seguinte rotina:

1. Seleciona variáveis.
2. *Open*.
3. *As Equation*.
4. *Specification* (*Method: Least Squares*).
5. *Options* (*Heteroskedasticity consistent coefficient covariance*).
6. Marca "*WHITE*".

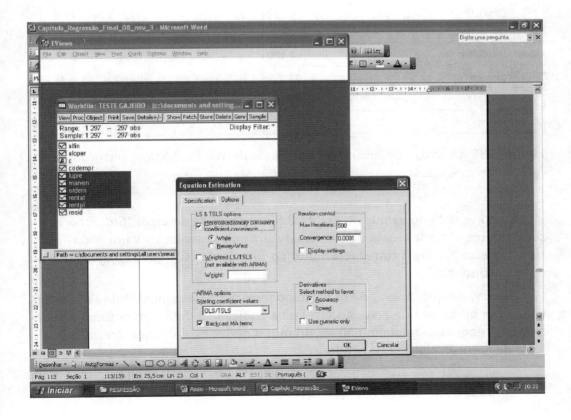

Apresenta-se, então, na Figura 3.37, o modelo de nosso exemplo com os resultados processados com a correção de White e aqueles originais mostrados há pouco. Nota-se que todas as estatísticas e estimativas apresentam-se iguais, a menos dos erros-padrão e das estatísticas "t".

Included observations: 297				White Heteroskedasticity-Consistent Standard Errors & Covariance			
Variable	Coefficient	Std. Error	t-Statistic	Prob.	Coefficient	Std. Error	t-Statistic	Prob.
RENTAT	28,465	0,873162	32,60016	0	28,465	7,305307	3,896514	0,0001
MARVEN	−5,828	0,663577	−8,78346	0	−5,828	2,901516	−2,00878	0,0455
LUPRE	−3,633	1,072624	−3,38676	0,0008	−3,633	1,25041	−2,90522	0,0039
C	1,465	0,863117	1,696968	0,0908	1,465	0,554359	2,642117	0,0087

R-squared	0,804	0,804
Adjusted R-squared	0,802	0,802
S.E. of regression	8,406	8,406
Sum squared resid	20705	20705
Durbin-Watson stat	2,045	2,045
Mean dependent var	−1,180	−1,180
S.D. dependent var	18,891	18,891
F-statistic	400,62	400,62
Prob(F-statistic)	0	0

Figura 3.37 *Correção de heteroscedasticidade de White (homogeneização de variâncias).*

Como se nota do exame da Figura 3.37,[10] a coluna de erros (*Std. Error*) tem seus valores elevados após a correção, reduzindo-se assim os valores do "*t-statistic*", à exceção dos valores referentes ao intercepto (C), que são ajustados na direção contrária.

Observa-se que, apesar da redução do teste "t", os mesmos ainda são estatisticamente diferentes de zero, ao nível de significância de 5% para todos os coeficientes, enquanto também não se alteram o poder explanatório do modelo e o teste de autocorrelação dos resíduos.

---

[10] Os dados referentes a essa figura foram processados através do *software* EVIEWS5®.

3.5.4.3 Decisão sobre as correções procedidas

Quanto à distribuição normal dos resíduos, a decisão para o modelo de nosso exemplo é que, mesmo excluindo *outliers*, a amostra produziria resultados espúrios, uma vez que os resíduos não apresentam distribuição normal como requer a premissa para a regressão por Mínimos Quadrados.

Assim, como a assertiva de normalidade dos resíduos apenas será estrita para pequenas amostras (n $\approx$ < 100),[11] pode-se assumir a premissa de normalidade da distribuição dos resíduos, com base no Teorema do Limite Central (TLC).

Este teorema afirma que a distribuição amostral das médias amostrais, ou seja, do valor esperado da variável – E(X) – aproxima-se de uma distribuição normal, à medida que cresce o tamanho da amostra, pois a probabilidade de se selecionarem valores centrais fica incrementada com o incremento das tentativas de amostragem.

Por outro lado, pode-se justificar a premissa da normalidade para grandes amostras, por uma forma generalizada do Teorema do Limite Central, o qual se aplica também a uma média ponderada de grandes amostras de variáveis aleatórias, como é o caso do termo de erro, que se trata de uma combinação de variáveis aleatórias.[12]

Então, seguindo tal teorema, assume-se, com base na literatura estatística vigente, que, em virtude do tamanho de nossa amostra (n = 297), pode-se relaxar o pressuposto de normalidade dos resíduos, continuando os estimadores a manterem os atributos de eficiência e consistência.

Já no que diz respeito à heteroscedasticidade dos resíduos, observa-se, pelo exame da Figura 3.37, que os coeficientes permanecem estatisticamente significantes, após a aplicação da correção de White, implicando em dizer que os mesmos podem ser utilizados para inferência estatística sem risco de erros na decisão, o que não ocorreria com os estimadores calculados estritamente pelo método dos Mínimos Quadrados, que poderiam conduzir a erros de avaliação.

3.5.5 *Validação dos resultados*

Os manuais estatísticos recomendam duas formas usuais para validação de resultados alcançados no processamento de regressões múltiplas.

Na primeira delas se sugere que a amostra coletada seja repartida em duas subamostras, sendo processada cada uma delas independentemente.

---

[11] Ver Gujarati (2006, p. 89).

[12] Para o aprofundamento desta questão, ver Wonnacott; Wonnacott (1977, p. 340-341).

Essa separação deve ser feita de forma aleatória, de modo que não se escolham observações de forma enviesada.

No SPSS® isto pode ser feito através de seleção (*random selection*) de casos, criando-se, assim, três amostras: a original e as duas menores compostas dos casos originais, separadas por processo aleatório. Antes disso, no entanto, precisamos criar um *random number seed*, ou número de semente aleatória. Sua função é possibilitar que em todas as vezes em que desejarmos repetir a repartição da amostra obteremos os mesmos números. A rotina a ser adotada, primeiro para criação da semente e depois para repartição da amostra, é a seguinte:

1. *Transform*.
2. *Random number seed*.
3. *Set seed to* ... no nosso exemplo, 1234.
4. *OK*.

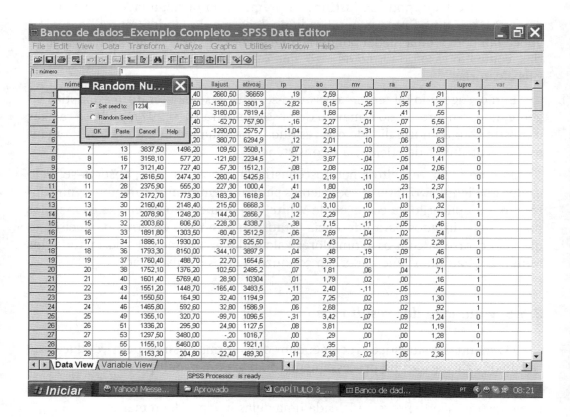

Agora sim, podemos dividir a amostra.

1. *Data*.

2. *Select cases.*
3. *Select...Random sample of cases.*
4. *Sample...* 50.
5. *OK.*

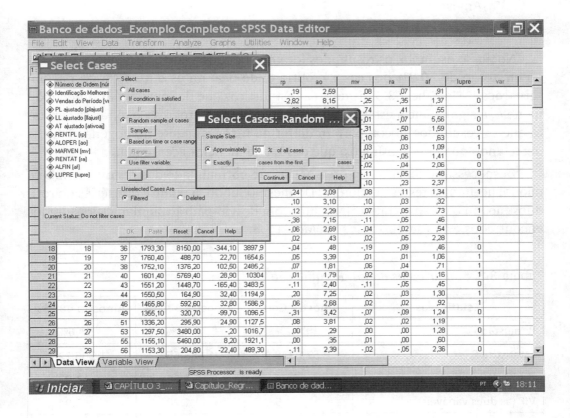

Troque nome do *filter_$* para amostra1.

1. Data.
2. Select cases.
3. Select....if condition is satisfied.
4. If.
5. Amostra 1 = 0.
6. OK.

Rode novamente a regressão e adote o mesmo procedimento igualando agora a amostra1=1.

1. *Data.*

2. *Select cases.*

3. *Select....if condition is satisfied.*

4. *If.*

5. Amostra 1 = 1.

6. *OK.*

No nosso exemplo, os resultados foram validados a partir de amostra contendo em torno de 50,2% dos casos e outra onde ficaram os outros 49,8% das observações.[13] Na Tabela 3.3, listamos as estatísticas que definem o ajustamento do modelo, a significância estatística e os pressupostos da regressão, onde se constata que os resultados se comportam de forma razoavelmente homogênea, não se detectando qualquer parâmetro que destoe de maneira acentuada.

Desnecessário dizer que o pressuposto de normalidade dos resíduos também não foi aceito nos testes adicionais. Do mesmo modo, a análise das séries de resíduos mostra o mesmo comportamento, com desvio-padrão similar. Os resultados encontrados estão sumarizados na Tabela 3.3.

Tabela 3.3 *Sumário dos dados de validação.*

Estatísticas	Amostra Geral	Amostra 50,2%	Amostra 49,8%
R^2 ajustado	80,2%	96,2%	94,6%
Estatística F	574,728	1.883,65	1.296,22
Durbin-Watson	2,04	1,86	1,93
VIF (as duas variáveis)	1,5	1,28	2,94
Média dos valores estimados	−1,1801	−2,25	−0,11

A segunda forma para validação dos resultados é a obtenção de nova amostra e avaliação da correspondência dos resultados das duas regressões distintas.

Como exercício para os estudantes, propomos que se faça a validação da última regressão processada sem a presença de heteroscedasticidade e com distribuição multivariada (dos resíduos) normal.

---

[13] Note que processar a amostra total e depois parte dela é equivalente a rodar as duas subamostras; funciona como se não tivéssemos processado a amostra original.

3.5.6 Interpretando os resultados

A interpretação dos resultados encontrados na regressão pode ser realizada em duas dimensões: estatística e contábil-financeira.

Do ponto de vista estatístico, usando como base de raciocínio o exemplo desenvolvido, destacam-se as seguintes conclusões (todas retiradas da análise da Figura 3.37):

- O modelo final consegue explicar em torno de 80,2% (R^2 ajustado) das variações que ocorrem na rentabilidade do patrimônio líquido através de variações na rentabilidade do ativo, com a seguinte qualificação:
    - o modelo de regressão resultante do processo foi: **RENTPL = 1,465 + 28,465 . RENTAT – 5,828 . MARVEN – 3,633 . LUPRE**;
    - pode-se deduzir pela equação de estimação acima que as alterações ocorridas na rentabilidade do ativo são responsáveis pela explicação mais relevante das variações esperadas na rentabilidade do patrimônio líquido;
    - assim, percebe-se que nessa verificação empírica (sujeita a problemas na amostra adotada ou a inferências induzidas por erros estatísticos) não se chancelam os conceitos do modelo de DU PONT, posto que as alavancagens financeira e operacional não apresentaram significância estatística, com fraca correlação com a variável explicada;
    - ademais, constata-se que a margem de venda ajusta os efeitos da variável "rentabilidade do ativo", dado o sinal negativo do coeficiente β_2, e que a situação de lucro ou prejuízo da empresa ajuda a capacidade de explicação do modelo, através da variável binária incluída;
- O Coeficiente de Determinação (R^2) é estatisticamente diferente de zero, com uma probabilidade quase nula de erro (Estatística F; *Sig.* = 0,000).
- Os coeficientes estimados também são significativamente diferentes de zero (testes t), com probabilidades de erro estatístico muito próximo a zero (*Sig.* e intervalos de confiança).
- As variáveis independentes não apresentam problemas de multicolinearidade, de modo que cada variável explica diferentes parcelas da variação da rentabilidade do patrimônio líquido das empresas.
- A forma das curvas que relacionam cada uma das variáveis independentes com a variável dependente apresenta comportamento linear, não comprometendo, portanto, a premissa de que tanto os coeficientes quanto as variáveis apresentem forma linear, na sua definição matemática.
- A análise dos resíduos, pela qual se testam os pressupostos da significância das estatísticas, merece cuidados na sua avaliação, pois:

216 Análise Multivariada • Corrar, Paulo e Dias Filho

- os resíduos não têm comportamento de autocorrelação serial, vale dizer, não traduzem influências na ordem das observações das variáveis independentes sobre a variável explicada;

- contudo, os resíduos não se apresentavam – considerada a amostra original – distribuídos numa configuração normal, implicando em que as estatísticas calculadas poderiam apresentar vieses, no caso de amostras pequenas, com menos de 100 observações, aproximadamente; no nosso exemplo, a literatura aceita a premissa de que há normalidade na distribuição dos resíduos, por conta do Teorema do Limite Central;

- também se detectou na amostra original que os resíduos são heteroscedásticos, com variâncias diferentes ao longo do espectro das variáveis explicativas, o que poderia distorcer os testes de inferência, os quais se baseiam nos resíduos estimados; no nosso exemplo, procedemos à homogeneização das variâncias, através de correção de WHITE;

- procedidas as transformações e adaptações necessárias, as variações explicadas e os testes de inferência se apresentam válidos.

As observações analíticas aqui expendidas têm muito mais caráter didático, elucidativo de possíveis análises contábeis a serem efetuadas quando de estudos reais em que se interesse efetivamente pela explanação de relações de causa e efeito entre os agregados econômicos e financeiros contidos nos dados contábeis.

3.6 Um exemplo no EVIEWS®

O EVIEWS®, assim como o SPSS®, é um *software* estatístico. Dadas suas características e grandes diferenças no manuseio quando comparado ao SPSS®, optamos por trazer ao leitor um exemplo desenvolvido nesse *software*. Trata-se de um exemplo simples, apenas para que o leitor tenha a oportunidade de se familiarizar inicialmente com mais uma ferramenta. Foi retirado de Corrar e Theóphilo (2004, p. 142), que o utilizaram com a planilha eletrônica EXCEL®.

A principal vantagem do EVIEWS® é a liberdade de trabalho que ele proporciona ao pesquisador, não se prendendo a métodos de seleção de variáveis. Outra vantagem é sua facilidade de operacionalização.

No exemplo, a Multiplast S.A. utiliza um determinado equipamento para fabricação. Como a empresa deseja estabelecer os preços de vendas com base nos custos de produção, deseja estimar os custos indiretos de fabricação (CIF), responsáveis por 50% do custo total.

Foram identificados 2 fatores básicos durante os 30 meses de coleta dos dados:

1. Número de horas-máquina (HM).

2. Número de lotes de produção (LP).

Os dados coletados estão dispostos na Tabela 3.4 e estão digitados no EX-CEL®.

Tabela 3.4 *Dados da Multiplast S.A.*

Meses	CIF	HM	LP
1	76.667	1.772	31
2	73.678	1.820	22
3	80.141	1.634	39
4	61.985	1.006	40
5	72.685	1.383	39
6	87.675	1.957	41
7	78.450	1.561	48
8	70.634	1.464	34
9	63.417	1.545	25
10	56.057	1.119	29
11	67.446	1.382	35
12	72.102	1.320	47
13	68.533	1.264	49
14	69.079	1.344	29
15	85.550	1.803	48
16	58.197	1.022	38
17	61.626	1.510	21
18	80.689	1.793	29
19	58.256	1.149	27
20	55.337	1.155	22
21	85.108	1.847	38
22	76.485	1.832	23
23	67.783	1.136	42
24	56.398	1.136	22
25	66.622	1.330	33
26	63.494	1.358	26
27	89.416	1.882	45
28	67.518	1.174	45
29	73.680	1.643	31
30	66.132	1.381	26

A primeira providência é criar um arquivo de trabalho (*workfile*). A janela inicial do EVIEWS® é como a que se segue a seguir:

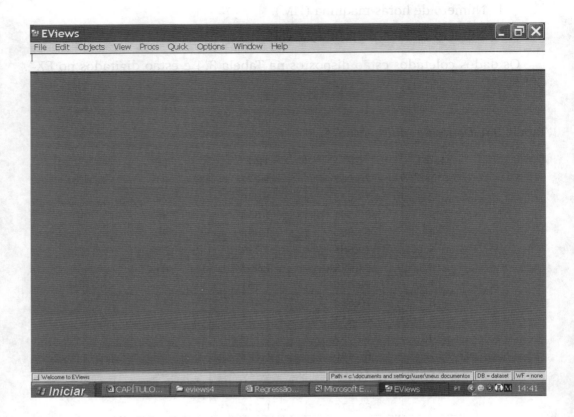

A rotina para a criação do *workfile* é a seguinte:

1. *File*.
2. *New*.
3. *Workfile*.
4. *Monthly*.
5. *Start date*.......... 02.01 (janeiro de 2002).
6. *End date*........... 04.06 (junho 2004).
7. *OK*.

Regressão Linear Múltipla 219

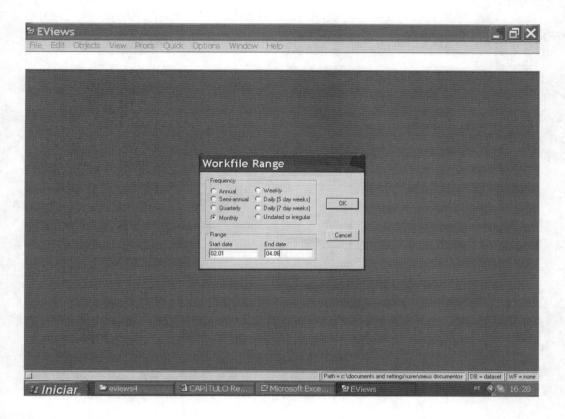

Devemos agora copiar o banco de dados do EXCEL® para o EVIEWS®. A sequência a ser obedecida é a seguinte:

1. Selecione os dados na planilha do Excel®
2. Volte ao EVIEWS®.
3. *Objects*.
4. *New object*.
5. *Series*.
6. *Name object*....nome da 1ª variável – CIF.
7. *OK*.

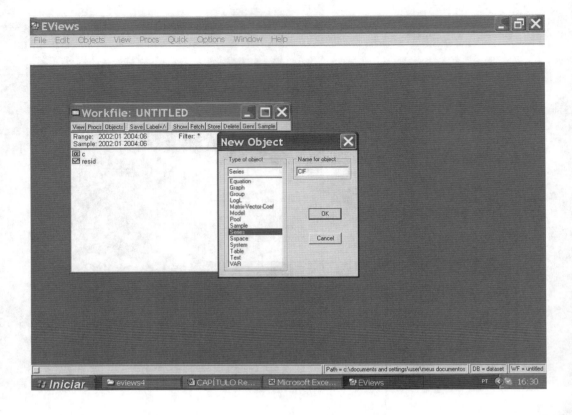

Repita a operação para cada variável. Após criar cada uma das variáveis, você deve executar a seguinte rotina para terminar a cópia dos dados:

1. Selecione as variáveis.
2. *Show*.
3. *OK*.
4. Volte ao EXCEL®...........clique em "copiar".
5. Volte ao EVIEWS®.
6. *Edit +/–*.
7. *Edit*.
8. *Paste*.

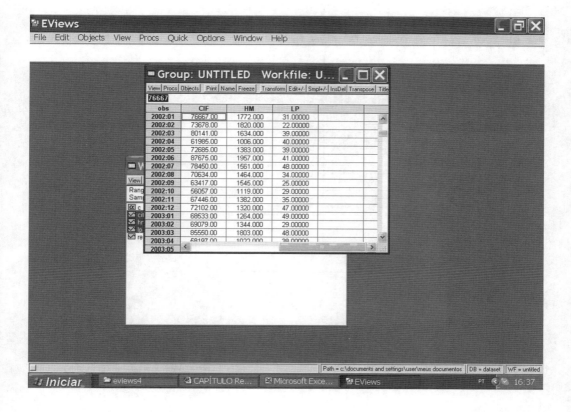

Feche o arquivo.

- *yes.*

Pronto, nós já copiamos os dados do EXCEL® para o EVIEWS® e já podemos começar a estimar nosso modelo de regressão.

Da mesma forma que no SPSS®, podemos escolher a melhor variável para ser a primeira a entrar no modelo baseado no coeficiente de correlação.

1. *Quick.*
2. *Group statistics.*
3. *Correlation.*
4. Digite as variáveis.
5. *OK.*

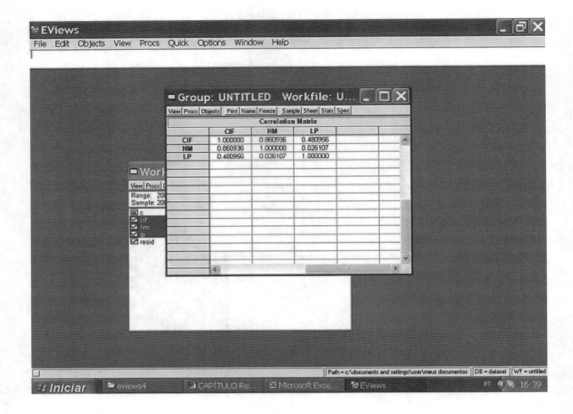

Como o maior coeficiente de correlação com a variável dependente CIF é da variável independente HM (0,8609, conforme tela anterior), ela será a primeira a ser incluída no modelo, gerando uma regressão simples. A rotina para estimar o modelo é:

1. *Quick*.
2. *Estimate equation*.
3. Digite a equação.......CIF c HM ......
4. *Method*....selecione *LS_least squares*.
5. *OK*.

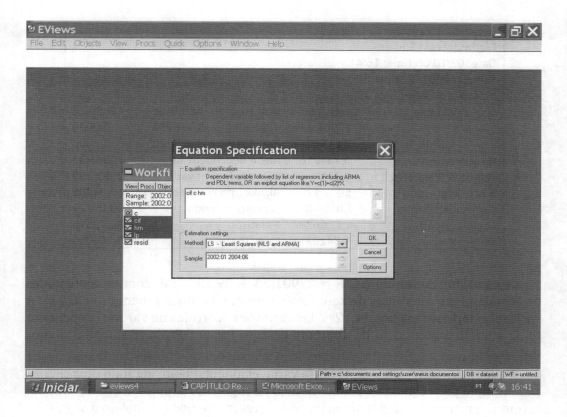

Duas observações são pertinentes nesse momento:

1. Ao digitarmos a equação de regressão, primeiro digitamos a variável dependente – CIF, depois o intercepto – c e, finalmente, a variável independente – HM.

2. O método selecionado para critério de seleção do melhor modelo é o LS – mínimos quadrados –, já nosso conhecido do SPSS®.

O relatório produzido pelo *software* e que será analisado vem detalhado a seguir.

Dependent Variable: CIF				
Method: Least Squares				
Date: 02/10/06 Time: 16:41				
Sample: 2002:01 2004:06				
Included observations: 30				
Variable	Coefficient	Std. Error	t-Statistic	Prob.
C	27901,23	4828.568	5,778365	0,0000
HM	29,13415	3,253315	8,955220	0,0000
R-squared	0,741210	Mean dependent var.		70361,33
Adjusted R-squared	0,731968	S.D. dependent var.		9663,799
S.E. of regression	5003,125	Akaike info criterion		19,93785
Sum squared resid.	7,01E+08	Schwarz criterion		20,03127
Log likelihood	−297,0678	F-statistic		80,19596
Durbin-Watson stat	1,842971	Prob. (F-statistic)		0,000000

A equação resultando é CIF $= 27901,23 + 29,13$. HM, com os coeficientes estatisticamente diferentes de zero (teste t-Prob. (F-statistic) menor que 0,05). A variável estatística explica 74,12% das variações ocorridas na variável dependente. O modelo é bom, com R^2 diferente de zero (teste F-Prob. (F-statistic) menor que 0,05).

Podemos, agora, adicionar a outra variável independente gerando uma regressão múltipla para comparar com o modelo de regressão simples já obtido. Obedeceremos à rotina de adicionar variáveis e apresentaremos o relatório a seguir.

1. *Estimate*.

2. Acrescente a nova variável........LP.

3. *Method*.....selecione LS_*least squares*.

4. *OK*.

O relatório resultante é o seguinte:

Dependent Variable: CIF				
Method: Least Squares				
Date: 02/10/06 Time: 16:43				
Sample: 2002:01 2004:06				
Included observations: 30				
Variable	Coefficient	Std. Error	t-Statistic	Prob.
C	11.620,93	2.605,129	4,460788	0,0001
HM	28,72883	1,433874	20,03581	0,0000
LP	494,2680	45,64839	10,82772	0,0000
R-squared	0,951558	Mean dependent var.		70361,33
Adjusted R-squared	0,947969	S.D. dependent var.		9663,799
S.E. of regression	2.204,338	Akaike info criterion		18,32888
Sum squared resid.	1,31E+08	Schwarz criterion		18,46900
Log likelihood	−271,9332	F-statistic		265,1810
Durbin-Watson stat	1,948591	Prob. (F-statistic)		0,000000

O modelo gerado foi CIF = 11.620,93 + 28,73 . HM + 494,27. LP.

O R^2 ajustado subiu de 74,12% para 95,15%, demonstrando a grande superioridade do segundo modelo com duas variáveis independentes. Tanto os coeficientes (teste t) quanto o R^2 (teste F) são estatisticamente diferentes de zero. Os critérios de Akaike e Schwarz confirmam a superioridade do modelo com duas variáveis independentes. Nesses critérios, quanto menores os valores encontrados melhor o modelo. Seus valores apresentaram-se inferiores comparativamente ao modelo com uma variável independente. Akaike 19,93785 para o modelo de regressão simples e 18,32888 para o de regressão múltipla e *Schwarz* 20,03127 e 18,46900, respectivamente. Portanto, pelos critérios *Akaike* e *Schwarz* o modelo envolvendo duas variáveis independentes se apresenta superior.

Podemos observar, ainda, que tanto no relatório do primeiro quanto no do segundo modelos foi fornecida a estatística *Durbin-Watson* (DW). Ressalvadas as restrições já apresentadas quanto a este teste e utilizando a "regra de bolso", podemos afirmar que os modelos não apresentam autocorrelação serial. Veremos mais à frente ou adiante que o EVIEWS® dispõe de uma outra forma de testar a autocorrelação serial de mais simples execução que o teste DW.

Testaremos a seguir os pressupostos da regressão. O EVIEWS® é bastante simples para a realização destes testes.

A normalidade dos resíduos utiliza o teste Jarque Bera com a rotina a seguir:

1. *View*.

2. *Residual tests*.

3. *Histogran – Normality test*.

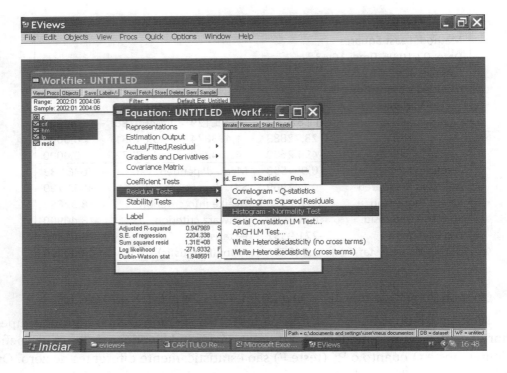

O relatório gerado vem a seguir.

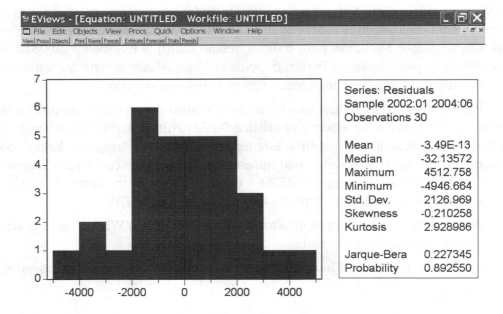

Pelo relatório gerado, não há motivos para rejeitar a hipótese nula de normalidade dos resíduos (*probability* = 0,89 maior que α). Além disso, o histograma demonstra uma distribuição próxima à normal.

A homoscedasticidade é comprovada com o teste *White Heteroskedasticity* gerado pela rotina descrita.

1. *View*.
2. *Residual tests*.
3. *White heteroskedasticity (cross terms)*.

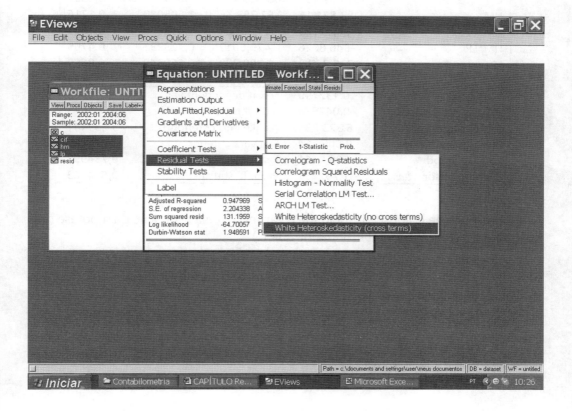

É gerado o seguinte relatório:

White Heteroskedasticity Test:				
F-statistic	0,734994	Probability		0,604463
Obs*R-squared	3,983712	Probability		0,551763
Test Equation:				
Dependent Variable: RESID $^\wedge$ 2				
Method: Least Squares				
Date: 02/10/06 Time: 16:49				
Sample: 2002:01 2004:06				
Included observations: 30				
Variable	Coefficient	Std. Error	t-Statistic	Prob.
C	−51.062.737	48.426.636	−1,054435	0,3022
HM	83.871,15	52.253,56	1,605080	0,1216
HM $^\wedge$ 2	−24,31123	17,13684	−1,418653	0,1689
HM*LP	−346,8626	479,6012	−0,723231	0,4765
LP	−235.275,3	1.389.292	−0,169349	0,8669
LP $^\wedge$ 2	9.706,776	17.462,31	0,555870	0,5834
R-squared	0,132790	Mean dependent var.		4.373.196
Adjusted R-squared	−0,047878	S.D. dependent var.		6.177.675
S.E. of regression	6.323.834	Akaike info criterion		34,33441
Sum squared resid.	9,60E+14	Schwarz criterion		34,61465
Log likelihood	−509,0161	F-statistic		0,734994
Durbin-Watson stat	1,797737	Prob. (F-statistic)		0,604463

A presença de homoscedasticidade é garantida pela aceitação da hipótese nula por meio do teste F (*probability* maior que α).

A ausência de autocorrelação serial que utiliza a estatística Durbin-Watson no SPSS® é testada no EVIEWS® por meio do teste Breusch-Godfrey – LM (de Multiplicadores de Lagrange).

1. *View.*

2. *Residual tests.*

3. *Serial correlation LM test.*

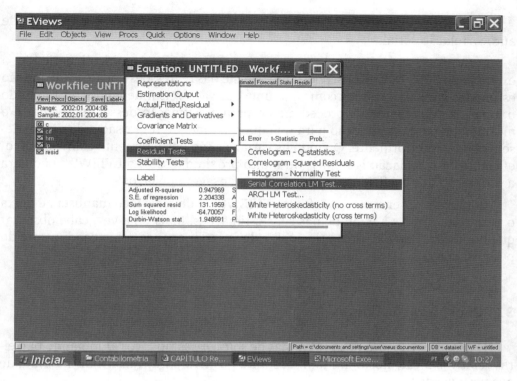

É gerado o seguinte relatório de saída:

Breusch-Godfrey Serial Correlation LM Test:			
F-statistic	0,226246		0,799137
Obs*R-squared	0,533336		0,765927
Test Equation:			
Dependent Variable: RESID			
Method: Least Squares			
Date: 02/10/06 Time: 16:50			
Presample missing value lagged residuals set to zero.			
Variable	Coefficient	Std. Error	t-Statistic	Prob.
C	−219,7901	2.722,987	−0,080717	0,9363
HM	0,145982	1,492899	0,097784	0,9229
LP	0,415818	47,72581	0,008713	0,9931
RESID(−1)	0,003257	0,204422	0,015931	0,9874
RESID(−2)	0,136937	0,203744	0,672101	0,5077
R-squared	0,017778	Mean dependent var.	−3,49E-13
Adjusted R-squared	−0,139378	S.D. dependent var.	2.126,969
S.E. of regression	2.270,361	Akaike info criterion	18,44428
Sum squared resid.	1,29E+08	Schwarz criterion	18,67781
Log likelihood	−271,6642	F-statistic	0,113123
Durbin-Watson stat	1,957210	Prob. (F-statistic)	0,976724

Também aqui, o teste F (*probability* maior que α) comprova a ausência de autocorrelação serial.

O EVIEWS® não dispõe de um teste específico para a multicolinearidade, a exemplo do SPSS®. Utiliza-se, portanto, o teste das regressões lineares, em que são estimadas várias regressões com cada uma das variáveis independentes tomando o lugar da dependente. O procedimento para a estimação dessas regressões é o mesmo que para a estimação para qualquer modelo de regressão e que já foi desenvolvido anteriormente. Quando as variáveis são perfeitamente colineares (coeficiente de correlação igual a 1, ou muito próximo disso), o EVIEWS® não gera a estimação dos coeficientes e emite uma mensagem de erro.

Conforme observamos, o *software* EVIEWS® é de mais fácil manuseio e deixa o pesquisador mais à vontade nas suas estimações. Mais uma vez, cabe observar que o *software* não é o astro principal, e deve servir apenas como coadjuvante do pesquisador.

3.7 Considerações finais

O desenvolvimento dos programas de *software* estatísticos eliminando barreiras relativas a cálculos é um item bastante positivo para trazer mais mobilidade aos pesquisadores.

Entretanto, apenas o acesso a técnicas avançadas não vem necessariamente acompanhado de um entendimento claro de como utilizar a análise de regressão de forma apropriada.

Deve-se, assim, dar importância ao que realmente é o principal, a utilização de um modelo de regressão com conhecimento do assunto em questão pelo pesquisador.

A interação do pesquisador com o processo e com as rotinas estatísticas é desejável para escolher o modelo mais ajustado; entretanto, o objetivo principal é atender às necessidades e propósitos da pesquisa.

Fica aqui um alerta. A facilidade em fazer regressões, hoje em dia, bastando para isso algum conhecimento de *software* e/ou programação, pode deixar a falsa impressão de que esta é a parte mais importante da tarefa. No entanto, não se deve esquecer da interpretação do resultado, para que não se corra o risco de chegar a um lugar que é comum em nossa profissão: fazer, mas sem saber bem o quê e para o quê está sendo feito.

Bibliografia

CORRAR, Luiz J.; THEÓPHILO, Carlos Renato (Coord.). *Pesquisa operacional para decisão em contabilidade e administração*: contabilometria. São Paulo: Atlas, 2004.

EVIEWS USER'S GUIDE. *Quantitative micro software*. 2. ed. USA.

GUJARATI, Damodar N. *Econometria básica*. 3. ed. São Paulo: Makron Books, 2000.

_____. *Econometria básica*. Tradução da 4. ed. São Paulo: Campus Books, 2006.

HAIR JR., Joseph F. et al. Análise multivariada de dados. 5. ed. Porto Alegre: Bookman, 2005.

_____ et al. *Multivariate data analysis*. 5. ed. Upper Saddle River: Prentice Hall, 1998.

KMENTA, Jan. *Elementos de econometria*. Tradução de Carlos Roberto Vieira Araújo. São Paulo: Atlas, 1978.

MARCONDES, Dárcio Alves. *Bancos brasileiros*: influência dos depósitos compulsórios, taxas Selic e risco-país na concessão de crédito. Dissertação (Mestrado) – Universidade de São Paulo, São Paulo, 2004.

MAROCO, João. *Análise estatística com utilização do SPSS*. Lisboa: Edições Silabo, 2003.

MARTINS, Gilberto de Andrade. *Estatística geral e aplicada*. 2. ed. São Paulo: Atlas, 2002.

MATOS, Orlando Carneiro de. *Econometria básica*: teoria e aplicações. 3. ed. São Paulo: Atlas, 2000.

NORUSIS, Marija J. *SPSS professional statistics 6.1*. USA: SPSS, 1996.

_____. *The SPSS guide to data analysis for release 4*. USA: Library of Congress, 1994.

PESTANA, Maria Helena; GAJEIRO, João Nunes. *Análise de dados para ciências sociais*: a complementaridade do SPSS. 3. ed. Lisboa: Edições Silabo, 2003.

PINDYCK, Robert S.; RUBINFELD, Daniel L. *Econometria*: modelos e previsões. Tradução da 4ª edição. São Paulo: Campus, 2004.

PINTO, Wildson Justiniano; SILVA, Orlando Monteiro da. *Econometric views*: guia do usuário. Disponível com o software E-views®.

SOARES, Ilton G.; CASTELAR, Ivan. *Econometria aplicada com o uso do EVIEWS*. Fortaleza: UFC/CAEN, 2003.

SPSS. *SPSS base 7.0 applications guide*. USA: Library of Congress, 1996.

STEVENSON, William J. *Estatística aplicada à administração*. São Paulo: Harbra, 1981.

WONNACOTT, Thomas H.; WONNACOTT, Ronald J. *Introductory statistics for business and economics*. 2. ed. New York: John Wiley, 1977.

WOOLDRIDGE, Jeffrey M. *Introdução à econometria*: uma abordagem moderna. São Paulo: Pioneira Thomson Learning, 2006.

4

Análise Discriminante

Poueri do Carmo Mário

Sumário do capítulo

- Introdução.
- Conceito da Análise Discriminante.
- Modelo de Análise Discriminante e sua interpretação.
- Pressupostos da Análise Discriminante.
- Aplicação e consolidação dos conceitos.
- Críticas ao uso da Análise Discriminante.
- Considerações finais.

Objetivos de aprendizado

O estudo deste capítulo permitirá ao leitor:

- compreender o conceito de análise discriminante, seus objetivos e fundamentos teóricos;
- entender as premissas em que se baseia a análise discriminante e identificar oportunidades de aplicação dessa técnica;
- esboçar uma função discriminante e interpretar o significado das variáveis que a integram;
- identificar e justificar a capacidade preditiva de uma função discriminante, testando-a quanto às suas premissas e sobre uma amostra de validação ou teste;
- solucionar problemas práticos com apoio da análise discriminante usando *software* estatístico.

4.1 Introdução

No contexto da análise multivariada, uma das principais questões se refere à utilização de suas técnicas para fins de classificação e posterior previsão dos elementos que estão sendo observados. Seja essa classificação com o intuito apenas de organização ou separação simples entre grupos, o que se observou foi que essa procura conduziu ao desenvolvimento de diversas técnicas para auxiliar nesse propósito. Uma das técnicas mais famosas para resolver problemas de classificação e previsão de elementos é a Análise Discriminante.

Problemas de classificação são rotineiros em nosso dia a dia. É uma característica inata do ser humano a sua capacidade de diferenciar e classificar em um ou mais grupos determinado conjunto de elementos, sejam eles animais, plantas ou objetos quaisquer. Utilizamos com pouquíssimo esforço nossas habilidades mentais e sensoriais para fazer isso e nem nos damos conta da complexidade que tais decisões podem atingir se considerarmos, por exemplo, decisões de classificação e de previsão no âmbito das empresas.

Imagine um gerente de banco ao analisar a ficha cadastral de determinado cliente que solicita a concessão de um empréstimo. Esse gerente, como nós, possui capacidades inatas e outras que são técnicas (habilidades desenvolvidas) para tomar a sua decisão. Por que, então, nunca obtemos um sim ou um não imediatamente quando estamos em um banco solicitando um empréstimo? Porque, apesar de todas as citadas capacidades do gerente, a decisão agora assumiu caráter de maior complexidade do que classificações do tipo homem ou mulher, adulto ou jovem, alto ou baixo. O gerente em questão, agora, tem que considerar fatores ou variáveis diversas numa situação em que existe incerteza, ou seja, em que o futuro está em decisão, mas só dispõe de informações atuais ou passadas, quantificadas em função de uma lista ou de um roteiro de entrevista, e de documentos solicitados ao cliente. Mesmo com nossas habilidades técnicas ou naturais, não existem condições de se tomar uma decisão imediata, salvo em raras situações, no tocante à classificação desse cliente como sendo um possível bom pagador ou não. Precisamos comparar situações semelhantes e analisar de maneira ponderada todos os elementos envolvidos para fazer essa classificação.

A Análise Discriminante é uma das técnicas multivariadas que se desenvolveram para este propósito: o de auxiliar na classificação ou pré-classificação de um elemento em determinado grupo, poupando tempo e esforços.

Breve histórico

É possível ilustrar a evolução histórica da Análise Discriminante desde a década de 1920, com os trabalhos do estatístico inglês Karl Pearson, que continham as primeiras ideias associadas à referida técnica. No entanto, estudos de R. A. Fisher, em 1935, são tidos como a primeira solução para o problema de discriminação entre duas populações. Esse pesquisador valeu-se de uma combinação linear para medir a distância entre variáveis envolvidas num estudo sobre espécies de plantas.

Vários estudos se seguiram com a utilização dessa técnica, em diversas áreas. Em Finanças, por exemplo, e mais ligado à análise de desempenho de empresas, um dos mais relevantes foi o realizado por Edwards I. Altman, em 1968. Com seu artigo *"Financial ratios, discriminant analysis and the prediction of corporate bankruptcy"*, o autor inaugurou uma série de estudos sobre a capacidade preditiva de índices extraídos de demonstrações financeiras. No Brasil, muitos estudos desse tipo também se desenvolveram utilizando a Análise Discriminante como ferramental estatístico.

Um grande avanço desses estudos foi o surgimento de modelos de ranqueamento de crédito (*Credit Scoring Models*), utilizando a técnica referida, tanto nos Estados Unidos da América quanto em outros países. Tais modelos têm por objetivo a classificação do risco de clientes no momento da concessão do crédito, bem como seu posterior acompanhamento. Também se observa a aplicação da Análise Discriminante em diversos trabalhos de marketing fundamentados em pesquisas de opinião, baseadas ou não em escalas preestabelecidas. Essa técnica auxilia na identificação de grupos de consumidores e de suas características mais relevantes, subsidiando decisões de desenvolvimento de novos produtos ou de aprimoramento das características dos atuais.

4.2 Conceito da análise discriminante

A Análise Discriminante é uma técnica estatística que auxilia a identificar quais as variáveis que diferenciam os grupos e quantas dessas variáveis são necessárias para obter a melhor classificação dos indivíduos de uma determinada população.

Sua característica básica é a utilização de um conjunto de informações obtidas acerca de variáveis consideradas independentes para conseguir um valor de uma variável dependente que possibilite a classificação desejada. Percebe-se que existe uma semelhança forte entre ela e a regressão múltipla, já descrita. Essa semelhança aparente se dissolve ao se estabelecerem os tipos de variáveis que são tratadas em cada uma.

Enquanto a variável dependente, na regressão múltipla, tem como característica ser métrica ou contínua (quantitativa), na Análise Discriminante ela é de natureza qualitativa (não métrica), ou seja, categórica ou discreta, já que o seu valor representa uma classificação estabelecida (bom ou mau, alto ou baixo risco, solvente ou insolvente, aprovado ou reprovado). Como se observa, funciona mais como um rótulo do que como um valor em si. A classificação se realiza mediante confronto do valor obtido com os valores de outros elementos. Saliente-se, ainda, que cada elemento pode assumir valores diversos, não se limitando a um intervalo fechado estabelecido pelos rótulos atribuídos a cada grupo. Isso acaba contribuindo para diferenciar a Análise Discriminante da Regressão Logística, pois esta última técnica viabiliza a classificação de elementos em função de valores contidos num intervalo fechado, compreendido entre 0 e 1. Nesse caso, obtém-se uma informação que pode ser interpretada em termos de probabilidade e não de classificação direta de um elemento em determinada categoria.

Com relação às variáveis independentes, na Análise Discriminante elas geralmente são métricas com valores contínuos (como os índices financeiros), mas também podem assumir valores que representem categorias (alto e baixo, por exemplo). Em algumas áreas, como Marketing, existem estudos que se enquadram nesta última situação, mas ressalte-se que outras técnicas, como a Regressão Logística e Redes Neurais, se adequam mais a esse tipo de variável independente devido às características de seus algoritmos.

Além da principal aplicação, que são as classificações dicotômicas (dois grupos), a Análise Discriminante pode ser utilizada também quando as categorias são superiores a duas, ou seja, para k grupos ($k \geq 2$, para $k \in N$). Assim, um modelo de análise de risco de crédito pode ser dividido em categorias de clientes rotuladas como de alto, médio e baixo risco, gerando uma informação de maior relevância para o gestor. Isso exemplifica a possibilidade de classificar elementos de acordo com uma escala previamente estabelecida, como em um sistema de *Rating*.

Nessa situação de $k > 2$, usa-se a denominação Análise Discriminante Múltipla (MDA). A principal diferença entre a Análise Discriminante simples e a MDA é que esta última produzirá um número de funções discriminantes igual ao número de grupos menos 1 ($k - 1$), sendo o número de variáveis independentes maior do que k, ou no máximo igual a k. Devido aos objetivos deste capítulo, nos limitaremos a comentar agora essa possibilidade de classificação de k grupos, sem a preocupação adicional de desenvolver um exemplo específico para o caso, que seria apenas uma repetição do modelo simples. Como a MDA gera mais de uma função discriminante, significa que precisamos utilizar tais funções para classificar cada um dos elementos, pois alteramos a leitura de um espaço bidimensional para um espaço multidimensional. Assim, é necessário avaliar também cada uma das equações para verificar a respectiva capacidade de classificação.

O leitor que já passou pelo capítulo de *Cluster Analysis* ou que conhece outra técnica denominada MANOVA ("ANOVA Multivariada") pode perceber que a Análise Discriminante funciona como uma maneira de se confirmarem os achados dessas duas. Em relação a MANOVA, enquanto a Análise Discriminante utiliza variáveis dependentes categóricas e independentes métricas, aquela usa as mesmas variáveis, mas ao contrário, as métricas como dependente(s) e as categóricas como independentes. Em se tratando de *Cluster Analysis*, os diversos grupos identificados no dendrograma seriam usados como uma classificação prévia dos grupos possíveis, para em seguida serem estabelecidas as funções discriminantes de cada grupo, com o uso da Análise Discriminante Múltipla.

Destaca-se, por último, que também existem modelos de análise discriminante não lineares, baseados em modelos polinomiais, na maioria dos casos. Maiores detalhes podem ser colhidos na bibliografia citada ao final do capítulo, já que tais elementos escapam aos objetivos de nossa abordagem.

Mas em suma, a Análise Discriminante auxilia na identificação de quais as variáveis independentes que, efetivamente, diferenciam os valores ou rótulos assumidos pela variável dependente. Podemos sintetizar os objetivos da AD em:

- Determinar se existem diferenças significativas entre as variáveis de cada grupo.
- Identificar as características (variáveis) que melhor diferenciam os grupos de observações.
- Descrever uma ou mais funções discriminantes que representem as diferenças entre os grupos.
- Classificar *a priori* novos indivíduos nos grupos com base na função discriminante.

4.3 Modelo da Análise Discriminante e sua interpretação

A equação ou função linear discriminante assemelha-se a uma equação de regressão múltipla. É composta pelas variáveis independentes que representam as características do elemento, que são ponderadas pelo nível de sua importância ou impacto que causam no resultado ou variável dependente. Podemos representá-la assim:

$$Z = a + b_1 X_1 + b_2 X_2 + \dots + b_n X_n,$$

onde:

Z é a variável dependente categórica, que indica uma pontuação ou escore discriminante;

a é o intercepto da função quando todo $X_i = 0$;

b_n é o coeficiente discriminante ou a capacidade que cada variável independente tem em discriminar (o peso de cada uma na função);

X_n são os valores das variáveis independentes.

A leitura da função discriminante leva-nos a entender como um conjunto de variáveis influencia simultaneamente no comportamento de um elemento. Cada variável, considerada como característica que pode discriminar determinado elemento (pessoa, objeto etc.), é ponderada em relação às demais e desse processo se obtém um coeficiente que indica não apenas o impacto relativo daquela variável, mas também se tal impacto é positivo ou negativo. Para entendermos isso, pense em uma empresa que possua um grande acesso a linhas de crédito, demonstrado pelo seu atual quadro de endividamentos. Num primeiro momento, a sensação nos parece boa, mas ao observar que grande parte desse endividamento é no curto prazo, a sensação de risco surge naturalmente, podendo ser maximizada se levarmos em consideração outros fatores.

Podemos observar, portanto, que a AD objetiva encontrar uma função matemática para discriminar ou segregar elementos entre grupos preestabelecidos, identificando-se as principais características de cada grupo, bem como as diferenças significativas que possam existir entre eles. Essa função acaba se transformando em um modelo que pode ser utilizado como ferramental para classificação de novos elementos em um dos grupos identificados, a partir de características tidas como discriminadoras.

Para a construção de uma função discriminante como a referida, faz-se necessário observar, basicamente, os seguintes passos ou etapas:

1. Identificar o problema e classificar os elementos em grupos.
2. Selecionar as variáveis independentes, avaliar o tamanho da amostra e segregá-la em duas amostras: de análise e de teste.
3. Testar as premissas para AD.
4. Estimar os coeficientes da função discriminante e avaliar a significância estatística da função e seu grau de acurácia.
5. Interpretar o resultado da função discriminante e sua validade.

Já dissemos que a característica básica do problema de interesse da Análise Discriminante é que ele seja dicotômico, ou seja, que se queira classificar os elementos em, no mínimo, dois grupos. Assim, podemos pensar, por exemplo, em identificar o nível de satisfação de clientes considerando para isso a existência de dois grupos: os que compram novamente e os que não voltam a comprar. Isso possibilitaria o desenvolvimento de "programas de fidelização". Nessa linha, precisamos, além de criar uma separação lógica dos grupos, identificar quais as características (variáveis independentes) que seriam as possíveis discriminadoras desses clientes nos grupos. Isso implica avaliar quais as variáveis passíveis de uma coleta de dados e as relações existentes entre elas e o problema em foco: satisfação do cliente.

238 Análise Multivariada • Corrar, Paulo e Dias Filho

Ao partir para essa busca, tem-se a necessidade de verificação do tamanho da amostra obtida, considerando o aspecto do tamanho das subamostras de cada grupo e a quantidade de dados para a formação de duas amostras: uma para a análise propriamente dita e outra para teste, procedimento este denominado *cross-validation*. A primeira, como afirmamos, será utilizada para a obtenção da função discriminante e consequente análise das relações (estatísticas e teóricas) entre as variáveis preditoras e o problema de classificação; a segunda será utilizada para a avaliação final da capacidade classificatória da função discriminante, com novos elementos não utilizados para seu desenvolvimento (ponderação). O aspecto tamanho influencia no limite de separação dos grupos: muitas vezes, a amostra coletada é pequena e, por isso, acaba dificultando a segregação, mas nunca se deve desistir de tentar realizar essa separação, mesmo que as amostras tenham menos de 30 elementos. O SPSS® trabalha com mais um instrumento de validação, que às vezes é denominado *cross-validation*. O que o *software* faz é conhecido como Teste de Lachembruch, em que uma função é gerada a partir de n-1 elementos de toda a amostra para testar se esses elementos são corretamente classificados. Esse teste se repete pelo número de vezes que for necessário para que todos os elementos da amostra sejam avaliados pelas n funções geradas a partir dos demais ($n - 1$). Em casos de pequenas amostras, é uma alternativa ao processo de separação em duas amostras. Quando não se informa ao SPSS® a existência de duas amostras, ele trabalha automaticamente com o teste ora comentado.

A equação discriminante, depois de formulada, é aplicada sobre os dados da própria amostra de análise e verifica-se, para cada indivíduo, qual o valor da variável dependente Z (escore discriminante). Com todos os escores apurados, calcula-se a média de cada grupo, que servirá de base para o cálculo do ponto de corte (*cut-off point*) ou escore crítico e, finalmente, o valor médio entre as médias de cada grupo, que servirá para discriminar a qual grupo pertence um novo elemento.

Observe as figuras seguintes:

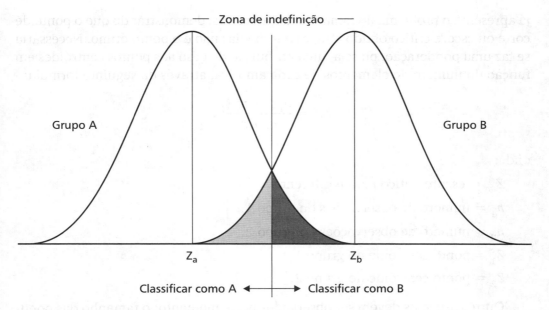

Figura 4.1 *Amostras de tamanhos iguais.*

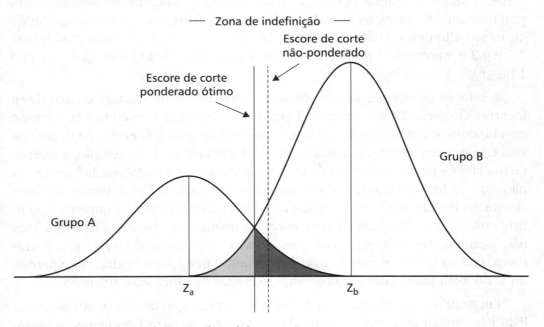

Figura 4.2 *Amostras de tamanhos diferentes.*

A Figura 4.1 representa uma condição de igualdades, portanto, o ponto de corte ótimo é facilmente obtido pela média das médias dos grupos. A Figura 4.2

já apresenta o problema do tamanho das amostras, demonstrando que o ponto de corte ou escore crítico obtido através das médias não é o ponto ótimo. Necessária se faz uma ponderação, ou seja, uma atribuição de peso aos pontos centróides em função do número de elementos de cada amostra, através da seguinte fórmula:

$$Z_{EC} = \frac{n_1 Z_2 + n_2 Z_1}{n_1 + n_2},$$

onde:

Z_{EC} = escore crítico para n diferente.

n_1 = número de observações do grupo 1.

n_2 = número de observações do grupo 2.

Z_1 = ponto centróide do grupo 1.

Z_2 = ponto centróide do grupo 2.

Outros aspectos devem ser observados neste momento: o tamanho das populações e a probabilidade de se classificar uma observação no outro grupo e vice-versa. Quando se tem na população um percentual maior de elementos de um grupo do que de outro, as probabilidades de se retirarem amostras de um ou de outro são diferentes. O último aspecto diz respeito à área hachurada das Figuras 4.1 e 4.2 e representa a probabilidade de se classificar uma observação do grupo 1 no grupo 2 e vice-versa.

A seleção de clientes através desse modelo, por exemplo, traz o risco de se incorrer em erros **Tipo I** ou erros **Tipo II**. No erro Tipo I, rejeita-se H_0 quando essa hipótese é verdadeira, ou seja, quando deve ser aceita. O erro Tipo II, por sua vez, consiste em aceitar H_0 quando ela não é verdadeira. Por exemplo, a seleção de um cliente para a concessão de crédito, que poderia ter problemas financeiros não capturados pela equação discriminante gera um erro Tipo I. Perder um bom cliente em função, também, de uma incorreta avaliação conduz a um erro Tipo II. Este erro é menos "prejudicial" ao credor, à primeira vista: perde-se o cliente, mas não o capital! Segundo alguns autores, o valor da perda tende a ser zero. Entretanto, poderá o cliente reduzir suas operações, o que leva a instituição a perder, no geral, bem mais. Como se observa, são efeitos de difícil quantificação.

Em seguida, precisamos pensar melhor na definição de um ponto de corte. Para isso, utiliza-se a seguinte fórmula (que possui variações pequenas na literatura) para cálculo do que denominamos **Escore Crítico Refinado (ECR)**:

$$EC_R = \frac{\mu_1 + \mu_2}{2} + \frac{\sigma^2}{\mu_1 - \mu_2} \times LN\left(\frac{C_1 p_1}{C_2 p_2}\right),$$

onde:

μ_1 e μ_2 = médias dos escores discriminantes dos grupos.

LN = logaritmo natural da expressão entre parênteses.

C_1 = é o custo de se classificar erroneamente no grupo 1 uma observação do grupo 2.

C_2 = é o custo de se classificar erroneamente no grupo 2 uma observação do grupo 1.

p_1 = probabilidade *a priori* de uma empresa ser ruim.

p_2 = probabilidade *a priori* de uma empresa ser boa.

σ^2 = variância comum às duas populações, dada por:

$$\sigma^2 = \frac{(n_1 - 1)\,\sigma_1^2 + (n_2 - 1)\,\sigma_2^2}{n_1 + n_2 - 2},$$

sendo n_i o tamanho das amostras dos grupos 1 e 2, e σ_1^2 e σ_2^2 a variância dos escores discriminantes dos grupos 1 e 2.

Outra abordagem utilizada é denominada zona ou área de dúvida – superposição – (*Overlap Area*). Caso não se consiga medir os custos de classificações erradas (C_1 e C_2), bem como as probabilidades *a priori*, utiliza-se o estabelecimento de uma área, na qual se inserem os elementos que se encontrarem classificados nesse intervalo, devendo, portanto, serem analisados com maiores cuidados, por não ser possível sua correta classificação em nenhum grupo.

Essa área, ou região de dúvida (*overlap area*), conhecida como Zona de Indefinição, fica na interseção das curvas de distribuição das amostras dos dois grupos, sendo possível definir seus limites, em valores, a partir do cálculo de um intervalo de confiança, conforme observado nas Figuras 4.1 e 4.2.

Os valores de X_1 e X_2 podem ser obtidos pelas seguintes fórmulas:

$$X_1 = \bar{z}_2 - \sqrt{1 + \frac{1}{n_2}} \times t_{\alpha;gL} \times \sigma$$

$$X_2 = \bar{z}_1 - \sqrt{1 + \frac{1}{n_1}} \times t_{\alpha;gL} \times \sigma,$$

onde:

$\bar{z}_1$ e $\bar{z}_2$ = médias dos valores de z calculados para as observações de cada grupo;

n_1 e n_2 = número de observações em cada amostra dos grupos;

$t_{\alpha};gL$ = estatística t para o nível de confiança desejado (t_α) e graus de liberdade (gL) dados por $n_1 + n_2 - 2$.

σ = desvio-padrão obtido através da variância ponderada dos z's dos grupos.

Essa zona de indefinição nos induz a pensar em uma situação: dependendo do tamanho ou quantidade de elementos nela classificados, podemos considerar que um modelo de Análise Discriminante de dois grupos pode ser incorreto. Portanto, seria uma maneira de avaliar o uso de um modelo múltiplo (mais de dois grupos).

4.4 Pressupostos da análise discriminante

Antes de se fazer a segregação de amostras, identificação de funções e adotar outros procedimentos, é importante que algumas premissas sejam observadas para o uso da Análise Discriminante, premissas essas, *a priori*, semelhantes às da regressão múltipla. Os *softwares* estatísticos, como o SPSS®, executam esse procedimento automaticamente e produzem testes antes de fornecer as funções discriminantes. O usuário precisa considerar o resultado desses testes para se certificar de que não existem problemas em relação às premissas. Adicionalmente, convém observar o resultado final do processo de classificação para uma leitura ampla do contexto. No exemplo proposto, isso poderá ser compreendido com mais facilidade.

Os pressupostos da Análise Discriminante são:

a) Normalidade multivariada.

b) Linearidade.

c) Ausência de *outliers*.

d) Ausência de multicolineariedade.

e) Homogeneidade das matrizes de variância-covariância.

A **normalidade multivariada** da combinação das variáveis independentes é condição básica, como na regressão múltipla. Esse pressuposto coloca que a combinação linear entre as variáveis das funções segue uma distribuição normal. Sua ausência pode causar problemas de estimação da função discriminante, pois a distribuição das probabilidades das variáveis pode não ser normal.

Essa premissa diz respeito ao Teorema do Limite Central, o qual estabelece em sua proposição que, mesmo se desconhecendo a distribuição da população ou se esta for não normal, as distribuições de suas amostras serão aproximadamente normais, desde que se disponha de grandes amostras. A ausência da normalidade multivariada pode gerar dúvidas quanto à validade dos modelos, por se utilizarem testes de significância (Teste-F ou variações) que pressupõem aquela característica para as amostras. Cabe ressaltar que atualmente os testes estatísticos disponíveis em grande parte dos *softwares* não tratam da normalidade multivariada. Pode-se usar o processo de plotagem dos gráficos das distribuições das variáveis independentes, comparado-se tal processo a uma distribuição teórica normal. Porém, mesmo que cada uma das variáveis tenha distribuição normal, isso não garante a existência de uma normalidade multivariada (todas em conjunto). Outra tentativa seria a utilização de simulação com as variáveis das funções, verificando se a probabilidade de ocorrência é significativamente maior em inúmeras combinações.

Podem-se utilizar os testes de normalidade (Jarque-Bera, Kolmogorov-Smirnov, Shapiro-Wilks, Ardeson-Darling) para avaliar cada variável isoladamente, mas isso não garantiria a normalidade multivariada.

A **lineariedade**, assim como na regressão múltipla, refere-se à combinação linear entre todas variáveis independentes. A não observação desse pressuposto é menos grave do que as dos demais, entretanto, pode reduzir a robustez dos testes e aumentar o erro do tipo I. Em caso de relações não lineares, deve-se proceder a transformações destas em relações lineares ou usar modelos não lineares como os polinomiais (implica na inclusão de nova variável transformada que é o quadrado ou cubo da original).

A presença de *outliers* prejudica fortemente a AD; devemos, então, "rodar" os testes de *outliers* (univariada e multivariada) para identificar, transformar e, quando for o caso, eliminar da amostra antes da aplicação da AD.

Ausência de multicolinearidade ocorre quando existe redundância entre as variáveis preditoras, ou seja, uma forte correlação entre duas ou mais variáveis escolhidas pela AD distorce o "real" efeito dos seus coeficientes, conforme descrito no Capítulo 3, Regressão Linear Múltipla.

A última premissa é com relação à **Homogeneidade das matrizes de variância-covariância**, que tem como objetivo evitar que a função discriminante classifique observações em grupos de maior variância, ou seja, evitar que haja erro na fixação do ponto de corte. No caso de amostras pequenas e com matriz de covariância desigual, o processo de classificação é afetado negativamente, podendo prejudicar a significância estatística. Sugere-se, nesse caso, que se aumente o número de observações na amostra e que se realize validação cruzada dos resultados discriminantes para minimizar o impacto, o que muitas vezes não é possível pela escassez dos mesmos.

Estas duas últimas premissas são consideradas as mais relevantes, já que são as que mais afetam os resultados da AD, principalmente se o objetivo do estudo for identificar as características (variáveis) que melhor diferenciam os grupos de observações.

4.5 Aplicação e consolidação dos conceitos

Para proporcionar uma visão de todo o processo relativo ao uso da AD, vamos apresentar um caso adaptado ao contexto deste capítulo,[1] baseando-nos na análise de modelos de previsão de falência. Com esse exemplo, espera-se passar ao leitor de forma rápida e simplificada a maneira de como usar essa técnica no SPSS®.

4.5.1 Descrição do caso

Um dos pontos de interesse em trabalhos de perícia contábil voltados para processos de concordatas é a emissão de uma opinião sobre a capacidade da empresa de recuperar-se financeiramente e retomar a sua rotina, após a concessão desse benefício legal.

Emitir uma opinião dessa natureza é sempre uma tarefa sujeita ao questionamento por parte dos interessados, ou até mesmo da justiça, sobretudo quando levada a efeito sem bases objetivas. Uma forma de prevenir problemas dessa natureza pode ser a comparação estatística da empresa em relação a outras, ou seja, buscar identificar se a empresa que pleiteia a concordata possui características indicadoras de que a sua classificação é compatível com a de uma empresa que se encontre em condições financeiras saudáveis.

Considere que o perito esteja diante dessa situação e tenha que avaliar a capacidade da empresa P&R de passar pela concordata e sair com todos os seus compromissos honrados e em condições de continuar operando normalmente, como outras empresas. Devido à sua formação e aos conhecimentos de que é portador, buscou utilizar alguns modelos estatísticos inspirados em estudos que desenvolveram modelos de previsão de insolvência no Brasil,[2] a partir da técnica da Análise Discriminante.

Sabendo da diferença temporal entre o momento da construção desses modelos e o atual e que isso dificulta a sua aplicação na configuração original, o perito procurou identificar, dentre os indicadores financeiros utilizados (as variáveis independentes), alguns que pudessem ser significativos para o caso em questão. Para isso, foi necessário colher informações, em um banco de dados, de empresas em atividade normal e de outras que também passaram pelo processo de concordata, logrando êxito ou não. Por ser seu campo de atuação, formar o grupo de empresas Insolventes Concordatárias não foi muito trabalhoso.

---

[1] Adaptação do estudo realizado por este autor em sua dissertação de Mestrado: *Contribuição ao estudo da solvência empresarial:* uma análise de modelos de previsão – um estudo exploratório aplicado em empresas mineiras (2002), FEA – USP.

[2] Os estudos em questão foram os de Kanitz (1972), Elisabetisky (1976), Altman et al. (1979) e Silva (1982).

A amostra geral possuía 91 empresas, sendo 49 empresas classificadas no grupo das Insolventes Concordatárias e 42 no grupo das Solventes. Com dados extraídos das demonstrações contábeis dessas empresas, calcularam-se os índices financeiros que os modelos brasileiros de previsão de insolvência utilizam. Após testes iniciais,[3] o perito identificou um subconjunto desses índices que poderiam ser os melhores discriminadores entre os dois grupos.

4.5.2 Procedimentos no SPSS®

O primeiro passo no SPSS® é a inserção dos dados coletados. Pode-se optar pela digitação direta no mesmo, criando-se um novo arquivo de dados, ou pela importação, por exemplo, de uma planilha eletrônica. O SPSS®, através do menu FILE/OPEN/DATA, importa banco de dados gerados pelo Excel®, Lotus® e Dbase®.

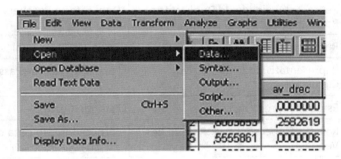

Após a constituição do banco de dados no SPSS®, é possível iniciar os procedimentos para o uso da Análise Discriminante, que consistem em definir os parâmetros com os quais o sistema vai trabalhar para realizar os testes e produzir a função discriminante.

Como existe um conjunto de variáveis que podem ser discriminadoras entre os grupos, deve o perito optar por trabalhar com uma função que tenha todos esses indicadores ou utilizar apenas algumas dessas variáveis, ou seja, aquelas que tenham maior poder discriminatório. Isso lhe possibilita usar padrões de interva-

---

[3] Normalmente, se faz uso de testes de diferenças de médias para identificar quais as variáveis independentes que têm o maior poder discriminante. Caso se queira desenvolver a função discriminante com todas as variáveis, não há problema, pois o processo irá excluir automaticamente aqueles que tenham baixo poder discriminante. Isso evita que se tenha um trabalho extra, mas pode gerar muito tempo de análise de um conjunto de variáveis não selecionadas na tentativa de identificar o porquê de não terem sido aceitas.

246 Análise Multivariada • Corrar, Paulo e Dias Filho

los de confiança e de nível de significância já predefinidos pelo sistema, que são os mais referenciados e utilizados nas bibliografias de estatística.

Optou-se, então, pelo uso do método *Stepwise* (passo a passo), em que o SPSS® irá automaticamente, se respeitados o intervalo de confiança estabelecido e outros parâmetros, selecionar as variáveis com maior poder de explicação ou de discriminação.

O conjunto das variáveis independentes é composto por 7 índices financeiros, calculados a partir da proposição dos modelos consultados pelo perito. São estes:

Sigla	Nome	Composição
LS	Liquidez Seca	Ativo Circulante – Estoques/Passivo Circulante
GA	Giro do Ativo	Receita de Vendas/Ativo Total
AV_DREC	Representatividade de Duplicatas a Receber	Duplicatas a Receber/Ativo Total
AV_EST	Representatividade de Estoques	Estoques/Ativo Total
AV_PC	Representatividade do Passivo Circulante	Passivo Circulante/Passivo Total
EST_$CUS	Estoque a preço de custo	Estoque/Custo
FORN_VEN	Relação fornecedores × Receita de Vendas	Fornecedores/Receita de Vendas

Lembrando que esses índices foram obtidos de outros modelos desenvolvidos, pode-se considerar que um modelo decorrente desses seria híbrido em relação aos demais.

File	Edit	View	Data	Transform	Analyze	Graphs	Utilities	Window	Help

1 : class_y   1

	class_y	ls_x3	ga	av_drec	av_est	av_pc	est_$cus	forn_ven
1	1	,0216331	,5486503	,0000000	,8010937	,9298542	2,051846	,9111832
2	1	,7638112	,8003653	,2582619	,4137175	,4822409	6,867085	,4288208
3	1	,1320055	,5555861	,0000006	,7654556	,9350153	1,594479	1,269162
4	1	,2303969	1,620698	,0681058	,6123441	,4794030	,7123213	,1629925
5	1	,1541562	2,349466	,0000000	,8611755	,6113608	,6189630	,0000000
6	2	3,319462	,3064356	,0750537	,0229225	,0315525	,1414265	,0094713

Como pode ser observado na tela anterior, a primeira coluna, denominada class_y, representa a classificação dos grupos da amostra. Como essa é a variável dependente categórica que será explicada pelas independentes, estabeleceu-se que o grupo das Insolventes Concordatárias seria codificado com o número 1 e o grupo das Solventes com o 2. Essa definição de 1 e 2 poderia ser de outra forma: 0 e 1, 2 e 4, 0 e 2 etc.

O perito tem agora toda a base de dados necessária para iniciar o desenvolvimento do modelo discriminante. Já separou a amostra em dois grupos e os identificou através de rótulo numérico (grupo 1 e grupo 2). Falta apenas considerar o aspecto da divisão dessa amostra total em duas subamostras: uma para desenvolver a função discriminante e outra para testar a função. Esse procedimento foi explicado anteriormente como sendo uma maneira de se testar a função obtida, denominada *cross-validation*.

A maneira de separar a amostra aleatoriamente é criar uma nova variável (ALEAT), que servirá de elemento de seleção para o sistema, quando esse for desenvolver a função. Os comandos RANDOM NUMBER SEED e COMPUTE do menu TRANSFORM são utilizados para se obter essa variável. Através do primeiro comando, insere-se o número semente (12345), que possibilita a repetição da mesma disposição aleatória dos valores da nova variável.

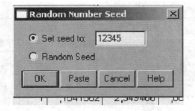

O outro comando é usado para criar a nova variável aleatória, que terá uma distribuição uniforme (0,1), em que mais de 70% da amostra receberá o valor 0 e o restante 1. Para desenvolver o modelo, serão usados os elementos que correspondam ao valor 0 da variável ALEAT.

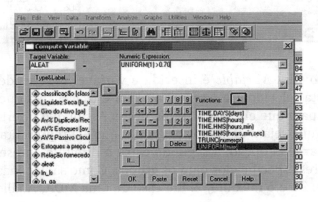

No item do menu ANALYZE/CLASSIFY encontra-se a ferramenta Análise Discriminante (DISCRIMINANT):

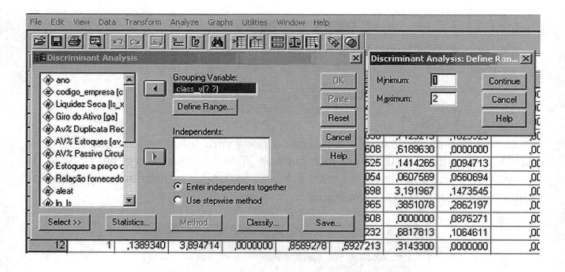

Ao acionar essa ferramenta, a tela seguinte é apresentada, na qual são listadas à esquerda todas as variáveis disponíveis no banco de dados e as definições que devem ser dadas ao SPSS®, em botões de acesso e marcação.

No item *Grouping Variable* é inserida a variável independente categórica (CLASS_Y). Basta selecionar a variável na lista e usar a seta que fica em frente à caixa do item para que ela seja inserida neste. Assim que inserida a variável, o programa exige que sejam definidos os grupos que ela representará (*Define Range*). Ao selecionar essa opção, a segunda caixa à direita é apresentada, onde se colocam os valores especificados para os grupos. Como são apenas dois grupos, o valor mínimo será 1 e o máximo, 2. Em caso de uma MDA, Análise Discriminante Multivariada), basta inserir o valor mínimo e o máximo que os demais grupos serão automaticamente gerados.

Na sequência, as variáveis independentes são selecionadas da lista e transpostas para a caixa *Independents*.

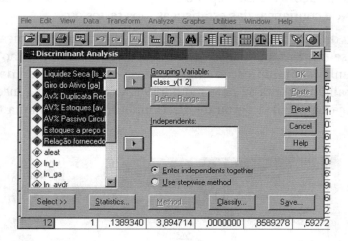

Ainda tratando das variáveis, estabelece-se o critério de seleção da amostra de produção a partir da geral, para obtenção da função discriminante. Para isso, o perito utilizou a variável ALEAT com valor 0.

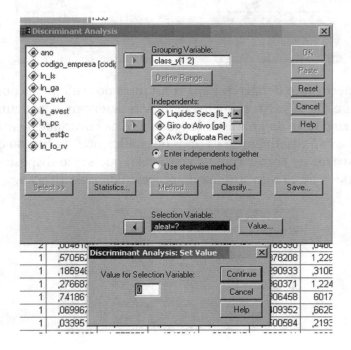

Com essa informação fornecida ao programa, ele buscará apenas os dados dos elementos que receberam aleatoriamente o valor zero para a variável ALEAT, sendo que os demais serão utilizados para o teste final da função discriminante obtida.

Algumas outras informações são necessárias para que o SPSS® possa "rodar" a AD. Essas informações dizem respeito ao tipo de processo de geração da função, dos intervalos de confiança, das estatísticas, dos testes etc.

Ao centro da tela da ferramenta existem os botões de definição do tipo de processo que se utilizará na criação da função discriminante. Como se quer uma função que tenha a simplificação em relação à necessidade de dados a serem obtidos e trabalhados, opta-se pelo método *Stepwise*, que fará a inserção das variáveis na função a partir do grau de discriminação que cada uma tenha (poder explicativo).

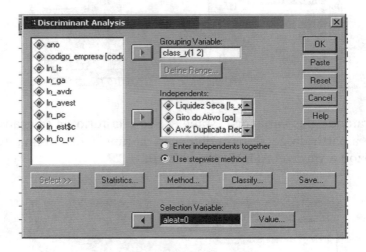

Agora, é necessário definir os itens constantes nos submenus dos botões *Statistics*, *Method* e *Classify*. No primeiro item, são determinadas algumas estatísticas descritivas e o teste da premissa de igualdade da covariância entre os grupos, denominado *Box's M*. Definem-se os tipos de coeficientes da função que se deseja obter e as matrizes de correlação e covariância, que serão dispostas em tabelas para avaliação e para uso do sistema no processo de classificação.

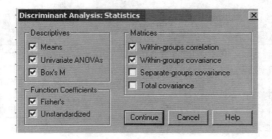

No submenu *Method*, são fornecidos os parâmetros referentes ao processo de geração da função discriminante, nesse caso o *Stepwise* (esse menu só é habilitado quando se trata do processo *Stepwise*). Nesse item, define-se o método que será utilizado para a inserção das variáveis na função discriminante, que nesse caso será o método de *Wilk's Lambda*, que é uma variação do teste F. Atingindo-se determinado nível de significância de *Lambda*, em que seu valor é minimizado, a variável em questão é selecionada para a função. Esse nível de significância está em função de um valor de F ou de probabilidade de F estipulada no item ao lado, *Criteria*. O padrão estabelecido é um intervalo de 5 a 10%, que implica a inserção de variáveis que tenham um nível igual ou menor que 5%. Quando a variável atingir um nível acima de 10%, ela é excluída. Isso equivale a dizer que o padrão de intervalo de confiança desejado é de 95%. Também, é possível solicitar a apresentação (*display*) de uma síntese (*summary*) de cada um dos passos (*steps*) do processo de formação da função, em que se apresentam as variáveis incluídas ou não no modelo.

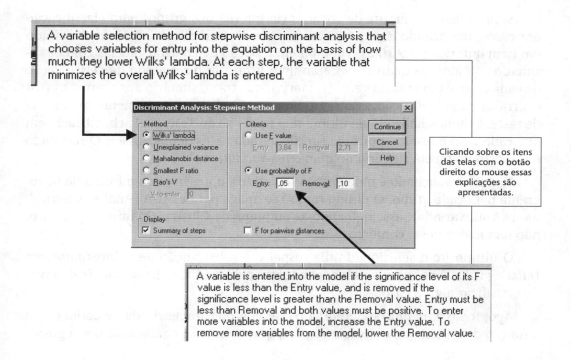

O último menu refere-se à definição da probabilidade de cada grupo, ao tipo de matriz de covariância, às tabelas de resultados e testes e aos gráficos (histogramas).

Para se obter a classificação ou a previsão do grupo a que pertence um elemento, a partir da função obtida, é necessária a definição de um ponto de corte, como já dito. Assim, a probabilidade *a priori* informa ao programa quais devem ser os pesos de cada grupo nesse processo em que o perito optou por considerar o tamanho de cada grupo, ponderando seu efeito.

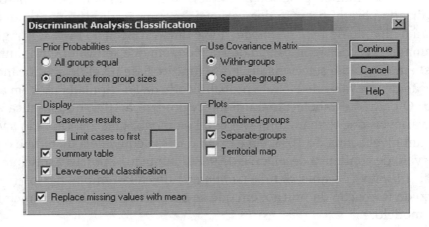

Será utilizada a matriz de covariância interna dos grupos para classificação dos casos, implicando a necessidade de se pedir este cálculo como foi solicitado em item anterior (*Statistics*). Há também a opção de solicitar tabelas com os resultados obtidos, as quais fornecerão uma lista com o resultado da classificação de cada caso, e uma tabela geral (sumária), que traz o sumário dos acertos e erros ocorridos na classificação, isso tanto na amostra de desenvolvimento quanto na de teste. O item sinalizado na última tela refere-se ao Teste de Lachembruch, em que cada caso é testado por uma função gerada pelos demais casos. O resultado é disposto na tabela sumária no item *cross-validation*.

O gráfico solicitado é o de grupos separados, apresentado na forma de histograma para cada grupo. O último tipo só se aplica para a MDA (Análise Discriminante Multivariada), assemelhando-se ao mapa de Cluster. Quanto ao primeiro, não tem lógica neste contexto.

O último item selecionado diz respeito à substituição de valores ausentes (*missing values*) nas variáveis independentes pela média. Evita-se com isso deixar de classificar algum caso.

Após todas as definições terem sido inseridas ou parametrizadas, o perito gerou a função discriminante e demais *outputs*, que veremos e analisaremos a seguir.

4.5.3 Analisando e interpretando os outputs da Análise Discriminante

Um arquivo, com todas as informações a respeito do processamento da Análise Discriminante, é gerado e seus resultados (*outputs*) são dispostos para as devidas análises. A primeira informação se refere à amostra geral, em que se identificam os casos que foram utilizados para gerar a função e os que foram separados, ou não selecionados. Estes últimos formam a amostra de teste.

Analysis Case Processing Summary

Unweighted Cases		N	Percent
Valid		64	70,3
Excluded	Missing or out-of-range group codes	0	0,0
	At least one missing discriminating variable	0	0,0
	Both missing or out-of-range group codes and at least one missing discriminating variable	0	0,0
	Unselected	27	29,7
	Total	27	29,7
Total		91	100,0

Dos 91 casos ou elementos disponíveis da amostra (100%), 64 (70,3%) formaram a amostra de desenvolvimento (*holdout*) e o restante, a amostra de teste. Na sequência dessa tabela, é apresentada outra, que dispõe as estatísticas de médias e desvios de cada variável nos dois grupos da amostra de desenvolvimento.

O primeiro teste que o sistema apresenta é de igualdade de médias dos grupos, teste esse que busca identificar qual (is) variável (is) é (são) a (s) melhor (es) discriminadora (s) para os grupos em estudo. Nesse caso, o perito identificou que a variável AV_EST (AV% Estoques) é a que tem o melhor poder de discriminação entre os grupos, em função do baixo valor da estatística de Wilks'Lambda. Pelo Lambda de Wilks, quanto menor a estatística da variável, melhor a discriminação dos grupos estudados.

Tests of Equality of Group Means

	Wilks' Lambda	F	df1	df2	Sig.
Liquidez Seca	0,933	4,470	1	62	0,039
Giro do Ativo	0,808	14,688	1	62	0,000
Av% Duplicata Receber	0,963	2,405	1	62	0,126
AV% Estoques	0,532	54,541	1	62	0,000
AV% Passivo Circulante	0,853	10,691	1	62	0,002
Estoques a preço de custo (Estoque/custo)	0,987	0,809	1	62	0,372
Relação fornecedor x rec.venda	0,987	0,826	1	62	0,367

Esse teste também é conhecido por estatística U, em que esse indicador é obtido a partir da razão entre a soma dos quadrados dos erros dentro dos grupos e a soma dos quadrados dos erros totais, representando assim a proporção da variabilidade total que não é explicada pelas diferenças entre os grupos, sendo que na realidade testa a igualdade dos centróides dos grupos. Valores próximos a 0 indicam forte diferença entre as médias e são os desejados.

Também é apresentado o teste F-ANOVA, que auxilia na interpretação e avaliação do teste anterior, apresentando o nível de significância de cada variável, que, sendo baixo (menor que 0,05), indica diferença significante entre as médias do grupo. Esse teste confirma a variável anterior e insere mais duas possíveis candidatas a boas discriminadoras: GA (giro do ativo) e AV_PC (AV% Passivo Circulante), ambas com *sig.* < 0,05.

As matrizes de covariância e correlação também são apresentadas. A primeira serve de base para obtenção da segunda. A verificação da matriz de correlações possibilita identificar prováveis casos de multicolinearidade e já antecipar as variáveis que podem afetar o processo *Stepwise* e, consequentemente, deixar de compor a função.

Pooled Within-Groups Matrices

		Liquidez Seca	Giro do Ativo	Av% Duplicata Receber	AV% Estoques	AV% Passivo Circulante	Estoques a preço de custo (Estoque/custo)	Relação fornecedor × rec. venda
Covariance	Liquidez Seca	14,468	2,819E–02	4,011E–02	–0,169	–0,286	–2416629	–2815185,88
	Giro do Ativo	2,819E–02	0,823	2,399E–02	3,099E–02	2,178E–02	–1,8E+07	–20147545,6
	AV% Duplicata Receber	4,011E–02	2,399E–02	3,130E–02	–2,478E–02	–1,140E–02	–658440	–752693,076
	AV% Estoques	–0,169	3,099E–02	–2,478E–02	4,726E–02	1,234E–02	2868184	3314024,323
	AV% Passivo Circulante	–0,286	2,178E–02	–1,140E–02	1,234E–02	0,179	2883143	3342294,005
	Estoques a preço de custo (estoque/custo)	–2416628,860	–17520379	–658439,942	2868183,5	2883143,108	7,3E+15	8,424E+15
	Relação fornecedor × rec. venda	–2815185,877	–20147546	–752693,076	3314024,3	3342294,005	8,4E+15	9,699E+15
Correlation	Liquidez Seca	1,000	0,008	0,060	–0,204	–0,178	–0,007	–0,008
	Giro do Ativo	0,008	1,000	0,149	0,157	0,057	–0,226	–0,225
	AV% Duplicata Receber	0,060	0,149	1,000	–0,644	–0,152	–0,044	–0,043
	AV% Estoques	–0,204	0,157	–0,644	1,000	0,134	0,154	0,155
	AV% Passivo Circulante	–0,178	0,057	–0,152	0,134	1,000	0,080	0,080
	Estoques a preço de custo (estoque/custo)	–0,007	–0,226	–0,044	0,154	0,080	1,000	1,000
	Relação fornecedor × rec. venda	–0,008	–0,225	–0,043	0,155	0,080	1,000	1,000

a. The covariance matrix has 62 degrees of freedom.

Verifica-se que apenas uma combinação (de duas variáveis) possui uma alta correlação (–0,644). Considerando que a variável AV_DREC (AV% Duplicatas a

Receber) não se mostrou uma boa discriminadora, pode-se mantê-la para fins do processo de obtenção, desde que não afete a entrada da variável AV_EST (AV% Estoques), que se mostrou boa discriminadora.

Outra matriz de covariância entre os grupos é disposta em sequência, a qual possibilita a visualização de possíveis quebras da premissa de igual matriz de covariância entre os grupos. Uma observação geral, comparando a covariância de duas variáveis em cada grupo, demonstra que a amostra não satisfaz a essa premissa.

Covariance Matrices[a]

Classificação		Liquidez Seca	Giro do Ativo	Av% Duplicata Receber	AV% Estoques	AV% Passivo Circulante	Estoques a preço de custo (Estoque/custo)	Relação fornecedor × rec. venda
Insolventes Concordatárias	Liquidez Seca	3,049	0,224	0,119	−0,228	−2,461 E−02	−4458635	−5133574,20
	Giro do Ativo	0,224	1,305	1,981 E−02	4,071 E−02	0,100	−3,2E+07	−36739641,9
	AV% Duplicata Receber	0,119	1,981 E−02	4,676E−02	−4,597E−02	−9,263E−03	−1192100	−1372557,96
	AV% Estoques	−0,228	4,071 E−02	−4,597E−02	7,915E−02	3,391 E−02	5248684	6043220,823
	AV% Passivo Circulante	−2,461 E−02	0,100	−9,263E−03	3,391 E−02	0,158	5293457	6094771,424
	Estoques a preço de custo (estoque/custo)	−4458635,498	−31909274	−1192100,073	5248684,4	5293457,065	1,3E+16	1,536E+16
	Relação fornecedor × rec. venda	−5133574,202	−36739642	−1372557,963	6043220,8	6094771,424	1,5E+16	1,769E+16
Solventes	Liquidez Seca	28,334	−0,209	−5,525E−02	−9,689E−02	−0,604	62950,630	−5,333E−02
	Giro do Ativo	−0,209	0,239	2,906E−02	1,919E−02	−7,331 E−02	−48150,6	3,289E−03
	AV% Duplicata Receber	−5,525E−02	2,906E−02	1,252E−02	9,576E−04	−1,399E−02	−10424,1	3,875E−04
	AV% Estoques	−9,689E−02	1,919E−02	9,576E−04	8,541 E−03	−1,385E−02	−22424,7	1,346E−03
	AV% Passivo Circulante	−0,604	−7,331 E−02	−1,399E−02	−1,385E−02	,205	−43666,7	−4,805E−03
	Estoques a preço de custo (estoque/custo)	62950,630	−48150,613	−10424,069	−22424,706	−43666,697	1,3E+12	−245,034
	Relação fornecedor × rec. venda	−5,333E−02	3,289E−03	3,875E−04	1,346E−03	−4,805E−03	−245,034	1,585E−03
Total	Liquidez Seca	15,265	−0,416	4,451 E−03	−0,371	−0,458	−1,2E+07	−14197589,7
	Giro do Ativo	−0,416	1,002	3,875E−02	0,119	9,781 E−02	−1,3E+07	−14886569,8
	Av% Duplicata Receber	4,451 E−03	3,875E−02	3,200E−02	−1,739E−02	−5,191 E−03	−313061	−350916,412
	AV% Estoques	−0,371	0,119	−1,739E−02	8,743E−02	4,741 E−02	4782754	5542817,369
	AV% Passivo Circulante	−0,458	9,781 E−02	−5,191 E−03	4,741 E−02	0,207	4526696	5255471,394
	Estoques a preço de custo (estoque/custo)	−12196030,10	−12996993	−313060,771	4782754,0	4526695,544	7,3E+15	8,399E+15
	Relação fornecedor × rec. venda	−14197589,75	−14886570	−350916,412	5542817,4	5255471,394	8,4E+15	9,672E+15

a. The total covariance matrix has 63 degrees of freedom.

A confirmação final de que ocorreu ou não a quebra da premissa de igualdade entre as matrizes de covariância é obtida através do teste denominado **Box's M**, que se baseia numa transformação F. Ele testa a H_0 de igualdade de matrizes de covariância através do nível de significância obtido.

Test Results

Box's M		38,140
F	Approx.	12,264
	df1	3
	df2	3597349
	Sig.	0,000

Tests null hypothesis of equal population covariance matrices.

Nesse caso, o teste indica violação dessa premissa, uma vez que, utilizando-se um nível de significância de 0,05, o resultado do teste é menor (0,000). Como já dito, isso pode ser fruto do tamanho da amostra, que, em outros casos, poderia ser aumentada, ou da diferença de tamanho dos grupos, que não é significativa aqui, mas principalmente, pela ausência de normalidade multivariada.

O perito decidiu prosseguir na análise dos resultados para verificar qual foi o desempenho da função obtida, uma vez que o programa não deixou de gerar todas as demais etapas. Nesse momento, isso indica que as violações estatísticas não estão inviabilizando o estudo.

Em seguida, o programa apresenta as informações do processo de *Stepwise*, informando as variáveis selecionadas ou não, a cada passo, bem como o que ocorreu com cada uma delas.

Um teste U (Wilks'Lambda) é apresentado ao final para avaliar se o modelo consegue separar e classificar bem os grupos. Nesse estudo, o teste U apresentou os seguintes resultados:

Wilks' Lambda

Step	Number of Variables	Lambda	df1	df2	df3	Exact F			
						Statistic	df1	df2	Sig.
1	1	0,532	1	1	62	54,541	1	62,000	2,459E-10
2	2	0,336	2	1	62	60,291	2	61,000	0,000

Nos dois passos que o sistema produziu, obtiveram-se as melhores variáveis para a função discriminante, as quais foram selecionadas considerando-se os níveis de significância que alcançaram dentro do intervalo de confiança prestabelecido (95%). São elas: AV% Estoques e AV% Duplicata Receber, ambas com *sig.* < 0,05.

Variables Entered/Removed[a,b,c,d]

Step	Entered	Wilks' Lambda							
						Exact F			
		Statistic	df1	df2	df3	Statistic	df1	df2	Sig.
1	AV% Estoques	0,532	1	1	62,000	54,541	1	62,000	0,000
2	Av% Duplicata Receber	0,336	2	1	62,000	60,291	2	61,000	0,000

At each step, the variable that minimizes the overall Wilks' Lambda is entered.

a. Maximum number of steps is 14.

b. Maximum significance of F to enter is 0,05.

c. Minimum significance of F to remove is 0,10.

d. F level, tolerance, or VIN insufficient for further computation.

As demais variáveis não foram selecionadas. Além disso, é apresentada uma informação sobre as variáveis inseridas a cada passo, no que se refere aos seguintes elementos: capacidade de explicação, multicolinearidade, estatística F para remoção das variáveis e, novamente, teste U.

Variables in the Analysis

Step		Tolerance	Sig. of Fto Remove	Wilks' Lambda
1	AV% Estoques	1,000	0,000	
2	AV% Estoques	0,585	0,000	0,963
	Av% Duplicata Receber	0,585	0,000	0,532

Como se identificou o problema de multicolinearidade entre essas duas variáveis, era de se esperar que, em caso de ambas serem assumidas pela função, o nível de explicação, indicado pelo coeficiente *Tolerance*, fosse reduzido para as duas. Assim, as duas contribuem para a formação de uma função discriminante, mas existe uma explicação que é repetida em cada uma devido à multicolinearidade. Tal escolha pelo método *Stepwise*, idêntico à regressão múltipla, deve-se ao fato de que pela correlação parcial das demais variáveis (excluindo a variável escolhida inicialmente, AV% Estoques), a variável AV_DREC (AV% Duplicata Receber) apresentou maior poder preditivo para a função discriminante.

Pode-se considerar a retirada de uma das variáveis, que nesse caso seria a AV_DREC (maior Lambda), mas isso pode produzir uma função com poder de explicação menor que a atual,[4] devido ao fato de nenhuma outra variável ter sido aceita no processo. Deduz-se, portanto, que a multicolinearidade não é motivo suficiente para a exclusão de variáveis se o processo *Stepwise* não for afetado por inteiro!

Realizados todos esses testes e com as várias estatísticas produzidas no processo de obtenção da função discriminante, mesmo havendo alguns pontos ainda pendentes de maiores análises, o SPSS® gera um relatório-síntese com todos os dados referentes à função obtida. Se estivéssemos trabalhando em uma MDA, seriam produzidos dados de todas as funções geradas. Isso fica no item de sumarização da função discriminante canônica (*Summary of Canonical Discriminant Functions*), que é analisado no item Medidas de avaliação da função discriminante, deste capítulo.

4.5.4 Testando a capacidade preditiva do modelo

A função discriminante canônica obtida pelo perito foi a seguinte:

Canonical Discriminant Function Coefficients

	Function
	1
Av% Duplicata Receber	5,505
AV% Estoques	5,955
(Constant)	−2,917

Unstandardized coefficients.

A leitura dessa equação e dos respectivos pesos de cada variável indica uma igualdade entre as duas, que podemos entender à luz da questão da multicolinearidade. Para a classificação de cada caso em um grupo, o programa gera duas funções de classificação, denominadas funções lineares de Fisher.

---

[4] Neste caso apresentado, a retirada dessa variável produz uma função de poder explicativo menor. O leitor pode testar isso quando estiver refazendo o exemplo com os dados dispostos ao final do estudo.

Classification Function Coefficients

	Classificação	
	Insolventes Concordatárias	Solventes
Av% Duplicata Receber	25,883	10,579
AV% Estoques	24,380	7,827
(Constant)	−9,499	−1,939

Fisher's linear discriminant functions.

A análise desses coeficientes sugere que empresas que têm um maior valor em Estoques e Duplicatas a Receber serão classificadas no grupo das empresas Insolventes (1). Isso pode indicar queda no volume de vendas e consequente redução do giro de estoques ou, ainda, dificuldade de recebimento de clientes, fatos que geralmente ocorrem em empresas concordatárias. Assim, o grau de deterioração de sua atividade operacional é expresso por meio dessas contas patrimoniais. É claro que isso não chega a se constituir numa regra geral. Essa é uma interpretação direcionada ao caso aqui analisado e, portanto, qualquer tentativa de aplicação a outras situações deverá respeitar suas especificidades.

Para finalizar o processo de classificação da amostra, são considerados os centróides dos grupos e as respectivas probabilidades para obtenção do ponto de corte (*cut-off point*).

Functions at Group Centroids

Classificação	Function
	1
Insolventes Concordatárias	1,260
Solventes	−1,520

Unstandardized canonical discriminant functions evaluated at group means.

Prior Probabilities for Groups

Classificação	Prior	Cases Used in Analysis	
		Unweighted	Weighted
Insolventes Concordatárias	0,547	35	35,000
Solventes	0,453	29	29,000
Total	1,000	64	64,000

Como já dito, o ponto de corte servirá para a classificação dos casos pela função discriminante canônica. O SPSS® calcula o ponto de corte considerando custos iguais de erros de classificação, ponderando a relação centróides *versus* probabilidades. Nesse caso, utilizando o tamanho dos grupos da amostra de teste, o ponto de corte que o perito identificou foi:

$$\text{Ponto de corte} = \frac{N_2 C_1 + N_1 C_1}{N_1 + N_2} = \frac{13(1,26) + 14(-1,52)}{14 + 13} = -0,1815$$

Assim, o caso em que o valor calculado pela função discriminante canônica for maior que o ponto de corte (–0,1815), será considerado como de uma empresa insolvente, caso contrário, menor que –0,1815) como de uma empresa solvente.

A partir da fixação do ponto de corte, o programa faz a validação da função em relação aos casos das amostras, tanto a de desenvolvimento quanto a de teste. O resultado disso é disposto numa tabela ao final.

Classification Results[b,c,d]

			Classificação	Predicted Group Membership		Total
				Insolventes Concordatá rias	Solventes	
Cases Selected	Original	Count	Insolventes Concordatárias	32	3	35
			Solventes	0	29	29
		%	Insolventes Concordatárias	91,4	8,6	100,0
			Solventes	0,0	100,0	100,0
	Cross-validated[a]	Count	Insolventes Concordatárias	31	4	35
			Solventes	1	28	29
		%	Insolventes Concordatárias	88,6	11,4	100,0
			Solventes	3,4	96,6	100,0
Cases Not Selected	Original	Count	Insolventes Concordatárias	12	2	14
			Solventes	2	11	13
		%	Insolventes Concordatárias	85,7	14,3	100,0
			Solventes	15,4	84,6	100,0

a. Cross validation is done only for those cases in the analysis. In crossvalidation, each case is classified by the functions derived from all cases other than that case.

b. 95,3% of selected original grouped cases correctly classified.

c. 85,2% of unselected original grouped cases correctly classified.

d. 92,2% of selected cross-validated grouped cases correctly classified.

O perito, ao analisar essa tabela, identifica os resultados das classificações[5] feitas pelo SPSS® a partir das amostras. Os casos da amostra de desenvolvimento foram 95,3% corretamente classificados, sendo que os casos do grupo 1 atingiram 100% de acerto. A amostra que o SPSS® denomina de *cross-validated* é o teste de Lachembruch, em que cada caso da amostra de desenvolvimento é retirado da amostra *cross-validated* e uma nova função é gerada e aplicada sobre ele para verificar a capacidade de classificação. Esse teste mostrou um grau de acerto de 92,2% das classificações.

O teste principal para o perito é o que se aplica sobre a amostra de teste, pois ele indica se a função ou modelo serve para classificar uma empresa que não participou de sua construção. A função conseguiu classificar 85,2% dos casos não selecionados (amostra de teste que usou os casos em que a variável ALEAT assumiu o valor 1). Pode-se, então, considerar que esse modelo tem capacidade para realizar, em um bom nível, a classificação de elementos externos a si, isto é, que não contribuíram para a sua composição. Dessa maneira, o perito pode utilizá-lo para testar se a empresa P&R poderá conseguir usar a concordata e se reestruturar financeiramente.

Antes, uma outra medida do grau de acurácia de classificação do modelo pode ser feita. É o teste de chances *Press's Q*, que, segundo Hair et al. (2005), testa o poder discriminatório da matriz de classificação quando comparada ao número de classificações corretas de um modelo por chances. Ou seja, utilizar a Análise Discriminante para classificar um elemento ou indivíduo é mais eficiente do que classificá-lo no grupo de maior probabilidade simples de ocorrência. O cálculo se dá pela seguinte fórmula, que é realizado para as duas amostras: de desenvolvimento e de teste.

$$\text{Press's } Q = \frac{[N - (nK)]^2}{N(K - 1)}$$

$$\text{Press's } Q = \frac{[27 - (23 \times 2)]^2}{27(2 - 1)} = 13,37$$

Em que:

N = tamanho total da amostra.

n = número de observações corretamente classificadas.

K = número de grupos.

Assim, pelo teste Q de Press, o Q calculado é de 13,37, considerando um nível de significância de 5%, o Q crítico é de 6,63, então a função discriminante tem bom nível de segregação dos grupos analisados.

---

[5] A matriz com a classificação caso a caso está no Apêndice ao final do capítulo.

Análise Multivariada • Corrar, Paulo e Dias Filho

4.5.5 Aplicação do Modelo na Empresa P&R

O perito precisa obter os índices financeiros da empresa P&R para proceder ao processo de classificação pela função. Com as demonstrações contábeis de três anos, ele apurou os seguintes valores para esses índices.

Dados da empresa P&R

ANO	AV_DREC	AV_EST
1996	0,0868	0,0163
1997	0,0927	0,0133
1998	0,0677	0,0213

Com esses dados mais as funções de classificação geradas pelo programa, conforme evidenciamos no item anterior, pode-se proceder à classificação da empresa P&R. Como ela está num processo de pleito de concordata, o perito pode, por prudência, considerá-la como provável pertencente ao grupo 1, Insolventes Concordatárias. Mas como ele está justamente procurando avaliar se a referida empresa terá condições de contornar suas dificuldades financeiras e voltar a operar normalmente, ele poderia também considerá-la como do grupo 2, o das Solventes. Perceba o leitor que apesar de o modelo ser gerado a partir de casos conhecidos, já que se sabiam quais eram as empresas solventes e insolventes, quando utilizado para efetuar uma previsão esse conhecimento prévio já não se faz presente. Esta é a razão pela qual torna-se necessário realizar tantos testes e tantas ponderações para verificar se o modelo realmente pode ser utilizado para os objetivos a que se destina. Em outras palavras, diríamos que o modelo não é uma **"bola de cristal"**!

O perito tem que utilizar as duas funções (de Fisher) geradas para identificar em qual grupo a empresa será classificada. A função que der o maior escore indica a qual grupo ela pertencerá. Basta substituir os valores dos índices nas respectivas funções e apurar o resultado da equação.

Escores da P&R

Ano	Função G1	Função G2
1996	– 6,86082	– 0,89376
1997	– 6,7795	– 0,85407
1998	– 7,22988	– 1,05567

Observamos que o perito classificará a P&R como empresa do grupo 2 (solventes), pois os maiores escores obtidos foram os da função desse grupo (em negrito). Outra maneira de ele avaliar essa classificação é pela comparação entre os valores dos escores obtidos e os centróides de cada grupo, que representam a média dos escores de todas as empresas que formam os grupos. O centróide do grupo 2 é –1,52 e o do grupo 1, 1,26; assim, fica mais forte a evidência da classificação da P&R no grupo 2, pois é o *score* (para o ano 1998) de –2,417 (–2,917 + 5,505 × 0,0677 + 5,955 × 0,0213) que está mais próximo do seu centróide.

O que ocorreria se os dados da empresa P&R estivessem, por exemplo, inseridos na amostra de teste como pertencentes ao grupo das concordatárias? Na classificação do sistema, seria apontado um erro de classificação, pois estando no grupo 1 ela teria a estimativa (previsão) de classificação no grupo 2. Estatisticamente é um erro, mas, nesse contexto, é uma informação de que as características dessa entidade (os índices) a equiparam a empresas enquadradas no grupo das solventes.

Pode-se observar que agora o perito dispõe de dados que lhe permitem estabelecer comparações e indicar em seu laudo que a empresa em questão se assemelha mais com aquelas que se encontram em situação financeira normal do que com as que ingressaram em concordata e acabaram fracassando. Se por questões legais para a empresa ter seu pedido de concordata deferido basta preencher determinados requisitos, é preciso considerar que pelo menos nesse caso eles não fornecem uma indicação positiva sobre a questão financeira. Assim, um modelo dessa natureza pode oferecer subsídios para decisões do juiz, considerando a viabilidade financeira da empresa.

4.5.6 Medidas de avaliação da Função Discriminante

Como já dito, o programa gera dados relativos à função obtida, que servem para indicar a capacidade ou poder explicativo da mesma, em nível estatístico. As tabelas a seguir fazem parte disso:

Eigenvalues

Function	Eigenvalue	% of Variance	Cumulative %	Canonical Correlation
1	1,977[a]	100,0	100,0	0,815

a. First 1 canonical discriminant functions were used in the analysis.

Wilks' Lambda

Test of Function(s)	Wilks' Lambda	Chi-square	df	Sig.
1	0,336	66,541	2	0,000

A primeira tabela mostra dados do autovalor da função, indicando o grau de superioridade entre funções. É, portanto, um indicador da superioridade de uma função em relação às demais. Como este não é um modelo MDA, com várias funções, entende-se que essa única função tenha sua própria importância. Esse autovalor é obtido a partir da razão da soma de quadrados entre grupos para a mesma soma dentro dos grupos.

O poder explicativo da função, se comparado ao conceito de R^2 de uma regressão, é dado pela correlação canônica, que nesse caso é de 0,815. Elevando esse número ao quadrado, tem-se uma medida de seu poder explicativo: 0,8152 = 66,42%. Nesse caso, o perito pode afirmar que é possível explicar com esse modelo aproximadamente 66% de sua classificação. É uma forma objetiva de demonstrar que a técnica não é inteiramente perfeita, mas que possui um grau de confiabilidade considerável.

A leitura da tabela com o teste de Wilks'Lambda é a mesma: quanto mais próximo de zero for o valor de Lambda e do nível de significância, mais intensa será a diferença entre as médias dos grupos, indicando que a função tem alta capacidade de discriminar os elementos entre os grupos.

Outras duas informações fornecidas pelo programa dizem respeito à representatividade das variáveis na função discriminante. A primeira, os coeficientes padronizados da função, é pouco utilizada, já que se pode fazer uma melhor avaliação com o uso da correlação canônica e com o teste U. A outra é a matriz estrutural, que apresenta as cargas canônicas de cada variável, mesmo as que não entraram na função. Pode-se verificar que, das duas variáveis selecionadas no modelo, a AV_EST é a mais importante. Por essa razão, não é apresentada.

4.6 Críticas ao uso da Análise Discriminante

As críticas mais pontuais sobre a Análise Discriminante recaem sobre as suas premissas, quando aplicada nas áreas gerenciais e de finanças. Existem muitos desvios da premissa de normalidade, mais do que o desejado, além da dificuldade em se obter uma matriz de igual variância e covariância entre os grupos.

Outras dificuldades se relacionam com o processo de avaliação da importância das variáveis. Além disso, é comum a ocorrência de erros em definições de grupos, falta de consideração *a priori* dos custos de erros nas classificações e uso da própria amostra de construção para validar o modelo. Busca-se fazer o possível para que sejam solucionados ou contornados esses desvios, o que demanda muitos cuidados por parte de quem está utilizando a Análise Discriminante.

A premissa da normalidade é um grande problema, pois assumir distribuição normal multivariada, e sem poder testar isso, é muito comprometedor. O leitor deve então pensar se em nosso exemplo essa premissa foi respeitada. Com um pouco de atenção, pode-se observar que alguns testes não produziram resultados satisfatórios, como o teste das médias dos grupos. Um dos motivos para isso pode ser a falta de normalidade multivariada. Com gráficos de dispersão que o próprio SPSS® gera no menu GRAPHS/P-P, pode-se solicitar que sejam testadas as distribuições de cada variável comparando-as com uma distribuição normal teórica.

A simples visualização do gráfico indica se há ou não essa igualdade para cada variável. Vejamos o caso da variável AV_EST, considerada a mais importante:

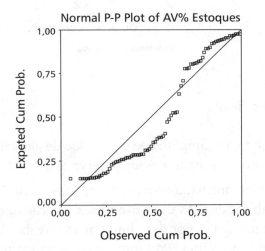

A reta representa a distribuição normal e os pontos em forma de curva irregular representam a distribuição dos dados da variável em análise. Vemos que não há uma aproximação junto à linha da normal, indicando que essa premissa não pode ser aceita como um todo. Mas como não se consegue testar a multinormalidade com a utilização de grande parte dos *softwares*, não podemos também rejeitá-la! Complicado, não?

Sugere-se que sejam feitas transformações das variáveis, em que se usam na maioria das vezes transformações logarítmicas. O gráfico seguinte apresenta essa mesma variável transformada pelo LN:

Mesmo assim, não é alcançada a normalidade. O que fazer nesse caso, então? Quando essa premissa não pode ser aceita, recomenda-se o uso da Regressão Logística,[6] que não depende dessa e outras premissas.

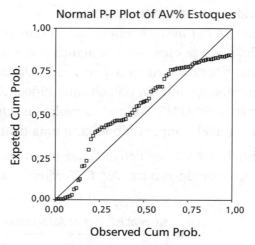

4.7 Considerações finais

Verificou-se que é muito simplificado o processo de geração da função, mesmo que muitos passos e itens tenham que ser observados.

A questão principal vinculada ao uso da Análise Discriminante recai sobre os dados que serão trabalhados. As duas premissas básicas que acompanham esta técnica são muito rigorosas e, por isso, limitam as possibilidades de generalizar conclusões de algumas pesquisas. Portanto, deve-se ter cautela quanto ao desejo de utilizar modelos gerados a partir de casos que guardam certas semelhanças, pois, apesar de algumas possíveis coincidências, as realidades e contextos costumam ser diferentes, além de sempre haver a possibilidade de problemas de tratamento dos dados.

Contudo, isso não quer dizer que a sua aplicação seja impraticável. Ao contrário, como se trata de uma técnica semelhante a outras apresentadas nesta obra, pode ser usada em conjunto para que se tenha maior confiabilidade nos resultados alcançados.

---

[6] Veja o Capítulo 5 para maiores esclarecimentos sobre a Regressão Logística.

4.8 Resumo

A Análise Discriminante é uma das técnicas mais utilizadas para fins de classificação e estimação de elementos em grupos. A partir de uma classificação *a priori*, e de dados passados que compõem uma amostra, é possível gerar um modelo ou função que auxilie no processo de discriminação dos grupos de elementos.

Pode-se observar, inclusive, que é uma ferramenta com grandes possibilidades de aplicações em diversas áreas de uma empresa e em qualquer tipo de empresa. Sua semelhança com a regressão múltipla facilita sua compreensão, permitindo que as inferências e análises de seus resultados sejam feitas de maneira direta, sem necessidade de ajustes ou interpretações matemáticas complementares, o que se verifica em modelos baseados em Regressão Logística ou em Redes Neurais Artificiais.

Como todas as técnicas estatísticas multivariadas, a Análise Discriminante também necessita de um tratamento anterior dos dados que serão trabalhados. Em alguns casos, eles podem comprometer a eficácia dessa técnica ou mesmo impossibilitar o seu uso.

A sua aplicação requer uma amostra razoável, que permita a divisão das observações em duas subamostras: uma para o desenvolvimento e outra para o teste. A figura de grupos não se limita a apenas dois, podendo ser aplicada para classificação em mais grupos. Para os casos em que mais de dois grupos devam ser analisados, gera-se mais de uma função para viabilizar a classificação.

Por ser uma técnica amplamente utilizada, vários testes têm sido desenvolvidos para subsidiar a sua aplicação, inclusive no que diz respeito a mecanismos destinados a corrigir problemas de ordem operacional. No próprio SPSS®, recursos dessa natureza podem ser encontrados. Finalmente, registre-se que, com o apoio de metodologias adequadas, a exemplo da que apresentamos neste capítulo, o uso da Análise Discriminante torna-se mais confortável e adaptável a várias situações.

4.9 Questões propostas

1. Quais os principais objetivos da Análise Discriminante?

2. Cite algumas premissas que devem ser consideradas na aplicação da Análise Discriminante. Em caso de violação de tais premissas, quais são as medidas corretivas ou alternativas possíveis?

3. Como são interpretados os coeficientes das variáveis independentes em relação à variável dependente?

4. Liste algumas vantagens e desvantagens associadas ao uso da Análise Discriminante.

268 Análise Multivariada • Corrar, Paulo e Dias Filho

5. Quais são as medidas de avaliação do poder discriminatório da função discriminante? Explique cada uma das medidas.

4.10 Exercícios resolvidos

O Controller de uma transportadora tem observado que menos de 40% dos funcionários submetidos a um programa de treinamento voltado para redução de custos reagem positivamente. Interessado em aprimorar a política de pessoal, solicitou um estudo para identificar as causas desse baixo desempenho, inclusive porque o próprio treinamento já estava sob uma relação custo/benefício desvantajosa. Para tanto, extraiu-se uma amostra aleatória constituída de 36 empregados, em relação aos quais foram consideradas as seguintes variáveis: número de anos de escolaridade, idade e sexo (1 = masculino; 0 = feminino). O fenômeno que está sob análise é a reação de cada componente da amostra e será codificada como 1, quando positiva, e como zero, quando negativa, conforme consta no seguinte quadro:

REAÇÃO	IDADE	ESCOLARIDADE	SEXO	REAÇÃO	IDADE	ESCOLARIDADE	SEXO
0	22	6	1	1	19	9	0
1	38	12	1	0	18	4	1
0	36	12	0	1	22	12	1
0	58	8	0	0	23	6	1
1	37	12	1	1	24	12	1
0	31	12	0	1	50	12	1
1	32	10	1	1	20	12	1
1	54	12	1	0	47	12	0
0	60	8	1	1	34	12	0
1	34	12	0	1	31	12	1
0	45	12	0	1	43	12	0
1	27	12	0	1	35	8	1
0	30	8	1	0	23	8	0
0	20	4	1	1	34	12	0
0	30	8	1	1	51	16	0
1	30	8	1	0	63	12	1
1	22	12	1	1	22	12	1
1	26	8	1	1	29	12	1

Baseando-se nos dados acima apresentados, estabeleça um modelo discriminante capaz de descrever o relacionamento entre as variáveis acima consideradas e verifique se o modelo apresenta-se satisfatório para o estudo proposto.

Respostas:

Inicialmente, tem-se a análise preliminar dos dados, que apresenta que 14 funcionários não tiveram reação ao treinamento, enquanto que os outros 22 sofreram mudanças após o treinamento. Importante lembrar que devem ser efetuados todos os testes com relação aos pressupostos da análise discriminante, mas isso deixamos como uma tarefa para o leitor.

Test Results

Box's M		7,338
F	Approx.	1,095
	df1	6
	df2	5.067,972
	Sig.	0,362

Tests null hypothesis of equal population covariance matrices.

Considerando o test Box's M, pode-se considerar que, não existem evidências estatísticas que rejeitam a homogeneidade das matrizes de variância-covariância, considerando um nível de significância de 5%, pois o *sig.* (*p-value*) é superior (0,362).

Eigenvalues

Function	Eigenvalue	% of Variance	Cumulative %	Canonical Correlation
1	0,871[a]	100,0	100,0	0,682

a. First 1 canonical discriminantfunctions were used in the analysis.

O Autovalor (*Eigenvalue*), que é a soma em coluna de cargas fatoriais ao quadrado para cada fator, representa a quantia de variância explicada por um fator. Neste exemplo, 87% da variação da classificação é explicada pelo único fator formado pelas variáveis explicativas. Elevando a correlação canônica ao quadrado $(0,682)^2$, pode-se considerar que 46,5% da variável dependente (reação) pode ser representada pelo modelo identificado pelo AD.

Canonical Discriminant Function Coefficients

	Function
	1
IDADE	−0,055
ESCOLARIDADE	0,539
SEXO	1,157
(Constant)	−4,438

Unstandardized coefficients.

Então, com base nos coeficientes não padronizados da tabela acima (*Canonical Discriminant Function Coefficients*), a função discriminante (Escore Z) seria:

$$Z = -4,438 - 0,055 \text{ (idade)} + 0,539 \text{ (escolaridade)} + 1,157 \text{ (sexo)}$$

Analisando os coeficientes estimados, pode-se observar que a variável "escolaridade" contribui para que o funcionário tenha reações positivas ao treinamento. Observando a variável "sexo" indica que se o funcionário for do sexo masculino as possibilidades de se obterem reações favoráveis ao programa de redução de custos são maiores do que para as mulheres. Por outro lado, o aumento da idade do funcionário induz a uma redução no aproveitamento do treinamento.

Functions at Group Centroids

REAÇÃO	Function
	1
0	−1,137
1	0,724

Unstandardized canonical discriminant functions evaluated at group means

Os centróides dos grupos 0 e 1 são, respectivamente, −1,137 e 0,724. Como os grupos têm tamanhos diferentes, o escore de corte crítico (valor Z crítico) é dado por:

$$Z_c = \frac{N_0 Z_1 + N_1 Z_0}{N_0 + N_1}$$

Em que:

Z_c = valor do escore crítico.

Análise Discriminante **271**

N_0 = número de observações do grupo 0.

N_1 = número de observações do grupo 1.

Z_0 = centróide do grupo 0.

Z_1 = centróide do grupo 1.

Calculando, tem-se Z_c = [14(0,724) + 22(–1,137)]/36 = – 0,413. Então, se utilizássemos os dados coletados da primeira amostra e substituíssemos na função discriminante, encontraríamos Escore Z no valor de:

$$Z = -4,438 - 0,055(22) + 0,539(6) + 1,157(1) = -1,257$$

Como esse valor é menor do que Z crítico (–0,413), então classificamos essa observação no grupo 0. Tal classificação pela Análise Discriminante está correta quando observamos a classificação original.

Classification Results[b,c]

	REAÇÃO		Predicted Group Membership		Total
			0	1	
Original	Count	0	12	2	14
		1	5	17	22
	%	0	85,7	14,3	100,0
		1	22,7	77,3	100,0
Cross-validated[a]	Count	0	11	3	14
		1	5	17	22
	%	0	78,6	21,4	100,0
		1	22,7	77,3	100,0

a. Cross validation is done only for those cases in the analysis. In cross validation, each case is classified by the functions derived from all cases other than that case.

b. 80,6% of original grouped cases correctly classified.

c. 77,8% of cross-validated grouped cases correctly classified.

Utilizando a função discriminante, há 12 classificações corretas das observações pertencentes ao grupo 0 e 17 classificações corretas das observações pertencentes ao grupo 1; sendo assim, 80,6% dos casos seriam classificados corretamente nos grupos originais pela Análise Discriminante.

Na validação cruzada dos resultados (*Leave-one-out classification*), 77,8% das observações seriam classificadas de forma correta.

4.11 Exercício proposto

Com os dados do estudo de caso apresentado, faça a análise da normalidade multivariada de todas as variáveis. Como duas dessas já formaram o modelo inicial, faça uso de transformações logarítmicas para as demais variáveis, criando novas variáveis, e verifique quais serão incorporadas ao novo modelo e qual o resultado final de classificação alcançado por este novo modelo, comparando com o anterior. Utilize os mesmos parâmetros que foram usados no estudo de caso.

Verifique se podem ser identificados *outliers*. Estes podem ser a causa de muitos problemas verificados na Análise Discriminante.

Bibliografia

ALTMAN, Edward I. Financial ratios, discriminant analysis and the prediction of corporate bankruptcy. *The Journal of Finance*, v. 23, nº 4, p. 589-609, Sept. 1968.

DRAPER, N. R.; SMITH, H. *Applied regression analysis*. 2. ed. New York: John Wiley, 1981.

HAIR, Joseph F.; ANDERSON, Rolph E.; TATHAM, Ronald L. et. al. *Multivariate data analysis*. 5. ed. New Jersey: Prentice Hall, 1998.

KACHIGAN, Sam Kash. *Multivariate statistical analysis*: a conceptual introduction. 2. ed. New York: Radius Press, 1991.

MÁRIO, Poueri do Carmo. *Contribuição ao estudo da solvência empresarial*: uma análise de modelos de previsão – um estudo exploratório aplicado em empresas mineiras. 2002. Dissertação (Mestrado) – Faculdade de Economia, Administração e Contabilidade da Universidade de São Paulo.

RAGSDALE, Cliff T. *Spreadsheet modeling and decision analysis*: a practical introduction to management science. 3. ed. Course Technology, 2001.

Apêndice A

TABELA COM OS DADOS DO ESTUDO DE CASO

EMPRESA	CLASS_Y	LS	GA	AV_DREC	AV_EST	AV_PC	EST_$CUS	FORN_VEN	ALEAT
1	1	0,0216331	0,5486503	0	0,8010937	0,9298542	2,051846	0,9111832	0
2	1	0,7638112	0,8003653	0,2582619	0,4137175	0,4822409	6,867085	0,4288208	0
3	1	0,1320055	0,5555861	0,0000006	0,7654556	0,9350153	1,594479	1,269162	0
4	1	0,2303969	1,620698	0,0681058	0,6123441	0,479403	0,7123213	0,1629925	0
5	1	0,1541562	2,349466	0	0,8611755	0,6113608	0,618963	0	0
6	2	3,319462	0,3064356	0,0750537	0,0229225	0,0315525	0,1414265	0,0094713	0
7	2	1,640234	1,625132	0,3347635	0,04666	0,3186054	0,0607569	0,0560694	0
8	1	0,5278185	1,131296	0,0863422	0,5447011	0,5175698	3,191967	0,1473545	0
9	1	0,1167493	2,64183	0,0000003	0,7869515	1,009965	0,3851078	0,2862197	0
10	1	6,19441	0,0880388	0,016291	0	0,0273608	0	0,0876271	0
11	1	0,1471366	1,997599	0,0206365	0,7452562	0,5077232	0,6817813	0,1064611	0
12	1	0,138934	3,894714	0	0,8589278	0,5927213	0,31433	0	0
13	2	0,9412569	0,4314674	0,4521065	0,0115858	0,4823455	0,0403604	0,0036019	0
14	2	1,453133	1,783231	0,4203525	0,0652992	0,4115364	0,0728025	0,0891163	0
15	2	0,9571998	0,603364	0,1639185	0,1430817	0,2228558	0,3272937	0,1019324	0
16	2	0,0046189	0,0634659	0,0030202	0,0036128	1,18839	0,0460602	0,0189315	0
17	1	0,5705623	1,279967	0,1928998	0,5745718	0,4878208	1,229911	0,2265494	0
18	1	0,1859482	3,030975	0,0913981	0,6958817	0,9290933	0,3106938	0,2383071	0
19	1	0,2766875	0,7775586	0,1930352	0,6506512	0,8960371	1,224534	0,8919463	0
20	1	0,7418618	0	0,6098598	0,2228461	0,8906458	6017700	15972163	1
21	1	0,0699673	2,00786	0,0216227	0,9077256	0,6409352	0,6628681	0,1584093	1
22	1	0,0339513	5,351954	0	0,9094336	0,5500584	0,2193836	0	1
23	2	2,032432	1,777873	0,4840644	0,0208645	0,3268841	0,0225272	0,0548672	1
24	2	2,804814	0,3589677	0,0922873	0,0044031	0,1213542	4619345	0,0779126	1
25	2	0,8258151	1,280903	0,0906677	0,3301898	0,4130514	0,3256213	0,0653643	0
26	2	1,430232	0,6534617	0,1596212	0,1283502	0,2562338	0,2461876	0,0295975	0
27	2	4,579024	0,7445874	0,1997528	0,1396408	0,0817773	0,2260467	0,0374563	0
28	2	0,826249	0,703098	0,1880565	0,1174232	0,2352202	0,203652	0,065446	0
29	2	0,3429227	0,3129549	0,0184541	0,0377016	0,1901911	0,1699404	0,0676752	0
30	2	2,012134	1,46379	0,0642057	0	0,1936994	0	0,0074142	1
31	2	0,0040792	0,0699571	0,0012123	0,0021515	1,565522	0,02555	0,0247742	0
32	1	0,4244179	1,224936	0,1445985	0,5424645	0,4856061	0,8957921	0,1267547	1
33	1	0,126044	2,963668	0,0335985	0,6878263	1,296154	0,2639253	0,2482289	0
34	1	0,1662362	2,268905	0,0268186	0,7791052	0,9431984	0,4388078	0,3793697	1
35	1	0,6964636	3,200779	0,6935864	0,2248171	1,036941	0,0794867	0,1580488	0
36	1	0,2752221	1,331501	0,2101605	0,2926634	0,8808997	0,247591	0,2419555	0
37	1	0,2296919	1,006408	0,0687294	0	0,5727087	0	0,0806061	1
38	1	0,187812	0,8977703	0,1910846	0,687248	1,220845	0,6304848	1,051395	0
39	1	0,5853971	2,455027	0,4709935	0,0956292	0,7940783	0,0446951	0,1032326	1
40	1	0,1381228	1,423839	0,0736079	0,8717506	0,6831084	1,05105	0,1232608	1
41	1	0,2261556	4,354911	0	0,8173548	0,4726698	0,26595	0	0
42	2	2,697434	0,4935247	0,089336	0,0049063	0,1591675	6101060	0,050313	0
43	2	1,272618	1,220779	0,1207103	0,3319563	0,2436129	0,3393959	0,088533	0
44	2	0,8728737	0,5591515	0,1195518	0,2036203	0,2552722	0,4700172	0,0159812	0
45	2	4,509494	0,690423	0,1699261	0,1629236	0,0693887	0,2549815	0,020199	0

EMPRESA	CLASS_Y	LS	GA	AV_DREC	AV_EST	AV_PC	EST_$CUS	FORN_VEN	ALEAT
46	2	0,615903	0,6138053	0,1336814	0,162257	0,2216557	0,3097188	0,1096995	0
47	2	0,3486203	0,2495705	0,0187861	0,0390739	0,2558744	0,2206285	0,0633715	0
48	2	1,277208	1,543933	0,065925	0	0,2325101	0	0,010781	0
49	2	2,835798	0,238156	0,0749274	0,0871874	0,0977892	0,5114413	0,1236921	1
50	2	0,0104998	0,1032412	0,004925	0,0016768	1,716534	0,0170141	0,0122449	1
51	1	0,5255007	1,06576	0,2319899	0,5709507	0,5552193	1,145301	0,2215894	0
52	1	0,1012258	1,830132	0,0509951	0,5856501	2,072098	0,3734015	0,6578864	0
53	1	0,167351	0	0,1467501	0,7721321	0,9704136	6,83E+08	7,87E+08	0
54	1	0,1947323	0,7348508	0,1853625	0,3334196	1,053901	-0,507445	0,6239149	1
55	1	2,15312	3,701326	0,5583999	0,0062943	0,4116605	0,0022258	0,0677356	0
56	1	0,3360132	1,77303	0,3903738	0,3215578	1,624468	0,2955653	0,5818067	1
57	1	0,7203992	3,419712	0,4961488	0	0,7313098	0	0,0704755	1
58	1	0,6196112	0,6034466	0,3307209	0,1078072	0,6105644	0,1997274	0,8014509	0
59	1	0,5333593	1,594854	0,3579757	0,4786911	0,6934991	0,4770622	0,1928662	0
60	1	0,0772641	0,9134961	0,0525449	0,8979288	0,9675355	1,414403	0,2918985	1
61	1	0,4117849	0,8914187	0,326553	0,5493424	1,051406	0,9874616	0,6817371	0
62	1	0,1413343	1,984775	0	0,8150779	1,010562	0,5509352	0	0
63	1	-3,90649	0,1400333	0,0582276	0,4529473	0,096944	2,474315	0,0695189	1
64	2	1,03131	0,6011189	0,1081907	0,1401781	0,2813452	0,2732129	0,0268889	0
65	2	2,390768	0,7465224	0,2079996	0,1253649	0,126489	0,1853861	0,0336909	0
66	2	0,8844513	0,6001968	0,1185269	0,1263039	0,2208558	0,2680963	0,1527852	1
67	2	2,158698	0,2925284	0,0952069	0,1187347	0,1081251	0,5779726	0,1677902	0
68	2	0,0037056	0,0719646	0,0025795	0,0013709	2,020185	0,0200581	0,0104023	0
69	1	0,3186644	0,598699	0,0794428	0,7386682	0,3877788	2,179803	0,2142996	0
70	1	1,127141	1,236347	0,4885842	0,2012771	0,4436671	0,2115262	0,1369148	0
71	1	2,410885	1,701894	0,7745215	0,1821242	0,325163	0,3188368	0,1088311	0
72	1	0,8483197	3,530715	0,3399309	0,0131792	1,086423	0,004491	0,1393409	1
73	1	0,6080215	2,004537	0,5041609	0	0,9027894	0	0,1001008	0
74	1	-5,85016	0,1137737	0,0413979	0,5930453	0,0926475	3,817579	0,0880255	0
75	2	0,8066301	0,8388592	0,0940569	0,1710118	0,2352868	0,2779981	0,0263424	0
76	2	2,215254	0,8836991	0,1978478	0,1417559	0,1550583	0,1904081	0,0425891	0
77	2	0,8767501	0,8270456	0,0966443	0,1416328	0,1770738	0,2310521	0,0579998	0
78	2	23,89443	0,4466056	0,0420068	0	0,040091	0	0	1
79	2	1,300428	1,723103	0,1925432	0,2298271	0,2943684	0,1843753	0,0844599	0
80	2	2,917097	2,985524	0,1362344	0,2420819	0,1644613	0,0960342	0,0316376	1
81	2	1,737026	0,3609742	0,1116438	0,1035912	0,1618953	0,4105216	0,1132113	0
82	2	0,0035519	0,0689947	0,0021792	0,0014999	2,637954	0,0231167	0,0141944	1
83	1	1,858622	0,7584394	0,4307985	0,1120055	0,3662926	0,1864569	0,3119586	0
84	1	0,1614709	2,627408	0,3142136	0,5715865	0,9566943	0,4695367	0,2205883	0
85	1	1,321857	1,273328	0,4797501	0	0,4500961	0	0,1144966	0
86	1	-3,9599	0,1173993	0,0405995	0,5789293	0,1318725	5,710901	0,0923304	0
87	2	0,7500379	0,7926409	0,0908573	0,1339324	0,2169155	0,2321442	0,0656191	1
88	2	29,40841	0,425599	0,0464921	0	0,0329356	0	0	0
89	2	1,023345	1,851111	0,2174803	0,2173098	0,3724498	0,1609089	0,0874317	1
90	2	1,720402	3,296379	0,1967621	0,3022313	0,2447105	0,1049518	0,0502485	1
91	2	1,570629	0,4583825	0,1287098	0,1449681	0,1663069	0,4642709	0,2027015	1

Apêndice B

RESULTADO DA CLASSIFICAÇÃO DE CADA ELEMENTO DA AMOSTRA GERAL

Casewise Statistics Original Case Number	Actual Group	Highest Group					Second Highest Group			Discriminant Scores
		Predicted Group	P(D > d | G = g) p	df	P(G = g | D = d)	Squared Mahalanobis Distance to Centroid	Group	P(G = g | D = d)	Squared Mahalanobis Distance to Centroid	Funtion 1
1	1	1	0,553	1	0,997	0,352	2	0,003	11,377	1,853
2	1	1	0,770	1	0,962	0,085	2	0,038	6,191	0,968
3	1	1	0,703	1	0,994	0,145	2	0,006	9,990	1,640
4	1	1	0,876	1	0,974	0,024	2	0,026	6,885	1,104
5	1	1	0,342	1	0,999	0,904	2	0,001	13,918	2,210
6	2	2	0,397	1	0,998	0,718	1	0,002	13,158	−2,368
7	2	2	0,469	1	0,841	0,524	1	0,159	4,228	−0,797
8	1	1	0,647	1	0,941	0,210	2	0,059	5,390	0,801
9	1	1	0,611	1	0,996	0,259	2	0,004	10,816	1,768
10	1	2**	0,191	1	0,999	1,710	1	0,001	16,707	−2,828
11	1	1	0,708	1	0,994	0,140	2	0,006	9,948	1,634
12	1	1	0,349	1	0,999	0,879	2	0,001	13,819	2,197
13	2	2	0,246	1	0,610	1,347	1	0,390	2,622	−0,359
14	2	2	0,192	1	0,511	1,705	1	0,489	2,173	−0,214
15	2	2	0,721	1	0,936	0,128	1	0,064	5,869	−1,163
16	2	2	0,174	1	0,999	1,847	1	0,001	17,131	−2,879
17	1	1	0,759	1	0,993	0,094	2	0,007	9,524	1,566
18	1	1	0,639	1	0,995	0,221	2	0,005	10,560	1,729
19	1	1	0,447	1	0,998	0,578	2	0,002	12,531	2,020
20 u	1	1	0,612	1	0,996	0,257	2	0,004	10,806	1,767
21 u	1	1	0,178	1	1,000	1,815	2	0,000	17,032	2,607
22 u	1	1	0,216	1	0,999	1,533	2	0,001	16,145	2,498
23 u	2	1**	0,165	1	0,548	1,926	2	0,452	1,938	−0,128
24 u	2	2	0,388	1	0,998	0,745	1	0,002	13,270	−2,383
25	2	2	0,285	1	0,670	1,141	1	0,330	2,930	−0,452
26	2	2	0,806	1	0,952	0,060	1	0,048	6,422	−1,274
27	2	2	0,593	1	0,899	0,285	1	0,101	5,044	−0,986
28	2	2	0,736	1	0,939	0,114	1	0,061	5,966	−1,183
29	2	2	0,284	1	0,999	1,147	1	0,001	14,831	−2,591
30 u	2	2	0,297	1	0,999	1,089	1	0,001	14,620	−2,564
31	2	2	0,168	1	0,999	1,898	1	0,001	17,286	−2,898
32 u	1	1	0,880	1	0,974	0,023	2	0,026	6,912	1,109
33	1	1	0,918	1	0,987	0,011	2	0,013	8,314	1,363

276 Análise Multivariada • Corrar, Paulo e Dias Filho

Casewise Statistics Original Case Number	Actual Group	Highest Group						Second Highest Group			Discriminant Scores
		Predicted Group	P(D > d | G = g) p	df	P(G = g | D = d)	Squared Mahalanobis Distance to Centroid		Group	P(G = g | D = d)	Squared Mahalanobis Distance to Centroid	Funtion 1
34 u	1	1	0,542	1	0,997	0,372		2	0,003	11,490	1,869
35	1	1	0,327	1	0,999	0,960		2	0,001	14,137	2,240
36	1	1	0,201	1	0,623	1,632		2	0,377	2,257	−0,018
37 u	1	2**	0,308	1	0,999	1,038		1	0,001	14,431	−2,539
38	1	1	0,333	1	0,999	0,935		2	0,001	14,040	2,227
39 u	1	1	0,310	1	0,774	1,030		2	0,226	3,116	0,245
40 u	1	1	0,156	1	1,000	2,014		2	0,000	17,631	2,679
41	1	1	0,490	1	0,997	0,476		2	0,003	12,039	1,950
42	2	2	0,381	1	0,998	0,768		1	0,002	13,367	−2,396
43	2	2	0,214	1	0,554	1,547		1	0,446	2,359	−0,276
44	2	2	0,636	1	0,914	0,224		1	0,086	5,320	−1,047
45	2	2	0,611	1	0,906	0,258		1	0,094	5,160	−1,012
46	2	2	0,760	1	0,944	0,093		1	0,056	6,126	−1,215
47	2	2	0,289	1	0,999	1,126		1	0,001	14,754	−2,581
48	2	2	0,301	1	0,999	1,070		1	0,001	14,548	−2,555
49 u	2	2	0,642	1	0,993	0,217		1	0,007	10,533	−1,986
50 u	2	2	0,174	1	0,999	1,850		1	0,001	17,140	−2,880
51	1	1	0,617	1	0,996	0,250		2	0,004	10,757	1,759
52	1	1	0,682	1	0,949	0,167		2	0,051	5,621	0,851
53	1	1	0,219	1	0,999	1,509		2	0,001	16,067	2,488
54 u	1	1	0,241	1	0,689	1,372		2	0,311	2,588	0,088
55	1	1	0,287	1	0,748	1,135		2	0,252	2,939	0,194
56 u	1	1	0,910	1	0,977	0,013		2	0,023	7,111	1,146
57 u	1	1	0,148	1	0,508	2,090		2	0,492	1,780	−0,186
58	1	2**	0,287	1	0,671	1,135		1	0,329	2,939	−0,455
59	1	1	0,520	1	0,997	0,415		2	0,003	11,724	1,904
60 u	1	1	0,145	1	1,000	2,129		2	0,000	17,968	2,719
61	1	1	0,373	1	0,999	0,795		2	0,001	13,481	2,151
62	1	1	0,499	1	0,997	0,457		2	0,003	11,945	1,936
63 u	1	1	0,246	1	0,696	1,344		2	0,304	2,626	0,100
64	2	2	0,974	1	0,973	0,001		1	0,027	7,545	−1,487
65	2	2	0,621	1	0,909	0,244		1	0,091	5,224	−1,026
66 u	2	2	0,994	1	0,975	0,000		1	0,025	7,687	−1,513
67	2	2	0,868	1	0,984	0,028		1	0,016	8,679	−1,686
68	2	2	0,169	1	0,999	1,890		1	0,001	17,262	−2,895
69	1	1	0,510	1	0,997	0,434		2	0,003	11,824	1,918
70	1	1	0,773	1	0,963	0,083		2	0,037	6,206	0,971
71	1	1	0,241	1	0,999	1,372		2	0,001	15,613	2,431
72 u	1	2**	0,580	1	0,895	0,305		1	0,105	4,960	−0,968

Análise Discriminante 277

Casewise Statistics Original	Actual Group	Highest Group					Second Highest Group			Discriminant Scores
Case Number		Predicted Group	P(D > d | G = g)		P(G = g | D = d)	Squared Mahalanobis Distance to Centroid	Group	P(G = g | D = d)	Squared Mahalanobis Distance to Centroid	Funtion 1
			p	df						
73	1	1	0,161	1	0,539	1,964	2	0,461	1,900	−0,142
74	1	1	0,676	1	0,947	0,175	2	0,053	5,579	0,842
75	2	2	0,890	1	0,964	0,019	1	0,036	6,975	−1,381
76	2	2	0,592	1	0,899	0,287	1	0,101	5,035	−0,984
77	2	2	0,983	1	0,977	0,000	1	0,023	7,850	−1,542
78 u	2	2	0,244	1	0,999	1,360	1	0,001	15,57	−2,686
79	2	2	0,302	1	0,692	1,064	1	0,308	3,058	−0,489
80 u	2	2	0,427	1	0,813	0,631	1	0,187	3,943	−0,726
81	2	2	0,868	1	0,984	0,027	1	0,016	8,677	−1,686
82 u	2	2	0,169	1	0,999	1,894	1	0,001	17,274	−2,897
83	1	1	0,255	1	0,708	1,296	2	0,292	2,694	0,121
84	1	1	0,339	1	0,999	0,915	2	0,001	13,959	2,216
85	1	2**	0,214	1	0,554	1,547	1	0,446	2,359	−0,276
86	1	1	0,613	1	0,934	0,256	2	0,066	5,169	0,753
87 u	2	2	0,921	1	0,981	0,010	1	0,019	8,291	−1,620
88	2	2	0,254	1	0,999	1,303	1	0,001	15,376	−2,662
89 u	2	2	0,274	1	0,654	1,197	1	0,346	2,842	−0,426
90 u	2	1**	0,196	1	0,612	1,675	2	0,388	2,207	−0,035
91 u	2	2	0,861	1	0,960	0,030	1	0,040	6,788	−1,346

Obs.: For the original data, squared Mahalanobis distance is based on canonical functions.

u Casos não selecionados que compuseram a amostra de teste.

** Casos classificados indevidamente.

Casewise Statistics Cross-validated[a]	Actual Group	Highest Group					Second Highest Group			Discriminant Scores
Case Number		Predicted Group	P(D > d | G = g)		P(G = g | D = d)	Squared Mahalanobis Distance to Centroid	Group	P(G = g | D = d)	Squared Mahalanobis Distance to Centroid	Function 1
			p	df						
1	1	1	0,352	2	0,996	2,090	2	0,004	12,973	
2	1	1	0,901	2	0,960	0,209	2	0,040	6,210	
3	1	1	0,411	2	0,993	1,778	2	0,007	11,442	
4	1	1	0,725	2	0,972	0,643	2	0,028	7,351	
5	1	1	0,239	2	0,999	2,859	2	0,001	15,858	
6	2	2	0,661	2	0,997	0,827	1	0,003	13,163	
7	2	2	0,426	2	0,826	1,708	1	0,174	5,198	
8	1	1	0,732	2	0,938	0,624	2	0,062	5,687	
9	1	1	0,376	2	0,995	1,954	2	0,005	12,351	
10	1	2**	0,266	2	1,000	2,646	1	0,000	24,618	

278 Análise Multivariada • Corrar, Paulo e Dias Filho

Casewise Statistics Cross-validated[a]	Actual Group	Highest Group					Second Highest Group			Discriminant Scores
Case Number		Predicted Group	P(D > d | G = g)		P(G = g | D = d)	Squared Mahalanobis Distance to Centroid	Group	P(G = g | D = d)	Squared Mahalanobis Distance to Centroid	Function 1
			p	df						
11	1	1	0,480	2	0,993	1,468	2	0,007	11,101	
12	1	1	0,244	2	0,999	2,824	2	0,001	15,743	
13	2	2	0,103	2	0,537	4,544	1	0,463	5,216	
14	2	1**	0,125	2	0,556	4,155	2	0,444	4,229	
15	2	2	0,930	2	0,933	0,146	1	0,067	5,797	
16	2	2	0,304	2	0,999	2,383	1	0,001	17,783	
17	1	1	0,945	2	0,992	0,113	2	0,008	9,399	
18	1	1	0,676	2	0,995	0,782	2	0,005	10,971	
19	1	1	0,725	2	0,998	0,643	2	0,002	12,483	
25	2	2	0,492	2	0,658	1,418	1	0,342	3,100	
26	2	2	0,964	2	0,950	0,073	1	0,050	6,333	
27	2	2	0,824	2	0,896	0,387	1	0,104	5,062	
28	2	2	0,913	2	0,936	0,183	1	0,064	5,938	
29	2	2	0,463	2	0,999	1,540	1	0,001	15,190	
31	2	2	0,294	2	0,999	2,452	1	0,001	17,968	
33	1	1	0,586	2	0,986	1,070	2	0,014	9,191	
35	1	1	0,008	2	0,999	9,555	2	0,001	22,936	
36	1	1	0,408	2	0,611	1,795	2	0,389	2,321	
38	1	1	0,593	2	0,999	1,044	2	0,001	14,087	
41	1	1	0,322	2	0,997	2,267	2	0,003	13,715	
42	2	2	0,655	2	0,998	0,845	1	0,002	13,347	
43	2	2	0,415	2	0,539	1,758	1	0,461	2,450	
44	2	2	0,875	2	0,910	0,267	1	0,090	5,280	
45	2	2	0,866	2	0,902	0,288	1	0,098	5,111	
46	2	2	0,950	2	0,942	0,102	1	0,058	6,040	
47	2	2	0,469	2	0,999	1,516	1	0,001	15,106	
48	2	2	0,542	2	0,999	1,224	1	0,001	14,650	
51	1	1	0,875	2	0,995	0,268	2	0,005	10,633	
52	1	1	0,637	2	0,945	0,901	2	0,055	6,205	
53	1	1	0,386	2	0,999	1,903	2	0,001	16,519	
55	1	1	0,035	2	0,658	6,704	2	0,342	7,638	
58	1	2**	0,363	2	0,720	2,027	1	0,280	4,288	
59	1	1	0,583	2	0,997	1,079	2	0,003	12,258	
61	1	1	0,554	2	0,998	1,180	2	0,002	13,789	
62	1	1	0,326	2	0,997	2,241	2	0,003	13,610	
64	2	2	0,984	2	0,971	0,032	1	0,029	7,452	
65	2	2	0,828	2	0,905	0,378	1	0,095	5,266	
67	2	2	0,962	2	0,983	0,078	1	0,017	8,589	
68	2	2	0,296	2	0,999	2,433	1	0,001	17,931	

| Casewise Statistics Cross-validated[a] | Actual Group | Highest Group | | | | | Second Highest Group | | | Discriminant Scores |
| | | Predicted Group | P(D > d \| G = g) | | P(G = g \| D = d) | Squared Mahalanobis Distance to Centroid | Group | P(G = g \| D = d) | Squared Mahalanobis Distance to Centroid | Function 1 |
Case Number			p	df						
69	1	1	0,558	2	0,997	1,168	2	0,003	12,431	
70	1	1	0,214	2	0,956	3,082	2	0,044	8,866	
71	1	1	0,001	2	1,000	13,806	2	0,000	28,659	
73	1	2**	0,065	2	0,569	5,472	1	0,431	6,405	
74	1	1	0,604	2	0,943	1,007	2	0,057	6,253	
75	2	2	0,954	2	0,962	0,095	1	0,038	6,933	
76	2	2	0,826	2	0,895	0,383	1	0,105	5,047	
77	2	2	0,973	2	0,975	0,056	1	0,025	7,774	
79	2	2	0,556	2	0,683	1,175	1	0,317	3,089	
81	2	2	0,978	2	0,983	0,045	1	0,017	8,556	
83	1	1	0,155	2	0,662	3,735	2	0,338	4,703	
84	1	1	0,544	2	0,999	1,219	2	0,001	14,204	
85	1	2**	0,097	2	0,657	4,667	1	0,343	6,344	
86	1	1	0,583	2	0,929	1,080	2	0,071	5,838	
88	2	2	0,462	2	0,999	1,546	1	0,001	15,609	

Obs.: For the cross-validated data, squared Mahalanobis distance is based on observations.

** Casos classificados indevidamente

a Cross-validation do SPSS: processo em que cada caso é retirado da amostra e em seguida é gerada uma nova função com os demais casos para tentar classificar aquele caso.

5

Regressão Logística

José Maria Dias Filho
Luiz J. Corrar

Sumário do capítulo
- Introdução.
- A lógica da Regressão Logística.
- Modelo matemático da Regressão Logística.
- Interpretando os coeficientes da Regressão.
- A Curva da Regressão Logística.
- Suposições do modelo logístico.
- Vantagens operacionais do modelo logístico.
- Medidas de avaliação do modelo logístico.
- Exemplo prático.
- Considerações finais.
- Resumo.

Objetivos de aprendizagem

O estudo deste capítulo permitirá ao leitor:
- Compreender os objetivos gerais da Regressão Logística e identificar as circunstâncias em que essa técnica pode ser utilizada;
- Compreender as razões pelas quais o modelo logístico torna-se recomendável para realizar predições e classificar indivíduos ou objetos quando a variável dependente é dicotômica;

- Estimar e interpretar os coeficientes da Regressão Logística, especialmente no que se refere aos efeitos que eles exercem sobre a probabilidade associada à ocorrência de determinado evento;
- Realizar testes de significância para o modelo logístico, em sentido geral, e para cada coeficiente da regressão em particular;
- Estimar probabilidades e realizar classificações de indivíduos e objetos em grupos, utilizando o modelo logístico;
- Solucionar casos práticos utilizando ferramentas computacionais que contemplem a técnica da Regressão Logística (ênfase na geração e interpretação dos relatórios).

5.1 Introdução

Vimos que a Regressão Linear Múltipla é uma técnica estatística aplicável a situações em que se deseja predizer ou explicar valores de uma variável dependente em função de valores conhecidos das variáveis independentes. A título de exemplo, lembramos que esse recurso pode ser utilizado para explicar uma possível relação matemática existente entre resultado operacional líquido e outras variáveis, tais como crescimento das vendas e gastos com publicidade. Caso se identifique uma relação significativa entre elas, obtém-se um modelo que pode servir para estimar o referido resultado em função de futuras observações das variáveis independentes. É claro que em tais circunstâncias a variável dependente pode assumir qualquer valor, inclusive negativo. E se estivéssemos diante de uma situação em que ela só pudesse assumir um entre dois resultados e, além disso, de natureza qualitativa? Será que, ainda assim, seria viável utilizar o modelo linear?

De fato, há de se considerar que em muitas situações a variável dependente é de natureza binária ou dicotômica. Por exemplo, um aluno pode ser aprovado ou reprovado num exame, um paciente pode vir a óbito ou sobreviver a um enfarte, um candidato a um posto de trabalho pode ser contratado ou não, um produto pode ser aceito ou barrado pelo controle de qualidade, um cliente pode cancelar ou confirmar um pedido, um gerente pode obter êxito ou fracassar numa negociação, um fornecedor pode aceitar ou rejeitar uma proposta, um cliente pode se tornar inadimplente ou não, e assim por diante. Obviamente, esse raciocínio também se aplica às entidades mais amplas, como grupos, empresas, países etc. Determinada cidade pode sofrer um ataque terrorista, passar por problemas de abastecimento, enfrentar rebeliões e outros fenômenos do gênero. De igual forma, uma empresa pode ingressar em estado de falência, sofrer restrições ao crédito, enfrentar greves, problemas na obtenção de insumos e muitos outros. Como prever fenômenos que, como estes, só admitem uma entre duas alternativas do tipo ocorre ou não ocorre, sim ou não?

282 Análise Multivariada • Corrar, Paulo e Dias Filho

Por tais exemplos, já se pode deduzir que a solução desse problema interessa de perto a praticamente todas as áreas do conhecimento. No âmbito das empresas, não é difícil encontrar alguém interessado em saber se um cliente tende a se tornar inadimplente, se uma empresa tende à falência, se um contrato poderá ser rompido, se um empregado tende a se envolver em acidente de trabalho, tudo isso em face de um conjunto de variáveis econômicas, ambientais etc. Na área médica, por sua vez, um profissional pode estar interessado em estimar o risco de alguém sofrer um ataque cardíaco em função de certas variáveis, tais como taxa de colesterol, idade, sexo, peso, hábitos alimentares e outras. Note-se que, em todos os casos, o objetivo é sempre explicar ou predizer a ocorrência de determinado evento em função de um conjunto de variáveis, que podem ser categóricas ou não. De igual forma, é importante observar que a variável dependente é de natureza binária e exige resultados que possam ser interpretados em termos de probabilidade. É exatamente para resolver problemas desse tipo que se desenvolveu a ferramenta estatística denominada Regressão Logística.

Breve histórico

A técnica da Regressão Logística foi desenvolvida por volta de 1960 em resposta ao desafio de realizar predições ou explicar a ocorrência de deter-minados fenômenos quando a variável dependente fosse de natureza binária. Um dos primeiros estudos que mais contribuíram para conferir notoriedade a esse recurso da estatística multivariada foi o famoso Framingham Heart Study, realizado com a colaboração da Universidade de Boston. O principal objetivo dessa pesquisa foi identificar fatores que concorrem para desenca-dear doenças cardiovasculares. Em sua primeira etapa, foram recrutados 5.209 indivíduos na faixa etária de 30 a 60 anos, residentes na cidade de Framin-gham, em Massachusetts. Com o apoio da Regressão Logística, um rigoroso monitoramento dessa amostra acabou identificando diversos fatores de risco, tais como: hipertensão arterial, taxas de colesterol elevadas, tabagismo, obe-sidade, diabetes e vida sedentária.

Além disso, a referida técnica ajudou a mensurar a influência que cada um desses fatores exerce no desenvolvimento de doenças cardiovasculares, indivi-dualmente, e quando associados a algumas características pessoais, tais como cor, sexo, idade, elementos psicossociais etc. Segundo Hosmer e Lemeshow (1989), desde então a Regressão Logística tem se tornado o método-padrão na análise multivariada de dados em muitos ramos do conhecimento, especial-mente na área médica, quando a variável dependente é dicotômica. De fato, uma rápida incursão em periódicos especializados, tais como o *American Jour-nal of Public Health*, *The International Journal of Epidemiology*, *The Journal of*

Chronic Diseases e outros do gênero, já nos permite comprovar o quanto essa técnica tem contribuído para a evolução do conhecimento.

Embora a Regressão Logística tenha surgido e se desenvolvido na medicina, a sua aplicação não ficou restrita a essa área. Pelo contrário, expandiu-se rapidamente por outros campos para modelar relacionamentos entre uma variável dependente dicotômica e um conjunto de variáveis preditoras. Em economia, por exemplo, o modelo logístico se revelou de grande utilidade para resolver problemas que implicam a escolha de uma entre duas alternativas e que envolvem estimação de probabilidades. Quando se deseja explicar por que um cliente prefere este àquele produto, por que determinados projetos econômicos fracassam e outros não, por que certas empresas conseguem angariar recursos com mais facilidade do que outras, por que um empregado consegue atingir metas e outro não, a Regressão Logística pode prestar relevantes contribuições. Mais recentemente, vem sendo muito aplicada no desenvolvimento dos chamados *Credit Scoring*, inclusive no Brasil.

5.2 A lógica da Regressão Logística

Como vimos anteriormente, a Regressão Logística também busca explicar ou predizer valores de uma variável em função de valores conhecidos de outras variáveis. Porém, existem algumas particularidades que a distinguem dos demais modelos de regressão. A principal delas é o fato de a variável dependente ser dicotômica. Isso exige que o resultado da análise possibilite associações a certas categorias, tais como positivo ou negativo, aceitar ou rejeitar, morrer ou sobreviver e assim por diante. Em princípio, nada obsta que semanticamente cada uma delas seja associada a qualquer número. Por exemplo, o número 3 poderia ser interpretado como algo negativo e o 8 como uma situação positiva. Ocorre que, além de possibilitar a classificação de fenômenos ou indivíduos em categorias específicas, a Regressão Logística tem ainda por objetivo estimar a probabilidade de ocorrência de determinado evento ou de que um fenômeno venha a se enquadrar nessa ou naquela categoria. Em outras palavras, os resultados da variável dependente devem permitir interpretações em termos de probabilidade e não apenas classificações em categorias.

Como se pode deduzir, em tais circunstâncias a saída é circunscrever todos os resultados que se possam atribuir à variável dependente ao intervalo compreendido entre zero e um. Assim, pode-se atender a dois objetivos, simultaneamente: identificar a probabilidade de ocorrência de determinado evento e classificá-lo em categorias. Por exemplo, admitamos que alguém esteja interessado em saber se uma empresa se classifica no grupo de insolventes ou de solventes. Obtendo-se um resultado de 0,7 para a variável dependente, pode-se afirmar que estatisticamente

284 Análise Multivariada • Corrar, Paulo e Dias Filho

ela se enquadra no grupo de prováveis insolventes e, ao mesmo tempo, identificar a probabilidade de ela realmente assumir esse *status*. No caso, essa probabilidade seria de 70%. Obviamente, isso pressupõe a definição prévia de uma regra de decisão. Baseando-se em dados históricos, alguém pode estabelecer que qualquer resultado superior a 0,5 deve ser interpretado como de provável inadimplência. Nessa hipótese, a categoria INSOLVENTE seria associada ao número um e a SOLVENTE, ao número zero. Esclarecemos que se trata de uma mera convenção. Portanto, uma associação em sentido oposto também é viável, ou seja, zero pode significar insolvente e o número um, solvente. Esse aspecto deve ser considerado quando da interpretação dos resultados.

Como o uso do modelo linear poderia nos conduzir a predições de valores menores que zero e maiores que um para a variável dependente, torna-se necessário converter as observações em razão de chance (*odds ratio*) e submetê-las a uma transformação logarítmica, conforme será demonstrado na próxima seção. Em vez de utilizar o método dos mínimos quadrados, opta-se pelo da máxima verossimilhança. Com isso, o modelo passa a evidenciar mudanças nas inter-relações dos logs da variável dependente, e não na própria variável. Daí o adjetivo Logística. Aliás, cabe salientar que a adoção do modelo linear também se tornaria inviável, dada a impossibilidade de atender a algumas suposições básicas, tais como normalidade e homoscedasticidade, além de a probabilidade da ocorrência do evento crescer ou diminuir linearmente em relação à função estatística. Resumindo, diríamos que a Regressão Logística se caracteriza como uma técnica estatística que nos permite estimar a probabilidade de ocorrência de determinado evento em face de um conjunto de variáveis explanatórias, além de auxiliar na classificação de objetos ou casos. É particularmente recomendada para as situações em que a variável dependente é de natureza dicotômica ou binária. Quanto às independentes, tanto podem ser categóricas como métricas.

Na verdade, o modelo logístico também pode ser utilizado em problemas que envolvem classificação de fenômenos em mais de um grupo. Porém, a literatura especializada sugere que ele se mostra mais adequado para os casos em que a variável dependente é de natureza binária. Salientamos que nos limites deste capítulo não se pretende apurar tais questões e muito menos descer a detalhes de elevada complexidade, já que esse tipo de abordagem se distanciaria dos objetivos da obra e das expectativas do público para o qual está orientada. Aos leitores eventualmente interessados em explicações teóricas de maior profundidade, sugerimos consulta às fontes bibliográficas relacionadas no final deste capítulo, especialmente se pesquisadores da área médica e farmacológica.

5.3 Modelo matemático da Regressão Logística

Já mencionamos que uma das razões pelas quais o modelo linear torna-se inadequado para estimar probabilidades é o fato de a variável dependente poder assumir valor menor que zero e maior que um. Isso não se coaduna com uma relação de natureza logística, já que uma mesma mudança nos valores da variável independente pode produzir efeitos diferentes sobre a variável dependente. Tudo vai depender de sua posição relativa. Quanto mais próxima a probabilidade estiver de seu limite superior, menor o efeito dos fatores que concorrem para aumentá-la e vice-versa. É certo que outros modelos de natureza não linear poderiam ser utilizados para representar esse tipo de relação. Contudo, salientamos que o Logístico tem sido preferido, em função de suas propriedades e da relativa simplicidade operacional.

Para contornar as dificuldades inerentes ao modelo linear, efetua-se uma transformação logística na variável dependente. Esse processo é constituído basicamente de duas etapas. A primeira consiste em convertê-la numa razão de chance e a segunda, em transformá-la numa variável de base logarítmica. Com isso, evita-se a predição de valores menores que zero e maiores que um. Para facilitar a compreensão, vamos explicar cada fase em separado. Considere-se, inicialmente, que cada fenômeno tem uma probabilidade de ocorrer ou de assumir determinada característica. Assim, fica claro que, embora a variável dependente só possa assumir duas posições, zero e um, torna-se necessário obter valores que possam ser interpretados em termos de probabilidade. Para tanto, em primeiro lugar converte-se a probabilidade associada a cada observação em razão de chance (*odds ratio*), que representa a probabilidade de sucesso comparada com a de fracasso. Essa relação pode ser expressa da seguinte forma:

$$\text{Razão de chance} = \frac{P\,(sucesso)}{1 - P\,(sucesso)}$$

Por motivos de ordem operacional e principalmente para facilitar a interpretação dos resultados, o segundo passo rumo à construção do modelo consiste em obter o logaritmo natural da razão de chance, conforme segue:

$$\ln\left(\frac{P(sucesso)}{1 - P(sucesso)}\right) = b_0 + b_1 x_{1i} + b_2 x_{2i} + \cdots + b_k x_{ki}$$

Como se observa, no lado esquerdo da equação anterior tem-se o logaritmo natural da razão de chance. No direito, as variáveis independentes (categóricas ou métricas) e os coeficientes estimados ($b_0 + b_1 + \ldots + b_k$), que expressam mudanças no log da razão de chance. Aliás, esse ponto deve ser observado com muita atenção quando da interpretação dos coeficientes. Ou seja, é preciso considerar que a Regressão Logística calcula mudanças nas inter-relações dos logs da variável dependente e não na própria variável, como acontece com a linear. Voltaremos a este aspecto quando da interpretação dos resultados da regressão, por meio de exemplos práticos.

286 Análise Multivariada • Corrar, Paulo e Dias Filho

Uma vez que o modelo logístico tenha sido ajustado a um conjunto de dados, a razão de chance estimada pode ser obtida com relativa facilidade. Para tanto, basta elevar a constante matemática *e* ao expoente composto dos coeficientes estimados, como se observa a seguir:

$$\left(\frac{P\,(sucesso)}{1 - P\,(sucesso)} \right) = e^{(b_0 + b_1 X_1 + b_2 X_2 + \dots b_k X_{k_i})}$$

Ora, se a razão de chance estiver devidamente estimada, chega-se ao objetivo final, que é identificar a probabilidade associada à ocorrência de determinado evento. Valendo-se do próprio conceito de chance e baseando-se na fórmula acima, obtém-se a seguinte equação:

$$P\,(\text{evento}) = \frac{e^{(b_0 + b_1 X_1 + b_2 X_2 + \dots b_k X_{k_i})}}{1 + e^{(b_0 + b_1 X_1 + b_2 X_2 + \dots b_k X_{k_i})}}$$

Simplificando-se um pouco mais, a equação logística assumiria o seguinte formato:

$$P\,(\text{evento}) = \frac{1}{1 + e^{-(b_0 + b_1 X_1 + b_2 X_2 + \dots b_k X_{k_i})}}$$

Identificada a equação que nos permite calcular a probabilidade relativa à ocorrência de determinado evento, agora só nos resta estimar os seus coeficientes. Como se sabe, se o modelo fosse linear, poderíamos utilizar o método dos mínimos quadrados, cujo objetivo é minimizar a soma dos quadrados das diferenças entre valores previstos e observados para a variável dependente. Porém, a transformação logística da qual resulta a equação anterior exige que se utilize um procedimento diferente, que é o método da máxima verossimilhança. Trata-se de um recurso iterativo que facilita a identificação dos coeficientes necessários ao cálculo da probabilidade máxima associada a determinado evento. Resumidamente, diríamos que é uma forma de estimar parâmetros de distribuição de probabilidades que maximizem a função verossimilhança. Geralmente, tal procedimento é executado com o apoio de recursos computacionais e, por isso, evitamos descer a detalhes de cunho operacional. Neste capítulo, utilizaremos o *software* SPSS® para realizar tais estimativas. Aliás, cabe salientar que todos os cálculos envolvidos em cada etapa acima referida normalmente são executados com apoio de ferramentas computacionais. Por isso, até aqui estamos privilegiando aspectos conceituais do modelo para que o leitor possa compreender o significado da Regressão Logística e identificar, por si próprio, oportunidades de aplicação em sua área de interesse. Ademais, sem essa base conceitual, torna-se bem menos confortável a interpretação dos resultados decorrentes de uma aplicação prática.

5.4 Interpretando os coeficientes da Regressão

No modelo linear, vimos que cada coeficiente estimado mede a mudança que ocorrerá no valor da variável dependente para cada unidade de variação ocorrida na variável explicativa. Em se tratando de Regressão Múltipla, obviamente, há de se considerar que isso incorpora o pressuposto de que as demais variáveis permanecem constantes. Em síntese, diríamos que cada coeficiente descreve a reação apresentada pela variável dependente a uma variação unitária ocorrida na variável independente. Por exemplo, se Y = 200 + 8X expressa a relação entre custo total (variável dependente) e quantidade produzida (variável independente), pode-se afirmar que para cada variação unitária que se verifique em X, o custo total se modificará em oito unidades.

No modelo logístico, pelo contrário, o coeficiente de cada variável independente está sujeito a diversas interpretações, já que ele exerce efeitos sobre a quantidade de logit (logaritmo natural da razão de chance), sobre a própria razão de chance e, finalmente, sobre as probabilidades. Voltemos ao modelo geral da Regressão Logística para examinarmos os diversos significados que podem ser atribuídos aos coeficientes:

$$\ln\left(\frac{P(sucesso)}{1 - P(sucesso)}\right) = b_0 + b_1 x_{1i} + b_2 x_{2i} + \cdots + b_k x_{ki}$$

Em relação ao logaritmo natural da razão de chance, o efeito de cada coeficiente é semelhante ao que se verifica no modelo linear. Ou seja, o parâmetro estimado mede a mudança que ocorrerá na variável dependente por unidade de variação ocorrida na independente. Por exemplo, supondo-se que as demais variáveis se mantenham inalteradas e que o coeficiente b_1 seja igual a 2, a quantidade de logit sofrerá um acréscimo de duas unidades sempre que x_1 evoluir em uma unidade. Independentemente do nível em que se encontre a variável x_1 ou qualquer outra independente, uma variação unitária em x_1 produzirá o mesmo efeito sobre a variável dependente, mantendo-se os demais fatores constantes. Como mencionamos, é exatamente o que acontece no modelo linear.

Porém, apesar da simplicidade com que pode ser interpretado, nesse caso o coeficiente da regressão não possui nenhum significado intuitivo. Dizer que a quantidade de logit sofreu um aumento de duas unidades, por exemplo, expressa muito pouco a respeito do impacto que essa variação poderá exercer sobre a probabilidade associada a determinado evento. Para sermos mais realistas, somos obrigados a reconhecer que esse dado apenas indica que a probabilidade aumentou. Isso porque um coeficiente positivo assinala um aumento de probabilidade e o negativo, uma diminuição. Em termos práticos, é claro que isso não melhora muito a qualidade da informação disponível. Afinal de contas, mais do que saber que a probabilidade aumentou ou diminuiu, o pesquisador ou qualquer outro profissional responsável por decisões precisa identificar em quanto ela poderá aumentar ou diminuir, dada uma certa variação ocorrida na variável independente. Por exemplo, suponha que a probabilidade de um indivíduo contratar um seguro de vida pode ser estimada por variáveis, tais como quantidade de filhos, renda, nível de instrução e idade do chefe de família. Nesse caso, para um economista, certamente é muito mais interessante saber que uma variação positiva de R$ 500,00 na renda do indivíduo aumentará em 8% a probabilidade de ele adquirir o seguro, mantendo-se as demais variáveis constantes, do que obter uma informação de que essa variação provocará um aumento de 3 unidades no log da razão de chance.

Assim, é necessário encontrar significados mais simples e intuitivos para os coeficientes. Uma segunda interpretação possível, e talvez bem mais útil, é a que se relaciona com o impacto de cada coeficiente sobre a própria razão de chance, e não mais sobre a quantidade de logit, como explicamos anteriormente. Ora, observando-se a estrutura do modelo logístico, não é difícil concluir que basta elevar a constante matemática e (2,7182...) ao coeficiente da variável independente para identificar o impacto que ele exerce sobre a razão de chance. Como se vê, o procedimento consiste simplesmente em obter o antilogaritmo do próprio coeficiente. Por exemplo, se o coeficiente b_1 for 0,3, a razão de chance será impactada em $e^{0,3} \cong 1,35$. Isso significa que para cada unidade de variação que se registre na variável independente, as chances de que o evento ocorra serão aumentadas 35% em relação à posição anterior, supondo-se que as demais variáveis se mantenham constantes, é claro. É de se admitir, portanto, que sob o ponto de vista pragmático é preferível afirmar que as chances de um evento se concretizar evoluíram em 35% a dizer que o logit sofreu um aumento de 0,3, a menos que o indivíduo se sinta muito confortável com a terminologia matemática.

Do exposto, observa-se que o efeito dos coeficientes sobre a razão de chance é sempre de natureza multiplicativa, e não aditiva, como ocorre no modelo linear. Por essa razão, quando se obtém um coeficiente igual a 0 o efeito sobre a variável dependente também é nulo. De fato, não poderia ser diferente, já que o antilogaritmo desse coeficiente é 1 (e^0). Nesse caso, é claro que não se verifica nenhum efeito sobre a probabilidade. Além disso, é importante observar que como a constante matemática e elevada a qualquer número positivo produz um resultado superior a um, fica claro por que qualquer coeficiente positivo contribui para elevar a razão de chance e, consequentemente, a probabilidade. Logicamente, o inverso também é verdadeiro, ou seja, como e elevado a qualquer número negativo resulta em número inferior a 1, coeficientes negativos contribuem para reduzir a razão de chance e, novamente, a probabilidade. Vale observar que quando o coeficiente é negativo, obtém-se um resultado inferior a um, porém sempre superior a 0, já que a base da potência é positiva. É exatamente por isso que se recorreu à transformação logarítmica. Com isso, preserva-se o limite mínimo do espaço das probabilidades (zero).

É verdade que a interpretação dos coeficientes em termos do efeito que eles exercem sobre a chance de um evento ocorrer já tem algum significado intuitivo. Entretanto, como estamos mais habituados a raciocinar pensando em probabilidades, seria interessante considerarmos ainda essa terceira alternativa de interpretação. Para determinar o impacto que um parâmetro estimado pode exercer sobre a probabilidade de um determinado evento, antes de tudo é preciso identificar em que nível ela já se encontra. Consideremos, por exemplo, que a probabilidade de um cliente alugar um apartamento de três quartos em determinado bairro varia em função da renda familiar (X_1) e do número de filhos (X_2), conforme segue:

$$\ln\left(\frac{P(sucesso)}{1 - P(sucesso)}\right) = 0,25x_1 + 0,4x_2$$

Partindo do pressuposto de que a probabilidade de um indivíduo alugar um imóvel desse tipo já era de 30% e que no último mês o casal ganhou mais um filho, para quanto ela evoluiu se considerarmos que não houve nenhuma alteração na renda familiar? Em primeiro lugar, precisamos verificar qual era a chance de se alugar o imóvel nas circunstâncias anteriores. Pelo próprio conceito de chance, nota-se que ela era de aproximadamente 0,43, ou seja, 0,3/0,7 (probabilidade de alugar sobre a de não alugar). O segundo passo consiste em verificar em quanto variam as chances por unidade de variação ocorrida na variável X_2 (número de filhos). Pelo que vimos há pouco, essa variação é de $e^{0,4} \cong 1,49$. Isso significa que a razão de chance será aumentada por um fator de 1,49. Com isso, ela passa de 0,43 para 0,64. Ora, se a chance é representada pela razão entre a probabilidade de sucesso e a de insucesso [p/(1 – p)], conclui-se que a probabilidade evolui para cerca de 39% pelo fato de o casal ter ganho mais um filho.

E se a probabilidade inicial de se alugar o imóvel fosse de 80%, em vez de 30? Bem, o raciocínio é rigorosamente o mesmo! Como se pode perceber, nesse caso a chance inicial seria de 4 (0,8/02). Aplicando-se o fator 1,49, que obviamente permanece o mesmo, a chance evolui para 5,96. Se a nova chance é de 5,96, pode-se concluir que a probabilidade de se alugar o imóvel em tais circunstâncias passa a ser de 85,6%. É muito importante observar que agora a mesma variação ocorrida em X_2 produziu um efeito um pouco menor sobre a probabilidade. Note-se que na hipótese anterior ela evolui de 30 para 39%, ao passo que nesta última passou de 80 para 85,5%. Portanto, verifica-se um efeito marginal decrescente. Esse exemplo contribui para reforçar o entendimento acerca da relação que se estabelece entre variáveis dependente e independentes no modelo logístico, demonstrando que a variação de probabilidade não é linear. Esse aspecto será abordado em maiores detalhes na seção seguinte, quando examinaremos a Curva da Regressão Logística.

5.5 A Curva da Regressão Logística

Praticamente tudo o que foi dito sobre o modelo logístico até aqui pode ser visualizado na chamada Curva da Regressão Logística. Como se pode perceber, ela descreve a relação existente entre a probabilidade associada à ocorrência de determinado evento e um conjunto de variáveis preditoras. A título de exemplo, diríamos que ela poderia estar evidenciando o efeito de determinado estímulo sobre a probabilidade de um empregado atingir metas, o efeito de certas drogas sobre a probabilidade de morte prematura, o efeito de pequenos desvios sobre a probabilidade de alguém cometer uma fraude mais grave e assim por diante. Portanto, a referida curva expressa a natureza da relação que se estabelece entre variáveis desse tipo.

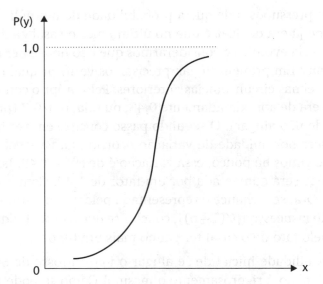

Figura 5.1 *Curva logística*.

Sob o ponto de vista conceitual, é perfeitamente admissível que a curva descrita pelo modelo logístico se assemelhe mais a um S do que a uma reta. Como a estimação de probabilidades pressupõe um limite mínimo e máximo (0 e 1), realmente é de se esperar que as mudanças ocorridas na variável estatística produzam efeitos cada vez menores sobre a variável dependente à medida que ela assuma valores mais próximos dos extremos. Isso significa que quanto mais a probabilidade se aproxima de 0 ou de 1, tornam-se necessárias mudanças cada vez mais expressivas na função logística para se obter o mesmo efeito que seria obtido no meio da curva. Em outras palavras, para que a probabilidade se desloque de 97% para 98%, por exemplo, o incremento que deve ocorrer nas variáveis independentes é muito maior do que o que se faz necessário para alcançar uma evolução de 47% para 48%. Daí essa inclinação bem mais suave nas extremidades.

Na prática, pode-se observar esse tipo de relação em diversas situações. Considere, por exemplo, que é possível estimar a probabilidade de vendas de automóveis novos em determinada população usando a renda como variável preditora. Partindo dessa premissa, é razoável admitir que uma variação de R$ 40.000,00 para R$ 60.000,00 na renda anual de cada indivíduo produzirá um efeito muito maior sobre a probabilidade do que uma evolução R$ 90.000,00 para R$ 110.000,00. Isso porque pessoas que já possuem renda mais elevada têm maior probabilidade de adquirir certos bens de consumo durável, como automóveis. Ou seja, ao atingir tais patamares e permanecendo nessa condição, a taxa de crescimento da probabilidade de alguém adquirir outro veículo da mesma categoria tende a diminuir por unidade de renda.

Assim como um incremento de R$ 20.000,00 para indivíduos mais aquinhoados certamente exerceria pouco efeito sobre a probabilidade de se adquirir automóvel novo em determinado período, o raciocínio inverso também é verdadeiro. Ou seja, um aumento de R$ 20.000,00 na renda de quem ainda não conseguiu o mínimo necessário ao seu bem-estar, certamente não exercerá grande impacto sobre a probabilidade de vir a adquirir bens dessa natureza. Portanto, uma mesma mudança na variável preditora pode gerar impactos diferentes sobre a probabilidade. Para quem já tem uma boa chance de comprar um automóvel novo, o aumento de R$ 20.000,00 na renda anual tende a aumentá-la substancialmente. Porém, para os que se encontram em níveis de renda mais elevados ou extremamente reduzidos, o efeito tende a ser bem menor. O resultado, portanto, é uma curva em formato de S, muito utilizada em estudos econômicos e em medicina para modelar certas relações.

5.6 Suposições do Modelo Logístico

Um dos motivos pelos quais a Regressão Logística tem sido muito utilizada para realizar predições quanto à variável dependente é dicotômica é o pequeno número de suposições. Com essa técnica, o pesquisador consegue contornar certas restrições encontradas em outros modelos multivariados, entre as quais se destacam a homogeneidade de variância e a normalidade na distribuição dos erros. Mesmo assim, é necessário observar os seguintes requisitos:

- incluir todas as variáveis preditoras no modelo para que ele obtenha maior estabilidade;
- o valor esperado do erro deve ser zero;
- inexistência de autocorrelação entre os erros;

- inexistência de correlação entre os erros e as variáveis independentes;
- ausência de multicolinearidade perfeita entre as variáveis independentes.

Como se pode observar, se comparado aos demais modelos de regressão, o logístico realmente possui poucas restrições. Felizmente, pois do contrário ficaria mais difícil operar com variáveis categóricas. Nesse particular, um dos problemas mais sérios seria a violação de alguns preceitos básicos, tais como o caráter de normalidade na distribuição das variáveis independentes. Entretanto, um ponto em relação ao qual a literatura ainda não apresenta consenso é a quantidade de observações necessárias à realização de inferências de boa qualidade. Dada a robustez do modelo, alguns autores consideram que na maioria dos casos esse aspecto não chega a preocupar. Na dúvida, entende-se que uma regra razoável é obter um número de observações equivalente a pelo menos trinta vezes a quantidade de parâmetros que se deseja estimar. Em geral, há um certo consenso no sentido de que o modelo logístico requer amostras mais amplas do que os lineares. Em alguns experimentos, temos observado que realmente as predições tendem a ser tanto mais acuradas quanto mais ampla for a amostra. Assim, ao menos por questões de cautela, julgamos conveniente considerar esse limite, ou seja, uma relação de pelo menos 30 observações para cada parâmetro estimado.

5.7 Vantagens operacionais do modelo logístico

Não restam dúvidas de que uma das principais vantagens associadas ao uso da Regressão Logística está na relativa facilidade com que ela pode explicar e predizer a ocorrência de determinados fenômenos em diversas áreas do conhecimento, tais como economia, administração, contabilidade, sociologia e medicina. Genericamente, pode-se afirmar que o modelo logístico se presta à consecução de dois grandes objetivos: identificar a que grupo certos objetos, pessoas ou fenômenos pertencem e estimar a probabilidade de que eles possam se enquadrar nesta ou naquela categoria. Mas, sob o ponto de vista operacional, o que justificaria a popularidade que essa técnica vem alcançando em tão curto espaço de tempo? Afinal de contas, ela foi desenvolvida há apenas quatro décadas e desde então vem ganhando espaço em praticamente todas as áreas, principalmente nas de biologia e economia.

Para explicar o êxito e a grande popularidade que essa técnica tem alcançado, a literatura especializada no assunto costuma mencionar os seguintes fatores:

- comparada a outras técnicas de dependência, a Regressão Logística acolhe com mais facilidade variáveis categóricas. Aliás, esta é uma das razões pelas quais ela se torna uma boa alternativa à análise discriminante, sobretudo quando o pesquisador se defronta com problemas relacionados à homogeneidade da variância;

- mostra-se mais adequada à solução de problemas que envolvem estimação de probabilidades, pois trabalha com uma escala de resultados que vai de 0 a 1;

- requer um menor número de suposições iniciais, se comparada com outras técnicas utilizadas para discriminar grupos;

- admite variáveis independentes métricas e não métricas, simultaneamente;

- facilita a construção de modelos destinados à previsão de riscos em diversas áreas do conhecimento. Os chamados *Credit Scoring* e tantos outros que são utilizados no contexto da análise de sobrevivência ilustram essa realidade;

- tendo em vista que o referido modelo é mais flexível quanto às suposições iniciais, tende a ser mais útil e a apresentar resultados mais confiáveis;

- os resultados da análise podem ser interpretados com relativa facilidade, já que a lógica do modelo se assemelha em muito à de outras técnicas bem conhecidas, como a regressão linear;

- apresenta facilidade computacional, tendo sido incluída em vários pacotes estatísticos amplamente difundidos em todo o mundo.

No âmbito das organizações, em particular o fato de a Regressão Logística ter se notabilizado como uma técnica muito apropriada para gerenciar riscos de crédito, explicar certas tendências, prever riscos de falência e outros semelhantes, tem sido atribuído principalmente aos seguintes fatores: fácil compreensão dos resultados da análise de dados, pequeno grau de complexidade operacional e ausência de restrições mais rígidas, ao contrário do que se verifica em relação à Análise Discriminante, que pressupõe distribuição normal para as variáveis independentes. Estas e outras vantagens poderão ser percebidas pelo leitor quando estivermos aplicando a técnica a um caso prático, ainda neste capítulo.

5.8 Medidas de avaliação do modelo logístico

Pode-se questionar se as classificações e predições baseadas na equação logística são melhores do que as que poderiam ser realizadas tomando-se como referência o grupo em que se enquadra a maioria dos componentes da amostra. Afinal de contas, se o modelo não proporcionar informações mais acuradas do que as disponíveis não poderá contribuir para melhorar a compreensão da realidade e, por conseguinte, a qualidade das decisões. Em relação ao modelo linear, isso

294 Análise Multivariada • Corrar, Paulo e Dias Filho

equivale a perguntar se as predições orientadas pela equação da reta realmente são melhores do que as baseadas no valor médio da variável dependente. Para sanar tais dúvidas, diversos testes estatísticos podem ser utilizados, inclusive para comparar a *performance* de modelos alternativos. Sabe-se que na regressão linear poderíamos lançar mão de diversas medidas, tais como a distribuição F, que testa a significância global de um modelo, a distribuição t, que testa a significância de um coeficiente estimado, o R-Quadrado, e assim por diante. No contexto da Regressão Logística, será que podemos nos valer desses mesmos mecanismos?

Adiantamos que não é possível utilizar as mesmas estratégias de avaliação para o modelo logístico, uma vez que os seus parâmetros são estimados com o apoio do método da máxima verossimilhança e não com o dos mínimos quadrados. Com a máxima verossimilhança buscam-se coeficientes que nos permitam estimar a maior probabilidade possível de um evento acontecer ou de certa característica se fazer presente.

5.8.1 O Likelihood Value

Uma das principais medidas de avaliação geral da Regressão Logística é o *Log Likelihood Value*. Trata-se de um indicador que busca aferir a capacidade de o modelo estimar a probabilidade associada à ocorrência de determinado evento. Como veremos, seu papel é um pouco parecido com o da estatística F, utilizada na avaliação do modelo linear. De forma geral, o *Likelihood Value* tem sido representado pela expressão – 2LL, que nada mais é do que o logaritmo natural do *Likelihood Value* multiplicado por –2, seguindo-se uma distribuição Qui-quadrado. Ora, se a probabilidade máxima de um evento ocorrer é representada no modelo logístico pelo número 1, pode-se deduzir que o nível ideal para o *Likelihood Value* é zero. Em outras palavras, quanto mais próximo de zero, maior o poder preditivo do modelo como um todo.

Apesar da facilidade com que se pode interpretar o –2LL, devemos salientar que ele não tem um significado intrínseco, isto é, considerado de forma isolada oferece pouca informação sobre o grau de adequação do modelo. Para contornar esse problema, costuma-se estabelecer uma base de comparação e verificar se esse indicador aumenta ou diminui. Com apoio de ferramentas computacionais, obtém-se o *Likelihood Value*, incluindo-se apenas a constante no modelo, ou seja, partindo-se do pressuposto de que todos os coeficientes das variáveis independentes são iguais a zero. Em seguida, calcula-se o *Likelihood Value* com a inclusão de todas as variáveis independentes no modelo. Quanto mais elevada for a diferença entre os dois valores, maior o potencial dos coeficientes para estimar probabilidades associadas à ocorrência de determinado evento ou à manifestação de certas características. Essa diferença serve para testar a hipótese de que todos os coeficientes da equação logística são iguais a zero, tal como se verifica na distribuição

F. O *Likelihood Value* serve também para verificar se o modelo melhora com a inclusão ou exclusão de alguma variável independente, particularmente quando se opta pelo método *stepwise*. Lembramos que esse método (*stepwise*) é um processo iterativo que tem por finalidade identificar as variáveis que apresentam maior poder preditivo. Em síntese, pode-se afirmar que o principal objetivo do *Likelihood Value* (-2LL) é verificar se a regressão como um todo é estatisticamente significante e facilitar comparações entre modelos alternativos.

5.8.2 O R-Quadrado do modelo logístico

A esta altura, é provável que você esteja esperando uma medida equivalente ao famoso Coeficiente de Determinação da Regressão Linear, cujo objetivo é identificar a proporção da variação total ocorrida na variável dependente em função das independentes. Embora não se disponha de uma medida rigorosamente idêntica ao R^2 no modelo logístico, existem alguns indicadores que cumprem um papel semelhante ao que ele desempenha. São os chamados Pseudos – R-Quadrado. Um deles é o McFadden's-R^2 ou o R^2logit, como é mais conhecido. Este coeficiente expressa a variação percentual entre o *Likelihood Value* do modelo, que considera apenas a constante, e o *Likelihood Value*, que incorpora as variáveis explicativas, conforme segue: R^2logit= [–2LLnulo – (–2LLmodelo)]/–2LLnulo.

Como se observa, o numerador evidencia a melhoria que se espera ocorrer no *Likelihood Value* como efeito da inclusão das variáveis independentes no modelo. O denominador, pelo contrário, tende a apresentar um *Likelihood Value* mais elevado, já que ele reflete apenas a constante. Assim, se todos os coeficientes das variáveis incluídas no modelo forem 0, o R^2logit também será 0. Seu valor máximo se aproxima de 1. Contudo, é bom lembrar que esse R-Quadrado tem um significado um pouco diferente daquele que se atribui ao coeficiente de determinação do modelo linear. Na verdade, ele apenas nos permite avaliar se o modelo melhora ou não a qualidade das predições, quando comparado a um outro que ignore as variáveis independentes. Não pode, por exemplo, ser interpretado como taxa de variação na probabilidade de ocorrer o evento por unidade de variação da variável independente.

Outra espécie de pseudo – R^2 que se assemelha ao coeficiente de determinação utilizado no modelo linear é o teste Cox-Snell R^2. Como o anterior, este também não serve propriamente para indicar a proporção da variação experimentada pela variável dependente em função de variações ocorridas nas independentes, uma vez que funções de probabilidade não lidam com variações desse tipo. Aliás, é exatamente por isso que tais medidas são geralmente denominadas pseudos R-Quadrado. Entretanto, trata-se de um mecanismo que pode ser utilizado para comparar o desempenho de modelos concorrentes. A princípio, entre duas equações logísticas igualmente válidas, deve-se preferir a que apresente o Cox-Snell R^2

mais elevado. Esse indicador baseia-se no *Likelihood Value* e situa-se numa escala que começa em 0, mas não chega a 1 em seu limite superior. Por isso, Nagelkerke (1991) propôs um ajuste nesse índice para que ele pudesse chegar ao referido limite máximo. Daí a existência do chamado teste Nagelkerke R^2. Situado numa escala que vai de zero a um, sua finalidade é a mesma do Cox-Snell R^2. Na prática, a única diferença está em se fazer mais compreensível que o Cox-Snell.

Vale salientar que não existe consenso quanto à superioridade deste ou daquele índice enquanto medida de adequação do modelo logístico. Como não são conflitantes entre si, recomenda-se utilizá-los em conjunto, com a devida prudência. A literatura especializada no assunto sugere que os pesquisadores utilizem os pseudos R-Quadrado apenas como uma medida aproximada do poder preditivo de cada modelo. Entende-se que não se deve atribuir uma importância muito grande a cada um deles isoladamente. De qualquer forma, a opinião geral é a de que os indicadores que vão de 0 a 1 podem ser muito úteis no processo de avaliação dos modelos, principalmente se considerados de forma conjugada. Adicionalmente, há de se considerar que tais medidas incorporam a vantagem de se assemelharem a alguns mecanismos de avaliação utilizados nos modelos lineares, o que facilita a sua interpretação.

5.8.3 O Teste Hosmer e Lemeshow

Outro mecanismo que pode facilitar o julgamento do grau de acurácia do modelo logístico é o Teste Hosmer e Lemeshow. De enorme simplicidade conceitual, esse indicador nada mais é do que um teste Qui-quadrado que consiste em dividir o número de observações em cerca de dez classes e, em seguida, comparar as frequências preditas com as observadas. Como se pode deduzir, a finalidade desse teste é verificar se existem diferenças significativas entre as classificações realizadas pelo modelo e a realidade observada. A certo nível de significância, busca-se aceitar a hipótese de que não existem diferenças entre os valores preditos e observados. A lógica é a seguinte: se houver diferenças significativas entre as classificações preditas pelo modelo e as observadas, então ele não representa a realidade de forma satisfatória. Ou seja, em tais circunstâncias o modelo não seria capaz de produzir estimativas e classificações muito confiáveis.

5.8.4 O Teste Wald

Além dos testes que se propõem a avaliar o modelo logístico como um todo, temos ainda a estatística Wald. Sua finalidade é aferir o grau de significância de cada coeficiente da equação logística, inclusive a constante. Mais precisamente, diríamos que esse mecanismo tem por objetivo verificar se cada parâmetro estimado é significativamente diferente de 0. Como se observa, seu papel é semelhante ao do teste T, utilizado na avaliação dos modelos lineares. Isto é, testa a hipótese de que um determinado coeficiente é nulo. A estatística Wald segue uma distribuição Qui-quadrado e quando a variável dependente tem um único grau de liberdade pode ser calculada elevando-se ao quadrado a razão entre o coeficiente que está sendo testado e o respectivo erro-padrão, conforme segue:

$$Wald = (b/S.\ E)^2$$

onde:

b = coeficiente de uma variável independente incluída no modelo

S. E.= erro-padrão (*standard error*).

Há uma particularidade que deve ser considerada no uso da estatística Wald. Quando o valor absoluto dos coeficientes é muito expressivo, o erro-padrão a ele associado pode ficar um pouco distorcido. Consequentemente, o teste da hipótese de que o coeficiente não é significativamente diferente de 0 ficaria prejudicado. Para contornar essa dificuldade, recomenda-se calcular o *Likelihood Value* com a variável a que se refere o coeficiente sob análise e, depois, renovar esse mesmo procedimento sem essa variável. Comparando-se os dois valores, ou seja, o *Likelihood Value* com e sem a variável, pode-se verificar se o coeficiente em apreço exerce impactos significativos sobre as probabilidades. Isso vem reforçar a ideia de que é sempre recomendável avaliar o modelo logístico com o apoio de vários indicadores.

Nota-se, portanto, que a maioria dos indicadores utilizados para avaliar o desempenho do modelo logístico pode ser interpretada com relativa facilidade. Isso decorre do fato de que existe uma certa semelhança entre eles e os mecanismos de avaliação do modelo linear. Naturalmente, essa facilidade será tanto mais percebida quando maior for o grau de familiaridade do leitor com as nuanças da regressão linear. Por isso, em caso de dúvidas mais profundas recomendamos voltar a esse assunto, principalmente se persistirem após a apresentação do caso prático. Com a resolução de exercícios, ainda teremos oportunidade de explorar muitos conceitos e ampliar a visão sobre o significado de cada um dos indicadores apresentados.

5.9 Exemplo prático

Do exposto, parece-nos claro que a Regressão Logística realmente é uma técnica muito apropriada a situações em que se deseja predizer ou explicar valores de uma variável binária em função de valores conhecidos de outras variáveis, que, como afirmamos, podem ser categóricas ou não. Mostra-se muito útil na solução de problemas que implicam a escolha de uma entre duas alternativas e na estimação de probabilidades associadas à ocorrência de determinado evento. Na área econômica, tem larga aplicação em *Credit Scoring*, na previsão de riscos de falência, em controle de custos, em *marketing* etc. Vimos também que, entre as razões que explicam o sucesso dessa técnica em diversas áreas do conhecimento, destacam-se: a capacidade de operar com variáveis categóricas e métricas simultaneamente, a facilidade com que se podem interpretar os resultados da análise e o pequeno número de suposições iniciais, especialmente quando comparada a outras ferramentas estatísticas como a análise discriminante, por exemplo.

Agora, desejamos lançar mão de um exemplo prático para consolidar todos os conceitos apresentados nas seções anteriores. O objetivo é oferecer ao leitor uma oportunidade de sedimentar os conhecimentos hauridos em torno da Regressão Logística e descobrir conosco oportunidades de aplicação dessa técnica em seu campo de ação. Para tanto, valemo-nos do pacote estatístico denominado SPSS®, seguindo a mesma sistemática adotada em capítulos anteriores. A partir de então, daremos prioridade aos aspectos operacionais e à interpretação dos resultados da análise.

5.9.1 Descrição do caso

Suponha que uma concessionária esteja interessada em aprimorar sua política de vendas para minimizar perdas com clientes. Uma das medidas que se encontram em cogitação é exigir garantias adicionais de indivíduos que não possuem renda fixa, especialmente quando responsáveis pelas despesas da família. Por considerar que as exigências devem variar em função do risco de inadimplência associado a cada operação, o *controller* solicitou um estudo baseado no histórico dos últimos 12 meses. Para tanto, tomou-se uma amostra aleatória de 92 clientes, em relação aos quais foram consideradas as seguintes variáveis: renda mensal, número de dependentes e, finalmente, se o elemento possui ou não algum vínculo empregatício. De acordo com o comportamento apresentado no período, cada um foi classificado como adimplente ou inadimplente.

Com esse estudo, o que se pretende mesmo é verificar o risco de um futuro cliente assumir a condição de inadimplente, dadas certas características a ele associadas. A depender do grupo em que ele se classifique, a administração poderá definir de forma mais racional as condições sob as quais a venda de um veículo poderá se concretizar. Após o levantamento, os dados foram resumidos e codificados do seguinte modo:

ST	R	ND	VE
0	2,5	3	1
1	1,7	3	1
0	4	2	1
1	2,3	2	1
1	3,7	4	0
0	4,8	1	0
1	1,9	3	0
0	5,3	2	1
1	3,1	4	1
1	1,9	3	1
1	2,3	4	1
0	3,6	1	0
0	4,7	2	1
0	5,8	2	0
0	6	4	0
0	3,9	3	1
1	2,4	4	1
1	1,7	4	1
0	3,7	2	0
0	4,8	1	0
0	3,2	2	1
1	2,7	3	1
1	1,2	3	1
0	8,2	5	0
1	1,8	1	1
1	2,5	1	1
1	2,2	3	1
0	4,0	1	0
0	4,2	1	0
0	3,7	1	0
1	2,4	2	1

ST	R	ND	VE
1	1,6	3	1
1	2,0	1	1
1	2,5	3	1
0	3,8	1	0
0	4,3	2	0
1	2,0	2	1
0	5,2	2	0
1	2,4	3	0
0	2,6	4	0
0	1,3	2	1
0	3,8	1	1
0	4,5	0	1
0	3,0	0	1
1	2,1	2	1
1	1,9	2	1
0	1,7	4	0
1	1,7	2	1
1	1,3	3	1
0	2,5	1	1
0	3,5	2	0
0	5,6	3	0
0	3,8	2	0
0	4,0	0	0
1	2,5	1	1
1	1,2	2	0
0	3,0	1	0
0	3,0	1	0
1	2,1	2	1
0	2,5	1	0
0	2,9	1	0
0	4,0	3	0

ST	R	ND	VE
0	3,2	3	0
1	1,2	2	1
0	3,5	3	0
0	4,0	1	0
1	2,3	3	1
0	2,9	4	0
1	2,4	2	1
0	5,0	3	0
1	2,2	3	0
1	1,3	3	1
1	1,7	3	1
0	3,0	2	0
0	3,0	2	1
0	3,5	2	1
0	5,8	2	1
0	4,8	1	0
1	2,3	3	1
1	2,6	2	1
1	1,8	2	1
1	2,9	2	1
0	3,2	1	0
0	4,2	1	0
0	2,6	1	0
0	6,0	1	0
1	4,5	3	1
1	1,3	2	1
1	2,4	2	1
0	4,3	2	0
1	1,8	0	1
0	2,4	2	0

Codificação das variáveis:

ST (*STATUS*) – se inadimplente, rotula-se com o número 1; adimplente, com zero;

R – renda mensal (média dos últimos 12 meses, em milhares de reais);

ND – número de dependentes;

VE – atividade profissional com vínculo empregatício (1); sem vínculo (0)

300 Análise Multivariada • Corrar, Paulo e Dias Filho

Recapitulando, diríamos que o objetivo final é estimar a probabilidade de o cliente assumir o *status* de inadimplente, em função das variáveis Renda, Número de Dependentes e Tipo de Atividade Profissional (existência ou inexistência de vínculo empregatício). Fica claro, assim, que a variável dependente é o *status* que o cliente poderá assumir em certas circunstâncias (adimplência ou inadimplência). Como se observa, trata-se de um problema que realmente pode ser resolvido com o apoio da Regressão Logística, pois a variável dependente é de natureza dicotômica, isto é, só admite um entre dois resultados. Além disso, tal resultado deve se apresentar de forma que possa ser interpretado em termos de probabilidade.

5.9.2 *Procedimentos para executar a regressão utilizando o SPSS®*

Seguindo a sistemática adotada em capítulos anteriores, o problema será resolvido com o apoio do *software* SPSS®. Embora se trate de um pacote autoexplicativo e de fácil manipulação, apresentaremos alguns passos de caráter operacional rumo à obtenção dos *outputs*. Salientamos que isso será feito de forma resumida para não sacrificar o foco da abordagem, que é a interpretação dos resultados. Assim, já passaremos a um dos primeiros procedimentos, que é transpor os dados coletados para as colunas relativas a cada variável, conforme segue:

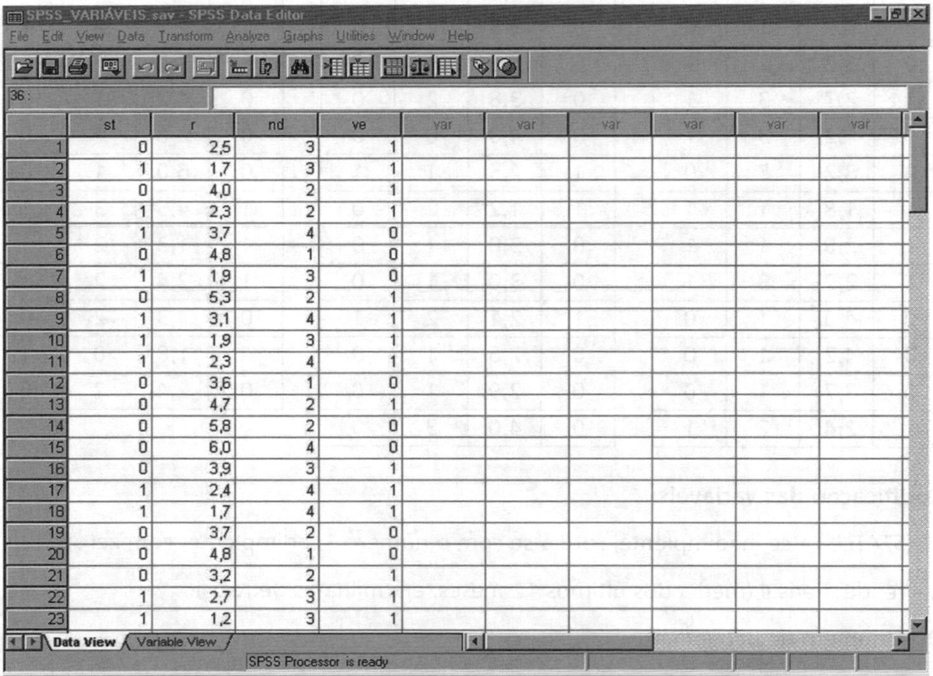

Figura 5.2 *Caixa de diálogo* Imposição das Variáveis.

Como se pode notar, a planilha recepciona facilmente os dados amostrais. Na primeira coluna, tem-se o número de identificação de cada observação. Nas subsequentes, relacionam-se todos os dados referentes a cada indivíduo: o *status* que ele assumiu no período observado (st); a sua renda mensal média (r); o número de dependentes (nd); e existência ou não de vínculo empregatício (ve). Lembramos mais uma vez que a existência de vínculo empregatício é referenciada com o número 1 e a inexistência com o 0. Selecionando-se a opção *Binary Logistic Regression*, no menu *analyze*, o próximo passo consiste em separar a variável dependente das independentes (*covariates*), como evidencia a seguinte caixa de diálogo:

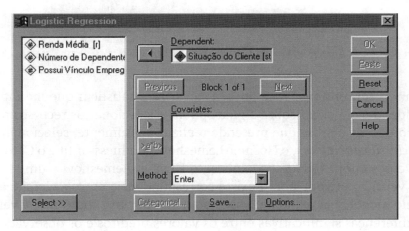

Figura 5.3 *Caixa de diálogo* Seleção da Variável Dependente.

Selecionada a variável dependente, transferem-se as demais para o campo das *covariates*. Neste exemplo, optamos por incluir todas as variáveis preditoras simultaneamente. Por isso, selecionamos o método *enter*. Esclarecemos que, em vez disso, poderíamos selecioná-las de forma gradual. Nesse caso, seria necessário utilizar o método *stepwise*. Como se sabe, trata-se de um procedimento em que as variáveis independentes são escolhidas de forma sequencial de acordo com seu poder explicativo ou preditivo.

Como temos uma variável de natureza categórica no conjunto das independentes, é necessário distingui-la das demais. Para tanto, basta acionar o comando "categorical", que se faz presente na base da próxima caixa de diálogo (Figura 5.4). Em seguida, é só clicar sobre a variável categórica (vínculo empregatício) e transferi-la para o campo apropriado. A planilha seguinte ilustra o procedimento ora descrito. Por oportuno, esclarecemos que variáveis desse tipo também costumam ser definidas como nominal, não métrica, qualitativa, ou ainda taxonômica. Servem apenas para atribuir uma característica a um objeto ou indivíduo (rotular).

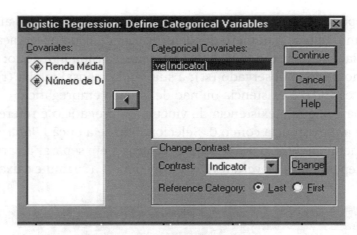

Figura 5.4 *Caixa de diálogo* Seleção da Variável Categórica.

Clicando em *continue*, você poderá salvar as estatísticas que lhe interessem. Em seguida, deverá clicar sobre a guia *options* e selecionar os recursos mais adequados ao tipo de análise que pretende realizar. Geralmente, selecionam-se pelo menos o *classification plots*, o Hosmer-Lemeshow goodness-of-fit e o CI for exp(B). Como tivemos oportunidade de explicar, o Hosmer-Lemeshow é um teste muito útil para verificar até que ponto existe correspondência entre a classificação realizada pelo modelo e a realidade observada. Seu objetivo, portanto, é verificar se existem diferenças significativas entre os valores preditos e os observados. CI for exp(B) nada mais é do que o intervalo de confiança de cada coeficiente estimado. Esse indicador é especialmente útil nas situações em que se utiliza a equação logística para estimar probabilidades associadas à ocorrência de determinado evento.

Na mesma caixa de diálogo, temos outros recursos de grande significado para a realização da análise. Um deles é o *classification cutoff*, que, como o próprio nome sugere, nos permite selecionar um ponto de corte para a classificação dos indivíduos neste ou naquele grupo. Como se pode observar, aqui estamos trabalhando com 0,5, mas a depender das circunstâncias o pesquisador poderá adotar outro ponto de corte. Finalmente, temos os critérios para inclusão ou exclusão de variáveis no modelo e o número de iterações que deverá ser realizada pelo *software*, caso se deseje trabalhar com o método *stepwise*. Como se pode notar, a planilha é autoexplicativa.

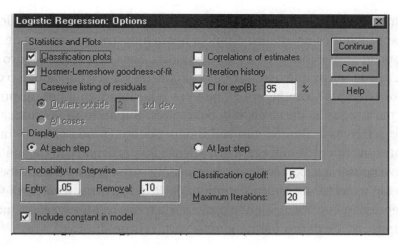

Figura 5.5 *Caixa de diálogo* Opções.

A partir de então, acionando-se o comando *continue* e logo em seguida "OK", obtêm-se diversos relatórios evidenciando os resultados da Regressão. Talvez seja desnecessário salientar que "rodar" a Regressão é um ato tão simples que está ao alcance de qualquer indivíduo medianamente instruído. Entretanto, interpretar os relatórios e extrair deles as informações necessárias ao processo decisório, isto sim, é uma tarefa que demanda conhecimentos mais avançados.

Com o apoio dos conceitos expostos na primeira parte deste capítulo, esperamos que o leitor consiga lidar com tais relatórios de forma confortável e, finalmente, encontrar neles instrumentos que contribuam para melhorar a qualidade de suas decisões. Lembramos que, no presente caso, nosso interesse é conceber um modelo que nos permita prever o nível de risco a que se expõe a concessionária em uma decisão de venda, dadas certas características do cliente. Baseando-se em dados históricos, a análise nos permitirá também compreender por que este ou aquele cliente assumiu a condição de inadimplente.

5.9.3 Interpretando os outputs da Regressão

Case Processing Summary

Unweighted Cases[a]		N	Percent
Selected Cases	Included in Analysis	92	100,0
	Missing Cases	0	0,0
	Total	92	100,0
Unselected Cases		0	0,0
Total		92	100,0

a. If weight is in effect, see classification table for the total number of cases.

304 Análise Multivariada • Corrar, Paulo e Dias Filho

O primeiro relatório fornecido pelo SPSS é uma espécie de quadro demonstrativo de casos incluídos na análise. Como a nossa amostra é composta de 92 observações, conclui-se que todas foram aproveitadas. Aliás, o próprio quadro confirma esse aspecto ao indicar que nenhum caso deixou de ser selecionado. É o que aconteceria, por exemplo, com algum cliente em relação ao qual não dispuséssemos de dados para todas as variáveis independentes. Supondo-se 95 casos, mas dois sem dados relativos a alguma variável independente (renda mensal, número de dependentes ou vínculo empregatício), apenas 93 participariam da análise. O demonstrativo acusaria a existência de dois *missing cases*. A propósito, cabe destacar que, sob esse aspecto, a técnica denominada *Redes Neurais* leva certa vantagem sobre a Regressão Logística, já que aproveitaria todas as observações, mesmo que não se dispusesse de dados para algumas variáveis preditoras.

Codificação da variável dependente

Dependent Variable Encoding

Original Value	Internal Value
ADIMPLENTE	0
INADIMPLENTE	1

O quadro acima apresenta o código que o *software* atribuiu à variável dependente. No presente caso, observa-se que foi mantida a codificação inicial, ou seja, 1 para representar o estado de inadimplência e 0 para o de adimplência. Como os resultados da análise devem permitir interpretação em termos de probabilidade, não houve necessidade de alterar a codificação original. Ela já se apresenta adequada à consecução desse objetivo, pois as probabilidades estão contidas no intervalo de 0 a 1. Se tivéssemos atribuído uma codificação diferente, para efeitos operacionais, ela teria sido modificada pelo SPSS®. No próximo quadro, temos uma codificação paramétrica atribuída à variável categórica. Isso somente para fins operacionais. Portanto, não precisamos nos preocupar com esse detalhe.

Categorical Variables Codings

		Frequency	Parameter (1)
Possui Vínculo Empregatício ou não	Não Possui Vínculo Empregatício	42	1,000
	Possui Vínculo Empregatício	50	0,000

Quadro de classificação anterior à análise

Classification Table[a,b]

Observed			Predicted		
			Situação do Cliente		Percentage Correct
			ADIMPLENTE	INADIM-PLENTE	
Step 0	Situação do Cliente	ADIMPLENTE	51	0	100,0
		INADIMPLENTE	41	0	0,0
	Overall Percentage				55,4

a. Constant is included in the model.

b. The cut value is 0,500.

Antes de apresentar os resultados da análise propriamente dita, o SPSS® nos informa como seriam classificados os indivíduos caso o modelo se deixasse guiar apenas pela situação em que se enquadra a maioria dos casos observados. Assim agindo, como a amostra é composta de 51 adimplentes e 41 inadimplentes, todos os indivíduos seriam classificados *a priori* como adimplentes. Isso significa que o modelo classificaria corretamente aqueles que de fato honraram com suas obrigações, mas incorretamente os que assumiram a condição de inadimplentes. Nesse caso, o percentual geral de acerto nas classificações seria de apenas 55,4%. Esse quadro de classificação anterior à análise atua, portanto, como uma referência para avaliar a eficácia do modelo quando ele passa a operar com as variáveis independentes para predizer a que grupo pertence certo indivíduo.

Estatística Wald

Em seguida, o *software* fornece a estatística Wald, que, nesse primeiro momento, está avaliando apenas a significância da constante incluída no modelo. Adiantamos que este mesmo recurso será utilizado mais tarde para avaliar também a significância dos coeficientes de cada variável independente. Sua finalidade é verificar se cada um deles é significativamente diferente de zero, conforme mencionamos anteriormente.

Variables in the equation

	B	S.E.	Wald	df	Sig.	Exp(B)
Step 0 Constant	−0,218	0,210	1,083	1	0,298	0,804

Do exposto conclui-se que realmente não seria conveniente formular predições em função desse critério de classificação. Fica cada vez mais claro que o seu único objetivo, de fato, é fornecer uma base de comparação que nos permita verificar se as variáveis independentes vêm melhorar a qualidade das predições. É importante considerar que sem incluí-las no modelo já se alcança um nível de acerto de 55,4% na classificação dos casos. Com elas, espera-se um percentual mais elevado. A relação dessas variáveis com os respectivos *scores* é apresentada pelo SPSS ao final do chamado *Step* 0, tal como se observa a seguir:

Variables not in the equation

			Score	df	Sig.
Step	Variables	R	39,112	1	0,000
0		ND	7,768	1	0,005
		VE(1)	33,368	1	0,000
	Overall statistics		54,573	3	0,000

Testando a capacidade preditiva do modelo

Não se pode perder de vista que o objetivo final de nossa análise é verificar se realmente as variáveis renda, número de dependentes e vínculo empregatício podem explicar o fato de determinado cliente assumir a condição de inadimplente. Caso se observe uma relação significativa entre o fenômeno inadimplência e as variáveis supracitadas, pode-se aproveitá-las na construção de um modelo voltado para identificar a probabilidade de um futuro cliente se tornar inadimplente sob certas condições. Mas notem que estamos nos referindo a uma relação significativa, ou seja, algo que estatisticamente possa explicar a ocorrência de determinado evento. Por isso, a primeira preocupação do SPSS®, após fornecer alguns dados iniciais para comparação, é apresentar os chamados testes de significância. Com eles, pode-se verificar se o modelo é capaz de realizar predições com a acurácia desejada.

Como evidencia o próximo quadro, uma das primeiras providências é testar a validade do modelo como um todo. Lembramos que na Regressão Linear esse procedimento é realizado por meio da estatística F, cujo objetivo é testar a hipótese de que todos os coeficientes da equação são nulos. Como se sabe, a confirmação dessa hipótese sugere que o modelo não serve para a estimação de valores para a variável dependente em função de valores conhecidos das independentes. Sim, porque nesse caso nenhum dos coeficientes seria significativamente diferente de zero. E no modelo logístico? Bem, como explicamos na parte introdutória, no modelo logístico temos um conjunto de testes que cumprem um papel bastante semelhante. Como consta a seguir, um deles é o chamado *Model Chi-square*.

Omnibus Tests of Model Coefficients

		Chi-square	df	Sig.
Step1	Step	76,143	3	0,000
	Block	76,143	3	0,000
	Model	76,143	3	0,000

O *Model Chi-square* testa a hipótese de que todos os coeficientes da equação logística são nulos. Como se vê, realmente trata-se de um teste Qui-quadrado muito parecido com a estatística F. No presente caso, nota-se que o valor do Model foi de 76,143. A esta altura, é natural que você esteja querendo saber qual o significado desse número. Lembra-se do *Likelihood Value* (– 2LL) e de que a diferença entre os valores inicial e final desse indicador expressa a capacidade preditiva do modelo? É isso mesmo! Esse número corresponde à diferença entre o valor de – 2LL obtido quando se inclui apenas a constante no modelo e o – 2LL calculado após a inclusão de todas as variáveis independentes. Com a inclusão das variáveis preditoras, espera-se que o *Likelihood Value* sofra uma redução estatisticamente significativa. E é exatamente o que se verifica no presente caso. Com três graus de liberdade, que correspondem à diferença entre o número de parâmetros estimados nos modelos inicial e final (o que considera somente a constante e o que inclui as variáveis independentes), pode-se concluir que pelo menos um dos coeficientes da Regressão é diferente de zero. Portanto, pode-se rejeitar a hipótese de que todos os parâmetros estimados são nulos. Em outras palavras, pode-se afirmar que eles contribuem para melhorar a qualidade das predições. Um ponto positivo para o nosso modelo!

No mesmo quadro, nota-se ainda a presença de mais dois testes: o *Step* e o *Block*. Esclarecemos que se trata do mesmo indicador. Ambos têm significado rigorosamente igual ao do Model. Portanto, podem ser interpretados de forma análoga. Como nossa análise está sendo realizada sob o método *Enter*, ou seja, com a inclusão simultânea de todas as variáveis independentes, está explicado por que seus valores são coincidentes. Porém, se estivéssemos trabalhando com o método *Stepwise*, seja de se esperar alguma diferença no *Likelihood Value*. Essa distinção poderá ser percebida quando estivermos utilizando o método *Stepwise*.

Em seguida, o software nos fornece outros indicadores que também contribuem para avaliar o desempenho geral do modelo. Como consta no quadro a seguir, desta feita temos o –2 *Log likelihood*, o *Cox & Snell* e, finalmente, o *Nagelkerke*.

Model Summary

Step	−2Log likelihood	Cox& Snell R Square	Nagelkerke R Square
1	50,307	0,563	0,754

Se você vem acompanhando nossas explicações, certamente já se deu conta de que o *Likelihood Value* (−2LL) não é passível de interpretação isoladamente. Mais precisamente, deve se lembrar de que esse indicador só adquire significado quando confrontado com uma base de referência. Como mencionamos anteriormente, um de seus principais objetivos é facilitar a comparação do desempenho de modelos alternativos. Por exemplo, um que considere apenas a constante e outro que incorpore algumas variáveis independentes ou todas, obviamente. Aproveitamos a oportunidade para alertá-lo para alguns problemas de interpretação. Não raro, costuma-se afirmar que quanto menor o *Likelihood Value*, melhor. Esclarecemos que só faz sentido uma afirmação desse tipo se o indivíduo estiver tomando como referência outro *Likelihood Value* relativo ao mesmo caso. Apesar de não poder ser interpretado diretamente, a manutenção do *Likelihood Value* no quadro acima deve-se ao fato de ele participar do cálculo de outros indicadores, tais como o *Model, o Step e o Block Qui-quadrado*.

E o que dizer dos testes Cox & Snell e Nagelkerke, que no presente caso assumem os valores de 0,563 e 0,754, respectivamente? A que conclusão se pode chegar a partir de tais indicadores? Se você se recorda de que ambos são considerados Pseudos-R-Quadrado, certamente compreenderá que eles procuram indicar a proporção das variações ocorridas no log da razão de chance que é explicada pelas variações ocorridas nas variáveis independentes. De certa forma, podem ser comparados ao R-Quadrado da Regressão Linear. Assim, o Cox & Snell está indicando que cerca de 56,3% das variações ocorridas no log da razão de chance são explicadas pelo conjunto das variáveis independentes (renda, número de dependentes e vínculo empregatício). O Nagelkerke, como explicamos anteriormente, é uma versão do Cox & Snell adaptada para fornecer resultados entre 0 e 1. Por essa medida, somos levados a considerar que o modelo é capaz de explicar cerca de 75,4% das variações registradas na variável dependente. Como se vê, realmente tem significado muito semelhante ao do coeficiente de determinação.

Teste Hosmer e Lemeshow

No próximo quadro, temos o indicador denominado Teste Hosmer e Lemeshow. Lembramos que se trata de um teste Qui-quadrado, cujo objetivo é testar a hipótese de que não há diferenças significativas entre os resultados preditos pelo modelo e os observados. Para tanto, dividem-se os casos em dez grupos aproximadamente iguais e comparam-se os valores observados com os esperados, tal como se apresenta na tabela de contingência.

Hosmer and Lemeshow Test

Step	Chi-square	df	Sig.
1	8,169	8	0,417

Contingency Table for Hosmer and Lemeshow Test

		Situação do Cliente = ADIMPLENTE		Situação do Cliente = INADIMPLENTE		Total
		Observed	Expected	Observed	Expected	
Step	1	9	8,991	0	0,009	9
1	2	9	8,952	0	0,048	9
	3	9	8,841	0	0,159	9
	4	9	8,488	0	0,512	9
	5	7	7,148	2	1,852	9
	6	5	4,318	4	4,682	9
	7	0	2,305	9	6,695	9
	8	2	1,155	7	7,845	9
	9	0	0,578	9	8,422	9
	10	1	0,223	10	10,777	11

Seguindo uma distribuição Qui-quadrado, o cálculo nos leva a uma estatística de 8,169 e um nível de significância de 0,417. Isso indica que os valores preditos não são significativamente diferentes dos observados. Portanto, tem-se aí mais um indício de que o modelo pode ser utilizado para estimar a probabilidade de um determinado cliente se tornar inadimplente em função das variáveis independentes.

É possível que você esteja a nos questionar se esse resultado realmente é favorável, uma vez que o nível de significância encontrado foi bem superior a 0,05. Esclarecemos que sim, porque se o resultado estivesse em um patamar igual ou inferior a 0,05 teríamos que rejeitar a hipótese de que não existem diferenças significativas entre os valores esperados e observados. O que se pretende não é isso, mas sim aceitar a hipótese de que não existem diferenças entre valores preditos e observados. Portanto, é sempre desejável que se obtenham resultados superiores a 0,05, como ocorreu na presente situação. Aliás, diríamos que quanto mais elevado melhor. É claro que existem algumas limitações associadas ao uso desse teste, conforme comentamos anteriormente. Uma delas diz respeito ao tamanho da amostra. Quanto mais ampla, maior o risco de rejeitarmos a hipótese nula indevidamente. Para contornar esse problema, recomendamos utilizar vários testes simultaneamente, como estamos fazendo nessa oportunidade.

Quadro de classificação final

Como se observa, até aqui tudo se mostra favorável ao uso das variáveis independentes como estimadores do *status* que o cliente poderá assumir em determinadas circunstâncias. Certamente, você se lembra de que sem incluirmos tais variáveis no modelo, o percentual de acerto nas classificações era de apenas 55,4%. Muito bem! E se considerarmos tais variáveis, qual seria o percentual de acerto? Como nos mostra o quadro a seguir, ele se eleva para 89,1%. Nota-se, portanto, uma melhoria considerável.

Classification Table[a]

	Observed		Predicted		
			Situação do Cliente		Percentage Correct
			ADIMPLENTE	INADIM-PLENTE	
Step1	Situação do	ADIMPLENTE	45	6	88,2
	Cliente	INADIMPLENTE	4	37	90,2
	Overall Percentage				89,1

a. The cut value is 0,500.

Embora se verifique uma redução no nível de acerto em relação à classificação dos clientes que assumiram a condição de adimplente, já que antes estava em 100 e agora declinou para 88,2%, no cômputo geral o modelo alcança melhor desempenho. Isso porque ele apresentou uma sensível melhoria na classificação dos indivíduos que assumiram o *status* de inadimplente. Como eles são minoria, foram classificados inicialmente na categoria de adimplentes. Por isso, em relação a tais clientes o nível de acerto do modelo era zero. Note-se que com a inclusão das variáveis independentes esse percentual sobe para 90,2%. Portanto, em média, obtém-se 89,1% de acurácia nas predições. Considerando-se mais esse indicador, estamos convencidos de que estatisticamente é viável incluir as variáveis independentes no modelo. No conjunto, parecem explicar o *status* assumido por cada cliente no período observado (ADIMPLÊNCIA ou INADIMPLÊNCIA).

Variáveis incorporadas ao modelo

Como vimos, até aqui todos os testes sugerem que, de forma geral, o modelo pode ser utilizado para estimar a probabilidade de um cliente assumir a condição de inadimplente em função do conjunto de variáveis independentes (renda, número de dependentes e vínculo empregatício). Sendo assim, será que já poderíamos lançar mão dos coeficientes abaixo relacionados e esboçar a equação da regressão logística para fazer estimativas? A resposta é não! Isso porque até então só realizamos a avaliação do modelo como um todo. Comparando-se à regressão linear, é como se tivéssemos apenas submetido a equação ao teste F. Resta-nos ainda avaliar a significância de cada coeficiente em particular. Afinal, é necessário verificar se cada um deles realmente pode ser utilizado como estimador de probabilidades. Para tanto, recorremos à estatística Wald. Trata-se de um mecanismo equivalente ao teste t, cujo objetivo é testar a hipótese nula de que um determinado coeficiente não é significativamente diferente de zero.

Como a variável independente tem apenas um grau de liberdade, para cada coeficiente procede-se ao seguinte cálculo: Wald $= (b/S.E.)^2$, onde b simboliza o coeficiente de uma variável incluída no modelo e S.E., o erro-padrão a ele associado. Como se observa, o quadro seguinte sugere que todas as variáveis podem ser aproveitadas na composição do modelo, já que seus coeficientes não são nulos. Em outras palavras, pode-se afirmar que cada um deles exerce efeito sobre a probabilidade de um cliente assumir o *status* de adimplente ou inadimplente, pelo menos a um nível de significância de 0,05. Os coeficientes das variáveis renda (R) e vínculo empregatício (VE) são negativos. Isso significa que uma variação positiva em tais variáveis contribui para diminuir a probabilidade de um cliente se tornar inadimplente. Número de dependentes (ND), pelo contrário, tem sinal positivo. Portanto, uma variação positiva nessa variável concorre para aumentar a probabilidade de o cliente se tornar inadimplente.

Variables in the equation

		B	S.E.	Wald	df	Sig.	Exp(B)	95,0% C.I.for EXP(B)	
								Lower	Upper
Step 1ª	R	−1,882	0,489	14,845	1	0,000	0,152	0,058	0,397
	ND	0,860	0,386	4,965	1	0,026	2,362	1,109	5,031
	VE(1)	−2,822	0,852	10,969	1	0,001	0,059	0,011	0,316
	Constant	4,300	1,489	8,341	1	0,004	73,679		

a. Variable(s) entered on step 1: R, ND, VE.

Além da estatística Wald, temos o intervalo de confiança, que também pode ser utilizado para verificar se realmente o coeficiente é significativamente diferente de zero. Lembra-se de que no modelo logístico cada coeficiente da variável independente é elevado à constante matemática *e*? Pois bem! O relatório indica que cada um deles elevado a essa constante está contido no intervalo de confiança acima referido. Por exemplo, nota-se claramente que o coeficiente da variável ND (0,860) elevado à constante *e* resulta em 2,362 (indicado na coluna Exp(B)) e está contido no intervalo cujo limite mínimo é 1,109 e o máximo, 5,031. Tem-se aí mais um indicador de que cada variável pode ser utilizada na estimação das probabilidades.

Submetido a todos os testes, verifica-se que o modelo está estatisticamente apto a ser utilizado na solução do problema. Agora, sim, podemos esboçar a equação da Regressão Logística com boa margem de segurança. Dados os coeficientes acima referidos, essa equação pode ser exposta da seguinte forma: Z = 4,300 – 1,882 R + 0,860 ND – 2,822 VE. Lembramos, mais uma vez que, R simboliza a renda mensal média do cliente; ND, o número de dependentes e VE, a existência de vínculo empregatício.

Interpretando os coeficientes da equação

A exemplo do que se verifica na Regressão Linear, cada coeficiente deve ser interpretado como estimativa do efeito que uma variável independente produz sobre a dependente quando as demais se mantêm inalteradas. Entretanto, não se pode esquecer de que o modelo logístico é expresso em termos de logaritmos da razão de chance ou logit. Assim, cada coeficiente deve ser interpretado como o efeito que uma variação unitária sofrida pela variável independente tende a produzir sobre o logaritmo da razão de chance. No presente caso, se um cliente possuir vínculo empregatício com a(s) fonte(s) de onde extrai sua renda, o efeito dessa característica sobre o logaritmo da razão de chance (logit) será da ordem de –2,822, tendo em vista que em tal circunstância essa variável é codificada com o número 1. De forma semelhante, pode-se afirmar que a quantidade de logit sofrerá uma variação de 0,860 para cada variação unitária que se verifique no número de dependentes. O sinal do coeficiente é que vai determinar a direção da mudança, que pode ser aumentativa ou diminutiva.

Já o efeito de cada coeficiente sobre a probabilidade é de natureza multiplicativa e vai depender do nível em que ela se encontrar. Digamos que em determinado período um cliente tenha sido classificado na faixa de risco de 20% em função de sua renda, do número de dependentes e do vínculo empregatício. Nesse caso, para quanto vai a probabilidade de ele assumir a condição de inadimplente se no período subsequente ele incorporar mais um dependente e não apresentar nenhuma alteração quanto às demais variáveis? Já tivemos oportunidade de demonstrar que esse cálculo é muito simples! Em primeiro lugar, é preciso identificar o fator pelo qual a razão de chance se altera em função de uma variação unitária na variável considerada, no caso "número de dependentes". O relatório fornecido pelo SPSS® indica que esse fator é da ordem de 2,362, que corresponde à constante matemática *e* elevada ao coeficiente da variável em apreço (0,860). Agora, tudo o que nos falta é identificar a razão de chance a que corresponde a probabilidade de 20% e multiplicá-la por esse fator. Ora, como a razão de chance corresponde ao quociente entre a probabilidade de um evento ocorrer e a de ele não ocorrer, a partir desse ajuste pode-se identificar a mudança na probabilidade de o cliente se tornar inadimplente. Acompanhemos o cálculo, portanto.

Probabilidade inicial: 20%.

Razão de chance a que corresponde a probabilidade de 20%: $0,2/0,8 \cong 0,25$.

Razão de chance ajustada: $(0,25) * (2,362) = 0,59$.

Probabilidade a que corresponde a razão de chance ajustada:

$$[p/(1-p)] = 0,59 \therefore p = 37\%$$

Como se observa, se o cliente incorporar mais um dependente e mantiver os demais fatores inalterados (renda e vínculo empregatício), a probabilidade de se tornar inadimplente evolui de 20 para 37%. Importa salientar mais uma vez que essa variação depende sempre do patamar de risco em que se encontre o cliente em determinado instante. A título de exemplo, destaque-se que se a probabilidade inicial fosse de 35%, agora ela teria evoluído para quase 56%. Em termos relativos, uma variação bem menor. Em caso de dúvida, recomendamos voltar à parte introdutória deste capítulo, mais precisamente à seção que trata da interpretação dos coeficientes. Salientamos que esse ponto assume grande significado na análise da Regressão, pois nos permite observar o efeito de cada variável sobre a probabilidade associada à ocorrência de determinado evento ou à manifestação de certa característica.

Realizando predições com o modelo

Como vimos, chegamos ao modelo capaz de descrever a relação existente entre o fenômeno inadimplência e as variáveis renda, número de dependentes e vínculo empregatício, tomando-se como referência um conjunto de dados históricos pertencentes a uma concessionária de automóveis. Agora, podemos utilizá-lo para estimar a probabilidade de um determinado cliente se tornar inadimplente sob certas condições. Para tanto, devemos esboçar a equação logística a partir dos coeficientes estimados, conforme segue:

$$P(\text{evento}) = \frac{1}{1 + e^{-(4,3 - 1,882R + 0,860ND - 2,822VE)}}$$

Lembramos que, nesta equação, R representa a renda do cliente em milhares de reais; ND, o número de dependentes; e VE, vínculo empregatício. Utilizamos essa simbologia para efeitos didáticos, mas é claro que cada variável independente poderia ser representada por outros códigos, tais como X_1, X_2 e X_3, por exemplo. Por fim, salientamos mais uma vez que VE só poderá assumir um entre dois valores: 1 quando o cliente possuir vínculo empregatício, e zero, em caso contrário. Com tais esclarecimentos, passaremos a alguns exemplos práticos.

Suponha que o gestor da área de vendas da concessionária em apreço esteja interessado em conhecer o risco de um cliente se tornar inadimplente nas seguintes circunstâncias:

- renda mensal (média dos últimos doze meses): 4 mil;

- número de dependentes: 3;

- não possui vínculo empregatício.

Valendo-nos da equação acima, temos:

$$P(\text{evento}) = \frac{1}{1 + e^{0,65}} = 34,3\%$$

Portanto, um cliente que reúna tais características apresenta um risco de inadimplência da ordem de 34,3%. Com essa informação, certamente a empresa poderá escolher medidas preventivas mais adequadas para minimizar expectativas de perdas. Em tais circunstâncias, provavelmente as exigências não seriam as mesmas impostas para um cliente que se encontrasse classificado na faixa de risco de 70%, por exemplo. Aliás, nesse caso talvez fosse mais prudente evitar a venda! Obviamente, está longe de nossos propósitos prescrever esta ou aquela medida para tais situações. Com esse exemplo, queremos apenas demonstrar que um instrumento dessa natureza pode contribuir em muito para melhorar a qualidade das decisões no ambiente empresarial.

No caso específico, estamos nos referindo à probabilidade de um cliente assumir o *status* de inadimplente. Porém, esse mesmo raciocínio pode se estender a diversas situações, conforme mencionamos no início do capítulo. Entre as mais frequentes, destacam-se: a necessidade de estimar a probabilidade de um cliente preferir um produto a outro, de abandonar a empresa em caráter definitivo, de reagir a determinados estímulos, de apresentar uma denúncia fiscal contra a empresa, de se manter fiel a determinada marca, de acionar uma garantia etc. Um modelo desse tipo pode servir também para estimar a probabilidade de a empresa obter um empréstimo, de ingressar em estado de insolvência, de atingir certas metas, e assim por diante.

5.10 Considerações finais

Como vimos, tanto sob o ponto de vista conceitual como operacional, a Regressão Logística se caracteriza como uma técnica de fácil aplicação. Em relação à Análise Discriminante, por exemplo, ela leva certa vantagem na medida em que, além de facilitar a identificação do grupo a que pertence um objeto ou indivíduo, facilita a estimação de probabilidades associadas à ocorrência de determinados eventos. Outra vantagem relativa diz respeito ao número de suposições iniciais. Basta considerar que a logística não exige a normalidade conjunta ou não das variáveis independentes. Se esse tipo de teste já assume certa complexidade quando se lida com múltiplas variáveis, muito mais ainda quando algumas são de natureza categórica. Somando-se a isso a facilidade computacional, temos aí uma explicação bastante plausível para o fato de essa técnica ter se expandido com tanta rapidez.

Pensando na diversidade de profissionais que podem se interessar por esse recurso estatístico, procuramos conferir ao texto uma entonação didática que facilitasse a assimilação dos principais conceitos, a interpretação dos resultados da análise e principalmente a percepção das circunstâncias em que ele pode ser utilizado. Essa preocupação com aspectos didáticos exigiu uma certa resistência à tentação de nos alongar em explicações teóricas de maior complexidade. Por exemplo, como as ferramentas computacionais disponíveis nos permitem estimar os parâmetros da equação logística sem conhecimentos mais profundos do método da máxima verossimilhança, evitamos maiores digressões sobre esse assunto. De igual forma, procuramos deixar em segundo plano discussões de ordem doutrinária sobre uma ou outra particularidade. Se, por um lado, isso pode frustrar a expectativa de alunos mais ávidos por elucubrações teóricas, por outro, temos a compensação de tornar mais acessível à média dos leitores um conhecimento de grande significado para o exercício de suas atividades. Aos demais, resta-nos aconselhar uma consulta complementar a fontes que se detêm em tópicos mais específicos.

5.11 Resumo

Regressão Logística é uma técnica de análise da estatística multivariada aplicável a situações em que se deseja predizer ou explicar valores de uma variável binária em função de valores conhecidos de outras variáveis, que podem ser categóricas ou não. O fato de a variável dependente só poder assumir um entre dois valores é a principal diferença entre o modelo logístico e o linear. Esse também é um dos motivos pelos quais não se pode utilizar o método dos mínimos quadrados para estimar os parâmetros da equação logística. Em lugar dele, adota-se o método da máxima verossimilhança, um processo iterativo que nos permite estimar

316 Análise Multivariada • Corrar, Paulo e Dias Filho

a probabilidade máxima associada à ocorrência de determinado evento ou à presença de certas características. Com esse recurso, todos os resultados atribuíveis à variável dependente ficam contidos no intervalo de 0 a 1.

Em praticamente todas as áreas do conhecimento, o modelo logístico tem se revelado muito eficaz na solução de problemas que envolvem a escolha de uma entre duas alternativas ou a estimação de probabilidades. No ambiente de negócios, por exemplo, pode ser utilizado na previsão de falência, na avaliação de projetos econômicos, na análise de riscos de crédito etc. De igual forma, pode facilitar a identificação de variáveis que contribuem para explicar diversos fenômenos de interesse das organizações, tais como o sucesso ou o fracasso de determinado produto, atitudes pessoais frente ao processo decisório, o desempenho de um departamento, a reação de alguns segmentos da sociedade a políticas empresariais, o comportamento de certos agentes econômicos, e assim por diante.

A popularidade que essa técnica vem alcançando em todo o mundo é atribuída, em parte, à semelhança que ela conserva em relação a algumas características da Regressão Linear e principalmente ao fato de permitir que se contornem certas restrições encontradas em outros modelos, tais como homogeneidade de variância e normalidade na distribuição de erros. Soma-se a isso o fato de acolher variáveis independentes métricas e não métricas, simultaneamente, e de facilitar a solução de problemas que envolvem não apenas a discriminação de grupos, mas também a estimação de probabilidades. Aliás, o simples fato de ser menos exigente quanto às suposições iniciais já confere ao modelo logístico uma certa vantagem no tocante à confiabilidade dos resultados da análise. Na área médica, por exemplo, considera-se que esta é uma das razões pelas quais ele ganhou o *status* de ferramenta-padrão na avaliação de riscos.

5.12 Questões propostas

1. Qual o principal objetivo da Regressão Logística e em quais circunstâncias recomenda-se utilizar essa técnica de análise de dados?

2. Por que não se pode utilizar a Regressão Linear para descrever um possível relacionamento entre uma variável independente binária e um conjunto de variáveis independentes de natureza métrica e não métrica?

3. Regressão Logística e Análise Discriminante são técnicas substitutas? Explique.

4. Em relação a outras técnicas de classificação, como a Análise Discriminante, quais as principais vantagens da Regressão Logística?

5. No modelo linear, cada parâmetro estimado expressa a mudança que ocorrerá na variável dependente por unidade de variação ocorrida na variável preditora, quando as demais permanecem constantes. E no modelo logístico?

6. Mencione as principais suposições requeridas pelo modelo logístico para que se obtenham predições e classificações válidas sob o ponto de vista estatístico.

7. Para efeitos de avaliação do modelo logístico, como deve ser interpretado o $-2LL$?

8. No modelo linear, para testar a hipótese de que um determinado coeficiente da regressão é nulo, pode-se utilizar a estatística t. E no modelo logístico?

9. Qual a finalidade do teste denominado Hosmer e Lemeshow? Descreva sucintamente em que consiste esse mecanismo de avaliação do modelo logístico e como deve ser interpretado.

10. Identifique oportunidades de aplicação da Regressão Logística em sua área de atuação profissional.

5.13 Exercícios resolvidos

O *Controller* de uma transportadora tem observado que menos de 40% dos funcionários submetidos a um programa de treinamento voltado para redução de custos reagem positivamente. Interessado em aprimorar a política de pessoal, solicitou um estudo para identificar as causas desse baixo desempenho, inclusive porque o próprio treinamento já estava sob uma relação custo/benefício desvantajosa. Para tanto, extraiu-se uma amostra aleatória constituída de 36 empregados em relação aos quais foram consideradas as seguintes variáveis: número de anos de escolaridade, idade e sexo (1 = masculino; 0 = feminino). O fenômeno que está sob análise é a reação de cada componente da amostra e será codificada como 1, quando positiva, e como zero, quando negativa, conforme consta no seguinte quadro:

318 Análise Multivariada • Corrar, Paulo e Dias Filho

REAÇÃO	IDADE	ESCOLARIDADE	SEXO	REAÇÃO	IDADE	ESCOLARIDADE	SEXO
0	22	6	1	1	19	9	0
1	38	12	1	0	18	4	1
0	36	12	0	1	22	12	1
0	58	8	0	0	23	6	1
1	37	12	1	1	24	12	1
0	31	12	0	1	50	12	1
1	32	10	1	1	20	12	1
1	54	12	1	0	47	12	0
0	60	8	1	1	34	12	0
1	34	12	0	1	31	12	1
0	45	12	0	1	43	12	0
1	27	12	0	1	35	8	1
0	30	8	1	0	23	8	0
0	20	4	1	1	34	12	0
0	30	8	1	1	51	16	0
1	30	8	1	0	63	12	1
1	22	12	1	1	22	12	1
1	26	8	1	1	29	12	1

Baseando-se nos dados acima apresentados, pede-se:

a) ao nível de significância de 0,05, há evidência de que cada variável contribui para explicar ou predizer a reação dos empregados aos treinamentos em apreço?

b) em caso positivo, esboce um modelo capaz de descrever o relacionamento entre as variáveis acima consideradas;

c) explicar o significado de cada coeficiente do modelo utilizado para estimar a probabilidade referida nos itens anteriores;

d) estimar a probabilidade de uma pessoa do sexo masculino reagir positivamente ao treinamento nas seguintes circunstâncias: 48 anos de idade e apenas 6 de escolaridade;

e) o que se pode dizer sobre a acurácia das predições realizadas pelo modelo, tomando-se como referência o teste Hosmer e Lemeshow?

Respostas:

A) Como demonstra o resumo da estatística Wald, ao nível de significância de 0,05 há evidências de que todas as variáveis contribuem para explicar a reação dos funcionários aos treinamentos em referência. No conjunto, a que alcançou maior nível de significância foi o número de anos de escolaridade de cada empregado. De antemão, percebe-se que cada ano a mais de escolaridade incrementa as chances de o empregado apresentar uma reação positiva. Esse aumento se dá por um fator de 5,498, que corresponde à constante matemática e elevada ao coeficiente da variável ($e^{1,704}$). Obviamente, o efeito sobre a probabilidade vai depender do nível em que ela se encontre em função das demais variáveis.

Variables in the equation

		B	S.E.	Wald	df	Sig.	Exp(B)	95% C.I.for EXP(B)	
								Lower	Upper
Step 1ª	IDADE	−0,247	0,106	5,403	1	0,020	0,781	0,634	0,962
	ESCOLARIDADE	1,704	0,651	6,864	1	0,009	5,498	1,536	19,676
	SEXO(1)	−5,077	2,275	4,982	1	0,026	0,006	0,000	0,539
	Constant	−5,693	2,805	4,120	1	0,042	0,003		

a. Variable(s) entered on step 1: IDADE, ESCOLARIDADE, SEXO.

B) Aproveitando-se cada um dos coeficientes estimados, o modelo assume a seguinte configuração:

$$\ln\left(\frac{P(sucesso)}{1 - P(sucesso)}\right) = -5,693 + 1,704x_1 - 5,077x_2 - 0,247x_3$$

Onde: X_1 = número de anos de escolaridade; X_2 = sexo do empregado (a variável assumirá valor 1 quando a pessoa for do século masculino e zero, quando do feminino); X_3 = idade do empregado.

C) Sobre os coeficientes estimados, pode-se observar que a variável escolaridade contribui para aumentar a probabilidade de o funcionário esboçar reações positivas ao treinamento. Para cada ano que se adicione ao nível de escolaridade do empregado, a quantidade de logit sofre um aumento de 1,704. Como esse indicador não tem significado intuitivo, seria melhor afirmar que as chances de o funcionário apresentar reações positivas após o treinamento se elevam por um fator de 5,498. Como demonstramos anteriormente, esse fator corresponde a uma potência cuja base é a constante matemática e e o expoente é o próprio coeficiente (1,704). Já a variável sexo exerce um efeito contrário. Como o seu coeficiente é

320 Análise Multivariada • Corrar, Paulo e Dias Filho

negativo, conclui-se imediatamente que se o funcionário for do sexo masculino, as chances de se obterem reações favoráveis ao programa de redução de custos caem de forma considerável (observar no enunciado que 1 = sexo masculino e 0 = sexo feminino). Mais precisamente, elas se modificam por um fator de 0,006. O mesmo pode ser dito em relação à variável idade. De igual forma, como o seu coeficiente é negativo (–0,247), pode-se concluir que quanto mais elevada a idade do funcionário, menor a probabilidade de que ele venha a reagir de forma favorável ao treinamento.

D) Agora vamos estimar a probabilidade de uma pessoa do sexo feminino reagir positivamente ao treinamento, tendo 22 anos de idade e apenas 6 de escolaridade. Valendo-se do modelo apresentado no item b, chega-se à seguinte equação:

$$P(\text{evento}) = \frac{1}{1 + e^{-(-5,693+1,704X_1-5,077X_2-0,247X_3)}}$$

$$\begin{cases} X_1 = 6 \\ X_2 = 0 \\ X_3 = 22 \end{cases}$$

P (evento) = 0,2884

Como se observa nas circunstâncias acima descritas, a probabilidade de o empregado reagir de forma positiva ao treinamento corresponde a 28,8%.

E) Como demonstra o quadro a seguir, o teste Hosmer e Lemeshow sugere que o modelo realiza predições compatíveis com a realidade. Se considerarmos que esse indicador tem por objetivo testar a hipótese de que não existem diferenças significativas entre os valores preditos e os observados, ao nível de 0,05, chega-se à conclusão de que o modelo apresenta um ótimo desempenho. Afinal, nesse caso, quanto mais elevado o nível de significância, maior a acurácia do modelo. Se, pelo contrário, tivéssemos encontrado um nível de significância inferior a 0,05, teríamos aí um forte indício de que existem diferenças significativas entre valores preditos e observados. Definitivamente, não é isso o que se deseja!

Hosmer and Lemeshow Test

Step	Chi-Square	Df	Sig.
1	1,881	7	0,966

5.14 Exercícios propostos

Exercício 1

O gerente de uma seguradora de veículos está interessado em aprimorar a sua política de vendas para expandir a base de clientes. Ele acredita que em muitas situações teria condições de realizar contratos a preços mais competitivos se tivesse uma melhor percepção da taxa de risco a que se expõe em cada operação. Recorrendo à sua base de dados, resolveu extrair uma amostra aleatória de 36 elementos para identificar quais são as variáveis que mais contribuem para diferenciá-los quanto à ocorrência de sinistros. Com isso, espera poder estimar de forma mais racional o risco a que ficará exposto em futuras operações e, consequentemente, conceder descontos mais adequados. Como seus conhecimentos em estatística são extremamente limitados, outra saída não lhe restou senão pedir ajuda aos universitários. Você conseguiria ajudá-lo? Na verdade, ele já iniciou o trabalho, fornecendo-lhe os seguintes dados:

SINISTRO	IDADE	EST. CIVIL	SEXO	SINISTRO	IDADE	EST.CIVIL	SEXO
0	22	1	1	0	19	0	0
1	24	0	0	0	18	0	0
0	45	1	1	0	21	1	1
0	58	0	1	0	59	0	1
0	27	1	0	1	24	0	0
1	31	0	1	0	56	0	1
1	32	0	1	0	54	0	1
0	30	0	0	0	47	0	1
0	56	0	1	0	40	1	0
0	44	0	1	1	31	1	1
1	21	0	1	0	43	0	0
1	23	0	1	0	35	1	0
0	29	1	0	0	23	1	0
0	20	1	0	1	22	1	1
0	60	1	1	0	21	1	1
1	30	0	1	0	63	0	1
1	22	0	1	0	22	1	0
0	26	1	0	0	26	1	0

Como consta no quadro acima, verificaram-se 17 ocorrências de sinistro numa amostra de 36 clientes (1 = houve sinistro; 0 = não houve sinistro). Em relação a cada indivíduo, foram levantadas as seguintes informações adicionais: o estado civil (1 = solteiro; 0 = casado), a idade e, finalmente, o sexo (1 = feminino; 0 = masculino). Baseando-se nesse histórico, pede-se:

a) Esboce um modelo capaz de descrever o relacionamento existente entre a ocorrência de sinistro e as variáveis sexo, idade e estado civil.

b) Ao nível de significância de 0,05, pode-se afirmar que o modelo acima referido é útil para predizer a ocorrência de sinistros na empresa considerada? Por quê?

c) Explique o significado de cada coeficiente das variáveis que compõem o modelo acima referido.

d) Estime a probabilidade de sinistro associada a um cliente do sexo masculino, casado e com 25 anos de idade.

e) Para o mesmo cliente citado no item anterior, qual a probabilidade de sinistro se ele for solteiro?

f) Compare os resultados obtidos nos dois itens anteriores e reflita sobre as estratégias que poderiam ser adotadas pela companhia para atrair novos clientes.

Exercício 2

Suponha que o modelo logístico abaixo mencionado seja válido para descrever a relação entre o cumprimento de meta individual num departamento de produção e as seguintes variáveis: salário do empregado (X_1) e nível de instrução (X_2). Considere que a variável nível de instrução está sendo codificada da seguinte forma: 0 = sem instrução superior; 1 = com instrução superior.

$$\ln\left(\frac{P(sucesso)}{1 - P(sucesso)}\right) = 0,3 + 0,6x_1 + 0,2x_2$$

a) Interprete o significado de cada coeficiente da regressão logística.

b) Qual a probabilidade de um empregado atingir a meta individual se ele não possuir instrução superior, mas tiver uma remuneração mensal de R$ 3.000,00?

c) Em relação a um empregado que tenha uma remuneração mensal de R$ 5.000,00, qual o efeito da variável nível de instrução sobre a probabilidade de atingir a meta individual?

d) Se as chances de um empregado atingir a meta forem estimadas em 0,85 somente em função de seu salário, para quanto vai a probabilidade associada à ocorrência desse mesmo evento quando ele atingir o nível superior?

e) Sabendo-se que um empregado possui nível superior e que as suas chances de atingir a meta correspondem a 0,60, qual deve ser o seu salário?

Bibliografia

COX, D. R.; SNELL, E. J. *Analysis of binary data*. 2. ed. London: Champman and Hall, 1989.

HAIR, JR., Joseph F. et al. *Multivariate analyses data*. New Jersey: Princeton University Press, 1998.

HOSMER, David W.; LEMESHOW, Stanley. *Applied logistic regression*. New York: Wiley, 1989.

JOHNSON, Richard A.; WICHERN, Dean W. *Applied multivariate statistical analysis*. New Jersey: Prentice Hall, 1998.

KAUFMAN, R. L. Comparing effects in dichotomous logistic regression: a variety of standardized coefficients. *Social Science*, 77, 1996.

MENARD, Scott W. *Applied logistic regression analysis*. Thousands Oaks, Calif.: Sage Publications, n. 7, 1995.

NAGELKERKE, N. J. D. A note on a general definition of the coefficient of determination. *Biometrika*, 78, p. 691-692, 1991.

6

Análise de Conglomerados

Marcelo Coletto Pohlmann

Sumário do capítulo
- Conceito de Análise de Conglomerados.
- Objetivos, utilidade e aplicações.
- Pressupostos e limitações.
- Processo de decisão na Análise de Conglomerados.
- Aplicação prática.
- Considerações finais.
- Resumo.

Objetivos de aprendizado

O estudo deste capítulo permitirá ao leitor:

- Identificar problemas de pesquisa que possam ser solucionados mediante aplicação da Análise de Conglomerados (*Clusters Analysis*).
- Verificar se estão presentes todos os pressupostos e requisitos exigidos para a aplicação da referida técnica, a fim de que os resultados obtidos possam ser aceitos como válidos.
- Identificar claramente os objetivos da técnica e possíveis relações com diversos problemas de pesquisa.
- Identificar os critérios mais adequados para medir a similaridade entre os elementos a serem agrupados, bem como o algoritmo aplicável ao caso.

- Avaliar os resultados encontrados após o processamento da análise.
- Aplicar testes de validação dos resultados para dar maior robustez aos achados da pesquisa.

6.1 Conceito de análise de conglomerados (*clusters analysis*)

A Análise de Conglomerados, ou *Clusters Analysis*, é uma das técnicas de análise multivariada cujo propósito primário é reunir objetos, baseando-se nas características dos mesmos. Ela classifica objetos (p. ex., respondentes, produtos ou outras entidades) segundo aquilo que cada elemento tem de similar em relação a outros pertencentes a determinado grupo, considerando, é claro, um critério de seleção predeterminado. O grupo resultante dessa classificação deve então exibir um alto grau de homogeneidade interna (*within-cluster*) e alta heterogeneidade externa (*between-cluster*), conforme Figura 6.1.

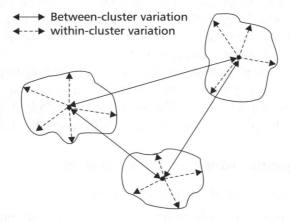

Fonte: Hair et al., 1998, p. 493.

Figura 6.1 *Agrupamentos com alta homogeneidade interna e alta heterogeneidade externa.*

Desse modo, se a classificação for bem-sucedida, os objetos dentro do grupo estarão juntos quando "plotados" geometricamente e os diferentes grupos formados estarão distantes uns dos outros.

A Análise de Conglomerados tem sido referida como análise de *clusters*, *Q analysis, typology, classification analysis* e *numerical taxonomy*. A variedade de nomes é devida, em parte, ao uso de métodos de agrupamento em diversas disciplinas, tais como psicologia, biologia, sociologia, economia, engenharia, administração e contabilidade. Apesar dessas diferentes denominações, todos os métodos têm uma dimensão em comum: classificação de acordo com os relacionamentos naturais. Essa dimensão representa a essência de todas as abordagens de agrupamento.

Assim, o valor primário da Análise de Conglomerados repousa na classificação de dados, como sugerido pelo agrupamento natural de dados por si mesmo. Essa técnica é comparável à análise fatorial em seu objetivo de determinar a estrutura. No entanto, há uma diferença básica entre elas. Como vimos no Capítulo 2, a análise fatorial lida somente com grupo de variáveis, ao passo que a *clusters analysis* trata de grupo de objetos ou de variáveis.

A literatura nacional refere-se frequentemente à técnica em estudo como Análise de Conglomerados ou como análise de agrupamento. É uma análise que engloba uma variedade de técnicas e algoritmos, cujo objetivo é encontrar e separar objetos em grupos similares. O problema que se pretende resolver é: dada uma amostra de *n* objetos (ou indivíduos), cada um deles medido segundo *p* variáveis, procurar um esquema de classificação que agrupe objetos em *g* grupos. Devem ser determinados também o número e as características desses grupos.

A Análise de Conglomerados difere também da Análise Discriminante, haja vista que este método de classificação está ligado a um número conhecido de grupos e seu objetivo operacional é vincular novas observações a cada um desses grupos dadas certas características que os diferenciam. A Análise de Conglomerados é uma técnica mais primitiva, em que nenhuma definição prévia é feita com relação ao número de grupos ou à sua estrutura. *Clustering* (agrupamento) é feito com base em similaridades ou distâncias (dissimilaridades). Os *inputs* exigidos são medidas de similaridade ou dados a partir dos quais as similaridades possam ser computadas.

Existem três questões básicas em *clusters analysis*:

- como medir a semelhança entre objetos?
- supondo que se possa medir a semelhança relativa entre objetos, como então colocar objetos semelhantes em *clusters*?
- após ter efetuado o agrupamento, como descrever os *clusters* e saber se eles são reais e não produto de um simples artifício estatístico?

No que se refere à primeira questão, a resposta está no conceito de "semelhança": dois objetos são considerados semelhantes se seus perfis são próximos, em termos das variáveis utilizadas. Isso pode ser determinado, por exemplo, por medidas de distância, como a distância euclidiana entre pontos, ou através de um processo de *matching*, quando as escalas das variáveis são nominais.

A segunda pergunta é respondida por meio dos diversos algoritmos disponíveis para *clusters analysis*, que serão vistos adiante. De qualquer maneira, cabe à teoria a definição *a priori* do número de *clusters*, e não aos algoritmos.

É fundamental ter particular cuidado na seleção das variáveis que vão caracterizar cada indivíduo. Nesta análise, não existe qualquer tipo de dependência entre as variáveis, isto é, os grupos configuram-se por si mesmos sem necessidade de ser definida uma relação causal entre as variáveis utilizadas.

6.2 Objetivos, utilidade e aplicações

A Análise de Conglomerados é empregada quando desejamos reduzir o número de objetos (isto é, o número de linhas, numa matriz de observações por variáveis), agrupando-os em *clusters*. Isso deve ser feito de tal modo que os objetos que fiquem reunidos num *cluster* sejam mais parecidos entre si do que com objetos pertencentes a outros *clusters*. Trata-se de uma metodologia de classificação, ou taxonômica, baseada em métodos numéricos.

A Análise de Conglomerados é útil em muitas situações. Seguem-se alguns casos de aplicação da técnica: um pesquisador que coletou dados com um questionário pode se deparar com um grande número de observações sem sentido ou inexpressivas, a não ser que classificadas dentro de um grupo controlável. Usando a Análise de Conglomerados, pode-se realizar a redução dos dados objetivamente através da administração de informações a respeito de uma população inteira ou amostra para obter informações sobre grupos menores. Por exemplo, se é possível compreender as atitudes de uma população identificando os principais grupos dentro da mesma, pode-se, por consequência, reduzir os dados de uma população inteira a um número determinado de perfis. Desse modo, o pesquisador tem uma descrição mais compreensível e concisa das observações, com uma perda mínima de informação.

A Análise de Conglomerados também é útil quando o pesquisador deseja formular hipóteses sobre a natureza dos dados ou examinar hipóteses já estabelecidas. Por exemplo, um pesquisador pode acreditar que atitudes associadas ao consumo de refrescos podem servir para separar os consumidores de refrescos dentro de segmentos lógicos ou grupos. A Análise de Conglomerados pode classificar tais consumidores segundo suas atitudes com relação a refrescos *diet versus* refrescos regulares ou normais, e os grupos resultantes, se existirem, podem ser perfilados segundo suas similaridades e diferenças demográficas.

6.3 Pressupostos e limitações

Conforme será melhor explorado nas seções seguintes, dois pressupostos básicos merecem atenção na Análise de Conglomerados: a representatividade da amostra e o impacto da multicolinearidade entre as variáveis.

328 Análise Multivariada • Corrar, Paulo e Dias Filho

Na maioria dos estudos em que se deseja fazer inferências a partir de um conjunto de dados, supõe-se: (a) existir alguma estrutura ou algum agrupamento conhecido nos dados que estão sendo examinados; e (b) ser possível estimar ou conhecer certos parâmetros dessa estrutura.

Normalmente, a primeira suposição é feita antes de o estudo ser realizado, e o problema passa a ser estimar os parâmetros de interesse através de procedimentos estatísticos. Outras vezes, entretanto, não se conhece a estrutura dos dados antes de o estudo ser feito. Assim, a possibilidade de se concluir validamente sobre o objeto do estudo dependerá das variáveis selecionadas a partir do conhecimento que o pesquisador tem da realidade observada.

A Análise de Conglomerados pode ser caracterizada como descritiva, ateorética e não inferencial. Essa técnica não tem base estatística a partir da qual se possa formular inferências sobre uma população com base em uma amostra, e é usada precipuamente como técnica exploratória. As soluções não são únicas, porque os membros de qualquer número de soluções dependem dos critérios adotados; muitas soluções diferentes podem ser obtidas variando-se um ou mais critérios. Além disso, a Análise de Conglomerados sempre cria grupos independentemente da verdadeira existência de qualquer estrutura nos dados.

Finalmente, a solução obtida é totalmente dependente das variáveis usadas como base de mensuração da similaridade. A adição ou exclusão de variáveis relevantes pode ter um substancial efeito na solução resultante. Desse modo, o pesquisador deve tomar cuidado na avaliação dos efeitos de cada decisão baseada na realização de uma Análise *Cluster*.

Na maioria das aplicações práticas da Análise *Cluster*, o investigador conhece suficientemente sobre o problema, de modo a distinguir "bons" de "maus" agrupamentos. Por que não enumerar todas as possibilidades de agrupamento e selecionar a "melhor" para posterior estudo? Isso pode ser ilustrado analisando-se as inúmeras alternativas de agrupamento de cartas de um baralho e a impossibilidade de escolher a melhor.

Obviamente, restrições de tempo podem dificultar a identificação dos melhores grupos de objetos similares de uma lista de estruturas possíveis. Mesmo computadores de grande porte são facilmente sobrecarregados pela maioria dos casos típicos, razão pela qual se deve partir para algoritmos que permitem encontrar bons grupos, mas não necessariamente os melhores.

6.4 Processo de decisão na Análise de Conglomerados

A Análise de Conglomerados pode ser vista a partir de uma abordagem de construção de um modelo de seis estágios. Iniciando-se com a pesquisa dos objetivos, que podem ser exploratórios ou confirmatórios, o projeto de uma Análise de

Conglomerados consiste na divisão de um conjunto de dados para formar grupos, seguida da interpretação desses grupos e validação dos resultados. Esse processo inicial determina como os *clusters* podem ser desenvolvidos.

O segundo processo é o de interpretação. Este envolve a compreensão das características de cada grupo e o desenvolvimento de um nome ou identificação (*label*) que defina de modo apropriado a sua natureza. O processo final diz respeito à validação da solução encontrada (a determinação de seu equilíbrio e o grau de generalização possível), juntamente com a descrição das características de cada *cluster* para explicar como eles podem diferir em dimensões relevantes e em aspectos demográficos.

As etapas referidas não são independentes. Não raro, torna-se necessário voltar às anteriores para corrigir e aprimorar as subsequentes. Cada estágio de que se constitui a análise de conglomerados será descrito com maiores detalhes a seguir.

6.4.1 Estágio 1: objetivos da Análise de Conglomerados

Como vimos, a técnica serve para dividir um conjunto de objetos em dois ou mais grupos, baseando-se na similaridade existente entre eles, para um dado conjunto de características. Formando-se grupos homogêneos, o pesquisador pode atingir qualquer um dos seguintes objetivos:

- **Descrição taxonômica:** o uso mais tradicional da Análise de Conglomerados tem sido para propósitos exploratórios e formação de uma taxonomia – uma classificação de objetos com base empírica. Como descrito anteriormente, a Análise de Conglomerados tem sido usada em uma ampla gama de aplicações devido à sua habilidade em classificar. Mas essa técnica pode também gerar hipóteses relacionadas à estrutura dos objetos. Ainda, apesar de vista principalmente como uma técnica exploratória, ela pode ser usada para propósitos confirmatórios. Se uma determinada estrutura pode ser previamente definida para um certo conjunto de objetos, o resultado da Análise de Conglomerados pode ser utilizado para fins de comparação e validação daquela estrutura inicial.

- **Simplificação de dados:** em decorrência dessa vocação taxonômica, a Análise de Conglomerados pode permitir uma perspectiva simplificada das observações. Com uma estrutura definida, as observações podem ser agrupadas para análises adicionais. Enquanto a Análise Fatorial procura prover dimensões ou estrutura para as variáveis, a *Cluster* realiza a mesma tarefa para as observações. Assim, apesar de todas as observações serem vistas de uma forma única, elas podem ser vistas também como membros de um grupo e perfiladas segundo suas características gerais.

- **Identificação das relações:** com os resultados da Análise de Conglomerados, o pesquisador obtém uma imagem dos relacionamentos existentes entre as observações, que provavelmente não seria possível obter com a análise das observações individuais. Se análises como a discriminante são usadas para identificar empiricamente relações, ou se os grupos são sujeitos a métodos mais qualitativos, a estrutura simplificada propiciada pela Análise de Conglomerados muitas vezes revela relações ou similaridades e diferenças antes não identificadas.

Cabe, aqui, um reforço quanto à utilidade da Análise de Conglomerados na pesquisa em geral, especialmente quanto à seleção de amostras. Caso o pesquisador seja bem-sucedido no agrupamento de um determinado conjunto de indivíduos ou casos, poderá selecionar apenas um ou poucos deles para ter acesso às características de todos os demais elementos.

Em qualquer aplicação, os objetivos da Análise de Conglomerados não podem ser separados da seleção das variáveis usadas para caracterizar os objetos a serem agrupados. Se o objetivo é exploratório ou confirmatório, o pesquisador tem efetivamente restringidos os possíveis resultados pelas variáveis selecionadas. Os grupos derivados da análise refletem a estrutura inerente às variáveis definidas.

A seleção das variáveis a serem incluídas na análise deve ser feita tendo em vista aspectos tanto teóricos e conceituais como práticos. Qualquer aplicação da Análise de Conglomerados deve ter alguma lógica em relação às variáveis selecionadas. Se a lógica é baseada em uma teoria explícita, em pesquisa anterior ou em suposições, o pesquisador deve ter noção quanto à importância de incluir somente aquelas variáveis que: (1) caracterizem os objetos que estão sendo agrupados; e (2) digam respeito especificamente aos objetivos da Análise de Conglomerados.

A técnica da Análise de Conglomerados não permite diferenciar variáveis relevantes daquelas irrelevantes. A inclusão de uma variável irrelevante aumentará as chances de que *outliers* sejam criados nessas variáveis e que podem ter um substantivo efeito sobre os resultados. Dessa forma, não se deve incluir indiscriminadamente variáveis, mas, ao contrário, escolhê-las cuidadosamente tendo por critério de seleção o objetivo da pesquisa.

Na prática, a Análise de Conglomerados pode ser dramaticamente afetada pela inclusão de apenas uma ou duas variáveis não apropriadas ou indiferentes. O pesquisador é sempre encorajado a examinar os resultados e eliminar as variáveis que não são distintivas, isto é, que não diferem significativamente dentre os grupos resultantes. Esse procedimento possibilita à Análise de Conglomerados definir, com a maior segurança possível, os grupos baseados apenas naquelas variáveis que permitem diferenciação entre os objetos.

Frequentemente, o número de variáveis medidas é grande, dificultando a análise. Deve-se, então, respeitando o princípio da parcimônia, procurar diminuir o seu número, de forma que sua seleção contemple tanto a relevância como o poder de discriminação face ao problema em estudo. Em último caso, podem-se ainda utilizar técnicas estatísticas para a redução da dimensionalidade da matriz de dados, tais como a Análise de Componentes Principais e a Análise Fatorial.

Variáveis que assumem praticamente o mesmo valor para todos os objetos são pouco discriminatórias, e sua inclusão pouco contribuiria para a determinação da estrutura do agrupamento. Por outro lado, a inclusão de variáveis com grande poder de discriminação, porém irrelevantes frente ao problema, pode mascarar os grupos e levar a resultados equivocados.

6.4.2 Estágio 2: delineamento da pesquisa

Com os objetivos definidos e as variáveis selecionadas, o pesquisador deve tratar de três questões antes de iniciar o processo: (1) existem *outliers* e, caso afirmativo, devem eles ser excluídos? (2) como deve ser medida a similaridade entre os objetos? (3) os dados devem ser padronizados?

Muitas abordagens podem ser usadas para responder a essas questões. Entretanto, nenhuma delas tem sido considerada suficiente para oferecer uma resposta definitiva a qualquer dessas perguntas; infelizmente, a maioria das abordagens implica diferentes resultados para o mesmo conjunto de dados, existindo assim um grande grau de subjetividade. Por essas razões, revisam-se tais questões de uma forma muito ampla, através da apresentação de exemplos das abordagens mais comumente empregadas e, quando possível, faz-se referência quanto a limitações práticas.

A importância dessas questões e decisões nos estágios seguintes torna-se aparente quando se percebe que, apesar da Análise de Conglomerados estabelecer uma estrutura para os dados, isso na verdade se dá através de uma metodologia selecionada pelo pesquisador. A análise de conglomerados não pode avaliar todas as possíveis divisões porque, mesmo para um problema relativamente pequeno de partição de 25 objetos em 5 grupos, existem $2,4 \times 1.015$ possibilidades de partições. Em vez disso, com base nas decisões do pesquisador, a técnica identifica uma das possibilidades de solução como sendo a "correta". Nesse aspecto, as questões relativas ao delineamento da pesquisa e à escolha das metodologias feitas pelo pesquisador têm provavelmente maior impacto aqui do que em qualquer outra técnica multivariada.

A. Detectando *outliers*

Na sua busca por uma estrutura, a Análise de Conglomerados é bastante sensível à inclusão de variáveis irrelevantes, bem como a *outliers* ou dados suspeitos (objetos que são muito diferentes dos outros). Os *outliers* podem representar: (1) observações que podem ser chamadas de verdadeiras "anomalias" e que não são representativas da população geral; ou (2) itens de um determinado grupo, obtidos de uma má amostragem de certa população, que levam a uma má representação dos grupos.

Em ambos os casos, os *outliers* distorcem a verdadeira estrutura e tornam os grupos derivados não representativos da verdadeira estrutura da população. Por essa razão, uma triagem preliminar em busca de *outliers* é necessária. Provavelmente, a maneira mais fácil de conduzir essa triagem é preparar um diagrama de perfis (*profile diagram*). O *profile diagram* lista as variáveis ao longo do eixo horizontal e os valores das variáveis no eixo vertical (Figura 6.2).

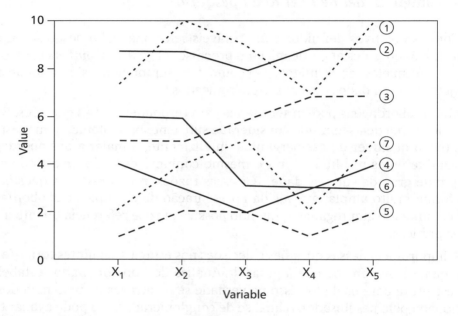

Fonte: Hair et al., 1998, p. 483.

Figura 6.2 *Diagrama de perfis*.

Cada ponto no gráfico representa o valor da variável correspondente, e os pontos são conectados para facilitar a interpretação visual. Perfis para todos os objetos são "plotados" no gráfico, sendo uma linha para cada objeto. Os *outliers* serão aqueles objetos com perfis muito diferentes, quase sempre caracterizados por valores extremos em uma ou mais variáveis.

Obviamente, tal procedimento se torna incômodo ou embaraçoso diante de um número muito grande de objetos ou variáveis. Os *outliers* podem ser detectados a partir da definição de determinados perfis que os distinguirá das outras observações. Eles podem emergir no cálculo da similaridade. O procedimento mais objetivo, entretanto, é o de calcular o escore padronizado Z e considerar como *outliers* as observações cujos escores, em valores absolutos, sejam maiores do que três.

Seja qual for a forma empregada, as observações identificadas como *outliers* devem ser avaliadas pelo grau de representatividade da população e excluídas da análise se julgadas não representativas.

B. Medidas de similaridade

O conceito de similaridade é fundamental para a Análise de Conglomerados. A similaridade entre objetos (*interobject similarity*) é uma medida de correspondência, ou semelhança, entre objetos a serem agrupados. Na análise fatorial, uma matriz de correlação entre variáveis é usada para agrupar variáveis dentro de fatores. Um processo comparável ocorre na Análise de Conglomerados.

Aqui, as características que definem similaridade são especificadas primeiramente. Após isso, elas são combinadas segundo uma medida de similaridade e calculadas para todos os pares de objetos, assim como se usa a correlação entre variáveis na análise fatorial. Nesse sentido, qualquer objeto pode ser comparado com outro através da medida de similaridade. A Análise de Conglomerados, então, reúne objetos similares dentro de um mesmo grupo.

A similaridade entre objetos pode ser mensurada de várias maneiras, mas três métodos dominam as aplicações da Análise de Conglomerados: medidas de correlação, medidas de distância e medidas de associação. Cada um desses métodos representa uma particular perspectiva de similaridade, dependendo dos objetivos e do tipo de dados. As medidas de correlação e de distância requerem dados quantitativos (*metric*), enquanto as medidas de associação são para dados qualitativos (*nonmetric*).

Pode-se utilizar a expressão *coeficiente de parecença* para se referir ao critério que mede a distância entre dois objetos, ou que quantifique o quanto eles são parecidos, dividindo-o em duas categorias: medidas de similaridade e de dissimilaridade. Nas medidas de similaridade, quanto maior o valor observado, mais parecidos são os objetos; já para as medidas de dissimilaridade, quanto maior o valor observado, menos parecidos (mais dissimilares) serão os objetos. O coeficiente de correlação é um exemplo de medida de similaridade, enquanto que a distância euclidiana é um exemplo de dissimilaridade. De um modo geral, é possível construir uma medida de dissimilaridade a partir de uma de similaridade, e vice-versa, razão pela qual é preferível usar o termo *matriz de parecença* para indicar semelhança ou distância entre objetos.

Existe frequentemente um grande grau de subjetividade envolvido na escolha da medida de similaridade. Importantes considerações incluem a natureza das variáveis (discretas, contínuas, binárias), escalas de medida (nominal, ordinal, intervalar, proporcional) e o conhecimento da matéria objeto da pesquisa ou análise.

Quando objetos são agrupados, a proximidade é normalmente indicada por algum tipo de medida de distância. Por outro lado, variáveis são normalmente agrupadas com base nos coeficientes de correlação ou semelhantes medidas de associação.

I. Medidas correlacionais

A medida de similaridade entre objetos que provavelmente vem à mente em primeiro lugar é o coeficiente de correlação entre um par de objetos mensurados a partir de certas variáveis. De fato, em vez de correlacionar dois conjuntos de variáveis, transpõe-se a matriz objetos *versus* variáveis, de modo que as colunas passam a representar os objetos e as linhas representam as variáveis. Assim, o coeficiente de correlação entre duas colunas de números é a correlação (ou similaridade) entre os perfis dos dois objetos. Alta correlação indica similaridade e baixa correlação denota ausência da mesma. Esse procedimento é seguido na aplicação da análise fatorial "*Q-type*".

Medidas correlacionais representam a similaridade pela correspondência de padrões (*patterns*) entre as características (variáveis X). Uma medida correlacional de similaridade não se fixa na magnitude, mas nos padrões (*patterns*) de valores.

Na Tabela 6.1, que contém as correlações entre sete observações, podem-se ver dois grupos distintos. Primeiro, os casos 1, 5 e 7 têm padrões (*patterns*) similares e altas intercorrelações positivas. Do mesmo modo, os casos 2, 4 e 6 também têm altas correlações positivas entre si, mas baixas ou negativas correlações com as demais observações. O caso 3 tem correlação baixa ou negativa com os outros casos, em razão de que provavelmente forma um grupo a parte.

Assim, correlações representam padrões entre as variáveis, muito mais do que magnitudes. As medidas correlacionais, entretanto, são raramente utilizadas, porque a ênfase da maioria das aplicações da Análise de Conglomerados é sobre as magnitudes dos objetos, não sobre padrões de valores.

Análise de Conglomerados **335**

Tabela 6.1 *Calculando medidas de similaridade correlacionais e de distância.*

Dados originais					
Caso			Variáveis		
	X1	X2	X3	X4	X5
1	7	10	9	7	10
2	9	9	8	9	9
3	5	5	6	7	7
4	6	6	3	3	4
5	1	2	2	1	2
6	4	3	2	3	3
7	2	4	5	2	5

Medidas de Similaridade: Correlação						
Caso			Caso			
	1	2	3	4	5	6	7
1	1.000						
2	−0,147	1,000					
3	0,000	0,000	1,000				
4	0,087	0,516	−0,824	1,000			
5	0,963	−0,408	0,000	−0,060	1,000		
6	−0,466	0,791	−0,354	0,699	−0645	1,000	
7	0,891	−0,516	0,165	−0,239	0,963	−0,699	1,000

Medida de Similaridade: Distância Euclidiana						
Caso			Caso			
	1	2	3	4	5	6	7
1	nc						
2	3,32	nc					
3	6,86	6,63	nc				
4	10,24	10,20	6,0	nc			
5	15,78	16,19	10,10	7,07	nc		
6	13,11	13,00	7,28	3,87	3,87	nc	
7	11,27	12,16	6,32	5,10	4,90	4,36	nc

Obs.: A notação nc significa "não calculado".

Fonte: Hair et al., 1998. p. 485.

II. Medidas de distância

Ainda que as medidas correlacionais tenham um apelo intuitivo e sejam usadas em muitas outras técnicas multivariadas, elas não são as medidas de similaridade mais comuns na Análise de Conglomerados. As medidas de distância, que indicam similaridade através da proximidade entre as observações, tendo por parâmetro as variáveis selecionadas, são as medidas de similaridade mais frequentemente empregadas.

As medidas de distância são, na verdade, medidas de dissimilaridade, com altos valores denotando menor similaridade. A distância é convertida numa medida de similaridade através de utilização de uma relação inversa.

III. Medidas de distância *versus* medidas correlacionais

As medidas de distância enfocam a magnitude dos valores e descrevem como similares aqueles casos que estão próximos, mas pode haver muitos padrões diferentes entre as variáveis.

A Tabela 6.1 também contém medidas de distância para os sete casos, na qual se vê surgir um agrupamento de casos bastante diferente daquele encontrado quando se usou uma medida correlacional. Com menores distâncias representando grande similaridade, observam-se os casos 1 e 2 formando um grupo, e os casos 4, 5, 6 e 7 formando um outro grupo. Esses grupos representam aqueles com maiores *versus* menores valores. Um terceiro grupo, consistindo apenas do caso 3, difere dos outros grupos porque tem tanto valores altos quanto baixos.

Apesar dos dois grupos definidos em função de medidas de distância terem diferentes membros daqueles resultantes da utilização de correlações, o caso 3 forma um grupo isolado com qualquer medida de similaridade. A escolha de um ou de outro critério de medida da similaridade (distância ou correlação) exige uma interpretação completamente diferente por parte do pesquisador.

Clusters baseados em medidas correlacionais podem não ter valores similares, mas, em vez disso, padrões similares. Já no caso das medidas de distância, pode haver mais valores similares entre as variáveis, mas os padrões podem ser diferentes.

IV. Tipos de medidas de distância

Existem diversos métodos usados na *Clusters Analysis: Between-groups linkage, Within-groups linkage, Nearest neighbor, Furthest neighbor, Centroide clustering, Median clustering, Ward's method.*

A escolha da medida de distância depende do tipo da escala da variável.

O item "Medidas" permite especificar as medidas de distância a serem usadas no *clustering*. Temos que selecionar os tipos de dados e as medidas de distância apropriadas:

- Dados intervalares: há como alternativas disponíveis no SPSS® (versão 13): Distância Euclidiana, Distância Euclidiana Quadrada, Cosine, Correlação Pearson, Chebyschev, Block, Minkowski e Customizada.
- Dados nominais: há Qui-quadrado e Phi-quadrado.
- Dados binários: têm-se, Distância Euclidiana, Distância Euclidiana Quadrada, *Size Difference*, *Pattern Difference*, *Variance*, *Dispersion*, Shape, Lambda, Jaccard, entre outros.

Como se pode observar, várias medidas de distância estão disponíveis. A mais comumente empregada é a Distância Euclidiana.

Suponha que dois pontos em duas dimensões tenham as coordenadas (X_1, Y_1) e (X_2, Y_2), respectivamente. A Distância Euclidiana entre os dois pontos é o comprimento da hipotenusa de um triângulo retângulo. Esse conceito é facilmente generalizado para mais de duas variáveis.

A Distância Euclidiana é usada para calcular medidas específicas, como a Distância Euclidiana Simples e a Distância Euclidiana Quadrada, ou absoluta, que é a soma dos quadrados das diferenças sem extrair a raiz quadrada. A Distância Euclidiana Quadrada tem a vantagem de não exigir a extração da raiz quadrada e é recomendada como medida de distância para os métodos *Centroid* e *Ward* de agrupamento.

V. Impacto da não padronização dos dados nas medidas de distância

Um problema enfrentado por todas as medidas de distância é que o uso de dados não padronizados envolve inconsistências entre as soluções quando a escala das variáveis é mudada. Por exemplo, suponha que três objetos, A, B e C, são avaliados com base em duas variáveis, probabilidade de compra da marca "X" (em percentuais) e quantidade de tempo despendido vendo comerciais para a marca "X" (minutos ou segundos). Os valores para cada observação são mostrados na Tabela 6.2.

A partir dessa informação, as medidas de distância podem ser calculadas. No exemplo a seguir, são calculadas três medidas de distância para cada par de objetos: a distância euclidiana simples, a distância euclidiana absoluta ou quadrada e a distância *block*.

Tabela 6.2 *Variações nas medidas de distância devido à diversidade de escalas dos dados.*

DADOS ORIGINAIS			
Objetos	Probabilidade de compra	Tempo de comercial assistido	
		Minutos	Segundos
A	60	3,0	180
B	65	3,5	210
C	63	4,0	240

MEDIDAS DE DISTÂNCIA BASEADAS NA PROBABILIDADE DE COMPRA E MINUTOS DE COMERCIAL ASSISTIDO						
Pares de objetos	Distância Euclidiana Simples		Distância Euclidiana Quadrada		Distância Block	
	Valor	Posição	Valor	Posição	Valor	Posição
A-B	5,025	3	25,25	3	5,5	3
A-C	3,162	2	10,00	2	4,0	2
B-C	2,062	1	4,25	1	2,5	1

MEDIDAS DE DISTÂNCIA BASEADAS NA PROBABILIDADE DE COMPRA E SEGUNDOS DE COMERCIAL ASSISTIDO						
Pares de objetos	Distância Euclidiana Simples		Distância Euclidiana Quadrada		Distância Block	
	Valor	Posição	Valor	Posição	Valor	Posição
A-B	30,41	2	925	2	35	2
A-C	60,07	3	3,609	3	63	3
B-C	30,06	1	904	1	32	1

MEDIDAS DE DISTÂNCIA BASEADAS NOS VALORES PADRONIZADOS DA PROBABILIDADE DE COMPRA DOS MINUTOS OU SEGUNDOS DE COMERCIAL ASSISTIDO								
Pares de objetos	Valores Padronizados		Distância Euclidiana Simples		Distância Euclidiana Quadrada		Distância Block	
	Probab.	Min./Seg.	Valor	Posição	Valor	Posição	Valor	Posição
A-B	−1,06	−1,0	2,22	2	4,95	2	2,99	2
A-C	0,93	0,0	2,33	3	5,42	3	3,19	3
B-C	0,13	1,0	1,28	1	1,63	1	1,79	1

Fonte: Hair et al., 1998, p. 487.

Primeiro, calcula-se a distância baseada na probabilidade de compra e no tempo de comerciais medido em minutos. Neste caso, pode-se ver que os objetos mais similares são B e C, seguidos por A e C, com A e B sendo o menos similares. Essa ordem foi indicada pelos três métodos, mas as medidas de similaridade ou dispersão são mais evidentes na Distância Euclidiana Quadrada.

A ordem de similaridades pode mudar acentuadamente com apenas uma mudança na escala de uma das variáveis. Mudando-se a medida de tempo de minutos para segundos, então a ordem muda. Os objetos B e C são, ainda, os mais similares, mas agora o par A-B é o próximo mais similar e quase idêntico à similaridade de B-C. O que ocorreu foi que a escala da variável tempo predominou nos cálculos, tornando a probabilidade menos significante.

O reverso é verdade, entretanto, quando se mede o tempo em minutos. O pesquisador deve, então, notar o tremendo impacto que a escala da variável pode ter na solução final. A padronização das variáveis de agrupamento, sempre que conceitualmente possível, deve ser empregada para evitar situações tais como as descritas no exemplo.

Uma medida da Distância Euclidiana usada que diretamente incorpora o procedimento de padronização é a Distância Mahalanobis (D^2). A abordagem Mahalanobis não apenas desenvolve um processo de padronização nos dados utilizando a escala em termos de desvios-padrão, mas também soma a variância-covariância total do grupo, com ajustes das intercorrelações entre as variáveis. Conjuntos de variáveis altamente intercorrelacionados na análise de conglomerados podem implicitamente fazer com que determinadas variáveis preponderem no processo de agrupamento.

Em resumo, a Distância Mahalanobis calcula uma medida de distância entre objetos de uma forma comparável ao R^2 da Análise de Regressão. Apesar de ser um procedimento apropriado a várias situações, nem todos os programas de computador a incluem como uma medida de similaridade. Em tais casos, o pesquisador geralmente escolhe a Distância Euclidiana Quadrada.

No processo de seleção de uma medida de distância em particular, o pesquisador deve observar certas recomendações. Como já referido, diferentes medidas de distância ou mudanças nas escalas das variáveis podem conduzir a diferentes soluções. Dessa forma, é aconselhável usar várias medidas e comparar os resultados com padrões teóricos ou conhecidos.

Além disso, quando as variáveis são inter-relacionadas (positivamente ou negativamente), a Distância Mahalanobis é provavelmente a medida mais apropriada, pois ela ajusta as intercorrelações e considera ou pondera todas as variáveis igualmente. Evidentemente, se o pesquisador deseja ponderar as variáveis de forma desigual, outros procedimentos estão disponíveis.

VI. Medidas de associação

Medidas de associação são usadas para comparar objetos cujas características são mensuradas somente em termos não métricos ou qualitativos (nominais ou ordinais). Por exemplo, as respostas podem ser sim ou não a um determinado número de afirmações. Uma medida de associação pode avaliar o grau de concordância ou correspondência entre um par de respondentes.

A medida de associação mais simples seria a percentagem de vezes que existiu concordância (ambos os respondentes disseram sim ou ambos disseram não a uma questão) entre as respostas. Extensões de medidas de associação têm sido desenvolvidas para acomodar variáveis nominais de diversas categorias e até mesmo medidas ordinais. Muitos programas de computador, entretanto, têm limitado suporte para medidas de associação. Por isso, muitas vezes o pesquisador se vê forçado a primeiro calcular as medidas de similaridade e, então, introduzir a matriz dentro de um programa *cluster*.

C. Padronizando os dados

Definida a medida de similaridade, o pesquisador deve dedicar-se a somente mais uma questão: os dados devem ser padronizados antes das similaridades serem calculadas? Para responder a essa questão, o pesquisador deve considerar vários aspectos. Primeiro, a maioria das medidas de distância são totalmente sensíveis a diferentes escalas ou magnitudes entre as variáveis. Viu-se anteriormente o impacto quando mudamos de minutos para segundos uma de nossas variáveis.

Em geral, variáveis com grandes dispersões (isto é, altos desvios-padrão) têm maior impacto no valor final da similaridade. Tome-se um outro exemplo para ilustrar esse aspecto. Em primeiro lugar, assume-se que se quer agrupar indivíduos com base em três variáveis – atitudes em relação ao produto, idade e renda. Após, assume-se a medida da atitude com base numa escala de sete pontos que mede a propensão ou não ao produto, com a idade expressa em anos e a renda, em dólares.

Plotando isso em um gráfico tridimensional, a distância entre os pontos (e sua similaridade) seria quase que totalmente baseada nas diferenças de renda. As possíveis diferenças na atitude variam de 1 a 7, enquanto que a renda pode ter um espectro mil vezes maior. Assim, pode ser que não se observe graficamente qualquer diferença na dimensão associada com a atitude. Por essa razão, o pesquisador deve estar ciente do peso implícito das variáveis em função da sua dispersão relativa, que ocorre com as medidas de distância.

Análise de Conglomerados **341**

I. Padronizando através das variáveis

A forma mais comum de padronização é a conversão de cada variável para escores padrões (também conhecidos como escores Z), que se obtêm pela subtração da média e dividindo-se o resultado pelo desvio-padrão de cada variável. Esta é uma opção disponível em todos os programas de computador, incluindo o SPSS®, e muitas vezes é mesmo diretamente incluída nos procedimentos de Análise *Cluster*. Trata-se da forma geral de uma função de distância normalizada (*normalizaed distance function*), que utiliza uma medida de Distância Euclidiana, responsável pela transformação dos dados originais. Esse processo converte cada escore original de dados em um valor padronizado com uma média igual a zero e um desvio-padrão igual a um. Essa transformação, a seu turno, elimina a distorção introduzida pelas diferentes escalas de vários atributos ou variáveis usadas na análise.

Os benefícios da padronização podem ser vistos na última parte da Tabela 6.2, em que duas variáveis (probabilidade de compra e tempo de comerciais) foram padronizadas antes de calculadas as medidas de distância. Primeiro, é muito mais fácil comparar variáveis quando elas estão na mesma escala (uma média igual a zero e um desvio-padrão igual a um). Valores positivos estão acima da média, e os valores negativos estão abaixo; a magnitude representa o número de desvios-padrão a que os valores originais estão em relação à média. Segundo, não existe diferença nos valores padronizados quando apenas a escala muda. No exemplo dado, tanto faz medir o tempo em minutos ou em segundos, pois os valores serão os mesmos. Assim, usando-se variáveis padronizadas, os efeitos produzidos pelas diferentes escalas são verdadeiramente eliminados, tanto de uma variável em relação a outra como com relação à mesma variável.

Por outro lado, o pesquisador nem sempre deve aplicar a padronização sem considerar as suas consequências. Não existem razões absolutas para se aceitar a solução *cluster* usando dados padronizados em detrimento daquela em que a padronização não foi feita. Se existe algum relacionamento natural refletido nas variáveis, então a padronização pode não ser apropriada. A decisão de padronizar tem impactos empíricos e conceituais e deve sempre ser tomada com muito cuidado.

II. Padronizando através das observações

Até agora, discutiu-se a padronização apenas das variáveis. E que tal padronizar respondentes ou casos? Tome-se um simples exemplo: suponha que seja coletado um número de avaliações de respondentes, numa escala de dez pontos, sobre a importância de vários atributos nas suas decisões de compra de um produto.

Poder-se-ia aplicar a Análise de Conglomerados e obter grupos, sendo que uma possibilidade bastante distinta é a de que obteríamos grupos de pessoas colocando que alguma coisa era importante, alguns grupos que disseram que algo tinha pouca importância, e provavelmente outros tantos grupos situar-se-iam entre ambos. O que estamos vendo são efeitos de estilos das respostas nos grupos. Esses efeitos são padrões sistemáticos de respostas a um conjunto de questões, tais como aqueles que respondem favoravelmente a todas as questões ou aqueles que respondem desfavoravelmente a todas as questões.

Caso se queira identificar grupos de acordo com os seus estilos de resposta, então a padronização não é apropriada. Mas, na maioria dos casos, o que é desejado é a relativa importância de uma variável em relação a outra. Em outras palavras: é o atributo "1" mais importante do que outros atributos, e podem grupos de respondentes ser encontrados com padrões similares de importância?

Nesse caso, haveria uma padronização de cada questão não para a média da amostra, mas, ao contrário, para o escore médio dos respondentes. Esse *within-case*, ou *row-centering standardization*, pode ser muito eficaz na remoção dos efeitos das respostas e é especialmente apropriado para muitas formas de dados comportamentais.

Deve-se notar que isso é similar a uma medida correlacional no destaque de padrões entre as variáveis, mas a proximidade de casos ainda determina o valor da similaridade.

D. Ponderando os dados

Um outro aspecto a ser considerado é a possibilidade de ponderação das variáveis, especialmente naquelas hipóteses em que as variáveis não têm a mesma importância para o problema.

Nesses casos, os pesos são atribuídos de forma subjetiva e a sua escolha também depende do contexto e do grau de conhecimento que o pesquisador tem do problema. Ressalte-se, entretanto, que sendo a Análise de Conglomerados uma técnica exploratória que busca, a partir dos dados, a formulação de hipóteses, o mais comum é se atribuir o mesmo peso para todas as variáveis.

6.4.3 *Estágio 3: pressupostos da Análise de Conglomerados*

A Análise de Conglomerados não é uma técnica de inferência estatística em que parâmetros de uma amostra são avaliados como sendo possivelmente representativos de uma população. Em vez disso, a Análise de Conglomerados é uma metodologia objetiva para quantificar características estruturais de um conjunto de observações. Como tal, ela tem propriedades matemáticas fortes, mas não tem fundamentos estatísticos. Os requisitos de normalidade, linearidade e homoscedasticidade (níveis iguais de variância da variável dependente ao longo de todas as variáveis preditoras), que são muito importantes em outras técnicas, realmente têm pouco significado na Análise de Conglomerados. O pesquisador deve man-

Análise de Conglomerados **343**

ter o foco, entretanto, em dois pontos críticos: representatividade da amostra e multicolinearidade.

A. Representatividade da amostra

Raramente o pesquisador tem um censo da população para utilizar na Análise de Conglomerados. Geralmente, uma amostra de casos é obtida e os grupos são derivados na confiança de que eles representam a estrutura da população. O pesquisador deve, portanto, estar confiante de que a amostra obtida é, de fato, representativa da população. Como mencionado anteriormente, *outliers* podem realmente ser apenas uma amostra ruim de grupos divergentes que, quando descartados, introduzem um viés na estimação da estrutura.

O pesquisador deve estar ciente de que a Análise de Conglomerados será boa na medida em que a amostra for representativa. Portanto, todos os esforços devem ser feitos para assegurar que a amostra seja representativa e os resultados sejam generalizáveis para a população de interesse.

B. Impacto da multicolinearidade

A multicolinearidade é tratada em outras técnicas multivariadas (regressão múltipla, por exemplo), devido à dificuldade em discernir o "real" impacto das variáveis multicolineares. Mas na Análise de Conglomerados o efeito é diferente, pois aquelas variáveis que são multicolineares estão, de uma forma implícita, ponderadas mais pesadamente.

Veja-se um exemplo ilustrativo dos efeitos da multicolinearidade: suponha que os respondentes estão sendo agrupados com base em 10 variáveis, todas relativas a atitudes em relação a um serviço. Quando a multicolinearidade é examinada, vê-se que existem realmente dois grupos de variáveis, o primeiro feito dos números 1 a 8, e o segundo dos números 9 e 10. Se a intenção é realmente agrupar os respondentes, então o uso das dez variáveis originais será totalmente ilusório, confuso. Devido a cada variável estar ponderada igualmente na Análise de Conglomerados, a primeira dimensão terá quatro vezes chances (oito itens comparados dois a dois) de afetar a medida de similaridade, o mesmo se dando com a segunda dimensão.

A multicolinearidade age como um processo de sobrecarga não aparente para o observador, mas que, apesar disso, afeta a análise. Por essa razão, o pesquisador é encorajado a examinar as variáveis usadas na Análise de Conglomerados quanto a multicolinearidades substanciais e, se encontradas, reduzir o número de variáveis ou usar uma das medidas de distância, tal como a Distância Mahalanobis, que compensa essa correlação.

Existe um debate sobre o uso de escores fatoriais na Análise de Conglomerados, tendo em vista que algumas pesquisas têm mostrado que as variáveis que

344 Análise Multivariada • Corrar, Paulo e Dias Filho

realmente discriminam entre os grupos subjacentes não são bem representadas na maioria das soluções fatoriais. Assim, quando escores fatoriais são usados, é possível que seja obtida uma pobre representação da estrutura de dados. Dessa forma, o pesquisador deve ocupar-se tanto com a multicolinearidade como com a discriminariedade das variáveis para chegar à melhor representação da estrutura.

6.4.4 Estágio 4: determinação e avaliação dos grupos

Com as variáveis selecionadas e a matriz de similaridade calculada, o processo de partição ou divisão se inicia. O pesquisador deve primeiro escolher o algoritmo usado para formar os grupos e, então, tomar a decisão quanto ao número de grupos a serem formados. Ambas as decisões têm substanciais implicações não apenas nos resultados que serão obtidos, mas também na interpretação que pode ser derivada desses resultados.

A. Algoritmos de agrupamento

A primeira questão importante a ser respondida no processo de divisão é: qual procedimento deve ser usado para colocar objetos similares dentro de grupos ou *clusters*? Isto é, qual o algoritmo ou conjunto de regras mais apropriado? Essa não é uma questão simples, pois centenas de programas disponíveis de computador estão usando diferentes algoritmos, e estão constantemente sendo desenvolvidos novos algoritmos. O critério essencial de todos os algoritmos, entretanto, é que eles tentem maximizar as diferenças entre os grupos em confronto com a variação dentro dos mesmos.

A razão entre a variação entre os grupos (*between-cluster variation*) e a variação média dentro do grupo (*average within-cluster variation*) é então comparável (mas não idêntica) à "razão F" da Análise de Variância.

Os algoritmos de agrupamento mais usados podem ser classificados em duas categorias gerais: (1) hierárquicos; e (2) não hierárquicos. Vamos discutir as técnicas hierárquicas primeiramente.

B. Procedimentos hierárquicos de agrupamento

Os procedimentos hierárquicos envolvem a construção de uma hierarquia semelhante a uma árvore. Existem basicamente dois tipos de procedimentos hierárquicos de agrupamento: aglomerativos e divisivos.

Nos métodos aglomerativos, cada objeto ou observação inicial forma um grupo próprio. Nos passos seguintes, dois grupos (ou indivíduos) são combinados para formar um novo grupo agregado, reduzindo, assim, o número de grupos em uma unidade a cada passo. Em alguns casos, um terceiro indivíduo se junta aos primeiros dois para formar um grupo. Em outros, dois grupos de indivíduos formados anteriormente podem se juntar para formar um novo grupo. Eventualmente, todos os indivíduos são agrupados dentro de um grande grupo (Figura 6.3).

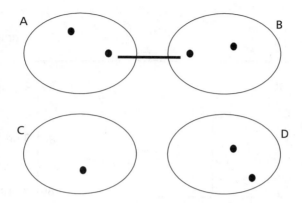

Figura 6.3 *Procedimento aglomerativo.*

Uma importante característica dos procedimentos hierárquicos é que os resultados de um estágio anterior são sempre incluídos dentro dos resultados dos estágios seguintes, de forma similar a uma árvore. Devido aos grupos serem formados somente pela união de grupos já existentes, qualquer membro de um grupo pode seguir o curso de seus outros membros em uma linha contínua até o seu início, na qualidade de uma observação individual. A representação desse processo é feita através de um dendrograma ou gráfico em forma de árvore (Figura 6.4).

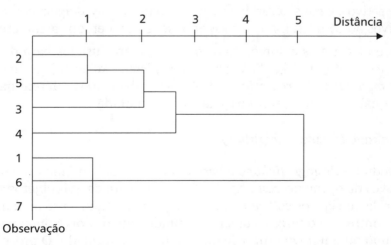

Figura 6.4 *Dendrograma.*

Outro método gráfico popular é o diagrama *vertical icicle* (Figura 6.5). Quando o processo de agrupamento prossegue na direção oposta dos métodos aglomerativos, ele é referido como um método divisivo. Nos métodos divisivos, começa-se com um grande grupo contendo todas as observações ou objetos.

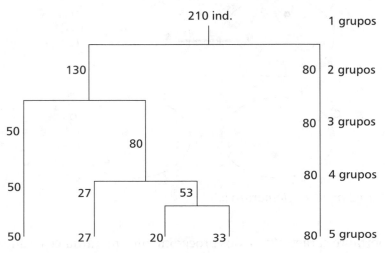

Figura 6.5 *Vertical icicle*.

Nos passos seguintes, as observações que são mais dissimilares são separadas e colocadas dentro de grupos menores. Esse processo continua até que cada observação se torne um grupo.

Como os pacotes de computador mais comumente usados empregam métodos aglomerativos, e considerando que os métodos divisivos agem como métodos aglomerativos ao contrário, nosso foco aqui será nos métodos aglomerativos.

Os cinco algoritmos aglomerativos mais populares usados para desenvolver agrupamentos são: (1) *single linkage*; (2) *complete linkage*; (3) *average linkage*; (4) *Ward's method*; e (5) *centroid method*. Esses algoritmos diferem na maneira através da qual a distância entre os grupos é computada.

I. *Single linkage (nearest neighbor)*

O procedimento *single linkage* é baseado na distância mínima (disponível no SPSS® através da opção *nearest neighbor*). Ele encontra os dois objetos separados pela menor distância e os coloca no primeiro grupo. Então, a próxima menor distância é encontrada e o terceiro objeto é reunido com os dois primeiros para formar um grupo ou um novo grupo de dois membros é formado. O processo continua até que todos os objetos estejam em um grupo. Esse procedimento é também chamado de abordagem do vizinho mais próximo (*nearest neighbor*).

A distância entre dois grupos quaisquer é a menor distância de qualquer ponto em um grupo para qualquer ponto no outro. Dois grupos são fundidos em qualquer estágio pela menor distância individual ou maior força de ligação entre eles. Problemas ocorrem, entretanto, quando os objetos estão pobremente estruturados. Em tais casos, o *single linkage* pode formar longas cadeias e, eventualmente, todos os indivíduos são colocados nelas. Indivíduos em lados opostos da corrente podem ser muito dissimilares.

II. *Complete linkage (furthest neighbor)*

Este procedimento é similar ao anterior, exceto pelo fato de o critério de agrupamento ser baseado na distância máxima (disponível no SPSS® através da opção *furthest neighbor*). Por essa razão, ele é algumas vezes referido como a abordagem do vizinho mais longe (*furthest neighbor*) ou como um método de diâmetro. A distância máxima entre indivíduos em cada grupo representa a menor (mínimo diâmetro) esfera que pode englobar todos os objetos de ambos os grupos.

Esse método é assim denominado porque todos os objetos de um grupo são ligados a qualquer outro a certa distância máxima ou por uma similaridade mínima. Pode-se dizer que a similaridade dentro do grupo é igual ao diâmetro do grupo. Essa técnica elimina o problema da cadeia ou corrente prolongada identificado no *single linkage*.

III. *Average linkage (between-groups linkage e within-groups linkage)*

Este método se inicia da mesma forma que os anteriores, mas o critério de agrupamento é a distância de todos os indivíduos de um grupo em relação a todos de outro (disponível no SPSS® através das opções *between-groups linkage* e *within-groups linkage*). Tal técnica não depende dos valores extremos, como as anteriores, e a divisão é baseada em todos os membros do grupo mais do que num par de membros extremos em particular. Esta abordagem tende a combinar grupos com menores variações internas. Ele também tende a enviesar em direção à produção de grupos com aproximadamente a mesma variância.

IV. *Ward's method*

O método *Ward* (disponível no SPSS®) baseia-se na perda de informação decorrente do agrupamento de objetos em conglomerados, medida pela soma total dos quadrados dos desvios de cada objeto em relação à média do conglomerado no qual o objeto foi inserido.

A cada estágio de agrupamento, a soma dos quadrados dos desvios das variáveis em relação a cada objeto é minimizada. Esse procedimento tende a combinar grupos com um menor número de observações. Isso também é enviesado em direção à produção de grupos com aproximadamente o mesmo número de observações.

V. *Centroid method*

Neste, a distância entre os grupos é a distância (tipicamente a Euclidiana Quadrada ou a Euclidiana Simples) entre seus centróides (disponível no SPSS®). Os centróides dos grupos são os valores médios das observações sobre as variáveis. Neste método, cada vez que indivíduos são agrupados, um novo centróide é calculado. Os centróides dos grupos migram quando as fusões de grupos acontecem. Em outras palavras, existe uma mudança no centróide do grupo cada vez que um novo indivíduo ou grupo de indivíduos é adicionado a um grupo existente.

Este método é o mais popular entre os biólogos, mas podem produzir resultados desordenados e frequentemente confusos. A confusão ocorre devido às reversões, ou seja, casos em que a distância entre os centróides de um par possa ser menor do que a distância entre os centróides de outro par formado numa combinação anterior. A vantagem deste método é que ele é menos afetado por *outliers* do que outros métodos hierárquicos.

C. Procedimentos não hierárquicos de agrupamento

Em contraste com os métodos hierárquicos, os procedimentos não hierárquicos não envolvem a construção de um processo tipo "árvore". Em vez disso, eles atribuem objetos a um grupo uma vez que o número de grupos a ser formado esteja especificado. Dessa forma, a solução de seis grupos não é uma combinação de soluções de dois a sete grupos, mas é baseada apenas no encontro da melhor solução de seis grupos.

Num exemplo simples, o processo funciona desta maneira: o primeiro passo é selecionar um grupo origem ou semente (*seed*) como o grupo central inicial, e todos os objetos (indivíduos), dentro de uma distância inicial preestabelecida, são incluídos no grupo resultante. Então, outro grupo origem é escolhido, e a designação continua até que todos os objetos sejam distribuídos. Os objetos podem, então, ser redistribuídos se eles estiverem mais próximos de outro grupo do que aquele para o qual foram originalmente atribuídos.

Existem diferentes abordagens para selecionar grupos originais ou sementes (*seeds*) e atribuir objetos, as quais serão discutidas a seguir.

Os métodos não hierárquicos são conhecidos, também, como métodos de partição. Esses métodos procuram diretamente uma partição de n objetos, de modo que satisfaçam às duas premissas básicas: coesão interna e isolamento dos grupos. Portanto, eles exigem a prefixação de critérios que produzam medidas sobre qualidade da partição produzida. Os procedimentos não hierárquicos são frequentemente referidos como *K-means clustering*, e eles tipicamente usam uma das seguintes abordagens para atribuir observações individuais a um dos grupos.

I. *Sequential threshold*

Este método se inicia pela seleção de um grupo-semente (*seed*) e inclui todos os objetos dentro de uma distância preestabelecida. Quando todos os objetos dentro dessa distância predeterminada são incluídos, um segundo grupo-semente é selecionado, e todos os objetos dentro da distância preestabelecida são incluídos. Então, um terceiro grupo semente é selecionado e o processo continua como antes. Quando um objeto é destinado a um grupo-semente, ele não é mais considerado nos grupos origens subsequentes.

II. *Parallel threshold*

Em contraste, este método seleciona vários grupos simultaneamente no início e distribui os objetos dentro de uma distância inicial em relação ao grupo-semente mais próximo. À medida que o processo evolui, as distâncias podem ser ajustadas para incluir menos ou mais objetos nos grupos. Também, em algumas variantes desse método alguns objetos permanecem não agrupados se eles estiverem fora da distância inicial especificada em relação a qualquer grupo-semente (*seed*).

III. *Optimization*

O terceiro método é similar aos dois anteriores, exceto pelo fato de permitir a realocação dos objetos. Se, no curso da distribuição dos objetos, um deles torna-se mais próximo de outro grupo do que daquele do qual faz parte, então esse objeto é desviado para o grupo com o qual ele se assemelha mais.

IV. *Selecionando as sementes dos agrupamentos*

Os procedimentos não hierárquicos estão disponíveis em vários programas de computador, incluindo os principais pacotes estatísticos. Nos programas que empregam o *sequential threshold procedure*, depois que o pesquisador especifica o número máximo de grupos possíveis segue-se a definição de grupos-sementes (*seeds*), que são usados como um esboço aproximado dos grupos.

A primeira "semente" (*seed*) é a primeira observação no conjunto de dados sem valores perdidos (*missing values*). A segunda "semente" (*seed*) é a próxima observação completa (sem valores perdidos) que é separada da primeira semente a partir de uma distância mínima preestabelecida. Depois de todas as "sementes" (*seeds*) terem sido selecionadas, o programa atribui cada observação ao grupo com a semente mais próxima.

O pesquisador pode especificar que o grupo-semente pode ser revisado (*updated*), calculando a média do grupo original cada vez que uma observação é alocada a ele. Em contraste, o *parallel threshold method* (*e. g.*, *K-Means Cluster* no SPSS®) estabelece os pontos-sementes a partir de uma indicação de pontos ou os seleciona aleatoriamente.

O principal problema enfrentado pelos procedimentos não hierárquicos diz respeito à seleção dos grupos-sementes. Por exemplo, no caso do *sequential threshold*, o grupo inicial e, provavelmente, o final resultantes dependem da ordem das observações no conjunto de dados, e embaralhando-se a ordem dos dados é possível afetar os resultados.

Especificar os grupos-sementes iniciais pode reduzir esse problema. Mas mesmo selecionando os grupos sementes aleatoriamente, produzir-se-ão diferentes resultados para cada conjunto eventual desses pontos. Assim, o pesquisador deve estar ciente do impacto do processo de seleção das "sementes" dos agrupamentos nos resultados finais.

D. Devem-se usar procedimentos hierárquicos ou não hierárquicos?

Uma resposta definitiva a essa questão não pode ser dada por duas razões: primeiro, o tipo de pesquisa pode sugerir um método ou outro; segundo, o que se aprende com a aplicação contínua a um contexto em particular pode sugerir um método como mais apropriado àquele contexto.

Os procedimentos hierárquicos desenvolvem fusões ou divisões sucessivas de dados. Uma das principais características para distinguir as técnicas hierárquicas das não hierárquicas é que a alocação de um determinado objeto em um *cluster* é irrevogável, ou seja, uma vez o objeto incluído em um grupo, ele nunca será removido e ligado a outro objeto de outro agrupamento.

I. Prós e contras dos métodos hierárquicos

No passado, as técnicas hierárquicas eram mais populares, com o *Ward's method* e o *average linkage* provavelmente sendo os mais disponíveis. Os procedimentos hierárquicos têm a vantagem de serem rápidos e exigirem menos tempo de processamento. Mas com as atuais facilidades computacionais, até mesmo os pessoais podem manusear grande volume de dados facilmente. Por outro lado, os métodos hierárquicos podem ser confusos, porque combinações anteriores indesejáveis correm os riscos de persistir no decorrer da análise e levar a resultados artificiais.

Um aspecto importante é o impacto substancial de dados suspeitos (*outliers*) nos métodos hierárquicos, particularmente no *complete linkage method*. Para reduzir essa possibilidade, o pesquisador pode agrupar os dados várias vezes, excluindo observações problemáticas ou dados suspeitos. A exclusão de casos, entretanto, mesmo daqueles que sejam suspeitos, pode muitas vezes distorcer a solução. Assim, o pesquisador deve ter extremo cuidado na exclusão de observações, seja qual for a razão.

Além disso, apesar de os programas de computador serem relativamente rápidos, os métodos hierárquicos não são apropriados para analisar uma amostra muito extensa. À medida que a amostra aumenta de tamanho, a necessidade de armazenamento de dados cresce dramaticamente. Por exemplo, uma amostra de 400 casos exige o armazenamento de 80.000 similaridades, e esse número cresce para 125.000 quando a amostra passa para 500 casos.

No método hierárquico, não existe a previsão de realocação de objetos que possam ter sido "incorretamente" agrupados nos estágios anteriores. Consequentemente, a configuração final do *cluster* deve ser cuidadosamente examinada para ver se ela é sensata.

Para um problema em particular, é uma boa ideia tentar vários métodos de agrupamento e, dentro de um dado método, diversas maneiras de medir as distâncias (similaridades). Se os resultados dos diversos métodos forem consistentes uns com os outros, possivelmente um agrupamento "natural" pode ser desenvolvido.

II. A ascensão dos métodos não hierárquicos

Tais métodos têm ganhado crescente aceitabilidade e são aplicados cada vez mais. O seu uso, entretanto, depende da habilidade do pesquisador em selecionar os pontos originais de acordo com alguma base prática, objetiva ou teórica. Nesses casos, os métodos não hierárquicos têm várias vantagens sobre os hierárquicos. Os resultados são menos suscetíveis a dados suspeitos, à medida de distância usada e à inclusão de variáveis irrelevantes ou inapropriadas.

Esses benefícios são obtidos, entretanto, somente com o uso de grupos-sementes escolhidos de forma não aleatória, ou seja, predeterminados especificamente; portanto, o uso de técnicas não hierárquicas com grupos-sementes (*seeds*) aleatórios é marcadamente inferior ao de técnicas hierárquicas. Mesmo em casos de grupos iniciais não aleatórios, não há garantias de um agrupamento ótimo dos objetos. De fato, em muitos casos, o pesquisador obterá diferentes soluções finais dependendo de cada conjunto de grupos-sementes especificados.

Como pode o pesquisador selecionar a resposta "correta"? Somente pela análise e validação é que pode o pesquisador selecionar o que é considerado a "melhor" representação da estrutura, sabendo que existem muitas alternativas aceitáveis.

Existem fortes argumentos para não se fixar o número K de *clusters* previamente, incluindo os seguintes: (1) se dois ou mais pontos-sementes (*seed points*) inadvertidamente são alocados a um único *cluster*, os resultados serão pobremente diferenciados; (2) a existência de um *outlier* poderá produzir pelo menos um grupo com itens muito dispersos; e (3) mesmo para o caso de uma população que é conhecida como composta de K grupos, o método de amostragem pode ser tal que os dados de um grupo mais raro podem não aparecer na amostra. A distribuição forçada dos dados dentro dos grupos levaria a *clusters* absurdos.

III. Uma combinação de ambos os métodos

Uma outra abordagem é usar ambos os métodos para se valer dos benefícios dos mesmos. Primeiro, uma técnica hierárquica pode estabelecer o número de grupos, traçar o perfil dos núcleos centrais dos grupos e identificar eventuais e óbvios dados suspeitos. Depois de eliminar os dados suspeitos, as observações remanescentes podem ser agrupadas por um método não hierárquico, tendo como grupos-sementes (*seeds*) aqueles núcleos centrais definidos através do método hierárquico. Nesse sentido, as vantagens dos métodos hierárquicos são complementadas pela habilidade dos métodos não hierárquicos para afinar ou depurar os resultados pela possibilidade de manobra dos membros dos grupos.

E. Quantos grupos devem ser formados

Provavelmente, a questão mais complexa para o pesquisador é determinar o número final de grupos a serem formados, bem como saber a regra de parada. Infelizmente, não existe um procedimento-padrão objetivo de seleção. Pelo fato de não existir um critério estatístico interno usado para inferência, como testes estatísticos de significância de outros métodos multivariados, os pesquisadores devem desenvolver muitos critérios e guias para abordar o problema. O principal obstáculo é que existem muitos procedimentos de ocasião (*ad hoc*) a serem desenvolvidos pelo pesquisador, sendo que muitas vezes envolvem aspectos bastante complexos.

Um tipo de regra de parada relativamente simples é examinar alguma medida de similaridade ou distância entre grupos a cada passo sucessivo, com a solução sendo definida quando a medida de similaridade exceder a um valor especificado ou quando os sucessivos valores entre os passos tiverem uma súbita elevação. Um simples exemplo disso foi usado anteriormente, no qual se procurou por um grande incremento na distância média dentro dos grupos. Quando um grande incremento ocorre, o pesquisador seleciona a solução anterior baseado na lógica de que a última combinação causou um substancial decréscimo na similaridade. Essa regra de parada (*stopping rule*) tem sido indicada para dar suporte a decisões acuradas em estudos empíricos.

Além disso, o pesquisador deve complementar o julgamento estritamente empírico com quaisquer aspectos conceituais e teóricos acerca das relações estudadas que podem sugerir um número natural de grupos. Pode-se iniciar este processo especificando algum critério baseado em considerações práticas, como quando se diz: "Minhas descobertas serão mais administráveis e facilmente comunicadas se eu tiver de três a seis grupos", e então resolve-se buscar esse número de grupos e selecionar a melhor alternativa depois de avaliar todas elas.

Na análise final, entretanto, provavelmente será melhor computar soluções com diversas quantidades de grupos (por exemplo: duas, três, quatro) e então decidir entre elas usando um critério predeterminado, um julgamento prático, o senso comum, ou fundamentos teóricos. As soluções serão aperfeiçoadas pela adequação destas aos aspectos conceituais do problema.

Sugere-se, em primeiro lugar, no caso de métodos hierárquicos, o exame do dendrograma em busca de grandes alterações dos níveis de similaridade para as sucessivas fusões. Para os procedimentos não hierárquicos, o método mais simples seria a análise gráfica dos grupos tendo por parâmetro o seu coeficiente de variância interna.

F. A Análise de Conglomerados deve ser estruturada novamente?

Quando uma solução de agrupamento aceitável é identificada, o pesquisador deve examinar a estrutura fundamental representada nos grupos definidos. Particularmente notar se existe um disparate acentuado entre o tamanho dos grupos ou se existem grupos de uma ou duas observações. Os pesquisadores devem examinar as variações acentuadas de tamanhos sob uma perspectiva conceitual, comparando os atuais resultados com as expectativas formadas a partir dos objetivos da pesquisa.

Os maiores incômodos são os grupos formados por uma única observação, que podem ser *outliers* não detectados durante a análise. Se um grupo de um único indivíduo (ou de muito pequeno tamanho se comparado com os demais) aparece, o pesquisador deve decidir se ele representa um componente estrutural válido na amostra ou se ele deve ser excluído como não representativo. Se qualquer observação é excluída, especialmente quando foram empregados métodos hierárquicos, o pesquisador deve refazer a Análise de Conglomerados e iniciar o processo de definição de grupos novamente.

Uma técnica de natureza quantitativa para avaliação dos agrupamentos obtidos por meio de uma Análise de Conglomerados seria o Coeficiente de Correlação Cofenética, que é o coeficiente de correlação entre os correspondentes elementos da matriz de dissimilaridade original e a matriz produzida por uma classificação hierárquica (matriz cofenética). Quanto mais próximo de 1 for o coeficiente, melhor será a representação. Em geral, entende-se que algo em torno de 0,8 já pode ser considerado um bom ajuste.

Esta matriz é obtida a partir das distâncias constantes do dendrograma, segundo as quais os grupos e indivíduos foram agrupados.

Dada uma matriz de distâncias entre objetos S e a sua correspondente matriz cofenética C, o Coeficiente é calculado da seguinte forma:

$$cc = (s_c \div \overline{c}) \div (s_s \div \overline{s})$$

onde:

s_s = desvio-padrão das distâncias de S;

s_c = desvio-padrão das distâncias de C;

$\overline{s}$ = média das distâncias de S;

$\overline{c}$ = média das distâncias de C.

6.4.5 Estágio 5: interpretação dos grupos

O estágio de interpretação envolve o exame de cada grupo, tendo em vista o conjunto de variáveis eleitas, para denominar ou atribuir uma identificação que descreva adequadamente a natureza dos grupos. Para clarificar esse processo, veja-se o exemplo dos refrescos regulares e os *diet*.

Suponha-se que uma escala de atitudes foi desenvolvida e que a mesma se constitui de afirmações relativas ao consumo de refrescos, tais como "os refrescos *diet* têm sabor mais desagradável", "os refrescos normais ou regulares têm sabor mais completo ou satisfatório", "os refrescos *diet* são mais saudáveis", e assim por diante. Além disso, assume-se que os dados demográficos e de consumo de refrescos tenham sido também coletados.

Quando é iniciado o processo de interpretação, uma medida frequentemente usada é o centróide do grupo (*cluster's centroid*). Se o procedimento de agrupamento foi realizado com dados brutos, aquela medida será uma descrição lógica. Se os dados foram padronizados ou se a Análise de Conglomerados foi realizada usando análise fatorial, o pesquisador terá que retornar aos escores brutos das variáveis originais e calcular perfis médios usando esses dados.

Continuando com o exemplo dos refrescos, nesse estágio examinam-se os escores dos perfis médios das declarações de atitudes para cada grupo e atribui-se uma identificação descritiva a eles. Muitas vezes, a Análise Discriminante é aplicada para gerar perfis de escores, mas é oportuno relembrar que diferenças estatísticas significantes não indicariam uma solução "ótima", pois tais diferenças são esperadas, dado o objetivo da Análise de Conglomerados.

Por exemplo, dois dos grupos podem ter atitude favorável aos refrescos *diet* e o terceiro, não. Além do mais, dos dois grupos favoráveis, um pode exibir atitudes favoráveis apenas em relação a refrescos *diet*, enquanto que o outro pode apresentar atitudes favoráveis a ambos os refrescos. A partir de um procedimento analítico, avaliar-se-iam as atitudes de cada grupo e desenvolveríamos interpretações substanciais para facilitar a identificação dos grupos. Por exemplo, um grupo poderia ser chamado "consciente quanto à saúde e às calorias", enquanto o outro poderia ser chamado "adeptos do açúcar".

A definição de perfis e a interpretação dos grupos, entretanto, resultam em mais do que apenas descrição. Primeiro, elas proveem um significado para avaliar a correspondência dos resultados com aqueles propostos anteriormente pela teoria ou pela experiência prática. Se usada com o intuito confirmatório, a análise dos perfis fornece um significado direto quanto à avaliação da correspondência.

Segundo, os perfis dos grupos oferecem uma rota para obter avaliações de significado prático. O pesquisador pode exigir que diferenças substanciais existam num conjunto de variáveis e que a solução seja expandida até que tais diferenças apareçam. Avaliando a correspondência ou o significado prático, o pesquisador compara os resultados obtidos com a tipologia preconcebida.

6.4.6 Estágio 6: validação e definição de perfis dos grupos

Dada a natureza relativamente subjetiva da Análise de Conglomerados na escolha da solução ótima, o pesquisador deve tomar grande cuidado em validar e assegurar significado prático da solução final. Apesar de não existir um único método que assegure validade e significado prático, várias abordagens têm sido propostas para oferecer alguma base para avaliação do pesquisador.

A. Validando a solução

A validação inclui a tentativa, por parte do pesquisador, de assegurar que a solução seja representativa da população geral e, assim, seja generalizável aos outros objetos e estável no tempo. A abordagem mais direta nesse aspecto é analisar amostras separadas, comparando as soluções e avaliando a correspondência dos resultados. Essa abordagem, entretanto, é frequentemente pouco praticável por restrições de tempo ou de custos ou, ainda, por indisponibilidade de observações para múltiplas análises.

Nesses casos, uma abordagem comum é dividir a amostra em dois grupos. Cada uma é analisada separadamente, e os resultados são comparados. Outra abordagem seria uma forma modificada de divisão da amostra por meio da qual os elementos centrais dos grupos obtidos de uma solução são empregados para definir grupos de outras observações e os resultados são comparados.

O pesquisador pode também tentar estabelecer alguma forma de critério ou previsão de validade. Para fazer isso, seleciona-se uma variável ou variáveis não usadas para formar grupos, mas conhecidas por se diferenciar entre os grupos. No exemplo anterior, poder-se-ia saber, a partir de pesquisas passadas, que as atitudes em relação aos refrescos variam de acordo com a idade.

356   Análise Multivariada • Corrar, Paulo e Dias Filho

Dessa forma, podem-se testar estatisticamente com base nas diferenças de idade aqueles grupos que são favoráveis aos refrescos *diet* e aqueles que não são. A variável ou variáveis usadas para aferir a validade preditiva devem ter um forte fundamento teórico ou prático quando elas se tornam o suporte para a escolha da solução dentre as possíveis.

B. Definindo o perfil da solução

Este estágio consiste na descrição das características de cada grupo para explicar como eles podem diferir em dimensões relevantes. Isso tipicamente envolve o uso de Análise Discriminante. O procedimento se inicia depois de os grupos terem sido identificados. O pesquisador utiliza os dados não previamente incluídos no procedimento de agrupamento para definir o perfil das características de cada grupo. De um modo geral, esses dados constituem-se de características demográficas, perfis psicográficos (idade, sexo, local onde vive, estilo de vida etc.), padrões de consumo, e assim por diante.

Apesar de poder não existir uma teoria racional para explicar as diferenças entre os grupos, tal qual a exigida para a avaliação da validade preditiva, ela deve pelo menos ter uma importância prática. Usando a Análise Discriminante, o pesquisador compara perfis de escores médios para os grupos. A variável dependente categórica são os grupos previamente identificados, e as variáveis independentes são os dados demográficos, psicográficos etc.

A partir desta análise, assumindo significado estatístico, o pesquisador pode concluir, por exemplo, que o grupo "conscientes quanto à saúde e às calorias" de nosso exemplo consiste de pessoas mais bem-educadas, de profissionais de maior renda e que são consumidores moderados de refrescos.

Em resumo, a análise do perfil enfoca a descrição, não o que determina diretamente os grupos, mas as características dos grupos depois que eles foram identificados. Além disso, a ênfase é nas características que diferem significativamente de um grupo para o outro, nas que poderiam predizer a presença de membros em um grupo determinado.

6.5   Aplicação prática

Para ilustrar a aplicação da Análise de Conglomerados, analisar-se-ão os indicadores de conduta e desempenho dos setores da economia apresentados pela revista *Exame*, em sua publicação anual intitulada *Exame Melhores e Maiores* 2002, com o objetivo de identificar eventuais agrupamentos de setores.

Busca-se, pois, através do estudo do comportamento de variáveis selecionadas, investigar quanto à existência ou não de setores que apresentem comportamento idêntico ou assemelhado com relação àquelas variáveis. As variáveis serão especificadas a seguir.

A questão de pesquisa é assim formulada: tomando-se como parâmetro indicadores de conduta e desempenho, verificam-se padrões de comportamento similares ou dissimilares suficientemente significativos para permitir afirmar a existência de agrupamentos naturais dentre os setores da economia brasileira?

Foram selecionadas as seguintes variáveis:

- *Crescimento das vendas*: é o crescimento da receita bruta de vendas e serviços em reais, descontada a inflação média do exercício social da empresa, medida pela variação do IGP-M. No caso, utilizar-se-ão os crescimentos relativos aos exercícios de 1998, 1999, 2000 e 2001 (cresve98, cresve99, cresve00 e cresve01).

- *Crescimento acumulado das vendas*: é o crescimento acumulado da variável descrita no item precedente no período de 1998 a 2001 (cven9801).

- *Rentabilidade do patrimônio*: mede o retorno do investimento aos acionistas em porcentagem. É o lucro líquido (ajustado) dividido pelo patrimônio líquido (ajustado), multiplicado por cem, relativo aos exercícios de 1998, 1999, 2000 e 2001 (rentab98, rentab99, rentab00 e rentab01).

- *Margem das vendas*: mede o lucro líquido em relação às vendas. É a divisão do lucro líquido ajustado em dólares pelas vendas em dólares, em porcentagem, de 1998 a 2001 (marge98, marge99, marge00 e marge01).

- *Liquidez corrente*: é o ativo circulante dividido pelo passivo circulante, de 1998 a 2001 (liqcor98, liqcor99, liqcor00 e liqcor01).

- *Investimentos no imobilizado*: aquisições do imobilizado sobre o imobilizado do ano anterior, em porcentagem, de 1998 a 2001 (imobi98, imobi99, imob00 e imob01).

- *Riqueza criada por empregado*: é o total da riqueza criada dividido pela média aritmética do número de empregados, não levando em conta eventuais serviços terceirizados. É uma medida de produtividade que indica a contribuição de cada funcionário na riqueza gerada pela empresa, de 1998 a 2001 (riqemp98, riqemp99, riqemp00 e riqemp01).

Os dados brutos relativos às variáveis acima são coletados da publicação *Exame Melhores e Maiores* (2002) e constam da Tabela 6.3. É oportuno ressaltar que se trata de 7 indicadores relativos a quatro exercícios; desses 7 indicadores, 5 são de desempenho (crescimento das vendas, rentabilidade do patrimônio, margem de vendas e riqueza criada por empregado) e dois são de conduta (liquidez corrente e investimento no imobilizado).

Cabe registrar, por fim, que para a viabilização dos cálculos da análise de agrupamento, utilizar-se-á o programa SPSS®, amplamente difundido no meio estatístico.

A. Verificando *outliers*

Definidas as variáveis e coletados os dados, é oportuno, agora, analisá-los buscando detectar a presença de dados suspeitos (*outliers*), bem como avaliar a necessidade de padronização dos dados e definir o critério de parecença. Registre-se, de início, que, analisando os dados brutos relativos à amostra através de um gráfico de perfis, não se identificaram *outliers*.

B. Definindo o critério de parecença

Optou-se pela Distância Euclidiana Quadrada, pois: (1) trata-se de variáveis métricas; (2) as diferenças de magnitude entre os casos têm relevância na classificação, afastando, assim, as medidas correlacionais; (3) a Distância Euclidiana é a mais utilizada, sendo que muitas das outras medidas são apenas variantes desta.

De qualquer forma, como recomendado pela literatura, testar-se-ão outras medidas de distância, como forma de validação dos achados.

Tabela 6.3 *Dados da amostra.*

N.	Sigla	Setor	cresve98	cresve99	cresve00	cresve01	cven9801	rentab98	rentab99	rentab00	rentab01
1	Al	Alimentos	6,5	0,9	−2,8	15,0	20,1	2,8	1,8	1,6	5,6
2	Au	Automotivo	−3,4	−9,7	12,9	2,7	1,1	5,1	−7,6	5,3	5,5
3	At	Atacado e Com. Exterior	0,2	8,6	0,8	10,8	21,5	11,4	3,1	1,2	10,4
4	Be	Bebidas	−2,5	−7,9	−1,5	−0,4	−11,9	2,9	3,1	2,6	2,9
5	Cm	Comércio varejista	5,9	5,7	4,7	2,4	20,0	7,7	2,7	4,9	6,3
6	Cf	Confecções e Têxteis	−1,5	7,6	−1,9	−4,1	−0,3	0,4	−5,5	5,5	2,5
7	Ct	Construção	21,5	−16,8	22,3	5,5	30,4	3,4	−5,0	0,9	1,6
8	El	Eletroeletrônico	−7,7	−11,1	12,7	−2,3	−9,7	−0,7	−19,3	4,7	−8,2
9	Fa	Farmacêutico	6,5	4,8	−5,9	−2,7	2,2	15,3	15,1	4,5	7,2
10	Hi	Hig., Limp. e Cosméticos	−0,9	−4,8	−0,8	0,4	−6,0	7,0	5,0	4,0	1,9
11	Ma	Material de construção	0,1	1,7	13,7	6,2	22,9	4,7	1,3	8,9	8,2
12	Me	Mecânica	1,8	−2,2	3,8	15,5	19,4	6,9	−1,3	10,4	3,4
13	Mi	Mineração	1,5	29,6	3,5	11,9	52,3	7,6	14,3	14,9	17,7
14	Pa	Papel e Celulose	−0,1	39,9	10,0	−0,4	53,1	−1,0	−2,2	12,6	6,4
15	Pl	Plásticos e Borracha	−5,8	11,5	5,6	−0,3	10,6	5,4	4,7	3,5	5,4
16	Qu	Química e Petroquímica	−1,6	27,7	5,7	7,0	42,1	4,8	7,9	9,3	7,0
17	Sd	Serviços Diversos	4,3	1,3	−5,3	2,5	2,6	8,2	2,5	7,9	12,9
18	St	Serviços de Transporte	1,3	1,0	3,0	−0,9	4,4	5,9	0,6	8,0	0,2
19	Sp	Serviços Públicos	6,3	0,4	2,1	12,4	22,5	1,1	1,7	3,2	3,7
20	Si	Siderurgia e Metalurgia	−7,8	23,4	12,1	0,1	27,7	2,6	−1,8	11,8	7,9
21	Tc	Tecnol. e Computação	15,6	11,7	9,3	4,4	47,3	11,5	7,8	16,7	2,3
22	Tl	Telecomunicações	−2,6	14,5	10,9	10,0	36,0	4,9	2,6	9,0	5,7

N.	Sigla	Setor	marge98	marge99	marge00	marge01	liqcor98	liqcor99	liqcor00	liqcor01
1	Al	Alimentos	1,1	0,4	0,7	1,7	1,4	1,1	1,3	1,2
2	Au	Automotivo	1,5	−2,9	1,0	1,8	1,3	1,2	1,4	1,2
3	At	Atacado e Com. Exterior	1,8	0,4	0,3	1,5	1,3	1,2	1,4	1,4
4	Be	Bebidas	1,5	0,8	1,0	1,8	0,9	1,0	1,2	1,4
5	Cm	Comércio varejista	1,2	0,5	0,5	0,8	1,2	1,4	1,2	1,3
6	Cf	Confecções e Têxteis	0,2	−3,7	3,3	1,2	1,8	1,3	1,8	1,4
7	Ct	Construção	4,2	−5,4	0,5	1,6	3,7	2,5	2,5	3,2
8	El	Eletroeletrônico	−0,2	−6,5	0,4	−2,1	1,2	1,2	1,3	1,3
9	Fa	Farmacêutico	7,5	6,9	1,5	1,2	2,3	1,9	2,0	1,9
10	Hi	Hig., Limp. e Cosméticos	3,3	3,3	2,7	1,1	2,6	1,8	1,9	1,8
11	Ma	Material de construção	6,0	0,9	7,7	7,3	1,7	1,8	1,7	2,0
12	Me	Mecânica	4,0	−0,7	4,8	1,3	1,4	1,9	1,8	1,4
13	Mi	Mineração	8,9	10,5	12,6	13,0	1,4	1,3	1,4	1,2
14	Pa	Papel e Celulose	−1,6	−1,6	17,7	7,8	1,0	1,1	1,1	1,2
15	Pl	Plásticos e Borracha	1,7	−0,5	1,5	1,6	1,1	1,4	1,5	1,3
16	Qu	Química e Petroquímica	3,3	3,6	3,5	2,6	1,3	1,3	1,4	1,5
17	Sd	Serviços Diversos	1,8	1,2	1,7	1,4	1,0	1,0	1,1	1,1
18	St	Serviços de Transporte	1,0	−1,2	1,7	−7,7	1,1	1,1	1,1	0,8
19	Sp	Serviços Públicos	3,6	3,5	4,8	4,6	0,9	0,8	0,9	0,8
20	Si	Siderurgia e Metalurgia	1,9	−3,1	7,2	4,9	1,1	0,9	1,3	1,4
21	Tc	Tecnol. e Computação	2,5	1,1	4,1	1,0	1,6	1,2	1,4	1,3
22	Tl	Telecomunicações	8,3	3,8	8,0	1,5	0,7	0,8	0,9	0,7

N.	Sigla	Setor	Imobi98	imobi99	imobi00	imobi01	riqemp98	riqemp99	riqemp00	riqemp01
1	Al	Alimentos	9,0	14,6	11,7	9,5	39.906	45.750	36.789	27.161
2	Au	Automotivo	17,0	28,6	14,4	18,2	39.627	36.875	32.126	37.337
3	At	Atacado e Com. Exterior	16,5	17,6	14,9	19,6	41.452	39.956	62.826	63.398
4	Be	Bebidas	13,2	6,3	8,4	10,0	126.786	124.143	119.156	41.105
5	Cm	Comércio varejista	17,2	22,1	24,0	17,7	25.780	23.842	18.832	20.876
6	Cf	Confecções e Têxteis	10,7	11,2	13,7	18,2	21.949	19.839	17.698	15.138
7	Ct	Construção	37,0	11,8	14,3	16,3	29.685	22.972	25.917	20.165
8	El	Eletroeletrônico	17,0	8,8	20,6	16,2	53.457	72.169	71.858	48.611
9	Fa	Farmacêutico	17,4	20,9	20,5	21,1	79.212	87.368	63.408	53.232
10	Hi	Hig., Limp. e Cosméticos	24,6	29,5	14,5	21,9	57.497	78.816	74.053	69.946
11	Ma	Material de construção	8,4	9,7	12,9	14,1	77.561	73.787	79.914	75.551
12	Me	Mecânica	12,6	16,4	14,8	17,8	34.565	34.201	32.615	35.461
13	Mi	Mineração	11,2	7,1	10,1	15,1	94.343	105.177	109.490	158.965
14	Pa	Papel e Celulose	4,9	10,1	9,7	9,0	47.820	83.891	119.288	57.122
15	Pl	Plásticos e Borracha	17,8	10,2	12,7	17,8	28.634	36.733	48.914	41.561
16	Qu	Química e Petroquímica	10,6	9,1	12,5	19,0	121.243	205.126	204.742	193.342
17	Sd	Serviços Diversos	21,5	29,8	22,3	20,9	20.685	39.120	30.621	28.750
18	St	Serviços de Transporte	30,0	36,0	19,9	12,2	34.091	21.484	18.321	51.623
19	Sp	Serviços Públicos	10,2	6,6	5,4	6,9	59.997	79.225	70.987	107.530
20	Si	Siderurgia e Metalurgia	11,1	9,4	7,4	12,1	49.703	69.177	77.860	68.164
21	Tc	Tecnol. e Computação	45,0	40,8	37,0	33,1	47.935	60.452	38.824	36.998
22	Tl	Telecomunicações	17,4	17,6	17,9	16,4	111.648	112.750	166.038	271.529

C. Padronizando os dados

Nesse aspecto, precisa-se, primeiramente, analisar a sensibilidade das medidas de distância à diversidade de escalas. De uma forma geral, as medidas de distância são extremamente sensíveis às escalas, razão pela qual, como há mais de um tipo de escala, é conveniente padronizar os dados.

Numa primeira análise, verificou-se que as variáveis apresentam duas escalas: percentuais (crescimento das vendas e o crescimento acumulado das vendas, rentabilidade, margem das vendas, liquidez corrente, investimentos no imobilizado) e valores monetários (riqueza criada por empregado).

Numa segunda análise, pode-se perceber, ainda, que as variáveis medidas em percentuais apresentam certas nuanças: umas representam crescimento, variação de um exercício para o outro (crescimento das vendas e investimentos no imobilizado), enquanto outras representam índices entre duas grandezas (rentabilidade, margem e liquidez corrente).

Se essas variáveis medidas em porcentagens tivessem magnitudes e amplitudes assemelhadas, não haveria a necessidade de se proceder a um ajuste nas mesmas. Mas isso não ocorre aqui, especialmente quanto: (1) à liquidez corrente, que tradicionalmente apresenta uma amplitude reduzida e valores situando-se, em média, entre 1,0% e 2,0%; e (2) aos investimentos no imobilizado, que têm magnitude elevada (média geral entre 10 e 20% ao ano), jamais apresentando valores negativos no presente caso.

Diante dessas considerações e restrições, de modo a assegurar a validade dos resultados, procede-se, inicialmente, à padronização pelas observações, relativamente a cada série temporal das variáveis, sendo que as variáveis padronizadas passam a ser identificadas pela terminação "pad". Na Tabela 6.4, são exibidos os dados padronizados.

A padronização dos dados pode ser obtida conforme visto no Capítulo 1 deste livro.

D. Verificando os pressupostos da Análise de Conglomerados

I. Amostra

Seguindo os passos indicados pela literatura, é o momento de se certificar, primeiramente, quanto à representatividade da amostra. A questão é: a amostra selecionada representa a população para a qual se pretendem generalizar os resultados da pesquisa?

Nesse particular, cabe dizer que o método de amostragem empregado é da espécie não casual, denominada amostragem por julgamento ou conveniência. A ideia básica é a de que a lógica, o senso comum ou um julgamento equilibrado podem ser usados na seleção de uma amostra que seja representativa de um grupo maior (população).

O universo em estudo abrange todas as empresas que atuam no Brasil, pertencentes a 22 setores segundo a natureza das respectivas atividades. Seria, então, necessário dispor das informações de cada variável relativas a todas as empresas, divididas em setores.

Tabela 6.4 *Dados padronizados.*

num	ven98	ven99	ven00	vsn01	ren98	ren99	ren00	ren01	mar98	mar99	mar00	mar01	liq98	liq99	liq00	liq01	imo98	imo99	imo00	imo01	riq98	riq99	riq00	riq01	v9801
1	0,21	-0,52	-0,99	1,30	-0,08	-0,62	-0,73	1,44	0,22	-1,02	-0,49	1,29	1,27	-1,00	0,27	-0,55	-0,86	1,33	0,20	-0,67	0,32	1,07	-0,08	-1,32	0,08
2	-0,42	-1,07	1,28	0,22	0,47	-1,50	0,50	0,53	0,52	-1,48	0,30	0,66	0,21	-1,14	1,25	-0,31	-0,41	1,45	-0,83	-0,22	1,00	0,12	-1,39	0,27	-0,89
3	-0,91	0,65	-0,80	1,06	0,95	-0,67	-1,04	0,76	1,05	-0,79	-0,92	0,66	-0,17	-1,34	0,61	0,90	-0,33	0,23	-1,14	1,24	-0,81	-0,92	0,84	0,89	0,15
4	0,17	-1,45	0,47	0,80	0,12	1,09	-1,33	0,12	0,49	-1,04	-0,60	1,15	-1,00	-0,61	0,40	1,21	1,28	-1,09	-0,37	0,18	0,58	0,52	0,40	-1,50	-1,55
5	0,76	0,64	0,02	-1,42	1,08	-1,27	-0,23	0,42	1,36	-0,75	-0,75	0,15	-0,50	1,37	-0,93	0,07	-0,92	0,56	1,13	-0,77	1,12	0,49	-1,13	-0,47	0,07
6	-0,29	1,46	-0,37	-0,80	-0,07	-1,34	1,03	0,38	-0,02	-1,35	1,04	0,32	0,76	-0,94	0,96	-0,78	-0,80	-0,66	0,07	1,39	1,13	0,41	-0,33	-1,21	-0,96
7	0,73	-1,36	0,77	-0,14	0,87	-1,44	0,19	0,38	0,98	-1,39	0,07	0,34	1,22	-0,82	-0,82	0,41	1,48	-0,70	-0,48	-0,31	1,23	-0,42	0,30	-1,11	0,60
8	-0,53	-0,86	1,41	-0,02	0,50	-1,29	1,02	-0,22	0,61	-1,41	0,80	0,00	-1,36	-0,06	0,97	0,45	0,27	-1,38	1,00	0,11	-0,66	0,87	0,84	-1,05	-1,44
9	0,98	0,70	-1,11	-0,57	0,87	0,83	-1,09	-0,60	0,95	0,77	-0,82	-0,91	1,46	-0,56	-0,19	-0,72	-1,48	0,53	0,30	0,65	0,55	1,08	-0,48	-1,14	-0,84
10	0,28	-1,45	0,32	0,85	1,19	0,25	-0,22	-1,21	0,67	0,67	0,10	-1,44	1,47	-0,54	-0,24	-0,70	0,32	1,10	-1,30	-0,12	-1,38	0,96	0,44	-0,01	-1,26
11	-0,87	-0,61	1,36	0,13	-0,31	-1,28	0,89	0,69	0,17	-1,46	0,71	0,58	-0,68	0,07	-0,78	1,39	-1,08	-0,59	0,61	1,06	0,33	-1,11	1,22	-0,44	0,22
12	-0,38	-0,91	-0,12	1,42	0,41	-1,23	1,11	-0,29	0,65	-1,21	0,97	-0,42	-0,80	0,96	0,76	-0,92	-1,25	0,45	-0,27	1,07	0,30	-0,01	-1,34	1,05	0,04
13	-0,79	1,40	-0,63	0,02	-1,41	0,16	0,30	0,95	-1,23	-0,39	0,71	0,92	0,75	-0,15	0,75	-1,36	0,10	-1,14	-0,23	1,28	-0,79	-0,41	-0,26	1,46	1,72
14	-0,66	1,45	-0,12	-0,67	-0,72	-0,89	1,25	0,35	-0,78	-0,78	1,32	0,24	-1,08	-0,48	0,33	1,23	-1,47	0,70	0,53	0,24	-0,91	0,21	1,32	-0,62	1,76
15	-1,15	1,17	0,38	-0,41	0,73	-0,06	-1,39	0,73	0,59	-1,50	0,40	0,50	-1,38	0,34	0,99	0,04	0,83	-1,16	-0,51	0,83	-1,21	-0,26	1,17	0,31	-0,41
16	-0,90	1,43	-0,32	-0,21	-1,30	0,34	1,09	-0,13	0,11	0,78	0,55	-1,44	-0,77	-0,88	0,44	1,20	-0,50	-0,85	-0,07	1,42	-1,49	0,60	0,59	0,30	1,20
17	0,86	0,14	-1,43	0,43	0,08	-1,26	0,01	1,18	1,00	-1,18	0,64	-0,45	-0,78	-0,78	1,31	0,26	-0,51	1,49	-0,32	-0,66	-1,20	1,23	0,11	-0,14	-0,82
18	0,13	-0,06	1,19	-1,25	0,57	-0,79	1,11	-0,90	0,60	0,08	0,76	-1,44	0,57	0,46	0,46	-1,50	0,52	1,09	-0,44	-1,17	0,18	-0,65	-0,86	1,34	-0,72
19	0,19	-0,92	-0,60	1,33	-1,08	-0,59	0,63	1,04	-0,78	-0,93	1,01	0,71	0,66	-0,98	1,04	-0,72	1,42	-0,33	-0,91	-0,18	-0,96	-0,01	-0,42	1,38	0,20
20	-1,08	1,20	0,38	-0,50	-0,42	-1,16	1,12	0,47	-0,19	-1,31	1,01	0,49	-0,42	-1,16	0,45	1,13	0,53	-0,29	-1,26	1,02	-1,40	0,25	0,98	0,16	0,46
21	1,14	0,31	-0,20	-1,25	0,32	-0,29	1,17	-1,20	0,22	-0,74	1,32	-0,81	1,43	-0,88	-0,18	-0,37	1,18	0,36	-0,39	-1,15	0,18	1,34	-0,67	-0,84	1,47
22	-1,45	0,84	0,36	0,24	-0,25	-1,11	1,30	0,06	0,88	-0,48	0,78	-1,18	-1,12	0,13	1,28	-0,29	0,12	0,42	0,88	-1,42	-0,72	-0,70	0,01	1,41	0,89

Tendo em vista a dificuldade de obtenção desses dados, e considerando também que qualquer esforço nesse sentido seria impraticável nos limites deste exemplo, optou-se por dados disponibilizados pela *Revista Exame*, os quais se julga terem um mínimo de representatividade da população, ainda mais levando-se em conta que se trata de indicadores médios de setores da economia. Assim, supõe-se que não seriam dramaticamente modificados ao se acrescentarem novas empresas aos setores.

II. Multicolinearidade

Nesse aspecto, procura-se verificar se existem variáveis altamente correlacionadas. Analisando a matriz de coeficientes de correlações de Pearson entre as variáveis (conforme descrito no Capítulo 1 deste livro), pode-se constatar que os níveis são, em geral, baixos ou aceitáveis, com exceção de: (1) mar98pad × ren98pad, que chega a 0,90; e (2) mar00pad × ren00pad, que é de 0,83. Apesar de serem altos tais coeficientes, não se excluirá, num primeiro momento, qualquer das variáveis.

E. Determinando os *clusters*

I. Elegendo o algoritmo de agrupamento

Devido às suas vantagens, escolher-se-á o *complete linkage* como critério hierárquico de agrupamento, que é baseado na distância máxima entre os objetos colocados no mesmo grupo. Por essa razão, ele é algumas vezes referido como a abordagem do "vizinho mais distante" (*furthest neighbor*) ou como um método de diâmetro. A distância máxima entre indivíduos em cada grupo representa a menor (mínimo diâmetro) esfera que pode englobar todos os objetos de ambos os grupos.

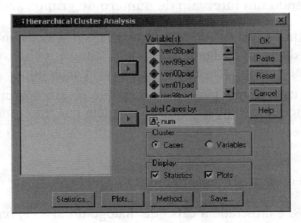

Figura 6.6 *Caixa de diálogo do SPSS® para a Análise de Conglomerados hierárquica.*

A razão da escolha dessa técnica é que ela elimina o problema da cadeia ou corrente prolongada identificado no *single linkage*. Em decorrência disso, as chances de se obterem grupos mais equilibrados e menos dissimilares aumenta. Na Figura 6.6, é mostrada a caixa de diálogo do SPSS®, que permite a identificação das variáveis a serem incluídas na análise de conglomerados hierárquica. Na Figura 6.7, por sua vez, está a caixa de diálogo onde são definidos o algoritmo de agrupamento (*furthest neighbor*) e a medida de similaridade (*squared euclidean distance*).

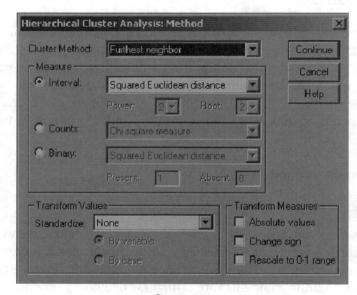

Figura 6.7 *Caixa de diálogo do SPSS® para definição do algoritmo de agrupamento e da medida de similaridade.*

II. Preestabelecendo um intervalo de número de grupos aceitáveis

Neste momento, antes de rodar a primeira análise, convém estabelecer uma faixa de número de grupos julgada adequada, tendo em vista os objetivos desse exemplo e o conhecimento que se tem do universo estudado.

No presente caso, estabelece-se um máximo de cinco grupos, sendo que o resultado mais fácil de ser reportado seria aquele que apresentasse três grupos distintos, os quais poderiam ser classificados, por exemplo, em inferior, intermediário e superior.

III. Processando o primeiro agrupamento

Na Figura 6.8, é mostrada a caixa de diálogo do SPSS®, onde são definidas as estatísticas desejadas pelo pesquisador (*agglomeration schedule* e *proximity ma-*

trix) e o número de agrupamentos da solução final (*cluster membership: range of solutions from 2 through 5 clusters*).

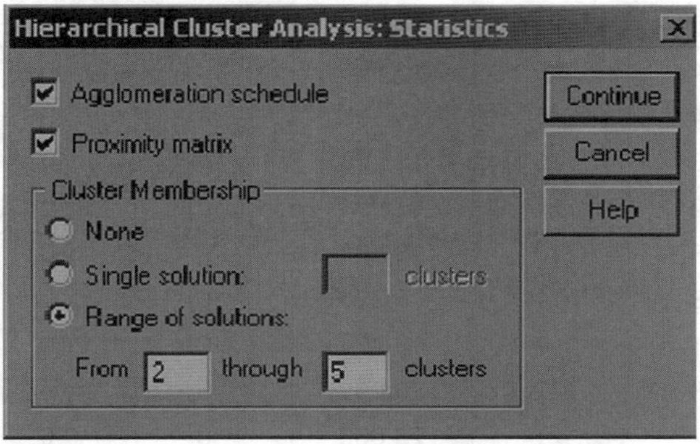

Figura 6.8 *Caixa de diálogo do SPSS® para as estatísticas.*

Os setores são identificados, aqui, pelo respectivo número na ordem de apresentação, constantes da Tabela 6.3. A *agglomeration schedule* da primeira solução consta da Figura 6.9 e já indica uma solução com três *clusters* como sendo a melhor. Essa conclusão é explicada mais adiante, quando são avaliados e interpretados os resultados.

Agglomeration Schedule

Stage	Cluster Combined		Coefficients	Stage Cluster First Appears		Next Stage
	Cluster 1	Cluster 2		Cluster 1	Cluster2	
1	14	20	13,896	0	0	2
2	14	16	16,595	1	0	16
3	3	15	17,276	0	0	14
4	2	12	17,991	0	0	12
5	13	19	18,187	0	0	16
6	8	11	18,290	0	0	11
7	1	17	18,794	0	0	13
8	18	22	20,095	0	0	17
9	7	21	23,056	0	0	15
10	9	10	24,646	0	0	18
11	6	8	27,510	0	6	12
12	2	6	29,577	4	11	17
13	1	5	31,291	7	0	15
14	3	4	32,432	3	0	18
15	1	7	38,875	13	9	19
16	13	14	40,783	5	2	20
17	2	18	45,035	12	8	19
18	3	9	48,096	14	10	21
19	1	2	49,103	15	17	20
20	1	13	55,607	19	16	21
21	1	3	58,276	20	18	0

Figura 6.9 "Agglomeration schedule" *do primeiro agrupamento*.

Seguindo o *output* do SPSS®, no primeiro estágio (*stage*) o procedimento utilizado agrupa a observação 14 (constante na coluna *Cluster* 1) e a observação 20 (constante na coluna *Cluster* 2), apresentando um coeficiente de distância de 13,896. As duas próximas colunas do *output* indicam em qual estágio as observações constantes nas colunas *Cluster* 1 e *Cluster* 2 apareceram anteriormente.

A última coluna (*Next Stage*) apresenta em que estágio o conglomerado formado nesse estágio irá ser agrupado com uma outra observação. Assim, o agrupamento formado pela observação 14 e observação 20 será agrupado no estágio (*stage*) 2 com a observação 16, agora com um coeficiente de 16,595. O agrupamento formado por 14, 16 e 20 somente receberá uma nova observação no estágio 14, conforme consta na última coluna desse estágio.

No estágio 3, inicia-se um novo conglomerado com as observações 3 e 5, seguindo o critério de agrupamente estabelecido.

A partir dos critérios estabelecidos previamente, a primeira análise agruparia as observações da seguinte forma:

Cluster 1 (12 observações): 1 2 5 6 7 8 11 12 17 18 21 22;

Cluster 2 (5 observações): 3 4 9 10 15;

Cluster 3 (5 observações): 13 14 16 19 20.

Processando uma análise de variância dos grupos (ANOVA) para verificar se existem diferenças significativas entre os mesmos, teríamos as seguintes variáveis com níveis de significância inferiores a 0,05: ven99pad, ren00pad, mar00pad, mar01pad, imo00pad, riq99pad, riq00pad e v9801pad, com as quais se processará uma nova análise de conglomerados, tratada na próxima seção. A Figura 6.10 contém a caixa de diálogo do SPSS® onde são definidos os parâmetros para processar a ANOVA.

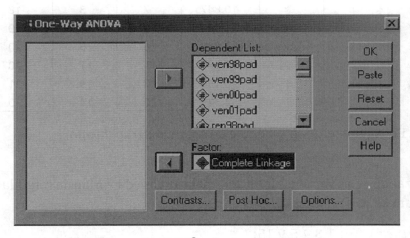

Figura 6.10 *Caixa de diálogo do SPSS® relativa à ANOVA.*

IV. Processando o segundo agrupamento

Na Figura 6.11, apresenta-se o novo *ouput* com a utilização das seguintes variáveis: ven99pad, ren00pad, mar00pad, mar01pad, imo00pad, riq99pad, riq00pad e v9801pad.

Agglomeration Schedule

Stage	Cluster Combined		Coefficients	Stage Cluster First Appears		Next Stage
	Cluster 1	Cluster 2		Cluster 1	Cluster2	
1	7	19	2,450	0	0	10
2	12	18	3,061	0	0	13
3	3	15	3,433	0	0	16
4	16	22	3,539	0	0	11
5	5	9	4,142	0	0	18
6	6	17	4,604	0	0	13
7	1	4	4,787	0	0	16
8	13	14	5,216	0	0	9
9	13	20	5,612	8	0	14
10	2	7	5,833	0	1	15
11	16	21	7,324	4	0	14
12	8	11	7,369	0	0	17
13	6	12	8,515	6	2	17
14	13	16	9,630	9	11	21
15	2	10	10,398	10	0	19
16	1	3	10,847	7	3	18
17	6	8	11,068	13	12	19
18	1	5	13,818	16	5	20
19	2	6	17,101	15	17	20
20	1	2	20,194	18	19	21
21	1	13	32,349	20	14	0

Figura 6.11 Agglomeration schedule *do segundo agrupamento*.

Utilizando-se as variáveis indicadas pela análise da variância referida há pouco, formam-se os seguintes *clusters*:

Cluster 1 (6): 1 3 4 5 9 15;

Cluster 2 (10): 2 6 7 8 10 11 12 17 18 19;

Cluster 3 (6): 13 14 16 20 21 22.

Procedendo a uma outra análise ANOVA, constata-se que as variáveis mar-01pad e imo00pad apresentam níveis de significância de 0,097 e 0,991, respectivamente. Como se observa, níveis superiores aos desejados. Tais variáveis são, então, excluídas e é processada uma nova análise, descrita na seção seguinte.

V. Processando o terceiro agrupamento

O terceiro agrupamento com a utilização das variáveis mar01pad e imo00pad consta na Figura 6.12.

Stage	Cluster Combined		Coefficients	Stage Cluster First Appears		Next Stage
	Cluster 1	Cluster 2		Cluster 1	Cluster 2	
1	14	20	0,289	0	0	15
2	2	12	0,872	0	0	5
3	6	16	1,113	0	0	9
4	13	22	1,485	0	0	9
5	2	19	1,506	2	0	10
6	5	9	1,519	0	0	17
7	1	10	1,747	0	0	8
8	1	4	1,913	7	0	17
9	6	13	2,464	3	4	15
10	2	18	2,488	5	0	16
11	17	21	2,490	0	0	16
12	3	15	2,694	0	0	18
13	7	11	2,778	0	0	14
14	7	8	4,117	13	0	19
15	6	14	4,172	9	1	20
16	2	17	6,091	10	11	19
17	1	5	7,938	8	6	18
18	1	3	10,354	17	12	21
19	2	7	10,873	16	14	20
20	2	6	15,295	19	15	21
21	1	2	19,713	18	20	0

Figura 6.12 Agglomeration schedule *do terceiro agrupamento*.

Os resultados obtidos com as variáveis com níveis de significância inferiores a 0,05 foram os seguintes:

Cluster 1 (7): 1 3 4 5 9 10 15;

Cluster 2 (9): 2 6 7 8 11 12 17 18 19;

Cluster 3 (6): 13 14 16 20 21 22.

Submetendo os grupos obtidos e as variáveis que os geraram a outra ANOVA, verifica-se que todas elas permanecem com os níveis de significância inferiores a 0,05, o que é um indicativo de que se chegou a um conjunto relativamente estável de *clusters*.

F. Avaliando e interpretando os resultados

Os *clusters* obtidos no terceiro e último processamento podem ser considerados satisfatórios, uma vez que todas as variáveis mostraram-se significativas ao menos ao nível de 5%. Ou seja, tendo em vista especificamente o conjunto de variáveis selecionadas, pode-se afirmar, com uma probabilidade de 95%, que os setores estão corretamente agrupados.

Quanto ao número de grupos, a solução com três *clusters* mostrou-se a melhor em todos os processamentos. Tal afirmação baseia-se numa regra de parada relativamente simples: examinar a medida de distância entre grupos a cada passo sucessivo, definindo-se a solução quando esta exceder a um valor especificado ou quando os sucessivos valores entre os passos tiverem uma súbita elevação. Quando um grande incremento ocorre, o pesquisador seleciona a solução anterior baseado na lógica de que a última combinação causou um substancial decréscimo na similaridade. Essa regra de parada (*stopping rule*) tem sido indicada para dar suporte a decisões acuradas em estudos empíricos.

No presente estudo, tal medida pode ser verificada através do *agglomeration schedule*, por exemplo, do terceiro e definitivo processamento (Figura 6.12). Neste caso, a passagem da solução com quatro para a solução com três grupos (estágio 19) acarreta um pequeno incremento na distância (10,354 para 10,873), enquanto que da solução com três para a com dois *clusters* (estágio 20) implica um incremento significativamente maior (10,873 para 15,295). Por esse critério, justifica-se a parada na solução com três agrupamentos.

A Figura 6.13 contém a caixa de diálogo do SPSS® para definição dos *plots* desejados pelo pesquisador, sendo o principal deles o dendrograma.

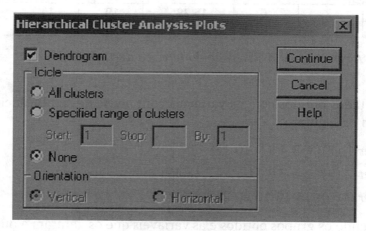

Figura 6.13 *Caixa de diálogo do SPSS® para dendrograma.*

Interpretando os grupos, pode-se antecipar que a solução tripartida contempla razoavelmente as diferenças entre os mesmos, tendo o *Cluster* 3 uma distinção mais nítida em relação aos demais. O dendrograma, um gráfico em forma de árvore que representa o processo de agrupamento (Figura 6.14), reforça esta convicção, onde se pode verificar que o *Cluster* 3 teve a sua interação com uma distância reescalonada de 5, enquanto que os *Clusters* 1 e 2 tiveram uma distância ao redor de 10.

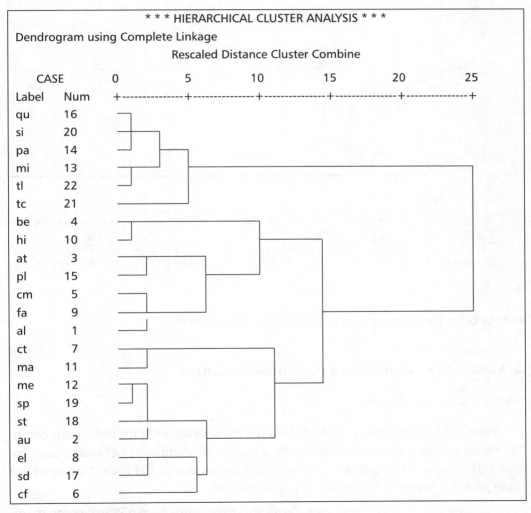

Figura 6.14 *Dendrograma*.

O gráfico (Figura 6.15) onde são plotadas as médias das variáveis de cada grupo permite uma visualização desse aspecto. Por questão de praticidade, em relação às variáveis *liquidez* e o *crescimento das imobilizações*, são apresentados apenas os valores acumulados no período. Através da observação do referido gráfico, pode-se perceber que o grupo 3 mantém uma boa vantagem sobre os outros, enquanto que os grupos 1 e 2 se alternam em relação a cada variável. Um melhor perfil desses grupos será apresentado na próxima seção.

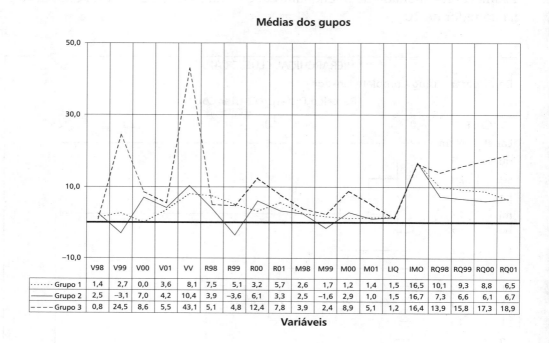

Figura 6.15 *Diagrama de perfis das médias dos* clusters.

G. Validando os resultados e perfilando os *clusters*

I. Validando os resultados

Para validar a solução proposta, podem ser realizados alguns testes, tais como: (1) testar outros métodos e critérios de medidas de distância; (2) testar com outras variáveis, ou com um número reduzido de variáveis; (3) dividir os casos em duas partes e processar a análise separadamente.

No presente estudo, como método alternativo, utilizou-se o Ward; como medida alternativa de similaridade, empregou-se o coeficiente de correlação de Pearson; foi feita, ainda, uma análise apenas com as variáveis relativas a vendas, retorno e margem líquida. Processou-se, também, uma análise aplicando o método não hierárquico (*K-means cluster*) a partir dos centróides obtidos no *complete linkage*.

Em todos esses casos, os resultados mostraram-se compatíveis com a solução proposta, apresentando pequenas variações de classificação dentre os *clusters*, o mesmo se dando quando se processou a análise dos setores divididos em dois conjuntos separados.

Como último procedimento de validação, aplicou-se uma análise discriminante, tendo-se obtido 100% de acurácia na classificação com os dados originais e 86,4% *cross-validated*, utilizando as variáveis significativas ao nível de 0,05 do terceiro processamento.

Como revelam os dados constantes da Tabela 6.5, após os testes de validação, as maiores frequências registradas para cada setor indicam que a solução proposta é "boa".

Soluções:

I – utiliza o coeficiente de correlação de Pearson como critério de parecença;

II – emprega o método de Ward como algoritmo de agrupamento;

III – utiliza apenas as variáveis relativas a crescimento das vendas (inclusive o acumulado), à rentabilidade do patrimônio e à margem de vendas;

IV – emprega o método não hierárquico de agrupamento (*K-means*);

V – separa a amostra em duas subamostras de mesmo tamanho;

VI – emprega a Análise Discriminante;

VII – apresenta solução final no terceiro agrupamento.

Tabela 6.5 *Tabela dos testes de validação.*

Setor	Soluções							Frequências		
	I	II	III	IV	V	VI	VII	*Cluster* 1	*Cluster* 2	*Cluster* 3
1	1	1	1	1	1	1	1	7	0	0
2	2	1	2	2	2	2	2	1	6	0
3	2	2	1	1	1	1	1	5	2	0
4	2	2	1	1	2	1	1	4	3	0
5	1	1	2	1	1	1	1	6	1	0
6	2	1	2	3	1	2	2	2	4	1
7	1	1	2	2	2	2	2	2	5	0
8	2	2	2	2	2	2	2	0	7	0
9	1	1	1	1	1	1	1	7	0	0
10	1	1	1	2	2	1	1	5	2	0
11	2	2	2	2	2	2	2	0	7	0
12	2	1	2	2	2	2	2	1	6	0
13	3	3	3	3	3	3	3	0	0	7
14	3	3	3	3	3	3	3	0	0	7
15	2	2	1	1	1	1	1	5	2	0
16	3	3	3	3	3	3	3	0	0	7
17	1	1	2	2	1	2	2	3	4	0
18	3	1	2	2	2	2	2	1	5	1
19	3	3	3	2	2	2	2	0	4	3
20	3	3	3	3	3	3	3	0	0	7
21	1	1	2	3	3	3	3	2	1	4
22	3	1	3	3	3	3	3	1	0	6

II. *Perfilando os* clusters

Vencidas todas as etapas anteriores, é o momento, finalmente, de definir o perfil dos agrupamentos, estabelecendo as principais características que os distinguem uns dos outros. Os setores ficaram assim agrupados:

Quadro 6.1 *Classificação dos setores.*

Cluster 1	Cluster 2	Cluster 3
1 – Alimentos	2 – Automotivo	13 – Mineração
3 – Atacado e Com. Exterior	6 – Confecções e Têxteis	14 – Papel e Celulose
4 – Bebidas	7 – Construção	16 – Química e Petroquímica
5 – Comércio Varejista	8 – Eletroeletrônico	20 – Siderurgia e Metalurgia
9 – Farmacêutico	11 – Material de Construção	21 – Tecnologia e Computação
10 – Higiene, Limpeza e Cosméticos	12 – Mecânica	22 – Telecomunicações
15 – Plásticos e Borracha	17 – Serviços Diversos	
	18 – Serviços de Transporte	
	19 – Serviços Públicos	
Total: 7 setores	Total: 9 setores	Total: 6 setores

Conforme ficou demonstrado, nem todas as variáveis têm médias diferentes para cada grupo de modo a permitir uma clara distinção; assim, o comportamento daquela variável no grupo ficará descrito de uma forma genérica ou imprecisa.

Resumindo, pode-se afirmar que no *Cluster* 3 estão os setores com melhores padrões de desempenho geral, considerando-se o período analisado. Já os grupos 1 e 2 apresentam médias mais aproximadas se considerarmos esse período; o que os diferencia é que, enquanto o primeiro apresenta uma tendência geral de estabilização em níveis de modestos a medianos de desempenho, o segundo apresenta um comportamento geral mais volátil, com índices de desempenho levemente inferiores.

No Quadro 6.2, são descritas as principais características de cada *cluster* com relação às variáveis utilizadas na análise.

Quadro 6.2 *Perfil dos grupos.*

Variável	Cluster 1	Cluster 2	Cluster 3
Crescimento das vendas	Tendência de desaceleração até 2000, recuperando um pouco em 2001, com exceções. Variação acumulada 1998-2001 modesta (8%), com alguns casos negativos.	Tendência geral de recuperação até 2000, sendo que o ano de 1999 foi, em geral, ruim; desaceleração em 2001, com algumas exceções. Variação acumulada 1998-2001 modesta (10%), com alguns casos negativos.	Tendência de desaceleração, sendo que o ano de 1999 foi excepcional. Variação acumulada 1998-2001 bastante significativa (43%).
Rentabilidade	Melhora modesta em 2001, mantendo nível médio razoável no acumulado 1998-2001 (23%).	Ano de 1999 muito ruim, recuperando em 2000, estabilizando em 2001, exceto o setor de eletroeletrônicos, que teve retorno negativo acentuado (–8%); Média geral acumulada 1998-2001 modesta (10%).	Reduziu um pouco em 2001, mas mantém média geral em bom nível no acumulado 1998-2001 (34%).
Margem das vendas	Estabilizada em níveis modestos, com a margem média no período de 1998-2001 de 1,7%.	Tendência de queda em 2001, com média de 1,2% no período 1998-2001.	Estabilizada ou em queda, mas mantendo nível razoável no período 1998-2001 (5%).
Investimentos no imobilizado	Em torno da média geral de 17%.	Em torno da média geral de 17%.	No geral, níveis bem inferiores a 17% ao ano, à exceção do setor de tecnologia e computação, que teve uma média de quase 40% ao ano.
Riqueza criada por empregado	Tendência de queda, com média geral no período de US$ 56 mil, com exceções.	Estável em torno de US$ 44 mil, com exceções.	Tendência de crescimento, mas com exceções; média geral no período elevada (US$ 108 mil), com exceções.

A partir dessas características, com o intuito de complementar a descrição, atribui-se um nome a cada um desses grupos, os quais podem ser chamados:

Cluster 1: "Setores estabilizados em níveis medianos."

Cluster 2: "Setores de maior volatilidade e com retornos modestos."

Cluster 3: "Setores estabilizados no topo."

6.6 Considerações finais

A análise de conglomerados fornece aos pesquisadores um método empírico e objetivo para realizar uma das tarefas mais inerentes ao homem – a classificação. Quer para propósitos de simplificação, exploração ou confirmação, a Análise de Conglomerados é uma ferramenta analítica potente que tem uma ampla gama de aplicações. Mas com essa técnica vem a responsabilidade por parte do pesquisador em aplicar princípios subjacentes de forma adequada.

Como mencionado anteriormente, a Análise de Conglomerados tem muitos aspectos "nebulosos", que levam mesmo os pesquisadores mais experientes a aplicá-la com cuidado. Mas quando usada apropriadamente, tem o potencial de revelar estruturas dentro dos dados que poderiam não ser descobertas por outros meios. Dessa forma, essa técnica poderosa atende a uma fundamental necessidade dos pesquisadores de todas as áreas, podendo, com o conhecimento que ela proporciona, ser aplicada tanto de forma abusiva como sabiamente.

6.7 Resumo

A Análise de Conglomerados ou *Clusters Analysis* é um grupo de técnicas de análise multivariada cujo propósito primário é reunir objetos em função de suas características. Ela classifica objetos (p. ex., respondentes, produtos ou outras entidades) segundo aquilo que cada objeto tem de similar a outros dentro do grupo com respeito a um critério de seleção predeterminado. O grupo resultante deve então exibir um alto grau de homogeneidade interna (*within-cluster*) e alta heterogeneidade externa (*between-cluster*).

Existem três questões básicas na análise de conglomerados:

- como medir a semelhança entre objetos?
- supondo que se possa medir a semelhança relativa entre objetos, como então colocar objetos semelhantes em *clusters*?

378 Análise Multivariada • Corrar, Paulo e Dias Filho

- após ter efetuado o agrupamento, como descrever os *clusters* e saber se os *clusters* resultantes são reais, e não o produto de um simples artifício estatístico?

A análise de conglomerados serve para se obter a divisão de um conjunto de objetos em dois ou mais grupos baseada na similaridade dos objetos para um dado conjunto de características. Formando grupos homogêneos, o pesquisador pode atingir qualquer um dos seguintes objetivos:

- Descrição taxonômica:

O uso mais tradicional da análise de conglomerados tem sido para propósitos exploratórios e a formação de uma taxonomia – uma classificação de objetos com base empírica. Como descrito anteriormente, a Análise de Conglomerados tem sido usada em uma ampla gama de aplicações devido à sua habilidade em classificar.

Mas, esta ferramenta pode também gerar hipóteses relacionadas à estrutura dos objetos. Ainda, apesar de vista principalmente como uma técnica exploratória, ela pode ser usada para propósitos confirmatórios. Se uma determinada estrutura pode ser previamente definida para um certo conjunto de objetos, o resultado da Análise de Conglomerados pode ser utilizado para fins de comparação e validação daquela estrutura inicial.

- Simplificação de dados:

Em decorrência dessa vocação taxonômica, a Análise de Conglomerados pode permitir uma perspectiva simplificada das observações. Com uma estrutura definida, as observações podem ser agrupadas para análises adicionais. Enquanto a Análise Fatorial procura prover dimensões ou estrutura para as variáveis, a Análise de Conglomerados realiza a mesma tarefa para as observações. Assim, apesar de todas as observações serem vistas de uma forma única, elas podem ser vistas como membros de um grupo e perfiladas segundo suas características gerais.

- Identificação das relações:

Com os resultados advindos da Análise de Conglomerados, o pesquisador tem uma forma de revelação dos relacionamentos entre as observações que provavelmente não seria possível com a análise das observações individuais. Se análises como a Discriminante são usadas para identificar empiricamente relações, ou se os grupos são sujeitos a métodos mais qualitativos, a estrutura simplificada propiciada pela Análise de Conglomerados muitas vezes revela relações ou similaridades e diferenças antes não identificadas.

A seleção das variáveis a serem incluídas na análise deve ser feita tendo em vista aspectos tanto teóricos e conceituais como práticos. Qualquer aplicação da

Análise de Conglomerados deve ter alguma lógica em relação às variáveis selecionadas. Se a lógica é baseada em uma teoria explícita, em pesquisa anterior ou em suposições, o pesquisador deve ter noção quanto à importância de incluir somente aquelas variáveis que: (1) caracterizem os objetos que estão sendo agrupados; e (2) digam respeito especificamente aos objetivos da Análise *Cluster*.

Pode-se utilizar a expressão *coeficiente de parecença* para se referir ao critério que mede a distância entre dois objetos, ou que determine o quanto eles são parecidos, dividindo-o em duas categorias: medidas de similaridade e de dissimilaridade.

Na primeira, quanto maior o valor observado, mais parecidos são os objetos; já para a segunda, quanto maior o valor observado, menos parecidos (mais dissimilares) serão os objetos. O coeficiente de correlação é um exemplo de medida de similaridade, enquanto que a Distância Euclidiana é um exemplo de dissimilaridade.

Com as variáveis selecionadas e a matriz de similaridade calculada, o processo de partição ou divisão se inicia. O pesquisador deve primeiro escolher o algoritmo usado para formar os grupos e, então, tomar a decisão quanto ao número de grupos a serem formados. Ambas as decisões têm substanciais implicações não apenas nos resultados que serão obtidos, mas também na interpretação que pode ser derivada desses resultados.

O estágio de interpretação envolve o exame de cada grupo, tendo em vista o conjunto de variáveis eleitas para denominar ou atribuir uma identificação que descreva adequadamente a natureza dos grupos.

Dada a natureza relativamente subjetiva da análise de conglomerados na escolha da solução ótima, o pesquisador deve tomar grande cuidado em validar e assegurar significado prático da solução final. Apesar de não existir um único método que assegure validade e significado prático, várias abordagens têm sido propostas para oferecer alguma base para a avaliação do pesquisador. A validação inclui a tentativa por parte do pesquisador de assegurar que a solução seja representativa da população geral e, assim, generalizável aos outros objetos e estável no tempo.

Por fim, o estágio de definição do perfil da solução consiste na descrição das características de cada grupo para explicar como eles podem diferir em dimensões relevantes.

6.8 Questões propostas

1. Defina Análise de Conglomerados.
2. Quais os objetivos da Análise de Conglomerados?

380 Análise Multivariada • Corrar, Paulo e Dias Filho

3. Os resultados da Análise de Conglomerados indicam categoricamente os agrupamentos existentes numa determinada amostra ou população, de modo a permitir ao pesquisador uma conclusão definitiva e única quanto aos mesmos. Comente e critique essa afirmativa.

4. Identifique três casos práticos do seu cotidiano de pesquisador nos quais a técnica discutida neste capítulo poderia ser aplicada com sucesso.

5. Quais são os pressupostos para a aplicação da Análise de Conglomerados?

6. O que a Análise de Conglomerados tem em comum com a análise fatorial?

7. Qual o impacto da inclusão de variáveis irrelevantes no modelo quando se aplica a Análise de Conglomerados?

8. Qual o impacto da não exclusão de *outliers* na Análise de Conglomerados?

9. Como é medida a similaridade ou dissimilaridade entre os objetos numa Análise de Conglomerados? Como o pesquisador deve proceder para escolher o critério mais adequado?

10. O que significa padronizar os dados e qual a sua importância dentro da Análise de Conglomerados?

11. O que são algoritmos de agrupamentos e qual o seu papel na Análise de Conglomerados?

12. O que deve orientar o pesquisador na escolha do número de agrupamentos na solução final da Análise de Conglomerados, ou seja, quantos grupos devem ser formados?

6.9 Exercício resolvido

A partir de fundamentos teóricos e considerando evidências empíricas anteriores, um pesquisador pretende testar a validade da seguinte hipótese: *existe uma associação inversa entre o grau de concentração de um mercado ou setor e os níveis de endividamento geral e de longo prazo das empresas inseridas neles*.

Confirmada essa expectativa, poder-se-ia afirmar que as empresas que reúnem tais características provavelmente têm um maior grau de especificidade de ativos, uma vez que este atributo é apontado como causa tanto do maior grau de concentração como da menor alavancagem.

Contrariamente, uma empresa atuando em um mercado com menor grau de concentração e que apresente altos níveis de endividamento geral e de longo prazo provavelmente será uma empresa com menor grau de especificidade de ativos.

Segundo a teoria de suporte, maior grau de especificidade de ativos implica maiores riscos para o empreendimento, o que eleva a taxa de juros dos empréstimos de terceiros, fazendo com que a firma prefira financiar seus investimentos com capitais próprios. Por outro lado, mercados ou setores industriais com maior grau de concentração também têm como característica uma presença maior de ativos específicos, o que é visto como uma das causas dessa maior concentração.

Trata-se de uma amostra *cross-sectional* inicialmente formada pelas 500 maiores empresas do Brasil, segundo a publicação anual *Exame Melhores e Maiores* de 2002. Foram descartados da amostra, primeiramente, os casos de *missing data*. Após, restringiu-se a amostra aos casos de indústrias com controle acionário brasileiro; assim, foram excluídas as empresas comerciais, as prestadoras de serviços, as com controle estrangeiro e as estatais, a fim de evitar que as idiossincrasias desses tipos de empresas tornassem, desnecessariamente, complexa a interpretação dos resultados. A amostra final restou composta de 125 indústrias com controle acionário brasileiro, pertencentes a 14 setores diferentes, conforme classificação da referida revista, cujos dados coletados referem-se ao exercício de 2001.

Foram selecionadas as seguintes variáveis para testar as hipóteses formuladas acima:

- Grau de concentração industrial do setor (con): calculado de acordo com a razão de concentração de ordem quatro, CR(4), índice que mede o poder de mercado exercido pelas quatro maiores empresas do setor. Ele foi calculado somando-se os percentuais de participação das quatro maiores empresas de cada setor, indicados pela revista *Exame*.

- Endividamento geral (end): obtido pela divisão do passivo exigível pelo ativo total. Representa a participação dos capitais de terceiros no financiamento das atividades da empresa e é equivalente ao conceito de alavancagem (*leverage*) normalmente empregado nas pesquisas empíricas na área de finanças.

- Endividamento de longo prazo (elp): obtido pela divisão do passivo exigível a longo prazo pelo passivo exigível total.

Como variáveis adicionais a serem utilizadas para auxiliar na explicação dos resultados, foram selecionadas as seguintes:

- Grau de imobilização (gim): obtido pela divisão do ativo permanente pelo ativo total.

- Ativo total ajustado (att): é o ativo total da empresa acrescido das duplicatas descontadas, que foram reclassificadas no passivo circulante, expresso em milhões de reais.

No teste de multicolinearidade, através da análise dos coeficientes de correlação de Pearson entre as variáveis, pode-se constatar que os níveis são, em geral, baixos ou aceitáveis, sendo que o maior coeficiente foi verificado entre o endividamento geral e o de longo prazo, equivalente a 0,715. Os valores foram padro-

382 Análise Multivariada • Corrar, Paulo e Dias Filho

nizados devido às diferenças de magnitude existentes entre as variáveis, o que distorceria os resultados da análise.

É com base na medida de similaridade ou de dissimilaridade que os objetos são agrupados na Análise de Conglomerados. Optou-se pela Distância Euclidiana Quadrada, pois: (1) trata-se de variáveis métricas; (2) as diferenças de magnitude entre os casos têm relevância na classificação, afastando, assim, as medidas correlacionais; (3) a Distância Euclidiana é a mais utilizada, sendo que muitas das outras medidas são apenas variantes desta. Como algoritmo de agrupamento, foi escolhido o Ward's method.

Neste momento, antes de processar a análise, convém estabelecer uma faixa de número de grupos julgada adequada, tendo em vista os objetivos da pesquisa e o conhecimento que se tem do universo estudado. Para os fins deste estudo, estabelece-se como solução final desejada um número de dois *clusters*: em um estariam as empresas com um provável maior grau de especificidade de ativos; e no outro, estariam aquelas com provável menor grau de especificidade de ativos.

Tabela 6.6 *Dados originais e* clusters *formados*.

Nº	Ordem	Empresa	Setor	Con	End	Elp	Gim	Att	Cluster
1	35	Sadia	Alimentos	40	60	31	49	1.312	1
2	46	Perdigão Agroind	Alimentos	40	71	31	43	1.082	1
3	191	Itambé	Alimentos	40	55	16	42	171	2
4	193	Cosan	Alimentos	40	65	14	58	294	2
5	195	Caramuru Alimentos	Alimentos	40	83	35	31	156	1
6	196	Avipal	Alimentos	40	48	15	59	370	2
7	206	Aurora	Alimentos	40	54	24	43	147	2
8	232	Moinhos Cruz. Sul	Alimentos	40	77	11	32	137	2
9	245	Elegê	Alimentos	40	39	16	52	154	2
10	277	Garoto	Alimentos	40	50	27	47	151	2
11	280	Bianchini	Alimentos	40	35	4	44	55	2
12	289	Granja Rezende	Alimentos	40	28	14	47	304	2
13	290	Braswey	Alimentos	40	70	8	49	210	2
14	298	Fábrica Fortaleza	Alimentos	40	13	13	55	410	2
15	356	Josapar	Alimentos	40	78	38	57	116	1
16	388	Centúria	Alimentos	40	86	0	1	28	2
17	395	Usina Barra	Alimentos	40	90	58	55	278	1
18	410	Usina Caeté	Alimentos	40	40	20	40	297	2
19	411	Usina São Martinho	Alimentos	40	53	26	65	246	2
20	428	C C L	Alimentos	40	60	33	37	72	1
21	429	Santa Elisa	Alimentos	40	65	38	53	185	1
22	449	BF	Alimentos	40	96	43	38	107	1
23	492	Açucareira Corona	Alimentos	40	80	55	29	1.378	1
24	496	Vigor	Alimentos	40	58	39	51	425	1
25	498	Granol	Alimentos	40	61	43	62	81	1
26	499	ABC Inço	Alimentos	40	62	37	18	72	1
27	500	Irmãos Biagi	Alimentos	40	50	36	53	151	2
28	15	Embraer	Automotivo	25	67	16	17	3.385	2

Análise de Conglomerados **383**

Nº	Ordem	Empresa	Setor	Con	End	Elp	Gim	Att	Cluster
29	192	Marcopolo	Automotivo	25	63	22	26	255	2
30	347	Random Implementos	Automotivo	25	54	19	32	101	2
31	374	Busscar	Automotivo	25	69	14	42	180	2
32	8	CBB/Ambev	Bebidas	63	75	47	50	4.302	2
33	302	Coca-Cola Vonpar	Bebidas	63	24	8	56	223	2
34	439	Cervejaria Astra	Bebidas	63	43	12	21	115	2
35	482	Coca-Cola / Ipiranga	Bebidas	63	38	25	39	77	2
36	487	Antarctica do Sudeste	Bebidas	63	27	19	1	283	2
37	117	Vicunha Têxtil	C. Têxteis	31	61	14	51	606	2
38	225	Coteminas	C. Têxteis	31	27	12	58	648	2
39	226	São Paulo Alpargatas	C. Têxteis	31	38	17	43	295	2
40	269	Grendene Sobral	C. Têxteis	31	25	9	33	192	2
41	292	Azaléia	C. Têxteis	31	38	11	41	249	2
42	363	Teka	C. Têxteis	31	81	42	50	202	1
43	385	Hering	C. Têxteis	31	87	51	58	295	1
44	257	Semp Toshiba AM	Eletroeletrônico	28	22	1	9	325	2
45	291	CCE da Amazônia	Eletroeletrônico	28	62	3	14	165	2
46	319	Stemac	Eletroeletrônico	28	51	6	12	64	2
47	236	Ache	Farmacêutico	33	41	25	79	335	2
48	436	Biosintética	Farmacêutico	33	61	16	24	60	2
49	128	Natura	H.L. Cosmét.	26	83	57	49	200	1
50	381	Klabin Kimberly	H.L. Cosmét.	26	30	7	59	177	2
51	481	O Boticário	H.L. Cosmét.	26	75	36	68	36	1
52	74	Cimento Rio Branco	Mat. Construção	32	52	11	48	806	2
53	186	Tigre	Mat. Construção	32	30	10	42	352	2
54	238	Camargo Corrêa Cimentos	Mat. Construção	32	52	39	70	469	1
55	288	Duratex	Mat. Construção	32	29	19	66	540	2
56	295	Cimento Itaú	Mat. Construção	32	18	11	36	585	2
57	318	Concrebrás	Mat. Construção	32	63	59	68	393	1
58	354	Cipasa	Mat. Construção	32	22	8	59	311	2
59	422	Duratex Coml. Exp.	Mat. Construção	32	30	17	70	295	2
60	462	Eucatex	Mat. Construção	32	56	28	86	208	1
61	125	Weg Indústrias	Mecânica	49	52	19	37	475	2
62	464	Usiminas Mecânica	Mecânica	49	33	13	0	321	2
63	17	Vale do Rio Doce	Mineração	69	47	31	72	9.987	2
64	159	MBR	Mineração	69	60	30	55	641	2
65	199	Ferteco	Mineração	69	75	39	26	355	2
66	284	CBMM	Mineração	69	28	10	63	154	2
67	305	MRN	Mineração	69	30	17	87	399	2
68	336	Nibrasco	Mineração	69	51	16	40	78	2
69	351	Magnesita	Mineração	69	26	6	54	225	2
70	73	VCP	Pap. Celulose	44	17	7	85	1.543	2
71	118	Aracruz Celulose	Pap. Celulose	44	53	32	71	2.445	2
72	123	Suzano	Pap. Celulose	44	57	41	86	1.343	1
73	207	Bahia Sul	Pap. Celulose	44	43	27	72	1.254	2
74	223	Ripasa	Pap. Celulose	44	38	29	72	639	2
75	329	Santher	Pap. Celulose	44	56	26	71	235	2
76	380	Klabin	Pap. Celulose	44	69	38	80	1.851	1
77	406	Inpacel	Pap. Celulose	44	5	2	53	473	2
78	442	Grupo Orsa	Pap. Celulose	44	64	41	73	168	1

Nº	Ordem	Empresa	Setor	Con	End	Elp	Gim	Att	Cluster
79	212	Petroflex	Pl. Borracha	37	80	53	54	262	1
80	407	Dixie Toga	Pl. Borracha	37	65	43	67	246	1
81	472	Vipal	Pl. Borracha	37	49	19	29	158	2
82	27	Copene	Quím. Petroquím.	67	59	45	78	2.469	2
83	44	Copesul	Quím. Petroquím.	67	58	37	78	1.313	2
84	52	OPP	Quím. Petroquím.	67	86	54	54	1.389	1
85	59	Petroquímica União	Quím. Petroquím.	67	44	23	83	517	2
86	87	Bayer	Quím. Petroquím.	67	69	26	23	488	2
87	110	Trikem	Quím. Petroquím.	67	67	44	57	953	2
88	126	IPQ	Quím. Petroquím.	67	107	59	69	672	1
89	154	Refin. Manguinhos	Quím. Petroquím.	67	41	3	31	134	2
90	157	Cia. Petrol. Marlim	Quím. Petroquím.	67	87	77	78	1.261	1
91	172	Polibrasil Resinas	Quím. Petroquím.	67	51	35	60	295	2
92	184	Politeno	Quím. Petroquím.	67	19	8	49	215	2
93	194	Refinaria Ipiranga	Quím. Petroquím.	67	26	9	49	176	2
94	204	Ultrafértil	Quím. Petroquím.	67	33	14	64	333	2
95	231	Alunorte	Quím. Petroquím.	67	66	54	71	827	2
96	256	Oxiteno Nordeste	Quím. Petroquím.	67	35	7	48	255	2
97	293	Heringer	Quím. Petroquím.	67	79	5	13	117	2
98	321	Fosfértil	Quím. Petroquím.	67	52	35	70	508	2
99	371	Renner Sayerlack	Quím. Petroquím.	67	77	29	27	87	2
100	419	Petroquímica Triunfo	Quím. Petroquím.	67	22	9	20	708	2
101	444	Oxiteno	Quím. Petroquím.	67	16	8	70	367	2
102	455	Copebrás	Quím. Petroquím.	67	52	36	68	165	2
103	460	Polialden	Quím. Petroquím.	67	27	2	16	214	2
104	479	Ipiranga Química	Quím. Petroquím.	67	47	6	60	29	2
105	28	CSN	Sid. Metalurg.	37	66	40	70	6.201	1
106	30	Gerdau	Sid. Metalurg.	37	42	28	73	2.101	2
107	86	Acesita	Sid. Metalurg.	37	68	38	70	1.734	1
108	113	Açominas	Sid. Metalurg.	37	34	14	78	1.693	2
109	114	CBA	Sid. Metalurg.	37	25	9	47	1.364	2
110	133	Caraíba Metais	Sid. Metalurg.	37	61	33	47	503	1
111	134	Albrás	Sid. Metalurg.	37	78	54	63	890	1
112	228	Latasa	Sid. Metalurg.	37	53	19	60	479	2
113	317	Latasa Nordeste	Sid. Metalurg.	37	60	33	38	199	1
114	384	Termomecânica	Sid. Metalurg.	37	24	14	11	183	2
115	387	Crown Cork	Sid. Metalurg.	37	47	15	43	103	2
116	432	Valesul	Sid. Metalurg.	37	19	9	55	126	2
117	434	Eluma	Sid. Metalurg.	37	56	11	58	133	2
118	437	Sid. Mineira Metais	Sid. Metalurg.	37	37	23	76	384	2
119	454	Zamprogna	Sid. Metalurg.	37	28	6	45	75	2
120	458	Barra Mansa	Sid. Metalurg.	37	23	17	74	253	2
121	463	Mangels	Sid. Metalurg.	37	56	22	80	90	2
122	466	Inal	Sid. Metalurg.	37	46	6	1	104	2
123	478	Villares Metals	Sid. Metalurg.	37	102	75	76	116	1
124	490	Prada	Sid. Metalurg.	37	26	7	36	39	2
125	495	Níquel Tocantins	Sid. Metalurg.	37	28	13	74	139	2

Obs.: As variáveis con, end, elp e gim são expressas em percentuais; a variável att é expressa em R$ milhões.

Após processada a análise, as empresas foram classificadas em dois *clusters*. Os dados originais e os grupos resultantes constam da Tabela 6.6. As médias ou centróides de cada um deles, com os respetivos valores F e níveis de significância, são apresentados no Quadro 6.3.

Quadro 6.3 *Resultados da análise* cluster.

Itens	Con	End	Elp	Tamanho do cluster
Cluster 1	40%	73%	45%	33
Cluster 2	47%	43%	17%	92
Valor F	5,732	75,222	136,089	
Significância	0,018	0,000	0,000	

No presente caso, a solução encontrada pode ser considerada boa, uma vez que foram formados dois *clusters* com características bastante distintas, mostrando um alto poder de discriminação das variáveis. Isso é comprovado pelos valores F e pelos níveis de significância de cada variável: inferiores a 0,01 para as variáveis endividamento geral (end) e endividamento de longo prazo (elp), ou seja, com grau de confiança superior a 99%, e nível de significância inferior a 0,02 para a variável concentração industrial (con), o que equivale a um grau de confiança de 98%.

Os resultados encontrados confirmam as expectativas iniciais no sentido de que, primeiramente, o endividamento geral e o de longo prazo estão associados com o grau de concentração da indústria na qual está inserida a empresa. O *Cluster* 2 apresenta um grau médio de concentração industrial superior ao *Cluster* 1; por outro lado, aquele tem níveis médios de endividamento geral e de longo prazo muito inferiores a este último.

Dessa forma, as empresas classificadas no *Cluster* 2 são possivelmente as que apresentam maior grau de especificidade de ativos, enquanto as que foram classificadas no *Cluster* 1 são aquelas que possivelmente têm menor presença de ativos específicos.

Um outro teste pode ser realizado a fim de confirmar alguns achados de pesquisas anteriores e, também, auxiliar a perfilar os grupos, através da utilização das variáveis grau de imobilização (gim) e ativo total ajustado (att). Após processado um teste de diferença de médias entre os *clusters* com relação a essas variáveis, foram encontrados os resultados mostrados no Quadro 6.5.

Quadro 6.4 *Teste de diferença de médias.*

Itens	Gim	Att	Tamanho do *cluster*
Cluster 1	58%	R$ 724 milhões	33
Cluster 2	48%	R$ 596 milhões	92
Valor F	4,838	0,280	
Significância	0,030	0,597	

O teste acima permite, primeiramente, confirmar os achados anteriores no sentido de que a alavancagem da firma será positivamente relacionada com seus investimentos em ativos tangíveis. No presente caso, o *Cluster* 1, mais endividado, apresenta um grau de imobilização médio superior ao *Cluster* 2, o que ajudaria a explicar o seu maior potencial para a captação de empréstimos, uma vez que possui mais ativos tangíveis (possivelmente, também, menos específicos) para garantir eventuais riscos de insolvência.

Os resultados relatados em outras pesquisas em relação ao porte da empresa como elemento facilitador da tomada de empréstimos de terceiros, por sua vez, não se confirmaram, uma vez que as médias dos ativos totais ajustados das empresas classificadas nos *Clusters* 1 e 2 não são significativamente diferentes, embora as do primeiro sejam maiores.

Como procedimento de validação, aplicou-se a Análise Discriminante, tendo-se obtido 93,6% de acurácia tanto na classificação com os dados originais como na validação cruzada (*cross-validated*), utilizando-se as variáveis concentração industrial (con), endividamento geral (end) e endividamento de longo prazo (elp).

6.10 Exercícios propostos

Com base nos dados a seguir, aplique a Análise de Conglomerados e tente classificar os funcionários em grupos distintos, validando os achados e perfilando os agrupamentos, segundo a metodologia discutida neste capítulo.

Tabela 6.7 *Dados sobre funcionários submetidos a treinamento.*

Reação	Idade	Escolaridade	Sexo	Reação	Idade	Escolaridade	Sexo
0	22	6	1	1	19	9	0
1	38	12	1	0	18	4	1
0	36	12	0	1	22	12	1
0	58	8	0	0	23	6	1
1	37	12	1	1	24	12	1
0	31	12	0	1	50	12	1
1	32	10	1	1	20	12	1
1	54	12	1	0	47	12	0
0	60	8	1	1	34	12	0
1	34	12	0	1	31	12	1
0	45	12	0	1	43	12	0
1	27	12	0	1	35	8	1
0	30	8	1	0	23	8	0
0	20	4	1	1	34	12	0
0	30	8	1	1	51	16	0
1	30	8	1	0	63	12	1
1	22	12	1	1	22	12	1
1	26	8	1	1	29	12	1

Bibliografia

AAKER, David A.; DAY, George S. *Pesquisa de marketing*. Tradutor Reynaldo Cavalheiro Marcondes. São Paulo: Atlas, 2001. 745 p.

ANGELO, Cláudio Felisoni de; SANVICENTE, Antonio Zoratto. Agrupamento de empresas por semelhança: uma crítica à análise setorial convencional. *Revista de Administração*, São Paulo, v. 25, nº 2, p. 20-27, abr./jun. 1990.

_____; SANVICENTE, Antonio Zoratto. Conduta e desempenho de empresas: uma aplicação de "cluster analysis" à segmentação da indústria do cimento. *Estudos Econômicos*, São Paulo, v. 22, nº 2, p. 20-27, abr./jun. 1990.

BUSSAB, Wilton de Oliveira; MIAZAKI, Édina Shizue; ANDRADE, Dalton Francisco. *Introdução à análise de agrupamentos*. São Paulo: IME: USP, 1990. 105 p.

GREEN, Samuel B.; NEIL, J. Salkind; AKEY, Theresa M. *Using SPSS for windows*: analyzing and understanding data. Upper Saddle River, New Jersey: Prentice Hall, 1997. 494 p.

HAIR JR., Joseph; BLACK, William C. Cluster analysis. In: GRIMM, Laurence G.; YARNOLD, Paul R. (Ed.). *Reading and understanding more multivariate statistics*. Washington, DC: American Psychological Association, 2000. p. 147-205.

388 Análise Multivariada • Corrar, Paulo e Dias Filho

HAIR JR., Joseph F. et al. *Multivariate data analysis*: with readings. 5. ed. Upper Saddle River, New Jersey: Prentice Hall, 1998. 730 p.

JOHNSON, Richard A.; WICHERN, Dean W. *Applied multivariate statistical analysis*. 4. ed. Upper Saddle River, New Jersey: Prentice Hall, 1998.

KANITZ, Stephen Charles. *Indicadores contábeis e financeiros de pesquisa de insolvência*. 1976. Tese (Doutorado em Contabilidade) – Faculdade de Economia, Administração e Contabilidade, Universidade de São Paulo, São Paulo.

LAPPONI, Juan Carlos. *Estatística usando Excel*. São Paulo: Lapponi Treinamento e Editora, 2000. 450 p.

LEVIN, Jack. *Estatística aplicada a ciências humanas*. 2. ed. Tradução e adaptação de Sérgio Francisco Costa. São Paulo: Harper & Row do Brasil, 1985. 392 p.

MATTAR, Fauze Najib. *Pesquisa de marketing*: metodologia, planejamento. São Paulo: Atlas, 1997. 561 p. 2 v.

RODRIGUES, Júlio Cesar R. *Análise de dados qualitativos*: estratégias metodológicas para as ciências da saúde, humanas e sociais. 3. ed. São Paulo: Edusp, 2001. 156 p.

SHIMIZU, Tamio. *Decisão nas organizações*: introdução aos problemas de decisão entrados nas organizações e nos sistemas de apoio à decisão. São Paulo: Atlas, 2001. 317 p.

7

Escalonamento Multidimensional

Roberto Francisco Casagrande Herdeiro

Sumário do capítulo
- Conceitos.
- Objetivos e o Processo de Escalonamento Multidimensional (EMD).
- Tipos de dados.
- Formas de obtenção de dados.
- Modelos.
- Qualidade de ajuste.
- Dimensão.
- EMD e outras técnicas.
- Aplicações e consolidação dos conceitos.
- Procedimentos para executar escalonamento multidimensional utilizando o SPSS®.
- Interpretando os resultados.
- Resumo.

Objetivos de aprendizado

O estudo deste capítulo permitirá ao leitor:
- Discorrer adequadamente sobre a metodologia Escalonamento Multidimensional (EMD) e suas qualidades para verificação das configurações da estrutura de dados.

- Conhecer as variações do EMD. Por exemplo, quanto aos seguintes aspectos: número de matriz de dissimilaridade (uma ou mais de uma); escala das medidas de dissimilaridade (métrica ou não métrica); tipos de modelos (clássico e ponderado); forma da matriz de dissimilaridade (retangular e quadrada, simétrica ou assimétrica).

- Aplicar EMD, em suas formas, para construir representações espaciais, considerando suas etapas e questões essenciais do seu desenvolvimento.

- Identificar oportunidades de aplicação do EMD, em suas diversas formas.

- Utilizar a ferramenta SPSS® para desenvolver aplicações de EMD e obter mapas de percepção.

- Criar gráficos que representem configurações espaciais de dados, definindo a quantidade de dimensões e estratégias que favoreçam suas interpretações.

- Classificar os tipos de dados utilizados em EMD, como similaridade ou preferência e decomposição ou composição.

- Relacionar a metodologia EMD com as técnicas estatísticas: análise discriminante, análise de agrupamento, análise fatorial e análise de componentes principais.

7.1 Conceitos

O mote das técnicas de Escalonamento Multidimensional (EMD), como também de outras técnicas estatísticas de análise de dados multivariados, é a sintetização de informações, mecanismo de extrema utilidade, por vezes imprescindível, para melhorar a capacidade de compreensão dos fenômenos e auxiliar na formulação de teorias. Reduzir dimensões proporciona ganhos significativos, por exemplo, para se expressar ou validar um conjunto de conhecimentos, princípios, hipóteses ou suposições.

Assim, o Escalonamento Multidimensional (EMD), ou *Multidimensional Scaling* (*MDS*), é uma técnica de redução de dados, cuja proposta primária é descobrir eventual estrutura "oculta". As comparações quanto à avaliação de desempenhos, comportamentos, opiniões, por exemplo, raramente são realizadas de forma exaustiva estudando-se os fatores influentes isoladamente. Forma mais comum é realizada por técnicas que condensem as informações acessadas. Tenta-se trabalhar com quantidade reduzida de fontes de variação que efetivamente sinalizem variabilidades ou diferenças representativas, para garantir, com determinada segurança, conclusão que possa ser tomada como válida para o caso em estudo.

"Uma imagem vale mais do que mil palavras" é um provérbio bastante próprio para auxiliar o entendimento do conceito, utilidade e aplicabilidade do EMD. A substituição do termo *palavras* por *dados* ou *números* tornaria o dito ainda mais adequado, no presente contexto.

A força da associação entre o provérbio e o EMD se dá na ideia de transformação de algo de percepção difícil, extenso, denso e confuso – na prática, muitas vezes, uma quantidade expressiva de dados numéricos – numa imagem, peça visual, única e com poder de sintetizar, com excelência informativa, a essência das informações e suas conexões presentes nos dados.

Geralmente, a visualização das informações permite se enxergar mais e melhor. A imagem – por exemplo, um mapa ou gráfico – facilita o entendimento de questões associadas com os dados. A visualização, quase certamente, é mais apropriada para encaminhar avaliações comparativas e indicativas do que o próprio conjunto de dados, principalmente porque o procedimento da construção do gráfico tende a filtrar e mostrar as informações de forma sintética, focando tópicos essenciais.

Por exemplo, quais as características fundamentais que diferenciam os computadores pessoais entre si, ou qualquer outro produto ou serviço? Quais os atributos ou variáveis latentes que influenciam o posicionamento das marcas? Tecnologia, qualidade, durabilidade, *design*, desempenho, preço, potência, garantia, questões associadas a *status*? Como se posicionam os modelos de carro segundo a opinião de determinado grupo de indivíduos? Quais são os atributos ou dimensões que justificam a distribuição dos modelos de carros num mapa de percepção? Preço, potência, grau de esportividade, durabilidade, *status*, qualidade, tradição, marca, tipo? Qual configuração da distribuição de diferentes grupos culturais considerando proximidades e desigualdades baseadas em suas crenças, línguas e artefatos?

O EMD tenta fornecer respostas para questões que, como essas, tratam de posicionamento, comparações de padrão, grau de proximidade e classificação por afinidades entre os mais diversos tipos de elementos em geral.

O Escalonamento Multidimensional é entendido como uma metodologia de análise multivariada descritiva de dados que representa uma coletânea de procedimentos ou classe de técnicas que englobam alguns processos de escalonamento multidimensional propriamente dito e, adicionalmente, a Análise de Correspondência.

O EMD, em sua forma mais usual, utiliza procedimentos matemáticos, sem inferência estatística, para fornecer como resultado um mapa com o objetivo de permitir a visualização de síntese da configuração dos dados em estudo, ou seja, é uma ferramenta que habilita representar espacialmente, como num mapa, as proximidades (ou distanciamentos) entre as unidades experimentais analisadas.

Assim, o EMD busca representar, em espaços geométricos, os elementos ou as "coisas" em estudo e suas respectivas estruturas.

Os elementos, estímulos ou, de forma genérica, as "coisas" podem significar as mais variadas unidades experimentais de determinado universo, destacando-se: objetos, sabores, aromas, eventos, pessoas, produtos, marcas, entidades, empresas, setores, países, indicadores, grupos e até correlações.

As estruturas podem envolver as relações dadas por seus graus de proximidade, semelhança, parecença, similaridade, dissimilaridade, relacionamento, complementaridade, substitutibilidade, dispersão, dependência, correlação, associação ou preferência nas mais distintas situações.

Mapa perceptual, representação visual, configuração espacial, gráfico de percepção ou simplesmente mapa ou gráfico são algumas denominações associadas à imagem ou ilustração resultante da aplicação do EMD.

Em sua forma direta, o EMD pode trabalhar com distâncias físicas de espaço ou de tempo entre objetos. Em outros casos, essas distâncias podem ser substituídas por proximidades, no sentido de similaridade, parecença ou mesmo alguma forma de medida de frequência ou grau de concordância entre pares de objetos ou entre determinadas variáveis. Essas proximidades podem ser dadas em escala métrica – intervalar e razão – ou em escala não métrica – ordinal e nominal.

O gráfico resultante da aplicação do EMD, em essência, espelha os posicionamentos e dissimilaridades diretas ou indiretas das unidades e, portanto, as estruturas abstraídas dos dados sob análise. Pontos tomam os lugares das unidades sob análise; localizações e distâncias entre eles simbolizam a estrutura ou configuração das unidades fornecida pelos dados. Pontos próximos no gráfico identificam elementos semelhantes ou concorrentes; pontos distantes estão associados a elementos dissimilares ou com posicionamentos distintos.

Assim, com representativo grau de correspondência com os dados, as distâncias entre os pares de pontos representam as intensidades das dissimilaridades entre os elementos associados e as localizações dos pontos indicam os posicionamentos dos elementos com relação às dimensões associadas aos eixos de referência do gráfico.

Com o EMD, busca-se obter configuração espacial com número de dimensões menor que o original dos dados na qual os objetos, representados por pontos, são alocados resguardando-se as estruturas originais ao máximo possível.

Em geral, são utilizados espaços euclidianos bi ou tri-dimensionais na construção do mapa perceptual, por serem visualmente mais adequados. Eventualmente, espaços de maiores dimensões podem ser necessários, tornando a avaliação mais complexa.

As dimensões essenciais, decorrentes dos julgamentos obtidos ou das variáveis pesquisadas, estão associadas aos eixos mostrados nos gráficos resultantes da aplicação do EMD. Por vezes, essas dimensões assemelham-se a variáveis não observáveis ou latentes que não possuem significados únicos e são formadas por aglutinações ponderadas de características isoladas.

Um exemplo clássico e ilustrativo de uma forma possível de aplicação da metodologia EMD é a obtenção de um mapa geográfico que dê a localização de cidades a partir de uma matriz com as distâncias entre elas. A qualidade didática do exemplo está na extrema relação direta com o objetivo do EMD, que é construir mapa de percepção que apresente os elementos, originalmente sob comparação, como pontos e a configuração de localização destes indicando as dissimilaridades, semelhanças ou preferências reais, sendo, no exemplo, a dissimilaridade entre os elementos a distância de senso mais comum: o espaço entre as cidades ou as representações de suas distâncias euclidianas.

A partir de um mapa geográfico dado, é relativamente simples obter boas aproximações das distâncias entre cidades, tendo-se uma régua e a escala utilizada. Porém, dada apenas uma matriz ou tabela com as distâncias entre cidades não é trivial, a princípio, a visualização da distribuição delas em um mapa.

A aplicação de EMD a uma matriz de distâncias simétricas entre algumas cidades brasileiras remete ao mapa bi-dimensional da Figura 7.1. O resultado se

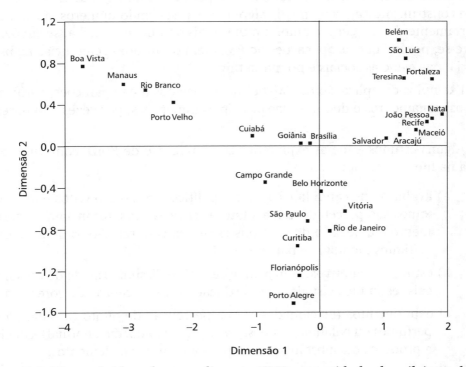

Figura 7.1 *Mapa obtido pelo procedimento EMD para cidades brasileiras, dadas suas distâncias.*

394 Análise Multivariada • Corrar, Paulo e Dias Filho

aproxima do mapa geográfico real que compreende a área e a distribuição das cidades listadas. Vale salientar que as distâncias utilizadas correspondem a percursos por estradas asfaltadas federais, estaduais ou municipais, o que ajuda a explicar os desvios ocorridos.

Outro exemplo de aplicação de EMD, que será desenvolvido ainda neste capítulo, é o posicionamento de algumas marcas de cervejas, obtido junto a pequeno grupo de apreciadores da bebida. O objetivo é verificar – sem pretensão de esgotar o tema com conclusões definitivas ou que possam ser expandidas – como as marcas se distribuem ou se posicionam na opinião dos pesquisados, e o desafio é explicar quais os atributos ou as dimensões cruciais para a classificação e o posicionamento delas: aroma, teor alcoólico, fermentação, cor, água, proporção de malte de cevada, propaganda, preço, tradição ou, em termos mais genéricos, qualidade, sabor, tipo, pureza, leveza, equilíbrio, consistência?

Aplicações de EMD estão presentes em diversas situações e ciências, sendo vasta a amplitude das circunstâncias e dos campos do conhecimento dos problemas aos quais o método se aplica. Neste sentido, EMD guarda extrema semelhança com a própria Estatística, que é aplicada em qualquer área de conhecimento, bastando que se obtenham dados a serem comparados, condensados, testados, modelados, enfim, analisados. Tomando-se por base o fato de que dificilmente se pode construir indicador ou medir algo não se associando números, a Estatística é certamente de uso geral e amplo; muito mais do que, em média, se supõe. Saliente-se, porém, que as aplicações do EMD têm destacadas referências na psicometria, nas ciências sociais e no marketing.

Exemplos de aplicação de EMD estão associados a comparações, verificação de posicionamentos e dedução das principais dimensões, por vezes não observáveis.

Alguns estudos e temas explorados com aplicação de EMD, conforme se verifica na literatura, são:

a) avaliação de candidatos a cargos políticos: como são vistos e quão próximos são percebidos; quais fatores críticos consubstanciam o entendimento e a decisão de voto dos eleitores, com relação às dimensões resultantes ideologia e partido político;

b) estímulos auditivos, com avaliações sobre dissimilaridade de tons musicais; estímulos visuais, com distinção entre percepção de cores e faces;

c) experimentos relacionados com a percepção de olfato (aroma, buquê, perfume) ou paladar (gosto, sabor, doce, salgado, *diet*, normal) associada a produtos ou substâncias, comparando pares de elementos;

d) traços de personalidade e situações sociais; proximidades ou grau de amizade entre pessoas de uma classe escolar ou trabalho, a partir da intensidade de comunicação, frequência de palavras ou tempo de conversa entre elas, representando menor interação por menor proximidade;

e) determinação de estrutura de grupos e organizações, dadas as percepções que os membros têm uns dos outros e seus padrões de interação;

f) comportamentos e reações quanto a produtos, a partir de comparações; avaliação de proximidades de alguns países, com verificação das opiniões de pessoas sobre proximidade entre pares de países;

g) fluxo de comunicação entre cidades, avaliando quantidade ou grau de tráfego de telefonemas, transações, volume de transportes ou outras transações ponderadas pelo tamanho das cidades;

h) verificação de proximidades entre os sinais do Código Morse, a partir de questionamento sobre proximidade de pares de sinais escutados;

i) comparação entre produtos concorrentes considerando diretamente suas proximidades ou indiretamente seus atributos; verificação da influência do preço na percepção de produtos, comparando diretamente produtos, incluindo ou não o atributo preço na avaliação;

j) a percepção ou a preferência de consumidores sobre o posicionamento e imagem de diversas marcas, elegendo melhor atributo associado com marca ou determinante na decisão de compra.

As formas tradicionais e mais utilizadas de EMD são técnicas de análise exploratória, não permitindo inferências ou testes sobre diferenças entre as posições ou os comportamentos dos elementos. Simplesmente, são apresentadas suas posições no mapa e visualmente, considerando suas distâncias, procurando-se, descritivamente, analisar, investigar, verificar ou intuir possíveis posicionamentos ou agrupamentos, por exemplo.

Nesses casos, em contraponto à impossibilidade de realização de testes, suposições sobre distribuições de probabilidades de variáveis não são necessárias, o que, de certo modo, é um alívio considerável.

As análises descritivas realizadas com o EMD, em modelos que não permitem o uso de testes estatísticos, são úteis e permitem consistentes indicações de conclusões, além de servirem, em certos casos, como análise preliminar, complementar ou, mesmo, validação de análises com outras aplicações de técnicas estatísticas. Como grande vantagem, o EMD é de entendimento extremamente fácil, mesmo para pessoas sem quaisquer conhecimentos de Estatística ou Matemática, e o mesmo vale para sua aplicação.

Quase todos os procedimentos de EMD se baseiam no modelo euclidiano para construção dos mapas de percepção. Outras formas de distâncias são passíveis de utilização e, em geral, estão disponíveis nos programas para utilização da técnica.

Análise Multivariada • Corrar, Paulo e Dias Filho

É extensa a variedade de procedimentos e modelos EMD desenvolvidos. Há correspondência com as características específicas do experimento e dos dados em estudo. Entre os principais fatores determinantes dessa diversidade, estão: nível dos dados de entrada envolvidos, se métrico (razão e intervalar) ou não métrico (ordinal e nominal); quantidade de matrizes de dissimilaridades em estudo, função, em geral, da presença de um ou mais indivíduos julgando ou de um ou mais momentos em análise.

Os dados para avaliação pelo EMD possuem diversidade de forma de coleta. Para se conseguirem as dissimilaridades é possível utilizar julgamentos sobre determinados atributos ou sobre comparações diretas em pares de elementos, por exemplo. Assim, os dados podem ser obtidos a partir dos métodos de decomposição ou composição, que diferem quanto à presença ou ausência de avaliações separadas para determinados atributos associados aos objetos em estudo.

Outra classificação dos dados de proximidade diz respeito ao conteúdo intrínseco dos julgamentos, que podem ser de dois tipos: dados de preferência ou dados de similaridade ou percepção.

A Análise de Correspondência é uma técnica estatística que é incluída na metodologia EMD, cujo escopo é bastante específico. Em geral, as variáveis envolvidas são não métricas, do tipo categórica ou ordinal, e os dados são apresentados como frequências de ocorrências em tabelas de contingência, uma representação das quantidades ou frequências de unidades experimentais por categorias de variáveis e por suas interseções.

Os valores esperados para as frequências por cruzamento de categoria de linha e coluna em associação aos valores observados fornecem estatísticas que possibilitam a construção de mapas de percepção. Os gráficos podem considerar as categorias de cada variável associada ou à linha ou à coluna, isoladamente, mas também podem agregar as categorias de todas as variáveis envolvidas no estudo, conjuntamente.

Breve histórico

Sinais das ideias de EMD são percebidos em trabalho de R. Fisher, em 1922, sobre genes e em estudo de A. Boyden, em 1931, na filogenia.

Mais formalmente, a técnica EMD tem origem associada à psicometria, área da psicologia que procura utilizar métodos padronizados, em geral construindo escalas, constructos e padrões numéricos, para mensurar os comportamentos, julgamentos e características, como duração e intensidade, dos processos mentais humanos, para auxiliar na verificação e construção de teorias.

A partir do final dos anos 30, modelos embrionários de EMD foram propostos e utilizados em alguns estudos, por exemplo, de avaliação sobre o grau de hostilidade entre nações e de percepções subjetivas sobre estímulos referentes a padrões de cores de um conjunto de objetos.

No início dos anos 50 ocorreu a formalização do EMD, com a definição de um modelo com maior rigor no desenvolvimento. A associação com a tecnologia computacional foi fator determinante na formalização e disponibilização da técnica. Nessa época, Warren Torgerson é nome de maior destaque, com o chamado modelo clássico métrico que possui só uma matriz de dissimilaridades e medidas na escala razão ou intervalar.

No final dos anos 50, Clyde Coombs forneceu as bases teóricas para a aparição do MDS não métrico: um modelo associado a medidas de escala ordinal.

Shepard e Kruskal, no início dos anos 60, desenvolveram e deram consistência ao EMD clássico não métrico, que permite o estudo de dados ranqueados ou ordenados.

Procedimentos numéricos de otimização de funções não lineares, que buscam minimização de indicadores de qualidade de ajuste, garantiram à modelagem resultados consistentes nas aplicações. Os modelos permaneciam utilizando o espaço euclidiano. A possibilidade de se trabalhar com dados ordinais realçou a praticidade da metodologia e, após a instrumentalização e a operacionalização dos procedimentos, as qualidades da modelagem se consolidaram quanto ao potencial de evidenciar dimensões latentes em dados de proximidade. Na sequência, novas medidas de distâncias, como Minkowski e *City-Block*, foram experimentadas.

Os modelos descritos permitiam o estudo de uma só matriz de proximidades, individual ou consolidada por algum critério, como média. Pesquisas com mais de um indivíduo, muitas vezes, eram realizadas com a avaliação individual por matriz, o que significava admitir inexistência de padrão comum entre as matrizes.

Em 1968, McGee desenvolveu modelo EMD que permitia análise de mais de uma matriz de proximidade simultaneamente. A restrição introduzida era que todas as matrizes em estudo eram iguais.

No início dos anos 70, houve outro passo fundamental no desenvolvimento da modelagem EMD: Carroll & Chang criaram um modelo que permite a avaliação de dados com mais de uma matriz de proximidades ponderando diferenças de percepção individuais, temporais, por grupo ou cenários, por exemplo. Com isso, diferenças entre matrizes passam a ser admitidas, uma situação intermediária aos modelos existentes até então, que, quando aplicados para mais de uma matriz de proximidades, admitiam que elas eram todas iguais ou que eram todas diferentes.

Outra característica fundamental desse modelo EMD ponderado é a impossibilidade de realização de rotação no resultado obtido, o que é um grande alívio, já que as dimensões mostradas são passíveis de interpretação direta e evidenciam com qualidade a configuração dos pontos no gráfico, não sendo necessária busca por rotação que aperfeiçoe a visualização do mapa.

A partir de então, tendo como base as ideias dos modelos existentes, desenvolvimentos pontuais foram incorporados, procurando unificar modelos e aperfeiçoá-los com novos procedimentos, novas funções perda, novas restrições nos parâmetros, utilização de medidas não métricas e métricas.

A definição de arcabouço estocástico para os modelos também foi realizada, visando considerar estrutura de erros resultante do ajuste dos modelos, permitindo a realização de inferência, construção de intervalos de confiança e avaliação de testes de significância, por exemplo, para o número de dimensões, os parâmetros e os indicadores de qualidade de ajuste.

7.2 Objetivos e o processo de Escalonamento Multidimensional (EMD)

Como em outras técnicas de modelagem estatística, para melhor consecução de seus objetivos é importante que a aplicação de EMD siga as seguintes tradicionais etapas de orientação geral: definição de questões e objetivos de pesquisa; escolha da técnica ou modelo estatístico; planejamento de experimento e de desenvolvimento de análise; estimação dos parâmetros e testes de significância; verificação de qualidade, ajuste e de suposições; interpretação de estimativas e resultados e validação de modelo.

Em poucas palavras, o objetivo do EMD é mostrar visualmente, em mapa com número reduzido de dimensões, o cerne da distribuição dos objetos em estudo.

Quase sempre não é técnica estatística de caráter confirmatório, mas abordagem exploratória que utiliza procedimentos matemáticos para apresentar graficamente o posicionamento espacial das distâncias entre objetos, tratando cada um como uma unidade isolada.

Pontos fundamentais inerentes à aplicação de EMD são:

a) definição de forma de levantamento de dados;

b) escolha de modelo, a partir da associação entre as características dos dados e as dos modelos disponíveis;

c) escolha de quantidade de dimensões e suas interpretações, após verificação da qualidade de ajuste do modelo.

Para aplicação do EMD, são necessários dados que representem dissimilaridades entre os objetos em estudo. Os dados podem ser métricos ou não métricos. Existe grande variedade de formas para obtê-los e, em geral, o planejamento de experimentos para a coleta de dados no EMD é quesito fundamental para o sucesso da aplicação.

Nos EMD tradicionais, para criação de dissimilaridades entre objetos a partir de variáveis é possível a utilização de diversos tipos de distâncias. Além da tradicional Distância Euclidiana, existem, por exemplo, Euclidiana Quadrada; *City-Block* (quarteirão) e Minkowski. Na Análise de Correspondência, as dissimilaridades também podem ser obtidas por mais de uma medida; por exemplo, pela estatística qui-quadrado e por normalização dela.

O modelo, um procedimento ou algoritmo, é outro ponto essencial na aplicação do EMD e deve considerar fatores inerentes à situação sob análise. Os modelos distinguem-se em função de características associadas aos dados, podendo, em situação padrão, ser métricos ou não métricos e para uma ou mais de uma matriz de dissimilaridades.

As próximas seções irão apresentar noções básicas sobre a essência dos principais fatores determinantes para uma aplicação de EMD de boa qualidade, pretendendo introduzir as questões associadas à modelagem, mas não esgotar o assunto.

7.3 Tipos de dados

Os dados de entrada utilizados nas aplicações de EMD devem refletir comparações entre objetos. O SPSS® utiliza somente dissimilaridades, implicando que eventuais matrizes de dados de similaridades devem ser transformadas em matrizes com dados de dissimilaridades para que o programa possa realizar aplicações de EMD consistentes.

Dissimilaridades entre os objetos em estudo implicam que quanto menor o valor do par associado maior a proximidade entre as unidades e vice-versa. Ou seja, grandes valores indicam maiores diferenças entre os objetos. Contagens ou frequências relacionadas com categorias de variáveis ou características de objetos são utilizadas na Análise de Correspondência.

É comum os dados possuírem natureza subjetiva e serem obtidos a partir de questionamento direto para os indivíduos sobre julgamentos entre pares de objetos. Contudo, os dados de entrada para o EMD podem ser de natureza tanto subjetiva como objetiva.

Dado objetivo é vinculado a característica tangível que possa ser classificada ou medida de forma concreta, independentemente de julgamento. Por exemplo, distância física, preço, cor, potência, medida, idade, quantidade produzida, vendas etc.

Dado subjetivo é associado ao intangível ou latente, depende de opinião individual do julgador, traduz experiências pessoais e sua mensuração não é trivial. Por exemplo, gosto, qualidade, beleza, sabor, acessibilidade de preço, força da marca etc.

É possível se medir parecença entre objetos de várias maneiras distintas. Por exemplo, em conformidade com as opções disponíveis no programa SPSS®, os dados podem variar em função de sua escala de medida, sua forma e sua condicionalidade.

Os dados podem ser medidos em qualquer nível, tanto na escala qualitativa quanto na quantitativa, sendo que dados categóricos estão bastante associados com Análise de Correspondência; já os dados expressos nas escalas ordinal, intervalar e razão se associam com outras técnicas de EMD.

Os níveis das escalas dos dados implicam o tipo de modelo ou procedimento que deve ser utilizado na análise: dados qualitativos correspondem ao modelo não métrico e dados quantitativos ao modelo métrico.

A forma dos dados, quase sempre, é dada por uma matriz quadrada e simétrica. Isto significa a existência de medidas de dissimilaridades entre todos os objetos, dois a dois, e que essas medidas independem do sentido que se tome, ou seja, considerando dois objetos A e B, as dissimilaridades entre A e B e entre B e A são idênticas.

Mais raramente, os dados podem ser assimétricos. Por exemplo, as distâncias por estrada asfaltada entre duas cidades podem ser distintas, já que os percursos podem ser diferentes, mesmo que levemente. Outro exemplo de assimetria é a proximidade entre duas empresas, uma de grande e outra de pequeno porte, fornecedora e fortemente dependente da primeira. A empresa de pequeno porte está muito próxima da grande; porém, a grande não está, necessariamente, próxima da empresa de pequeno porte.

A forma retangular também é permitida para dados de dissimilaridades. Porém, são raros os casos de aplicação e, em geral, os resultados decorrentes do uso de EMD não são robustos. Casos comuns são os dados multivariados em geral, em que objetos são medidos em variáveis, representando proximidades entre os elementos das linhas com todas as variáveis da coluna. Outro exemplo é a comparação entre elementos de um grupo com os de outro grupo sem estabelecer comparação direta entre os elementos do mesmo grupo.

Para os casos de dados multivariados tradicionais, a aplicação isolada de EMD não é sempre a mais aconselhável, dada a existência de outras técnicas também apropriadas, como análise fatorial e componentes principais. Mas, a associação de EMD com outras técnicas pode trazer ganhos com a visualização da configuração dos dados.

O EMD é bastante adequado para aplicação em casos de dados em painel em que existem várias matrizes multivariadas em situações específicas, por exemplo, em tempos distintos.

Os dados podem, também, ser condicionados à matriz, à linha ou, ainda, não condicionados. Os dados serão condicionados à matriz em quase todas as aplicações, o que equivale a dizer que, dentro de cada matriz, eles possuem a mesma escala de julgamento. Considerem-se, por exemplo, os casos em que existem várias matrizes, cada uma correspondendo a um indivíduo distinto. Em tais circunstâncias, cada matriz possuirá uma escala própria associada às condições pessoais inerentes a cada julgador e, portanto, os dados serão condicionados à matriz.

Dados condicionados à linha correspondem, por exemplo, a experimentos em que cada linha está associada a um objeto e as comparações são realizadas para o objeto de cada linha com os objetos das colunas, existindo ordenação dos pares, do primeiro mais similar ao mais dissimilar. Assim, os números de cada linha são inerentes apenas à linha e, portanto, condicionados a ela. Dados dispostos em matriz quadrada simétrica não podem ser condicionados à linha.

Dados não condicionados são aqueles passíveis de comparações entre todos os valores da matriz ou matrizes dos dados de entradas.

Vale salientar que as aplicações de EMD no SPSS® permitem o tratamento de dados incompletos (*missing values*), bastando defini-los nas opções; contudo, quanto mais completos os dados, mais adequados os resultados.

Em termos genéricos, os dados de entrada no EMD podem ser classificados de duas maneiras distintas, uma em função da forma de abordagem e outra em função do conteúdo das informações coletadas, que são:

a) forma de abordagem: composição ou decomposição;

b) conteúdo: preferência ou similaridade/percepção.

7.3.1 Forma de abordagem

Na **abordagem decomposição**, as dissimilaridades são obtidas a partir de comparações diretas entre objetos pareados, sem avaliação de nenhum atributo diretamente. Os dados obtidos são, então, decompostos em dimensões que procuram espelhar a estrutura existente. Questionam-se, simplesmente, as percepções ou preferências que se tem sobre os objetos, medindo diretamente as dissimilaridades entre os elementos dos diversos pares de objetos, sem questionar sobre nenhum atributo específico.

402 Análise Multivariada • Corrar, Paulo e Dias Filho

Nesse caso, o experimento tem a extrema vantagem de não depender dos conceitos do pesquisador nem de determinações ou decisões quanto às variáveis a serem medidas. A coleta de dados é, em geral, rápida e simples, pois não existe necessidade de se questionar sobre variáveis ou atributos.

Contudo, não questionar sobre atributos também pode ser uma desvantagem, pois nada garante que o pesquisador saberá identificar as dimensões subjacentes, fontes de variações, mostradas no gráfico final do EMD. Entender as dimensões percebidas e relacioná-las com dimensões objetivas é tarefa árdua e, por vezes, não conclusiva.

A estratégia da **abordagem composição** para se realizarem comparações ou avaliarem diferenças entre objetos é questionar e medir as importâncias isoladas de vários atributos associados a enfoques relevantes, por exemplo, em conformidade com escalas de valores tipo Likert ou escalas de diferenciais semânticos.

Assim, no caso de comparação de produtos ou seus posicionamentos, fatores importantes podem ser qualidade, preço, distribuição, assistência técnica, propaganda, embalagem e *design*. A partir de resultados pesquisados junto a indivíduos, busca-se, de alguma forma, condensar todos os julgamentos em medidas de dissimilaridades, em geral, calculando-se distâncias euclidianas entre os objetos. As proximidades são computadas com a utilização dos julgamentos sobre os atributos em análise.

Assim, necessitando construir valores de dissimilaridades entre objetos, é imprescindível resposta à complexa decisão sobre quais indicadores ou características merecem atenção ou maiores pesos nas avaliações. Afinal, existem maneiras distintas de se realizarem comparações dependendo das variáveis priorizadas.

Os dados de entrada dos procedimentos são os valores apurados para as proximidades entre os objetos ou estímulos. Os valores por atributo são compostos para uma avaliação conjunta dos objetos.

Suposições normalmente realizadas nesses casos de medidas derivadas a partir de avaliações de atributos envolvem a certeza de que os atributos selecionados são efetivamente os determinantes e relevantes para o estudo. De igual forma, admite-se que as escalas construídas são corretamente associadas a números e, além disso, se os atributos receberem pesos, eles serão os mesmos para todos os julgadores.

7.3.2 Conteúdo

Dados de similaridade ou percepção estão associados à forma como a pessoa julgadora percebe os objetos. Deve-se julgar e expressar opinião sobre semelhanças, proximidades ou posicionamentos dos elementos sob avaliação. Não existe expressão de opinião quanto ao gosto pessoal.

Dados de preferência estão relacionados com escolha pessoal, decisão de predileção ou alguma ordenação segundo determinada característica sugerida.

Cabe salientar que dados de preferência ou de similaridade podem, para um mesmo indivíduo, apresentar resultados bastante distintos.

7.4 Formas de obtenção de dados

Dentre as abordagens possíveis para construção de dados de similaridades, as mais tradicionais são: comparação direta de pares de objetos; ordenação de preferência; comparações de cada objeto com todos os outros; medidas derivadas de julgamento por atributos e escalas de preferência.

Para melhor compreensão, suponha uma pesquisa em que se deseje avaliar a distribuição espacial de dez marcas de cervejas. Como obter os dados para uma análise de EMD? Supondo que as proximidades entre as marcas sejam simétricas e que algumas pessoas serão entrevistadas e tendo como base que existem 45 (10x9/2) pares de cervejas, seguem algumas possibilidades. Serão comentadas pesquisas de percepção de posição; contudo, dados de preferência podem ser recolhidos das mesmas formas.

Solicite que os indivíduos julgadores forneçam notas entre 0 e 99 que correspondam às suas opiniões sobre a dissimilaridade entre as cervejas de cada par, sendo 0 associada a cervejas idênticas e 99 a cervejas completamente diferentes. Alternativamente, as notas podem ser de 1 a 5, de 1 a 7 etc.; solicite que para cada par de cervejas seja marcado um ponto em uma reta que possua numa extremidade a palavra *igual* e na outra a palavra *diferente* e depois medir a distância e transformá-la em escala de 0 a 99, ou alguma outra; solicite ordenação do par de cervejas mais semelhante para o menos semelhante, ou seja, que o par com cervejas mais semelhantes seja associado ao 1º lugar, e assim, por diante, para os pares restantes, até o 45º lugar, para o par de cervejas mais diferentes.

Solicite que cada cerveja seja comparada com as outras e que o julgador associe o número 0 se achar que elas pertencem a um mesmo grupo e o número 1 se julgar que elas não pertencem ao mesmo grupo. Para cada indivíduo, resultará uma matriz com zeros e uns. A agregação das matrizes fornecerá medidas que poderão ser utilizadas como dados de similaridades; solicite julgamento em cada cerveja para série de atributos, como sabor, espuma, aroma, cor, recipiente, preço, propaganda, que expresse notas de 1 a 5, por exemplo, correspondente à escala de inadequado a adequado. A partir dos julgamentos, construa medidas de proximidades utilizando a distância euclidiana; solicite que para cada cerveja-âncora (uma por linha) as outras marcas sejam ordenadas da mais similar para a mais distinta. Neste caso, os dados serão condicionados à linha.

404 Análise Multivariada • Corrar, Paulo e Dias Filho

Vale salientar que existem outras questões de suma importância para a boa consecução de uma pesquisa e que não serão aqui tratadas por serem de ordem geral e estarem muito mais vinculadas aos procedimentos do experimento do que ao EMD em si. Entre essas questões destacam-se: seleção e preparação dos indivíduos julgadores; a quantidade e seleção de objetos; aleatoriedade na apresentação dos pares de objetos ou de seus atributos; checagem de coerência dos julgamentos de uma pessoa.

7.5 Modelos

A configuração de dissimilaridades entre n objetos pode ser perfeitamente representada em um espaço $(n - 1)$ dimensional para dados em escala métrica e $(n - 2)$ dimensões para dados em escala ordinal.

Assim, para dados em escala razão, a proximidade entre 2 objetos é mostrada perfeitamente pelo menos em uma reta; as relações de proximidades entre 3 pontos são verificadas pelo menos em um plano; por extensão, n objetos podem ser representados com perfeição pelo menos em espaço de $(n - 1)$ dimensões.

Contudo, é muito provável que uma configuração em um espaço de menor dimensão, como duas ou três, explique muito das dissimilaridades dos objetos, expressando grande parte da variabilidade dos dados. Geralmente, esses espaços de dimensões reduzidas gerados são estáveis mesmo com número reduzido de objetos e tendem a produzir muita informação.

As técnicas que buscam configurações adequadas para conjuntos de proximidades entre elementos são procedimentos matemáticos iterativos. Em um número determinado de dimensões, os procedimentos tentam reproduzir, da melhor forma possível, as dissimilaridades originais entre todos os pares de objetos, minimizando erros de ajuste. Os erros relacionam as dissimilaridades reais observadas ou alguma transformação delas e as distâncias ou o quadrado das distâncias entre os pontos encontrados com o algoritmo. Os procedimentos podem ser convergentes ou não, dependendo de se conseguir sempre ajuste melhor que o anterior.

Para exemplificar a construção de um mapa de percepção e a forma geral dos algoritmos utilizados em EMD, é apresentada adiante uma forma simples de algoritmo, que é conseguido com utilização apenas de lápis e compasso e funciona muito bem para o caso da construção do mapa das cidades brasileiras a partir de suas distâncias.

Dada uma matriz com as distâncias entre cidades, encontra-se a maior distância entre elas e colocam-se no papel duas cidades a uma distância proporcional à original. Escolhe-se outra cidade qualquer para ser a próxima a ser colocada no gráfico. Com o compasso, traçam-se círculos de raios proporcionais às distâncias originais da nova cidade às cidades que já figuram no gráfico. Qualquer dos dois cruzamentos entre os círculos pode ser a posição da terceira cidade no gráfico. A próxima etapa exige a construção de três círculos com os raios dados pelas distâncias entre a nova cidade e as três já presentes no gráfico, um ponto de interseção dos círculos representa a quarta cidade no gráfico. Assim por diante, até a última cidade. Pequenos ajustes podem ser necessários devido a aproximações, erros nas distâncias entre as cidades e, principalmente, a questões de direção e sentido, sendo possível refletir sobre os dados, realizar rotações e translações para que o mapa final possa espelhar de forma mais tradicional a configuração-padrão.

Os procedimentos de EMD são algoritmos de baixa complexidade que executam rotinas, reiniciando-se sempre que, ao final da rotina, determinado critério ainda não tenha sido atingido.

Dado um número de dimensões *a priori*, o algoritmo começa a partir de uma configuração com valores iniciais dependentes dos valores reais das dissimilaridades entre os diversos pares de objetos. A seguir, ele avalia várias configurações escolhidas, comparando as distâncias com as originais, e escolhe a estrutura que maximiza a qualidade de ajuste sob algum critério. Em outros termos, sob determinado número de dimensão, novos valores são obtidos por cálculos que visam à minimização de indicadores que geralmente consideram os erros (ou erros quadrados), entre as dissimilaridades reais (ou função delas), e as distâncias estimadas (ou o quadrado delas).

Assim, o principal critério para término dos algoritmos está associado à qualidade de ajuste do resultado alcançado. Compara-se uma matriz de distâncias, originada no processo, com uma função da matriz original de dissimilaridades, obtendo-se uma matriz de erros, cujo somatório dos elementos ou de seus quadrados será minimizado, indicando ajuste de melhor qualidade para menores valores da soma de erros. No SPSS® é utilizado o indicador *s-stress* como critério.

Outros critérios para término dos algoritmos disponibilizados nas opções do SPSS® são a quantidade de iterações realizadas e a falta de progresso no resultado já existente com nova aplicação da rotina.

A ampla maioria de modelos utiliza o espaço euclidiano para construção dos mapas de percepção. A Distância Euclidiana é escolhida por sua simplicidade de cálculo e representatividade, já que é medida largamente difundida. Os resultados são apresentados nos gráficos em escala métrica, permitindo comparações entre as distâncias e posições dos pontos que representam os objetos.

Para os dados de entrada, são permitidos tanto valores métricos em escalas intervalar e razão como valores não métricos, principalmente em escala ordinal. Dados de entrada métricos ou não métricos definem o tipo de procedimento a ser utilizado em EMD. Na avaliação de ranqueamentos de dissimilaridades entre pares de objetos, o EMD apresentará gráfico a partir de ordenação de dissimilaridades entre pares de objetos.

O modelo EMD clássico é usado no caso em que existe apenas uma matriz de dissimilaridades. Nesse caso, a disposição das dimensões e dos pontos no mapa perceptual resultante é arbitrária e pode sofrer operações de rotação, translação, reflexão ou permutação para permitir adaptações ou melhoras, como facilidade de visualização ou de explicação, realce das dimensões ou aproximação com a realidade.

Esse modelo EMD clássico torna-se mais complexo a partir da possibilidade de se medirem proximidades entre objetos com replicação ou em mais de uma situação. Por exemplo, para várias pessoas, momentos diversos ou grupos distintos sob algum aspecto, casos em que existiriam várias medidas de dissimilaridades para os diversos pares sob comparação e, portanto, várias matrizes de dados, uma por indivíduo ou caso.

Nessas situações de várias matrizes, os dados podem ser tratados isoladamente, matriz por matriz, quando se supõe que elas não possuem relação, o que, contudo, não se mostra como solução eficaz, já que a interpretação conjunta dos diversos gráficos é quase sempre improdutiva ou inviável.

De outra maneira, pode-se também estudar a questão a partir de medidas que resumem todas as dissimilaridades disponíveis, como a média de todos os julgamentos ou um indicador de agregação de seus valores.

Alternativamente, mas ainda de forma não plenamente eficaz, é possível incrementar a análise, considerando-se uma avaliação conjunta das informações individuais, supondo que todas as matrizes venham da mesma fonte e possuam um erro associado. É o EMD com replicação, em inglês, *replicated MDS*.

De forma mais elaborada, nos casos de vários indivíduos com várias matrizes de proximidades, é possível ponderar as informações por indivíduo, admitindo diferenças entre as percepções individuais ou entre as matrizes. Este modelo é chamado de EMD ponderado, e outra característica importante é que nele não se pode realizar a rotação, o que é excelente, pois não é necessário estudar melhores condições de visualização das dimensões, que já são estabelecidas de forma definitiva.

Os algoritmos podem, algumas vezes, apresentar problemas de resultados degenerados dependendo das configurações reais de proximidade entre os elementos e, consequentemente, das distâncias entre eles. A falta de diferenciação é a tendência quando muitos pares de objetos têm semelhantes medidas associadas; transformações degeneradas tendem a produzir distribuição circular dos objetos. Assim, resultados que apresentem objetos dispostos em forma semelhante a um círculo devem ser avaliados com precaução.

Deve-se estar atento quando existirem valores expressivos entre as proximidades, pois a forma dos mapas EMD é, em geral, determinada com maior peso pelas dissimilaridades expressivas. Nesses casos, pequenas distâncias resultantes da aplicação da técnica devem ser interpretadas com precaução, já que podem, ocasionalmente, não refletir dissimilaridades pequenas.

Questões de múltiplo mínimo local também podem ocorrer, dependendo das medidas de proximidades e das distribuições reais dos objetos, provocando respostas que não traduzam efetivamente a configuração real.

São várias as possíveis distâncias a serem utilizadas e todas as descritas a seguir estão disponíveis para uso no programa SPSS®.

$$\sqrt{\sum_i (X_i - Y_i)^2}$$

Euclidiana

$$\sum_i (X_i - Y_i)^2$$

Euclidiana ao quadrado

$$MAX_i \mid X_i - Y_i \mid$$

Chebychev

$$\sum_i \mid X_i - Y_i \mid$$

Block

$$\left(\sum_i \mid X_i - Y_i \mid^p \right)^{\frac{1}{p}}$$

Minkowski

$$\left(\sum_i \mid X_i - Y_i \mid^p \right)^{\frac{1}{r}}$$

Customizada

7.6 Qualidade de ajuste

A qualidade do ajuste pode ser comprovada por indicadores quantificáveis que, de forma geral, avaliam se existe consistência entre os dados originais de dissimilaridade dos objetos ou funções deles, as chamadas disparidades ou dados reescalonados, e os valores projetados para representá-los, como distâncias entre os pontos do mapa.

Os indicadores *stress* e *s-stress* são fórmulas bastante simples que relacionam, na essência, os erros ou falta de ajuste de um modelo com os dados de dissimilaridades originais ou reescalonados.

De modo geral, quanto menor o valor do indicador, melhor o ajuste, já que valores reduzidos sinalizam erros pequenos para o modelo em questão. Consequentemente, valores próximos a zero são desejados para os dois indicadores.

O *s-stress* é dado pela raiz quadrada da razão com numerador igual à somatória dos erros de ajuste ao quadrado e com denominador igual à soma de

408   Análise Multivariada • Corrar, Paulo e Dias Filho

quadrado total, sendo os erros de ajuste iguais à diferença entre as distâncias obtidas pelo modelo ao quadrado e os dados de dissimilaridades transformados. E a soma de quadrado total dada pela somatória de dissimilaridades transformadas ao quadrado.

O indicador *stress* usado no SPSS® é dado pela fórmula devida a Kruskal e é semelhante ao *s-stress*; a única alteração fica por conta da utilização da matriz de distâncias obtidas pelo modelo diretamente e não das distâncias ao quadrado. O próprio Kruskal definiu na década de 60 que valor de 0,20 representa ajuste pobre; 0,10, justo; 0,05, bom; 0,025, excelente e 0,00, perfeito.

É importante considerar que valores expressivos de dissimilaridades tendem a contribuir mais significativamente para os indicadores de diagnóstico *stress* e *s-stress*, possibilitando que, mesmo para valores não expressivos dos indicadores, o ajuste não esteja adequado para as pequenas dissimilaridades entre os objetos.

Outro indicador para diagnóstico do modelo é o índice de qualidade de ajuste (*RSQ*), cuja concepção é muito próxima ao tradicional coeficiente de correlação. É uma correlação quadrada que busca mostrar a proporção de variação das disparidades e dissimilaridades reescalonadas que é explicada pelas distâncias conseguidas com o modelo em análise. Em condições gerais, valores acima de 0,8 tendem a indicar boa aproximação para configuração dos dados originais.

Vale salientar que os indicadores de qualidade de ajuste descritos são sensíveis ao número de dimensões. Assim, sempre melhoram quando se aumenta a quantidade de dimensões. Portanto, pequenos aumentos nos valores dos indicadores não necessariamente significam melhora de qualidade de ajuste.

A verificação da qualidade de ajuste de um modelo ou de sua falta de qualidade também pode ser realizada pelo gráfico de dispersão de Shepard que, simplesmente, associa as disparidades e dissimilaridades reescalonadas com as distâncias ajustadas pelo modelo. Uma reta de pontos alinhados com baixa dispersão é esperada para modelos bem ajustados aos dados, indicando que cada dissimilaridade original é bem representada pela distância ajustada pelo modelo no gráfico.

Eventual validação do modelo também é adequada para avaliação de sua qualidade. Ela visa assegurar a generalização dos resultados entre objetos e, dependendo da amostra e do escopo da pesquisa, as extrapolações para a população.

Os métodos de validação são, usualmente, os não sistemáticos aplicados nas análises estatísticas em geral, como partição da amostra, retirada de pontos muito fora de padrão e realização de estudo em nova amostra. Outra forma de validação pode ser efetivada com a comparação dos resultados das aplicações dos métodos de abordagem decomposição e composição. Os dois métodos deveriam apontar resultados semelhantes caso fossem consistentes.

7.7 Dimensão

Tradicionalmente, como resultado do EMD espera-se obter um mapa de percepção que apresente dimensões subjacentes equivalentes a variáveis latentes. As dimensões, via de regra, são indicativas de atributos, variáveis objetivas ou fatores de variação associados. Assim, em geral, os gráficos de EMD fornecem dimensões não mensuráveis, que não representam quantidades associadas a variáveis objetivas isoladas.

As dimensões retornadas no gráfico com a distribuição dos objetos podem dizer muito sobre as estruturas dos dados em análise. Contudo, entender as dimensões percebidas e relacioná-las com dimensões objetivas são tarefas árduas e, quase sempre, mais próximas da arte do que da ciência.

A escolha da quantidade de dimensões numa aplicação de escalonamento multidimensional é, em geral, realizada considerando muito mais critérios subjetivos do que critérios técnicos.

Como o EMD quase sempre não é utilizado como técnica de caráter confirmatório, sendo sugerida para se representar e compreender dados em análise descritiva, considerações não técnicas pesam na decisão sobre o número apropriado de dimensões. Entre as principais questões estão interpretabilidade, facilidade de uso e estabilidade.

A escolha da quantidade de dimensões é feita, em grande parte, por clareza ou sentido na interpretação do estudo, avaliando-se a contraposição dos ganhos de se melhorar o ajuste e das perdas de se diminuir o poder de visualização dos pontos no espaço quando se aumenta o número de dimensões.

Com mais de 3 dimensões fica difícil, quase impossível, se avaliar com precisão a distribuição de pontos no espaço, o que implica que, quase sempre, os gráficos utilizados sejam de duas ou, no máximo, três dimensões.

Mesmo assim, existe um procedimento técnico que indica a quantidade ideal de dimensões a ser utilizada sob o aspecto de qualidade de ajuste dos modelos. O procedimento é dado pela regra do cotovelo (*elbow*), aplicado no gráfico da ladeira (*scree test*). Essa aproximação também é utilizada na análise fatorial para definição do número de fatores a que os dados serão reduzidos.

A verificação mostra indicador de qualidade de ajuste do modelo, por exemplo, *s-stress*, contra a quantidade de dimensões. A quantidade de dimensões indicada corresponde ao último número que apresenta salto representativo no incremento do indicador de qualidade de ajuste. Em outras palavras, é indicada a quantidade de dimensões que possui valor de indicador de ajuste muito próximo aos valores fornecidos por modelagens com quantidades de dimensões superiores a ele.

410 Análise Multivariada • Corrar, Paulo e Dias Filho

A lógica de escolher o número de dimensões correspondente ao cotovelo do gráfico é que novas dimensões só irão contribuir para explicação do erro do modelo e não da essência das dissimilaridades, que já está largamente explicada.

Em geral, gráficos de 3ª dimensão ainda são, dependendo logicamente do grau de complicação dos dados em si, de razoável percepção aos olhos e mentes humanos. Contudo, gráfico de duas dimensões é o que se deseja para melhores visualizações de avaliações e boas sintetizações da configuração dos objetos.

A inclusão de uma nova dimensão sempre irá melhorar as medidas de ajuste, para o mesmo conjunto de variáveis; contudo, a decisão de acrescentar nova dimensão deve ser avaliada considerando custo e benefício de se melhorar o ajuste e de se perder um pouco da compreensão visual dos mapas.

A interpretação das dimensões é tarefa das mais árduas. É uma arte e exige que o pesquisador esteja muito integrado aos dados e resultados para que consiga produzir entendimentos que justifiquem as dimensões. Em geral, boas interpretações são realizadas em gráficos com duas dimensões. É importante que haja esforço na associação de atributos e condições da questão em estudo, isoladamente ou de forma ponderada, para se concretizar a melhor definição de conceito para as dimensões dos mapas de percepção.

7.8 Escalonamento Multidimensional (EMD) e outras técnicas

Como visto, o EMD é uma metodologia que procura, com dados de similaridade ou dados em tabelas de contingências, alocar elementos num gráfico para permitir comparações ou classificações entre eles e, também, condensação de informações em dimensões subjacentes.

Dependendo do objetivo principal da análise e dos tipos de variáveis em estudo, para os casos nos quais algumas variáveis são obtidas para diversos objetos, outras técnicas estatísticas tradicionais de análise multivariada passíveis de utilização, com finalidades semelhantes ao EMD, são análise multivariada de variância, análise discriminante, regressão logística, análise de *cluster* ou de agrupamento e a análise fatorial.

O EMD e a análise de agrupamento são técnicas que, em suas formas tradicionais, trabalham com distâncias representando similaridades entre objetos sem a utilização de ferramental estatístico como premissas sobre distribuições dos dados, tipo normalidade e linearidade. As outras técnicas usam a estatística para permitir a realização, por exemplo, de estimação de parâmetros, construção de intervalos de confiança, testes estatísticos e diagnóstico de ajuste dos modelos com avaliação de seus erros.

O EMD é a metodologia menos restritiva. Além de não necessitar de suposição de normalidade nem relação linear nos dados, pode ser aplicado tendo como entrada apenas matriz de aproximações entre objetos, seja ela por pessoa ou evento ou única para o experimento modelado, como um todo. Bastam as opiniões, percepções ou preferências, em respostas diretas, apontadas por pessoas. Vale comentar que essa vantagem pode, sob determinados aspectos, ser um limitador da técnica, já que os motivos que justificam as diferenças entre os objetos devem ser explicados pelo pesquisador e não pela estrutura de dados. Ou seja, não se sabe quais atributos foram utilizados no julgamento e quais os pesos ou graus de importância dados a eles, implicando que não existe conhecimento pleno sobre as justificativas para as definições de proximidades utilizadas pelas medições.

O objetivo de EMD tem semelhança com o de *cluster*, pois ambos consistem em verificar, em algum sentido, distâncias entre objetos e mostrar suas distribuições em um gráfico que permita a visualização de agrupamentos de elementos com perfis próximos. Em EMD não há agrupamento diretamente, mas o resultado acaba espelhando potenciais grupos que, afinal, na análise de agrupamento, são formados em função de proximidades, medidas de parecença, entre os objetos.

O EMD pode anteceder uma análise de *cluster* servindo na visualização dos agrupamentos em potencial e no fornecimento de sugestões para variáveis a serem introduzidas nos estudos, ou mesmo complementá-la para mostrar visualmente em mapa de percepção, tentando encaminhar para maior compreensão a configuração e as distâncias dos elementos, objetos ou grupos. A análise de agrupamento, com a formação dos grupos, é sequência natural do EMD.

O EMD se assemelha, também, à análise fatorial e à análise de componentes principais no sentido de que o objetivo geral dessas metodologias é compactar dados, apresentando informações condensadas em dimensões reduzidas, mesmo que isso acarrete alguma perda de informação. A análise fatorial é técnica apropriada para condensar variabilidade dos dados em dimensões reduzidas e pode eventualmente auxiliar na tentativa de se estudarem as dimensões apresentadas pelo EMD, dependendo dos tipos de dados em avaliação. Contudo, há distinção nos conteúdos, formas e resultados das análises, já que o EMD busca foco na configuração dos objetos, suas dissimilaridades e sua apresentação visual, enquanto a análise fatorial e de componentes principais se concentram em obter, em função de correlações, variáveis latentes em quantidade menor que o número original de variáveis, decompondo a variabilidade em formas diferentes e mais apresentáveis. A Análise Fatorial supõe relações lineares entre variáveis com distribuição normal multivariada.

7.9 Aplicações e consolidação dos conceitos

Um caso concreto de aplicação do EMD é apresentado com a utilização do programa SPSS®, objetivando consolidar o entendimento dos conteúdos apresentados e, principalmente, mostrar, mesmo que com exemplo simples, os pontos essenciais para a execução de uma boa modelagem.

A modelagem apresentada procura exibir as caixas de diálogo do SPSS® para permitir que, a partir da leitura do exemplo, o leitor realize de forma amigável aplicações de sua própria construção com o programa.

7.9.1 Descrição do caso

O caso apresentado é uma sondagem sobre o posicionamento de algumas marcas nacionais de cerveja comercializadas nos restaurantes, bares e mercados brasileiros. A sondagem é restrita a amostra reduzida de apreciadores amantes da bebida e não há pretensão de realização de análise aprofundada sobre a questão, sendo as conclusões meramente um exercício do autor, sem nenhuma possibilidade de extrapolação dos resultados apresentados.

Os principais objetivos da investigação das marcas de cerveja selecionadas são:

a) verificar se elas possuem algum padrão de configuração de distribuição, como alguns agrupamentos de produtos;

b) avaliar se a estrutura dos posicionamentos das cervejas é explicada por número reduzido de dimensões; e

c) analisar se as eventuais dimensões encontradas são explicáveis ou podem ser associadas a variáveis latentes ou, mesmo, variáveis objetivas ou combinações delas.

Para o experimento, foram selecionadas 10 marcas dentre as principais cervejas fabricadas e comercializadas no Brasil. Grande parte delas com participação expressiva no mercado nacional de cervejas.

Os julgamentos das marcas foram realizados por grupo de 20 apreciadores de cerveja, conhecedores das cervejas apresentadas. Solicitou-se às pessoas que classificassem as marcas de cada par apresentado como pertencentes a um mesmo grupo ou não pertencentes a um mesmo grupo, atribuindo-se escore 0 quando as marcas pareadas fossem imaginadas como de um mesmo grupo e escore 1 quando as marcas fossem classificadas como não pertencentes a um mesmo grupo. Os julgamentos em 0 ou 1 de todos os indivíduos foram agregados, resultando em matriz de dissimilaridades que reflete comparações com números para cada par de marcas que vão de 0 a 20. Nesse experimento, quanto mais "zero" um par de marcas receber, mais similares elas serão. Ao contrário, quanto mais "um", mais dissimilares as marcas serão.

Vale salientar que não foi realizada nenhuma degustação dos produtos, nem foi determinado que os avaliadores realizassem a comparação entre as marcas sob qualquer característica específica, como gosto, sabor, teor de amargor, aroma, qualidade, pureza, leveza, equilíbrio, consistência, preço, espuma, limpidez, propaganda, marketing, teor alcoólico, *design*, estilo ou *status* associado, tradição, quantidade de calorias. Apenas solicitou-se que as pessoas avaliassem de forma geral as cervejas, sem a sugestão de nenhum atributo ou aspecto, deixando-as livres para se manifestarem de forma espontânea, segundo seus próprios critérios de avaliação das marcas de cervejas.

A matriz de dissimilaridades obtida com o experimento é dada na Tabela 7.1. Percebe-se que ela é simétrica, consequência da premissa de que as similaridades entre as marcas de cervejas são iguais para os elementos de um par, independentemente da direção da comparação.

Tabela 7.1 *Dados de dissimilaridades da investigação sobre algumas marcas de cervejas nacionais, com grupo de apreciadores.*

Marca de Cerveja	Bohemia	Brahma Extra	Skol	Brahma	Antárctica	Kaiser	Nova Schin	Cintra	Itaipava	Serra Malte
Bohemia	0	4	7	11	14	16	17	18	18	7
Brahma Extra	4	0	6	9	13	16	16	17	16	6
Skol	7	6	0	4	5	9	11	14	14	10
Brahma	11	9	4	0	5	7	8	15	14	11
Antárctica	14	13	5	5	0	4	6	12	13	15
Kaiser	16	16	9	7	4	0	3	4	4	15
Nova Schin	17	16	11	8	6	3	0	7	5	17
Cintra	18	17	14	15	12	4	7	0	3	18
Itaipava	18	16	14	14	13	4	5	3	0	18
Serra Malte	7	6	10	11	15	15	17	18	18	0

Olhando os dados da tabela e avaliando-os diretamente, de forma descritiva, pode-se perceber que, em geral, as marcas de cervejas vizinhas estão mais próximas entre si do que as marcas distantes, já que os valores próximos à diagonal principal são menores do que os valores mais afastados dela. As marcas mais similares entre si são Cintra e Itaipava, e as cervejas Kaiser e Nova Schin, que só em três vezes foram classificadas como marcas de grupos distintos. Cintra e Itaipava são as marcas mais distantes de outras cervejas, foram classificadas em grupos distintos 18 vezes quando comparadas com Boehmia, Brahma Extra e Serra Malte. Outras considerações são de difícil observação em avaliação inicial e superficial. Com a aplicação do EMD, melhores indicações podem ser verificadas.

7.10 Procedimentos para executar escalonamento multidimensional utilizando o SPSS®

A introdução dos dados pode ser direta no SPSS® ou a partir de importação de dados salvos em outros programas.

A partir dos dados disponibilizados no programa, a definição da modelagem EMD no SPSS® é iniciada com o caminho *Analyse → Scale → Multidimensional Scaling,* que ocasionará o aparecimento da tela da Figura 7.2, onde se devem selecionar todos os objetos da caixa da esquerda e incluí-los como variáveis. Como os dados são efetivamente dissimilaridades, a seleção *Data are distances* deve ser mantida. Também deve ser mantido o tipo de matriz: quadrada e simétrica, *default* do programa.

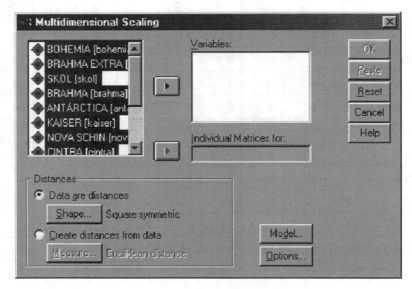

Figura 7.2 *Tela do SPSS® inicial da modelagem EMD obtida a partir da seleção Analyse → Scale → Multidimensional Scaling.*

Selecionando-se o ícone *Model* na tela da Figura 7.2, a definição do modelo pode ser realizada na janela apresentada na Figura 7.3.

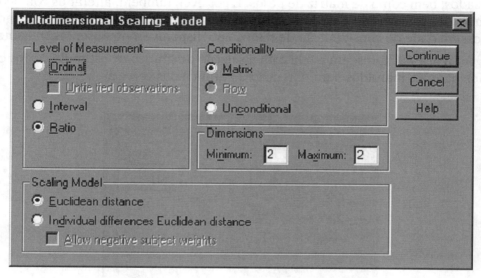

Figura 7.3 *Tela do SPSS® em que se define o modelo a ser utilizado na aplicação.*

Na definição do modelo, o programa SPSS® permite que se selecionem opções em quatro características dos dados ou da modelagem, o que provocará a utilização de um ou outro tipo de modelo.

O nível de medidas dos dados de entrada pode ser escolhido entre três possibilidades: ordinal, intervalar ou razão. No caso das cervejas, opta-se pela razão em função das características dos números associados com os julgamentos.

O tipo de condicionalidade dos dados pode ser matriz, linha ou não condicionados. Atentar que a condicionalidade por linha só é permitida quando os dados são dispostos em matriz não simétrica ou retangular. No caso das cervejas, matriz (*matrix*) é a opção a ser marcada.

O número de dimensões do modelo em geral será de 2 ou 3. É recomendado que se selecione o mesmo número, realizando-se as aplicações individualmente por número de dimensão.

O tipo de modelo, *euclidiano* ou *euclidiano com diferenças individuais,* permite que os dados sejam tratados considerando características individuais dos julgadores quando houver mais de uma matriz de dissimilaridades. Para as cervejas, o modelo é o euclidiano clássico, considerando que só há uma matriz, obtida a partir de agregação dos julgamentos individuais.

Após a definição das características indicadoras do modelo, deve-se selecionar *continue*. Com a seleção de *options*, da tela da Figura 7.2, pode-se definir a importante apresentação do gráfico dos estímulos e de gráficos individuais dos pesquisados, bem como de matriz de pesos. É possível, também, alterar as condições *default* dos critérios de parada do procedimento que será executado. Há, ainda, a possibilidade de consideração de dados não disponíveis ou ausentes (*missing*).

A Figura 7.4 apresenta a tela com a seleção do gráfico de estímulos e dos critérios-padrões mantidos para obtenção do gráfico das cervejas.

Figura 7.4 *Janela do SPSS® com opções de apresentação, de critérios de parada do modelo e de tratamento para dados incompletos.*

Continuando a modelagem e solicitando a execução (*OK*), é obtido como resultado um gráfico de duas dimensões. Todo o processo é repetido para verificação do resultado como mapa de percepção em três dimensões, como forma de se avaliar o incremento de explicação conseguido com a inclusão de mais uma dimensão.

Os resultados, os gráficos de duas ou três dimensões, são avaliados e comparados considerando seus indicadores de qualidade de ajuste, o ganho com a introdução de mais uma dimensão, a facilidade de visualização de cada um deles e de explicação de suas dimensões.

7.11 Interpretando os resultados

Os resultados obtidos para duas e três dimensões, com a utilização do modelo Alscal no programa SPSS®, estão apresentados na Tabela 7.2 para permitir uma comparação entre os modelos concorrentes.

Tabela 7.2 *Indicadores de qualidade de ajuste dos modelos com duas e três dimensões para as cervejas.*

Indicadores	Duas dimensões	Três dimensões
s-stress	0,09779	0,07780
stress	0,12321	0,08953
RSQ	0,92545	0,95630

Os números da Tabela 7.2 indicam que os ajustes dos modelos são de qualidade considerável e bastante apropriados para representar síntese da configuração das cervejas, principalmente quando se olha para o RSQ, que indica o quanto das dissimilaridades reais das marcas de cervejas é explicado pela modelagem realizada: 0,92545 e 0,95630; estão bem próximos do valor máximo 1.

Os indicadores *s-stress* e *stress* apresentam melhoras com a introdução de nova dimensão, mas os números para o modelo de duas dimensões não parecem representar modelo com ajuste de qualidade ruim, apesar da dificuldade de se olhar isoladamente os valores dos indicadores.

Assim, na comparação entre os modelos rivais, pode-se dizer que não é expressivo o incremento de explicação com a utilização de três dimensões, considerando que o modelo com duas dimensões já possui grau de ajuste representativo e, também, que os indicadores sempre melhoram quando se aumenta o número de dimensões.

A Figura 7.5 mostra o gráfico *Shepard* para o modelo com duas dimensões, uma comparação entre as distâncias ajustadas pelo modelo e as disparidades – valores de função das dissimilaridades originais –, como forma de realizar análise de diagnóstico da qualidade do ajuste do modelo. É um gráfico de dispersão, no qual se espera como resultado que os pontos não se afastem muito de uma reta, indicando que cada dissimilaridade original, dada pela disparidade, é bem representada pela distância ajustada pelo modelo.

O gráfico da Figura 7.5, de dispersão dos valores reais e dos ajustados pelo modelo com duas dimensões, indica que há ajuste de qualidade destacada para representar os dados originais das dissimilaridades das cervejas. Os pontos, em geral, apresentam baixa dispersão em torno de uma reta, como esperado em caso de ajuste de boa qualidade, com exceção dos pequenos valores de dissimilaridades, quando algumas distâncias ajustadas estão modeladas por valores menores do que os ideais.

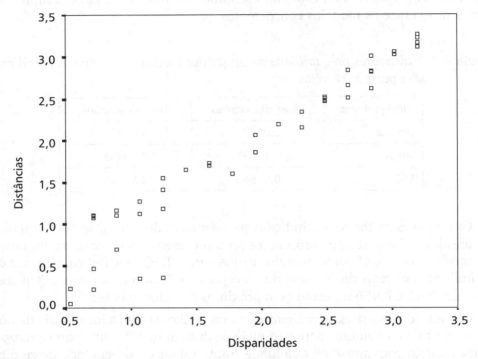

Figura 7.5 *Gráfico Shepard de dispersão, apresentando a correspondência entre os valores das dissimilaridades reais transformados – disparidades – e as distâncias ajustadas pelo modelo com duas dimensões.*

As posições de cada cerveja para cada dimensão nas duas modelagens são apresentadas na Tabela 7.3. Percebe-se que as posições dos estímulos (cervejas) nas dimensões 1 e 2 dos dois ajustes estão muito próximas, apesar de haver maior destaque nas oposições das dimensões do modelo com 3 dimensões.

Para a dimensão 3 do modelo em três dimensões, destaca-se que a oposição entre as cervejas é mais leve do que nas dimensões 1 e 2, já que os valores são, em geral, inferiores. Além disso, essa terceira dimensão não se mostra, a princípio, representativa em termos de entendimento das diferenças entre as cervejas já que, em essência, coloca Serra Malte de um lado em oposição a Bohemia, Cintra, Itaipava e Brahma Extra.

Escalonamento Multidimensional 419

Tabela 7.3 *Valores para as coordenadas de cada cerveja para as dimensões nas modelagens de duas e de três dimensões.*

2 Dimensões			3 Dimensões			
Estímulos	1	2	Estímulos	1	2	3
BOHEMIA	1,7020	0,3258	BOHEMIA	2,0536	−0,2968	−0,5266
BRAHMAEXTR	1,4907	0,3570	BRAHMAEXTR	1,8111	−0,3758	−0,3736
SKOL	0,5928	−0,5431	SKOL	0,7597	0,6321	−0,1273
BRAHMA	0,2992	−0,9004	BRAHMA	0,3777	0,9518	0,5401
ANTÁRCTICA	−0,3888	−1,0468	ANTÁRCTICA	−0,4432	1,2592	0,1683
KAISER	1,0719	−0,1817	KAISER	−1,2856	0,1726	0,2379
NOVASCHIN	−1,2527	−0,3271	NOVASCHIN	−1,5077	0,3883	0,1183
CINTRA	−1,5261	0,8293	CINTRA	−1,8285	−0,9161	−0,4841
ITAIPAVA	−1,4800	0,8142	ITAIPAVA	−1,7655	−0,9203	−0,4514
SERRAMALTE	1,6348	0,6729	SERRAMALTE	1,8283	−0,8950	0,8984

Em função, principalmente, da boa qualidade do ajuste com duas dimensões e do incremento pouco representativo quando se passa para três dimensões, é escolhido o modelo com duas dimensões para se avaliar mais detalhadamente a configuração dos posicionamentos das cervejas.

Saliente-se que a análise pura e direta dos números das coordenadas atribuídos a cada marca nas dimensões, apresentados na Tabela 7.3, não é de percepção simples quando se pensa no resultado agregado.

Assim, a análise dos dados com a visualização do gráfico com o posicionamento das cervejas por dimensões é muito mais adequada, pois, de forma direta e imediata, permite análise do resultado agregado com as dimensões. Além disso, o programa SPSS® disponibiliza o gráfico da modelagem, permitindo que o mapa seja avaliado diretamente.

A Figura 7.6 mostra a disposição das dez marcas de cervejas analisadas em correspondência com as respostas dos pesquisados. Cabe ressaltar novamente que a análise apresentada não pretende ser extensiva ao universo de consumidores das cervejas nem refletir a real configuração das marcas em estudo. Na realidade, os resultados descritos servem apenas para se tentar apresentar o consenso dos julgamentos dos apreciadores consultados, evidenciando-se posicionamentos gerais e não específicos quanto a algum atributo, sob a interpretação de um observador não profissional, apenas visando à construção de um simples exemplo prático.

No mapa de percepção em duas dimensões, nota-se que existem marcas a pouca distância de outras, indicando proximidade, similaridade ou concorrência quanto às dimensões resultantes. Cintra e Itaipava são as marcas mais similares. As marcas Bohemia e Brahma Extra também estão bastante próximas e junto com Serra Malte formam um grupo de cervejas similares. As marcas Kaiser e Nova Schin também estão muito próximas, indicando similaridade ou concorrência.

Antárctica, Brahma e Skol estão relativamente próximas na Figura 7.6, indicando a formação de um grupo de marcas percebidas como de posicionamentos próximos. Porém, esse grupo é o de maior dispersão entre os quatro que se formaram a partir da opinião dos pesquisados.

Assim, visualizando-se as proximidades das marcas, pode-se dizer que existem 4 grupos de marcas de cervejas segundo avaliação resultante dos julgamentos dos indivíduos. Dois com três marcas e mais dois com duas marcas.

Pode-se dizer que, em geral, os grupos se opõem a outros, mais acentuadamente, em apenas uma das dimensões. Não existem grupos que se opõem fortemente nas duas dimensões, considerando que não existem grupos rigorosamente sob a mesma bissetriz dos quadrantes.

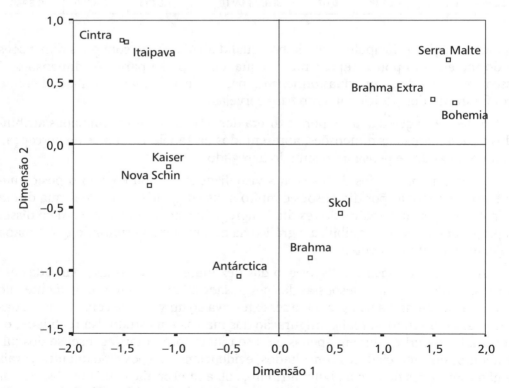

Figura 7.6 *Gráfico da configuração das cervejas (duas dimensões), resultante da avaliação de 10 marcas por 20 apreciadores.*

As dimensões apresentadas na Figura 7.6 segregam de forma nítida as marcas de cervejas.

Nos extremos da dimensão 1, há oposição entre o grupo de Cintra e Itaipava com o grupo de Serra Malte, Brahma Extra e Bohemia. As marcas Kaiser e Nova Schin situam-se muito próximas ao extremo de Cintra e Itaipava. No centro dessa dimensão 1, estão as marcas Antárctica, Brahma e Skol, que ficam mais próximas, na ordem, e Brahma Extra, Serra Malte e Bohemia.

Em interpretação possível do resultado apresentado, a dimensão 1 está relacionada, de forma isolada ou combinada, a fatores ou atributos associados, principalmente, ao preço e, em certo sentido, ao *status* associado e à qualidade geral intrínseca ao líquido da cerveja, como sabor, equilíbrio, consistência, espuma, aroma etc.

Nesse sentido, essa dimensão 1 poderia ser denominada, em termos amplos, de dimensão qualidade/preço, no sentido de refletir as características da bebida em si e a correspondência com seu valor de venda.

Desse modo, talvez fosse possível dizer que as cervejas Bohemia, Serra Malte e Brahma Extra são bebidas percebidas pelo grupo de respondentes como de melhor qualidade quanto a gosto, sabor e equilíbrio do que as outras e, em correspondência, seus preços são maiores.

Após o grupo das possíveis melhores e mais caras cervejas estariam as marcas Skol, Brahma e Antárctica num posicionamento intermediário tanto de preços como de qualidade percebida. Na sequência apareceriam Kaiser, Nova Schin, Itaipava e, por último, Cintra muito semelhantes quanto às características qualidade e preço.

Saliente-se que é difícil afirmar se os preços das cervejas estão exatamente na mesma ordem ocorrida na dimensão 1, decorrente da sondagem realizada. Porém, pode-se dizer que em termos gerais existe grande coerência, ficando as marcas mais caras à direita do gráfico e as mais baratas, à esquerda.

Na dimensão 2, destacam-se as marcas Antárctica, Brahma e Skol, seguidas de Nova Schin e Kaiser. Em oposição, estão Cintra e Itaipava, seguidas do grupo Serra Malte, Brahma Extra e Bohemia. Essa dimensão 2 parece coerente com desempenho e exposição da marca da cerveja, associados a fatores como vendas, participação de mercado, popularidade, grau de reconhecimento, lembrança da marca e outros relacionados à estratégia de marketing, como propaganda, promoção, nível de exposição em mídia, distribuição.

Sob essa visão, essa dimensão 2 poderia ser nomeada dimensão desempenho/exposição, sendo associada a questões da marca de cerveja no sentido estrito, ou seja, considerando seu rótulo e não seu líquido.

Essa análise mostra que as marcas Antárctica, Brahma e Skol destacam-se, seguidas de Nova Schin e Kaiser, indicando, por exemplo, que elas tendem a possuir os melhores desempenhos em vendas e *market share* e, adicionalmente, são as mais conhecidas dos consumidores.

Considerando a associação descrita para a dimensão 2, as cervejas que se destacam e concorrem nas posições de liderança possuem os maiores graus de exposição na mídia, popularidade, vendas e *market share*. São as marcas mais conhecidas, populares, e mais lembradas pelos consumidores, também porque são as que mais realizam esforços representativos de marketing para manter e incrementar suas participações em mercado.

Já as marcas Cintra, Itaipava e Serra Malte e, em menor escala, Boehmia e Brahma Extra, estão no polo oposto, como representantes de marcas que possuem desempenhos de vendas e participação de mercado piores que as populares. Também são as marcas que tendem a investir verbas menores do que as outras nos planos de marketing.

Segue, ainda, na Figura 7.7, o gráfico em três dimensões obtido para a comparação das cervejas com o exclusivo intuito de apresentar um gráfico de três dimensões produzido no programa SPSS®.

A opção de permitir que projeções sejam apresentadas no mapa torna sua visualização muito mais amigável. Outra opção oportuna é a que permite a rotação do mapa em torno dos eixos, possibilitando visualizações com foco diferentes, inclusive em duas dimensões.

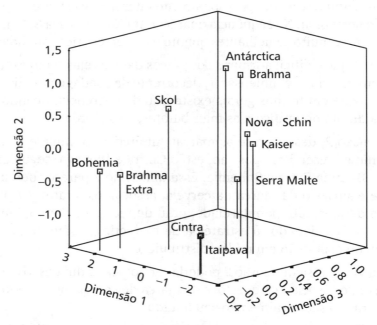

Figura 7.7 *Gráfico em três dimensões da configuração das cervejas, obtido na sondagem para avaliação de 10 marcas por 20 apreciadores dessa bebida.*

7.12 Resumo

O Escalonamento Multidimensional é um conjunto de técnicas que busca construir um mapa com medidas de dissimilaridades de dados multivariados, para permitir que suas estruturas escondidas se tornem mais perceptíveis. O gráfico mostra pontos, que representam os elementos em estudo, e suas configurações de posicionamento e distâncias no espaço, que buscam espelhar as relações.

Em síntese, o EMD é ferramenta descritiva recomendada para transformar dados em mapas e informações que, por vezes, mostram conexões inesperadas. Essa técnica pode ser aplicada a diversos tipos e formas de dados e temas, bastando que se deseje comparar objetos ou "coisas".

A grande necessidade do EMD é, ao menos, uma matriz de dados de dissimilaridades. A maior utilidade dessa forma de avaliação é tornar claros os aspectos que não se apresentam totalmente ou nada óbvios por meio da avaliação direta dos números.

O EMD é bastante simples de entender e utilizar e, em geral, não se baseia em premissas estatísticas, o que o torna de grande praticidade.

7.13 Questões propostas

1. Quais os objetivos do Escalonamento Multidimensional (EMD)?

2. Como os mapas representam conjuntos de dados?

3. Como explicar as dimensões dos mapas?

4. Como escolher o número de dimensões dos gráficos? Quais indicadores e parâmetros podem ser utilizados?

5. Como podem ser classificados os tipos de dados utilizados em EMD?

6. Realizar comparações genéricas entre EMD e as técnicas estatísticas Análise Discriminante, Análise de Agrupamento, Análise Fatorial e Análise de Componentes Principais.

7. Quais as principais medidas para verificação da qualidade de ajuste na aplicação de EMD?

8. Quais os principais tipos de abordagem para obtenção de dados de similaridade?

7.14 Exercício resolvido

Construir, utilizando EMD no SPSS®, um mapa para cidades brasileiras que se encontram na Tabela 7.4. Em cada cruzamento entre linha e coluna da parte inferior à diagonal principal, é dada a distância entre as cidades correspondentes à linha e à coluna.

Vale citar que as distâncias, em quilômetros, foram obtidas junto ao Departamento Nacional de Infraestrutura de Transporte, Ministério do Transporte, e representam a menor distância de centro a centro das cidades por rodovias federais, estaduais ou municipais pavimentadas. Dos dados originais, foram tomadas apenas as distâncias localizadas na região inferior à diagonal principal da matriz de dados, de forma a garantir distâncias iguais nos caminhos entre as cidades, independentemente da direção tomada; ou seja, supõe-se que a distância seja a mesma entre os centros das cidades, sem maiores considerações do percurso e sua direção.

Essas distâncias são medidas que podem ser vistas como dissimilaridades entre as cidades, ou seja, quanto maior o valor, mais distantes as cidades entre si, e vice-versa.

A Figura 7.1, apresentada no início do capítulo, mostra o mapa resultante da aplicação do EMD com utilização do programa SPSS®. O uso do método EMD nos dados tenta encontrar uma configuração para as distâncias entre pontos, que representam cada uma das cidades, a mais próxima possível, em escala adequada, das distâncias dadas na Tabela 7.4.

O espaço bi-dimensional é admitido como próprio para o caso sem nenhuma preocupação, dadas as insignificâncias dos impactos da curvatura da Terra e das altitudes das cidades quando comparadas às distâncias entre elas disponibilizadas na tabela.

Tabela 7.4 *Distâncias entre cidades brasileiras (em km).*

Cidade	Aracaju	Belém	Belo Horizonte	Boa Vista	Brasília	Campo Grande	Cuiabá	Curitiba	Florianópolis	Fortaleza	Goiânia	João Pessoa	Maceió	Manaus	Natal	Porto Alegre	Porto Velho	Recife	Rio Branco	Rio de Janeiro	Salvador	São Luís	São Paulo	Teresina	Vitória
Aracaju	0																								
Belém	2079	0																							
Belo Horizonte	1578	2824	0																						
Boa Vista	6000	6083	4736	0																					
Brasília	1650	2140	741	4275	0																				
Campo Grande	2764	2942	1453	3836	1134	0																			
Cuiabá	2773	2941	1594	3142	1133	694	0																		
Curitiba	2595	3193	1004	4821	1366	991	1679	0																	
Florianópolis	2892	3500	1301	5128	1673	1298	1986	300	0																
Fortaleza	1183	1611	2528	6548	2208	3407	3406	3541	3838	0															
Goiânia	1849	2017	906	4076	209	935	934	1186	1493	2482	0														
João Pessoa	611	2161	2171	6539	2245	3357	3366	3188	3485	688	2442	0													
Maceió	294	2173	1854	6276	1928	3040	3049	2871	3168	1075	2105	395	0												
Manaus	5215	5298	3951	785	3490	3051	2357	4036	4343	5763	3291	5808	5491	0											
Natal	788	2108	2348	6770	2422	3537	3543	3365	3662	537	2619	185	572	5985	0										
Porto Alegre	3296	3854	1712	5348	2027	1518	2206	711	476	4242	1847	3889	3572	4563	4066	0									
Porto Velho	4229	4397	3050	1686	2589	2150	1456	3135	3442	4865	2390	4822	4505	901	4999	3662	0								
Recife	501	2074	2061	6483	2135	3247	3256	3078	3375	800	2332	120	285	5698	297	3779	4712	0							
Rio Branco	4763	4931	3584	2230	3123	2684	1990	3669	3976	5396	2924	5356	5039	1445	5533	4196	544	5243	0						
Rio de Janeiro	1855	3250	434	5159	1148	1444	2017	852	1144	2805	1338	2448	2131	4374	2625	1553	3473	2338	4007	0					
Salvador	356	2100	1372	5749	1446	2568	2567	2385	2682	1389	1643	949	632	5009	1126	3090	4023	839	4457	1649	0				
São Luís	1578	806	2738	6120	2157	2979	2978	3230	3537	1070	2054	1660	1672	5335	1607	3891	4434	1573	4968	3015	1599	0			
São Paulo	2188	2933	586	4756	1015	1014	1614	408	705	3127	926	2770	2453	3971	2947	1109	3070	2660	3604	429	1962	2970	0		
Teresina	1142	947	2302	6052	1789	2911	2910	3143	3450	634	1986	1224	1236	5267	1171	3804	4366	1137	4900	2579	1163	446	2792	0	
Vitória	1408	3108	524	5261	1238	1892	2119	1300	1597	2397	1428	2001	1684	4476	2178	2001	3575	1891	4109	521	1202	2607	882	2171	0

Após a leitura dos dados no SPSS®, selecione *Analyse – Scale – Multidimensional Scaling* no menu.

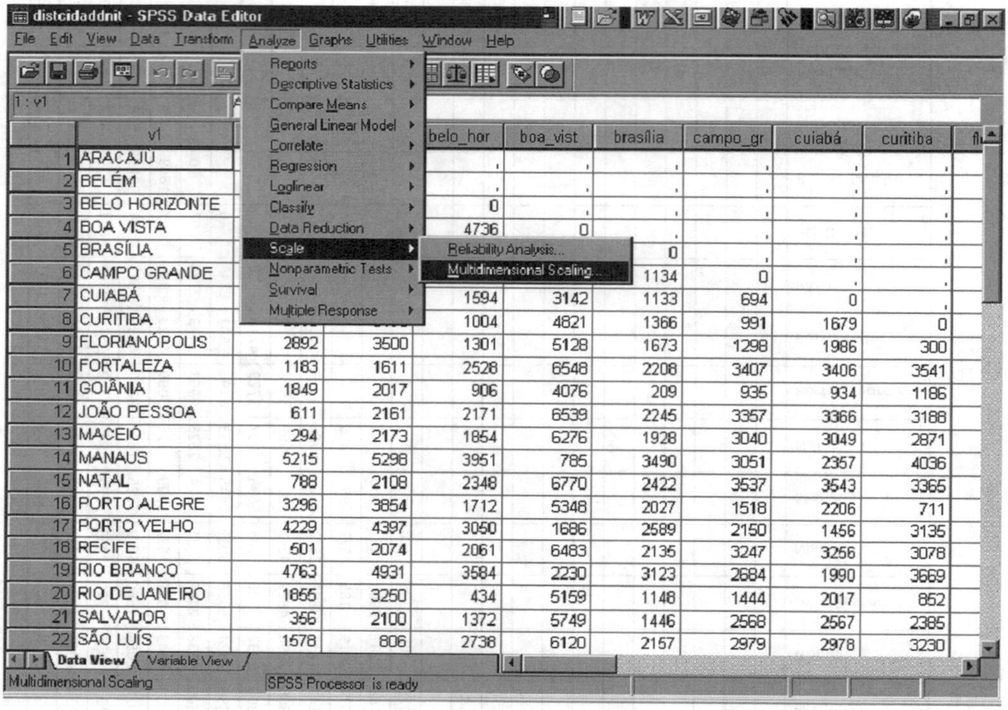

Figura 7.8 *Tela do SPSS® com caminho para seleção do EMD.*

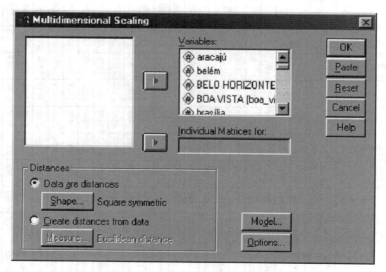

Figura 7.9 *Caixa de diálogo do escalonamento multidimensional.*

Na caixa de diálogo de EMD (Figura 7.9), selecione todas as cidades e mova-as para a lista de variáveis. Como os dados da matriz disponibilizada já são efetivamente distâncias, a opção *data are distances* deve estar selecionada em *Distances*. Note que a forma dos dados é matriz simétrica quadrada, *default*, em conformidade com dados de distâncias entre cidades.

Após definidas a forma dos dados e as variáveis em estudo, selecione o ícone *Model* da caixa da Figura 7.9 para estipular o modelo euclidiano em que as dissimilaridades possuem nível razão e são condicionais à matriz conforme apresentado na Figura 7.10. O número de dimensões pode ser igual a 2, pois já se sabe de antemão a natureza bi-dimensional dos dados.

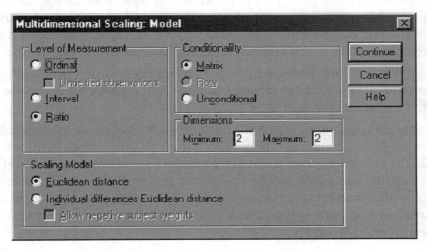

Figura 7.10 *Caixa de diálogo para definição de modelo.*

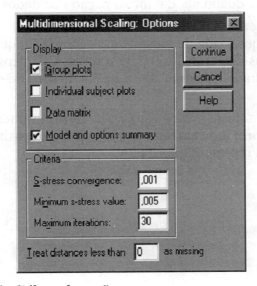

Figura 7.11 *Caixa de diálogo de opções.*

428 Análise Multivariada • Corrar, Paulo e Dias Filho

Obtida a partir da seleção do ícone *Options* da caixa principal de EMD da Figura 7.9, a janela de opções, Figura 7.11, permite seleção de informações a serem mostradas, determinação de critérios de finalização dos procedimentos e tratamento de casos sem valores.

Enfim, continuando e iniciando os procedimentos de elaboração do gráfico, é obtido o mapa da Figura 7.1, presente no início deste capítulo na seção 7.1, Conceitos.

Percebe-se que o resultado ilustrado na Figura 7.1 é consideravelmente semelhante à distribuição verdadeira das cidades, apesar de que algumas poucas cidades não mostraram posições tão próximas da realidade. Talvez, localizações não muito precisas possam estar relacionadas com o fato de as distâncias serem rodoviárias e por vias pavimentadas. Manaus, por exemplo, pode ser um caso de localização não muito precisa devido à definição de distância dos dados.

Enfim, visualmente, pode-se dizer que há boa aderência entre a configuração de pontos que representam as cidades, obtidos com o EMD, e a realidade da distribuição geográfica do mapa brasileiro.

Vale ressaltar que nenhuma informação foi introduzida na modelagem a respeito dos tradicionais padrões de direção norte-sul, leste-oeste. Portanto, apesar do resultado, coincidentemente em função da forma de construção do gráfico não estar discrepante com esses padrões, pequenos ajustes podem ser necessários caso se deseje precisão na representação. Ou seja, talvez haja necessidade de se realizar alguma rotação para se proceder à visualização perfeita da efetiva forma real das orientações tradicionais.

A saída do programa mostra também histórico dos passos do procedimento e indicadores sobre a qualidade da aproximação dos dados reais pelo mapa bidimensional, Figura 7.12.

O indicador de qualidade de ajuste *RSQ* – correlação quadrada entre as distâncias ajustadas e as disparidades – para o mapa bi-dimensional obtido é igual a 0,98201, valor bastante próximo ao limite sinalizador de excelência na modelagem.

Os indicadores de ajuste *stress* e *s-stress* são, respectivamente, iguais a 0,07123 e 0,06117. Esses valores indicam também, já que estão próximos a zero, boa qualidade do mapa para representar os dados.

Iteration history for the 2 dimensional solution (in squared distances) Young's S-stress formula 1 is used.		

Iteration	S-stress	Improvement
1	0,07567	
2	0,06123	0,01444
3	0,06117	0,00006

Iterations stopped because S-stress improvement is less than 0,001000

Stress and squared correlation (RSQ) in distances

RSQ values are the proportion of variance of the scaled data (disparities) in the partition (row, matrix, or entire data) which is accounted for by their corresponding distances.

Stress values are Kruskal's stress formula 1.

For matrix

Stress = 0,07123 RSQ = 0,98201

Figura 7.12 *Parte da saída do programa referente ao procedimento e a indicadores de qualidade de ajuste.*

O gráfico de dispersão entre os dados originais padronizados e as distâncias euclidianas ajustadas para o exemplo, Figura 7.13, mostra que existe grande concentração de pontos ao longo da bissetriz do plano e, portanto, baixa quantidade de pontos espalhados distantes da reta. Tal padrão indica que a qualidade do ajuste é apropriada.

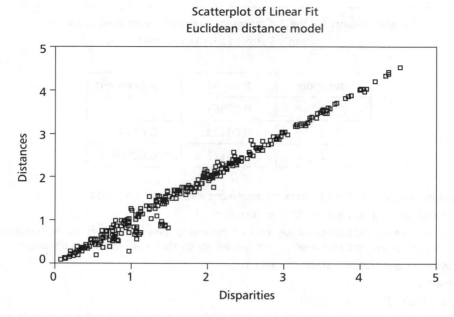

Figura 7.13 *Gráfico de dispersão dos dados originais e das distâncias ajustadas.*

7.15 Exercício proposto

Construir gráfico dos oito pontos cujas distâncias encontram-se na Tabela 7.5, aplicando o EMD no SPSS®.

Tabela 7.5 *Distâncias entre oito vértices.*

VÉRTICES	A	B	C	D	E	F	G	H
A	0,000	1,000	1,414	1,000	1,000	1,414	1,732	1,414
B	1,000	0,000	1,000	1,414	1,414	1,000	1,414	1,732
C	1,414	1,000	0,000	1,000	1,732	1,414	1,000	1,414
D	1,000	1,414	1,000	0,000	1,414	1,732	1,414	1,000
E	1,000	1,414	1,732	1,414	0,000	1,000	1,414	1,000
F	1,414	1,000	1,414	1,732	1,000	0,000	1,000	1,414
G	1,732	1,414	1,000	1,414	1,414	1,000	0,000	1,000
H	1,414	1,732	1,414	1,000	1,000	1,414	1,000	0,000

Bibliografia

BORG, Ingwer; GROENEN, Patrick. *Modern Multidimensional Scaling*: theory and applications. New York: Spring-Verlag, 1997.

BUSSAB, Wilton O.; MIAZAKI, Édina S.; ANDRADE, Dalton Francisco. *Introdução à análise de agrupamentos*. São Paulo: ABE, 1990.

CUNHA JR., Marcus; MORETTI, Marcos V. Análise multidimensional de dados categóricos: aplicação das análises de correspondência em marketing e sua integração com técnicas de análise de dados quantitativos. *Revista de Administração*, São Paulo v. 35, nº 1, p. 32-50, jan./mar. 2000.

GREEN, Paul E.; RAO, Vithala R. *Applied multidimensional scaling*. New York: Holt, Rinehart and Winston, 1972.

_____; TULL, Donald S.; ALBAUM, Gerald. *Research for marketing decisions*. Englewood Cliffs: Prentice Hall, 1988.

HAIR JR., Joseph F. et al. *Multivariate data analysis*. New Jersey: Prentice Hall, 1998.

JOHNSON, Richard A.; WICHERN, Dean W. *Applied multivariate statistical analysis*. New Jersey: Prentice Hall, 1982.

KRUSKAL, Joseph B.; WISH, Myron. *Multidimensional scaling*. Newbury Park: Sage, 1990.

NORUSIS, Marija J. *SPSS® for Windows®*: Professional Statistics®, Release 6.0. SPSS, 1993.

PEREIRA, Júlio Cesar Rodrigues. *Análise de dados qualitativos*: estratégias metodológicas para as ciências da saúde, humanas e sociais. São Paulo: Edusp, 2001.

SCHIFFMAN, Susan S.; REYNOLDS, M. Lance; YOUNG, Forrest W. *Introduction to Multidimensional Scaling*: theory, methods, and applications. Florida: Academic Press, 1981.

SIEGEL, Sidney. *Estatística não-paramétrica (para as ciências do comportamento)*. São Paulo: McGraw-Hill, 1975.

8

Redes Neurais

Fernando Carvalho de Almeida
Silvio Hiroshi Nakao

Sumário do capítulo

- Introdução.
- As redes neurais artificiais.
- Conceito de rede neural artificial.
- Origem das redes neurais artificiais.
- Utilidade das redes neurais artificiais.
- Modelos de redes neurais.
- Processamento dos dados na rede.
- A aprendizagem em uma rede neural artificial.
- Exemplo de aprendizado.
- Passos para utilização de uma rede neural.
- Pontos fortes e fracos de redes neurais.
- Aplicações na área de negócios.
- Resumo.

Objetivos de aprendizado

O estudo deste capítulo permitirá ao leitor:

- Compreender o funcionamento de uma rede neural.
- Conhecer os modelos de redes neurais artificiais.

- Entender as vantagens e desvantagens da utilização de redes neurais.
- Verificar a utilização das redes neurais na área de negócios.

8.1 Introdução

Uma das técnicas de tratamento de dados mais recentes e que tem despertado grande interesse tanto de pesquisadores da área de tecnologia como da área de negócios é a de redes neurais artificiais. Esta técnica tem servido de base para o lançamento de algumas aplicações interessantes, como é o caso dos diminutos *palmtops*, microcomputadores que cabem na palma da mão e que têm a capacidade de reconhecer como caractere editável o que se escreve à mão com uma caneta sobre a tela. Outro exemplo é o dos *softwares* que conseguem reconhecer o que uma pessoa está falando e transformar isso em palavras em um editor de texto.

A técnica de redes neurais artificiais é útil quando há a necessidade de se reconhecerem padrões a partir do acúmulo de experiência ou de exemplos, e cuja representação é complexa.

Na área de negócios, as redes neurais têm encontrado várias aplicações interessantes com resultados superiores aos métodos estatísticos convencionais. As redes neurais artificiais estão complementando e enriquecendo técnicas estatísticas e sistemas especialistas. Elas têm sido utilizadas na análise de crédito, na análise de riscos de inadimplência, em riscos de seguros, na avaliação de riscos de papéis financeiros, na seleção de pessoal, na simulação de vendas, na sugestão de produtos adaptados ao perfil de cada cliente, entre outras aplicações.

Este capítulo tem por objetivo introduzir o conceito de redes neurais artificiais, sua estrutura e o seu processo de funcionamento, assim como levantar algumas possíveis aplicações nas áreas de administração, economia, controladoria e contabilidade.

Breve histórico

Em 1943, Warren McCulloch e Walter Pitts publicaram um artigo pioneiro em que procuravam descrever como neurônios artificiais poderiam funcionar em termos computacionais. Eles modelaram uma rede neural simples com circuitos elétricos. A inspiração para esse trabalho veio dos estudos sobre o funcionamento dos neurônios biológicos. McCulloch, psiquiatra e neuro-anatomista, dedicou 20 anos tentando representar um evento no sistema nervoso.

Donald Hebb, em 1949, fez a interligação entre a psicologia e a fisiologia, apontando que uma conexão neural é reforçada a cada vez que é utilizada, o que até hoje é conhecido como Regra de Aprendizado de Hebb.

> Outras pesquisas surgiram nas décadas de 50 e 60, procurando testar as teorias utilizando simulações em computadores, época em que foi montada em *hardware* a rede neural Perceptron, de Frank Rosenblatt, cujo modelo ainda hoje é utilizado para aplicações como reconhecimento de caracteres.
>
> Em 1969, Minsky e Papert publicaram *Perceptrons*, um livro que condenava as redes Perceptron por suas significativas limitações. Isso provocou um certo desinteresse pelo tema por parte dos pesquisadores, embora alguns ainda tenham continuado suas pesquisas, principalmente no Japão e na Europa.
>
> Em 1982, John Hopfield fez ressurgir o interesse por redes neurais com a publicação de um artigo em que mostrava com análise matemática como as redes poderiam funcionar e o que elas poderiam fazer. Em 1986, Hopfield descreveu o algoritmo de treinamento *back-propagation*, em que mostrava que a visão de Minsky e Papert era pessimista, provando que as redes de múltiplas camadas eram capazes de resolver problemas difíceis de aprender.
>
> No mesmo ano, Rumelhart e McClelland apresentaram a regra delta generalizada de aprendizado, que se tornou referência para o processo de aprendizado de alguns modelos muito utilizados de RNA.
>
> O avanço da tecnologia dos computadores propiciou uma verdadeira explosão do interesse pelas redes neurais na comunidade internacional.

8.2 As redes neurais artificiais

Alguns autores relacionam Redes Neurais Artificiais ao campo da Inteligência Artificial (IA). As pesquisas nesta área, que têm progredido muito nos últimos quarenta anos, procuram maneiras de imitar o pensamento humano com a utilização de computadores.

Sistemas de IA, como os sistemas especialistas, são utilizados para resolver problemas que requerem perícia, reproduzindo o conhecimento de especialistas em determinadas áreas do conhecimento, de forma que possam ser utilizados por pessoas sem o mesmo conhecimento.

Porém, esses sistemas requerem um esforço custoso de formalização do conhecimento detido por um especialista. Por exemplo, no caso de um analista de crédito. Um engenheiro do conhecimento deve, através de entrevistas, compreender e formalizar o conhecimento acumulado por esse analista empregando regras do tipo "se" "então" "senão". Esse procedimento pode ser complexo, pois muitas vezes o especialista pode se valer de intuição e sensibilidade, que dificilmente são formalizáveis por meio de regras.

As redes neurais artificiais representam uma abordagem diferente dos sistemas de inteligência artificial e sistemas especialistas, estando relacionadas a arquiteturas de sistemas com capacidade de processamento que se inspiram no funcionamento do cérebro e de seus neurônios.

Pode-se dizer que uma rede neural artificial é capaz de "aprender" a partir de exemplos. É parecido com a maneira como nós aprendemos a ler e escrever: a professora nos mostrava um caractere, seus contornos, como se começava a escrever, sua pronúncia, e dizia que aquilo era um "A". Depois, nos mostrava uma porção de exemplos com outras formas de se escrever um "A": minúsculo, maiúsculo, escrito à mão, impresso etc. Dessa forma, nós aprendemos a ver e reconhecer aquela letra escrita em qualquer outro lugar e dizer que aquilo era um "A". Uma rede neural artificial trabalha de maneira similar. Ela aprende a partir de experiência passada contida em dados acumulados.

8.3 Conceito de rede neural artificial

Uma rede neural artificial (RNA) é um modelo de processamento de dados que emula uma rede de neurônios biológicos, capaz de recuperar rapidamente uma grande quantidade de dados e reconhecer padrões baseados na experiência. São sistemas que se adaptam utilizando uma abordagem de processamento distribuído, no qual os neurônios se comunicam por meio de uma rede de elos interconectados.

As redes neurais são compostas pelos chamados neurônios artificiais, que representam os elementos processadores, interligados entre si. Elas lembram o cérebro humano em dois sentidos:

- a rede é capaz de aprender a partir de informação captada em seu ambiente;
- ela é capaz de guardar o conhecimento adquirido, por meio da força da conexão entre os neurônios.

Na computação tradicional o processamento das informações é serial (em sequência). O grande diferencial da computação com redes neurais é que o processamento das informações pelos neurônios pode ocorrer em paralelo (ao mesmo tempo), o que lhe confere uma capacidade de processar grande quantidade de informações de forma rápida.

Como as RNAs têm a capacidade de aprender e guardar o conhecimento adquirido, elas têm sido utilizadas principalmente no reconhecimento de padrões baseados na experiência, tanto para realizar classificações como para fazer previsões.

Um modelo de RNA é capaz, por exemplo, de classificar empresas como solventes ou insolventes. Para isso, é necessário apresentar para a rede um conjunto

436 Análise Multivariada • Corrar, Paulo e Dias Filho

de dados que caracterizam as empresas, como a margem operacional, a rentabilidade, a liquidez, o endividamento etc., inclusive indicando se a empresa se tornou insolvente ou não. Com esse conjunto de dados, a rede neural procura fazer todas as relações possíveis entre as características das empresas e a sua solvência ou insolvência.

Nesse ponto, diz-se que a rede está "treinada", e a partir disso é possível entrar com as características de outras empresas que ainda não se conhece a situação, para que a rede possa processar e informar se aquela empresa tem risco de insolvência ou não.

O mesmo acontece com o reconhecimento de caracteres. Primeiramente, é apresentada à rede uma série de formas de se escrever a letra "A" à mão, identificando que aquilo que foi escrito é a letra "A". Depois, a rede é capaz de identificar escritas à mão bem próximas da letra "A", mesmo que não sejam exatamente iguais a qualquer um dos exemplos apresentados, além de conseguir distingui-las das letras "B" ou "C", por exemplo.

Um problema típico para ser resolvido com o uso de redes neurais tem as seguintes características:

- tem-se uma boa ideia de que os dados que servirão como entrada da rede são importantes, mas não necessariamente de como combiná-los;
- sabe-se o que se está tentando predizer com o uso da rede;
- existe uma boa quantidade de exemplos em que se conhecem tanto os dados de entrada como os resultados. Essa experiência é utilizada para treinar a rede.

8.4 Origem das redes neurais artificiais

Os estudos sobre os neurônios biológicos formaram a base do desenvolvimento das redes neurais artificiais.

Estima-se que haja mais de 100 bilhões de neurônios e mais de uma centena de tipos diferentes em um cérebro humano. Essas células, todas interligadas, formam o que se chama de rede neural.

A estrutura fisiológica básica da rede neural biológica inspirou o desenvolvimento das redes neurais artificiais. As RNAs procuram reproduzir o comportamento básico e a dinâmica das redes biológicas, apesar de diferirem bastante em termos físicos.

Os dois sistemas têm características em comum, como as unidades de computação paralela e distribuída (os neurônios), que se comunicam por meio de conexões entre si.

O neurônio biológico foi identificado anatomicamente e descrito com detalhes por Ramón e Cajal no século 19. Como qualquer outra célula, o neurônio é delimitado por uma fina membrana celular que, além de sua função biológica normal, possui determinadas propriedades essenciais para o funcionamento elétrico da célula nervosa. A partir do corpo celular (ou soma), que é o centro dos processos metabólicos da célula nervosa, projetam-se extensões filamentares: os dendritos e o axônio.

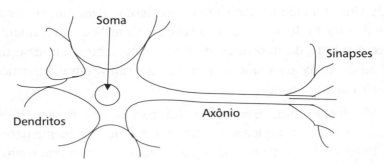

Figura 8.1 *Componentes de neurônios biológicos*.

Os dendritos formam uma árvore dendrital, como ilustrado na Figura 8.1. O neurônio possui geralmente um único axônio, também chamado de fibra nervosa, e pode alcançar vários metros de comprimento.

Nas décadas de 50 e 60, passou-se a entender o neurônio como sendo o dispositivo computacional elementar do sistema nervoso, que possui entradas (muitas) e uma saída.

As entradas são realizadas pelos dendritos e ocorrem por meio das conexões sinápticas com os axônios de outras células nervosas. Os sinais elétricos que chegam por esses axônios são conhecidos como impulsos nervosos. Esses sinais são processados pelo corpo celular, que produz como saída um impulso nervoso através de seu axônio. As conexões entre os neurônios são realizadas pelas sinapses. A sinapse é capaz de aumentar ou diminuir a força da ligação e causa a excitação ou inibição do neurônio subsequente.

8.5 Utilidade das redes neurais artificiais

Em termos práticos, as redes neurais são criadas através de pacotes (*softwares*) que muitas vezes funcionam até mesmo em microcomputadores em ambiente Windows. Com esses pacotes o usuário irá determinar a estrutura da sua rede para uma certa aplicação.

Por meio de um processo iterativo chamado processo de aprendizado, as redes neurais leem os exemplos fornecidos sobre um problema e criam um modelo para sua resolução. As redes neurais são bem adaptadas a dois tipos de tarefas: reconhecimento de formas e generalização.

No primeiro caso, fornecemos à rede exemplos de coisas que queremos que ela reconheça no futuro. Um exemplo é o uso das redes neurais para análise médica de imagens ou visão por computador, como é o caso do departamento de medicina da Universidade da Califórnia, que desenvolveu um sistema que faz o diagnóstico de infarto do miocárdio. O sistema identifica corretamente 92% dos pacientes com infarto do miocárdio e 96% dos pacientes sem esse tipo de problema. Tal *performance* é significativamente superior a um diagnóstico feito por qualquer outro método usado.

O segundo tipo de tarefa executada pelas redes neurais é a generalização. Neste caso, apresentam-se exemplos sobre um determinado problema para que a rede seja capaz de generalizar quando situações similares se apresentarem. Um exemplo é a utilização de uma rede neural para a avaliação de riscos de inadimplência de empresas. Apresentamos exemplos (chamados fatos ou simplesmente dados) de empresas insolventes e empresas solventes. A rede irá aprender a diferenciar os dois tipos de empresas a partir de exemplos fornecidos. Uma vez que a rede adquiriu este conhecimento, será capaz de classificar adequadamente empresas que não lhe serviram ao aprendizado ou então indicar o risco de inadimplência destas novas empresas. A generalização é, na verdade, o tipo de aplicação mais corrente na nossa área de interesse (na área de negócios).

Além de avaliar riscos de insolvência, a rede também pode ser treinada para aprender a fazer uma previsão de vendas ou dar sua opinião sobre o interesse em contratar um determinado candidato a um determinado cargo ou, ainda, indicar o interesse ou não em comprar uma determinada ação na bolsa.

O processo de introdução dos dados na rede é bastante simples e a criação da base de conhecimento não requer do usuário conhecimento sobre processos de aprendizado ou da tecnologia envolvidos. O aprendizado é automático e, como já dissemos, existem *softwares* de redes neurais prontos que são comercializados isoladamente ou dentro de pacotes de *data mining*. Eles estão evidentemente vazios no que diz respeito ao conhecimento, como no caso de uma planilha eletrônica (Lotus, Excel etc.), onde o usuário irá desenvolver sua própria aplicação. No caso das redes neurais, cabe ao usuário fornecer os dados a serem levados em conta e indicar à rede o que ele quer que ela aprenda.

8.5.1 Um exemplo

Como qualquer sistema de informática, uma rede neural passa por duas etapas. Primeiro temos a etapa de criação, isto é, a aquisição automática do conhecimento sobre o problema. É o que se chama etapa de aprendizado. A próxima etapa é a utilização da rede e do seu conhecimento, tal qual um especialista no assunto que aprendeu.

Podemos também fazer uma analogia com um processo de aprendizado humano. Suponha que queiramos aprender a identificar a origem de vinhos franceses por meio de sua degustação (Bordeau, Bourgogne, Côtes du Rhone etc.). Para isso pegamos algumas garrafas de cada tipo de vinho: digamos 5 Bordeaux, 5 Bourgogne, 5 Côtes du Rhone etc. Na primeira etapa, de aprendizado, experimentamos os vinhos um a um e tentamos identificá-los através de seu paladar, aroma etc. Em seguida, verificamos a etiqueta para ver se acertamos. Se erramos, levamos isto em conta e tentamos aprender algo com nosso erro. Voltamos a prová-los a fim de tentarmos assimilar suas características. Em um processo iterativo, experimentamos e reexperimentamos os vinhos até que sejamos capazes de identificar todas as garrafas que selecionamos segundo sua origem. Acabou-se então nossa etapa de aprendizado. O que aconteceu no nosso cérebro? A rede de neurônios de nosso cérebro armazenou o conhecimento que nos permite distinguir os tipos de vinho.

As redes neurais aprendem exatamente da mesma maneira. Introduzimos exemplos sobre o que queremos que aprenda. Com um processo iterativo e automático, ela aprende sobre o problema. No caso de uso de redes neurais para avaliação de riscos de insolvência, o *software* de criação de redes neurais lê os dados das empresas uma a uma e aprende a distinguir as empresas insolventes das solventes a partir de suas características financeiras (endividamento, rentabilidade etc.).

Acabada a etapa de aprendizado passa-se à segunda etapa, a de utilização do conhecimento adquirido. No caso dos vinhos, deveremos ser capazes agora de distinguir os Bordeaux dos Bourgognes, dos Côtes du Rhone etc., mesmo que não sejam dos mesmos produtores ou dos mesmos anos de produção. É o que se espera da rede neural, uma vez que ela passou pela etapa de aprendizado. No caso da avaliação de riscos de insolvência, espera-se que ela saiba distinguir as empresas insolventes das solventes, mesmo que estas não tenham feito parte do seu aprendizado. Espera-se que a rede tenha adquirido uma capacidade de generalização.

Outro detalhe importante é o grau de conhecimento adquirido pela rede. O grau de conhecimento é na verdade função da quantidade de exemplos utilizados na etapa de aprendizado, da mesma forma que nossa capacidade de identificar os vinhos é função da quantidade de vinho que fomos capazes de degustar. A grande diferença entre nós e a rede é que nós atingiremos rapidamente nosso limite de fadiga, ou de embriaguez! Mas uma rede neural não se cansa e pode ler tantos exemplos quantos a base de dados for capaz de fornecer.

8.6 Modelos de redes neurais

Uma RNA é composta de neurônios artificiais, os chamados elementos processadores. Cada um dos neurônios recebe entradas, as processa e transfere os resultados por meio de uma única saída. Isso é mostrado na Figura 8.2. As entradas representam os dendritos dos neurônios biológicos, e a saída, o axônio. A entrada pode ser um dado não tratado ou uma saída de outro elemento processador. As saídas podem ser o produto final, ou podem ser a entrada de outro neurônio.

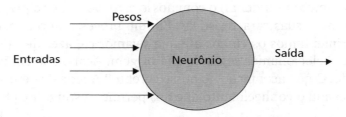

Figura 8.2 *Componentes de um neurônio artificial.*

Cada RNA é composta de uma coleção de neurônios interligados agrupados em camadas, formando a chamada rede de neurônios.

Diversos modelos de redes neurais são encontrados na literatura. O modelo mais frequentemente utilizado é o chamado modelo de multicamadas. Neste tipo de rede, várias camadas de neurônios podem ser organizadas horizontalmente (Figura 8.3). Cada neurônio se conecta e envia informação para todos os neurônios da camada seguinte. Neurônios pertencentes à mesma camada não são interligados. Essas redes são frequentemente constituídas de três camadas: a camada de entrada com os neurônios de entrada, a camada intermediária com os neurônios intermediários e a camada de saída com os neurônios de saída. Os neurônios de entrada introduzem a informação externa à rede, os dados de entrada na rede. Os neurônios de saída transmitem as respostas da rede. Neurônios de camadas intermediárias ficam entre as camadas de entrada e saída e podem trazer maior capacidade de reconhecimento de padrões.

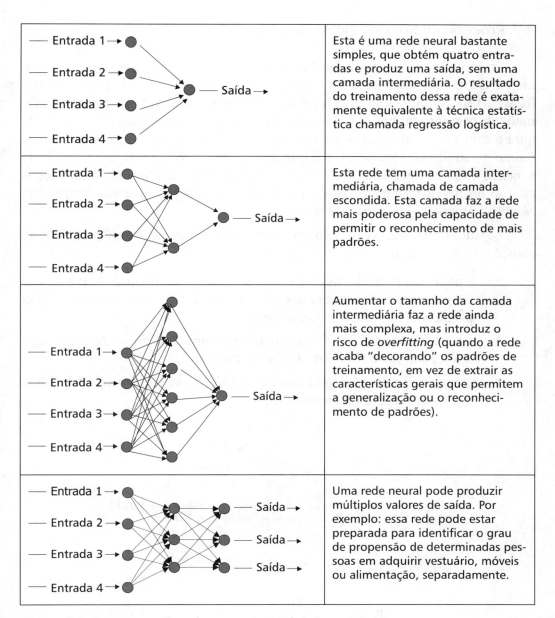

Figura 8.3 *Estruturas de redes neurais artificiais*.

A arquitetura de uma RNA é importante porque restringe o tipo de problema que pode ser tratado pela rede. Redes sem camada intermediária, por exemplo, conseguem fazer apenas separações lineares. Redes multicamadas são mais apropriadas para resolver problemas mais complexos, podendo implementar qualquer função contínua, linear ou não linear.

8.7 Processamento dos dados na rede

Um modelo multicamada bastante usado é o modelo de retropropagação. Ele é baseado nos Modelos de Processamento Distribuído Paralelo propostos por RUMELHART et al. (1986). A propagação de informação através da rede é efetuada da seguinte forma: os valores de entrada são transmitidos de uma camada para a outra e transformados através de pesos de conexões entre os neurônios (como mostrado na Figura 8.4, em que, por exemplo, W_{DA} representa o peso da conexão entre os neurônios D e A). Na verdade, todo o conhecimento nas redes neurais artificiais se encontra nos pesos de conexão, tal como o conhecimento no cérebro humano se encontra nas sinapses.

Podemos tomar como exemplo, na Figura 8.4, um neurônio qualquer em uma camada intermediária, como o neurônio D:

- o neurônio D recebe as saídas dos neurônios precedentes A, B e C, que são computadas em uma Função Combinação, que leva em conta os pesos de conexão entre os neurônios;
- este valor computado é introduzido em uma Função de Ativação, que produz um novo resultado (valor de ativação);
- uma terceira função, chamada de Transferência, toma o valor de ativação e produz a saída do neurônio.

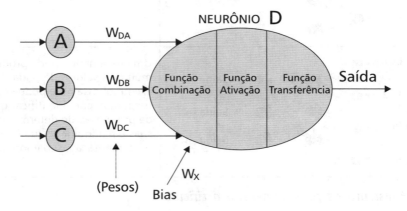

Figura 8.4 *Elementos do processamento*.

A Função Combinação une todas as entradas em um único valor. O tipo de função combinação mais comum é a soma ponderada, na qual cada entrada (X) é multiplicada por seu respectivo peso (W) e esses produtos são somados, chegando-se a um único valor (Y), que representa o total das entradas ponderadas por seus pesos. Para n entradas i de um elemento processador j, temos que a função soma ponderada é:

$$Y_j = \sum_j^n X_i W_{ij}$$

Supondo-se um neurônio com 3 entradas, onde: $X_1 = 4$; $X_2 = 2$ e $X_3 = 3$ e os respectivos pesos: $w_{ij} = 0,1$; $w_{2j} = 0,5$ e $w_{3j} = 0,1$, o valor da função soma ponderada seria: $Y_j = 4 \times 0,1 + 2 \times 0,5 + 3 \times 0,1 = 1,7$.

Existem três tipos de Funções Ativação típicas: a sigmóide (ou logística), a linear e a exponencial. A função linear tem valor prático limitado, pois uma rede que tenha neurônios apenas com essa função irá trazer um resultado como na regressão linear, com uma reta que melhor representa um conjunto de pontos. A sigmóide e a exponencial são funções não lineares e resultam em um comportamento não linear. A principal diferença entre as duas é o intervalo das saídas: a sigmóide varia entre 0 e 1 e a exponencial entre –1 e 1. A função mais comumente utilizada é a função sigmóide:

$$Sigmóide(x) = \frac{1}{1 + e^{-x}}$$

O "x" da função é o resultado da Função Combinação, obtido anteriormente em Y_j. Considerando o exemplo anterior, a saída gerada pelo neurônio seria:

$$Sigmóide(x) = \frac{1}{1 + e^{-1,7}} = 0,846$$

A Função Transferência transpõe o valor resultante da função ativação para a saída do elemento processador. Ela tem esse nome porque, dependendo do modelo da rede, pode estar sendo representada por uma função que somente transfere o seu resultado para a saída do neurônio se o valor da Função Combinação for maior que um valor mínimo, chamado de parâmetro *threshold* (limiar lógico). Se o resultado ultrapassar o *threshold*, diz-se que o neurônio foi ativado (daí o termo Função Ativação), produzindo uma saída que é transmitida aos neurônios da camada seguinte. Se o parâmetro for fixado em 0,5, por exemplo, qualquer resultado da função transferência abaixo de 0,5 não provoca uma saída; qualquer valor igual ou acima provoca a ativação do elemento processador e é realizada a saída. No caso da função sigmóide, o valor de saída é o mesmo encontrado por esta função.

O exemplo anterior apresenta uma rede formada por uma camada de entrada de três neurônios que armazenam os valores X_1, X_2 e X_3, e uma camada de saída, constituída de apenas um neurônio, que efetua o processamento dos valores e resulta em um valor único de saída, conforme Figura 8.5:

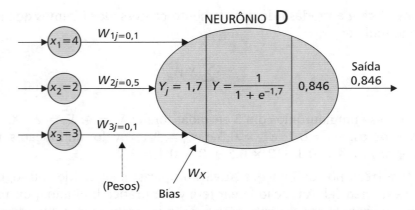

Figura 8.5 *Exemplo de processamento no neurônio.*

Um outro elemento de entrada dos neurônios, chamado Bias, é utilizado no processamento da rede, funcionando como se fosse uma constante de uma equação.

8.8 A aprendizagem em uma rede neural artificial

8.8.1 O método de aprendizado por retropropagação

Para uma rede neural artificial, "aprender" significa passar por um processo em que os neurônios possam armazenar as características dos dados de entrada.

O aprendizado ocorre com um processo iterativo de correção dos pesos de conexão entre cada um dos neurônios da rede. Esses pesos são ajustados e reajustados até que a rede atinja um grau de aprendizado a partir do qual seja capaz de fornecer uma resposta satisfatória por meio de seus neurônios de saída. Por exemplo, avaliar corretamente uma porcentagem adequada de maus clientes em um processo de avaliação de crédito.

Para que a rede seja treinada e aprenda, um conjunto de exemplos de aprendizado (que pode estar contido em um banco de dados) deve ser apresentado à rede. Nas redes como a de retropropagação, o resultado esperado deve ser-lhe apresentado para que esta possa aprender. Por exemplo: supondo uma aplicação para a previsão de insolvência, podem ser apresentados à rede os dados contábeis de uma série de empresas com os respectivos resultados, dizendo se a empresa apresentou-se insolvente ou não. A partir destes exemplos, a rede deverá adquirir o conhecimento necessário para distinguir os dois tipos de empresa.

O algoritmo de retropropagação trabalha com o modo de aprendizado chamado supervisionado. O processo utilizado por esse algoritmo é composto por três etapas:

1. a rede trabalha com os exemplos de treinamento e calcula as saídas (gera respostas);

2. o algoritmo, então, calcula o erro, a partir da diferença entre as saídas e o resultado esperado (por esta razão é chamado aprendizado supervisionado);

3. o erro é retroalimentado através da rede e os pesos são ajustados para minimizar o erro.

O ponto-chave desse algoritmo é utilizar o valor do erro para ajustar os pesos de conexão entre os neurônios.

O neurônio ajusta seus pesos começando por mensurar quão sensível sua saída está para cada uma de suas entradas, estimando se uma mudança de pesos em cada entrada poderia aumentar ou reduzir o erro. O neurônio então ajusta cada peso para reduzir, mas não eliminar, o erro.

Depois de ter passado por um número suficiente de exemplos, os pesos na rede não mais se alteram significativamente e o erro não se reduz mais. Este é o ponto onde o treinamento pára; a rede aprendeu a reconhecer as entradas.

O algoritmo de retropropagação tem uma limitação de *performance*, isto é, quando se tem um número muito grande de exemplos, o aprendizado pode ficar muito lento. Desde sua criação, esse algoritmo vem sofrendo várias alterações no sentido de acelerar seu tempo de treinamento, tendo sido criadas adaptações e melhorias como o *quick-propagation*, entre outras. No entanto, nem sempre estes algoritmos mais poderosos conseguem convergir para um modelo satisfatório.

O outro grupo de modelos de rede são as redes chamadas não supervisionadas. São assim chamadas, pois não são treinadas a partir do erro obtido na saída. A mais conhecida é a rede de Kohonen. A rede de Kohonen é uma rede com apenas duas camadas. A camada de entrada e a de saída, esta última também chamada de mapa de Kohonen. É uma rede com duas dimensões e sua aplicação se compara à das análises estatísticas de *cluster*, pois é treinada levando em consideração a proximidade existente entre os dados de entrada. A rede, neste caso, busca identificar grupos de indivíduos com características semelhantes.

8.8.2 A Regra Delta generalizada

O modelo de retropropagação é baseado em uma regra de aprendizado chamada Regra Delta Generalizada:

$$\Delta W_{ji}(n + 1) = \eta \delta_j O_i + \mu \Delta W_{ji}(n)$$

$\Delta W_{ji}(n + 1)$ é o ajuste introduzido em $n + 1$ no peso de conexão entre os neurônios i e j. η é uma constante chamada taxa de aprendizado, que controla a intensidade de correção feita nos pesos de conexão a cada iteração do processo. Quanto maior a taxa de aprendizado, tanto maiores as mudanças que serão introduzidas nos pesos em cada iteração. μ é uma constante chamada fator suavizante, que faz o processo de aprendizado considerar o valor do peso no momento n. δ é o sinal de erro na saída do neurônio.

8.9 Exemplo de aprendizado

Este exemplo bastante simplificado procura mostrar como uma RNA aprende. É um problema clássico da lógica simbólica e está representado em Trippi & Turban.[1] A rede precisará aprender e ser capaz de gerar o resultado correto do seguinte problema: considere dois atributos de entrada: X_1 e X_2. Se pelo menos um dos valores desses atributos for 1, então o resultado gerado pela rede deverá também ser 1. Caso contrário, o resultado é zero.

No quadro abaixo, são representados quatro casos, ou exemplos:

Caso	Entradas		Resultado Desejado (Z)
	X_1	X_2	
1	0	0	0
2	0	1	1
3	1	0	1
4	1	1	1

Essas entradas (X_1 e X_2) e o resultado desejado (Z) representam o conjunto de treinamento da rede, ou seja, é esse comportamento que a rede deve aprender. Para isso, ela irá computar essas entradas e gerar um resultado (Y), que pode ser igual ou diferente do resultado desejado. Ela irá continuar processando até que Y seja igual a Z, por meio do ajuste dos pesos.

Para resolver esse problema, será utilizada uma rede com dois neurônios de entrada, um para cada variável, e um de saída (Figura 8.6). O procedimento iterativo é feito pela apresentação à rede da sequência dos quatro exemplos, sendo os

---

[1] TRIPPI, Robert R.; TURBAN, Efraim (Ed.). *Neural networks in finance and investing*, p. 16-18.

pesos ajustados após cada iteração. A apresentação de cada caso gera uma iteração. Essa operação é repetida até que os pesos convirjam para um conjunto de valores que permitam ao neurônio classificar corretamente cada uma das quatro entradas.

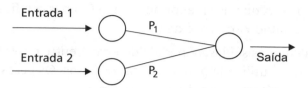

Figura 8.6 *Uma rede com dois neurônios de entrada e um de saída.*

				Exemplo de Aprendizagem de uma RNA						
				Parâmetros: $\alpha = 0,2$; Threshold $= 0,5$						
Iteração	X_1	X_2	Z	Inicial		S	Y	Δ	Final	
				P_1	P_2				P_1	P_2
1	0	0	0	0,1	0,3	0	0	0,0	0,1	0,3
	0	1	1	0,1	0,3	0,3	0	1,0	0,1	0,5
	1	0	1	0,1	0,5	0,1	0	1,0	0,3	0,5
	1	1	1	0,3	0,5	0,8	1	0,0	0,3	0,5
2	0	0	0	0,3	0,5	0	0	0,0	0,3	0,5
	0	1	1	0,3	0,5	0,5	0	1,0	0,3	0,7
	1	0	1	0,3	0,7	0,3	0	1,0	0,5	0,7
	1	1	1	0,5	0,7	1,3	1	0,0	0,5	0,7
3	0	0	0	0,5	0,7	0	0	0,0	0,5	0,7
	0	1	1	0,5	0,7	0,7	1	0,0	0,5	0,7
	1	0	1	0,5	0,7	0,5	0	1,0	0,7	0,7
	1	1	1	0,7	0,7	0,7	1	0,0	0,7	0,7
4	0	0	0	0,7	0,7	0	0	0,0	0,7	0,7
	0	1	1	0,7	0,7	0,7	1	0,0	0,7	0,7
	1	0	1	0,7	0,7	0,7	1	0,0	0,7	0,7
	1	1	1	0,7	0,7	1,4	1	0,0	0,7	0,7

Em cada iteração, ou seja, a cada passagem do processo, o neurônio verifica as entradas (X_1 e X_2) e o resultado desejado (Z). Os dois pesos (P_1 e P_2) iniciais são atribuídos aleatoriamente para cada uma das entradas.

A partir disso, é calculado o resultado de saída (Y). Esse cálculo é feito com uma função somatória (S), em que se soma o resultado da multiplicação dos va-

448 Análise Multivariada • Corrar, Paulo e Dias Filho

lores e pesos de cada entrada. Assim, no segundo caso da primeira iteração, por exemplo, a função somatória seria $S = (X_1 \times P_1) + (X_2 \times P_2) \Rightarrow S = (0 \times 0,1) + (1 \times 0,3) = 0,3$. Como foi estabelecido um *threshold* (limiar – ponto de corte) de 0,5, a soma que der maior que 0,5 promove a excitação do neurônio que transforma o resultado em 1. A que der menor ou igual a 0,5 passa a ficar com resultado 0. Nesse caso, o resultado atual Y é de 0.

Depois de calcular as saídas, a medida do erro Δ entre o resultado atual (Y) e o valor desejado (Z) é utilizada para atualizar os pesos. Os pesos atualizados que serão utilizados na próxima iteração são dados por:

$$\textbf{Pi(Final) = Pi(Inicial) + } \alpha\Delta\textbf{Xi}$$

No mesmo segundo caso da primeira iteração, os pesos finais seriam:

P1 (Final) $= 0,1 + 0,2 \times 1 \times 0 = 0,1$

P2 (Final) $= 0,3 + 0,2 \times 1 \times 1 = 0,5$

O parâmetro α representa a velocidade com que a rede deve aprender, uma vez que ele aumenta os pesos nessa medida. Observe, por exemplo, que no segundo caso da primeira iteração os pesos finais foram alterados de 0,1 para 0,3 e de 0,3 para 0,5, correspondendo a aumentos de 0,2 (valor de α). Neste nosso modelo, a alteração somente ocorre quando o Δ tem valor 1, que significa ainda haver erro. As alterações necessárias vão ocorrendo a cada entrada até que a rede se estabilize e não haja mais erros no aprendizado.

Nesse exemplo, com os parâmetros utilizados, os pesos finais com a rede estabilizada de ambas as entradas foram de 0,7. Com a rede treinada, qualquer entrada que for colocada para esse neurônio terá uma saída correta. Por exemplo, vamos supor entradas $X_1 = 0$ e $X_2 = 1$. A saída será: $Y = (0 \times 0,7) + (1 \times 0,7) = 0,7 \Rightarrow 1$.

8.10   Passos para a utilização de uma rede neural

As aplicações que utilizam redes neurais artificiais requerem que se construa uma rede específica. Não existe um modelo padrão de rede para todas as aplicações, pois a estrutura da rede depende dos dados de entrada, das funções a serem utilizadas e do tipo de saída que se precisa, que são específicos para cada caso.

Existem atualmente muitos *softwares* para microcomputadores que são utilizados para criar redes neurais. Entretanto, frequentemente é necessário se fazer uma série de configurações para construir a rede e fazê-la processar.

A construção de uma rede neural artificial precisa seguir uma série de procedimentos, necessários para que se obtenham os resultados desejados. A seguir são elencados os principais procedimentos.

8.10.1 Preparação dos dados

A preparação dos dados que irão servir para o treinamento e teste das redes neurais é uma etapa fundamental para o seu bom funcionamento.

Antes de começar a construção, é necessário definir claramente o problema a ser resolvido pela rede. É a partir da definição do problema que se pode estabelecer um melhor conjunto de dados a serem utilizados.

Um dos parâmetros que impactam o tempo de aprendizado é o número de entradas ou variáveis. Quanto maior o número de variáveis, mais tempo a rede demora a terminar seu treinamento. As variáveis devem ser selecionadas de maneira criteriosa, a fim de se usar somente aquelas que possam contribuir para a capacidade preditiva ou classificatória da rede. Para isto, deve-se fazer uma pré-seleção. Isso pode ser feito por meio de técnicas de análise multivariada, ou via árvore de regressão, que possam indicar as variáveis que melhor expliquem o problema.

Quanto maior a complexidade do problema que se quer modelar, maior o número de exemplos para se obter uma boa cobertura de padrões dos dados. É importante que existam exemplos para todos os possíveis valores de saída da rede. A rede neural só aprende aquilo que pode observar nos exemplos fornecidos.

Normalmente, dependendo do *software* utilizado,[2] os dados devem estar contidos em um banco de dados. É um bom procedimento separar uma parte desse banco para servir como conjunto de treinamento e uma outra parte como conjunto para testes. O conjunto de treinamento deve ter os registros com os valores da variável de saída e o conjunto de testes pode ter somente os valores das variáveis de entrada ou também os de saída. Alguns *softwares* fazem automaticamente essa separação.

Quando se tem um número reduzido de dados, pode ser importante efetuar um número significativo de testes com diferentes subamostras dos dados a fim de validar os resultados obtidos. Estrutura-se então um plano experimental, determinando os testes a serem feitos.

Dependendo do *software* utilizado, é necessário que os dados passem por um processo chamado padronização. Por causa das funções utilizadas no processamento dos dados, a rede trabalha melhor com valores que estejam entre zero e um. Para isso, utiliza-se a seguinte forma de cálculo:

---

2 Redes neurais também podem ser implantadas em *hardware*.

$$\text{Valor Padronizado} = \frac{\text{Valor Original } - \text{Mínimo}}{\text{Máximo} - \text{Mínimo}}$$

Se um dos atributos de entrada for a idade de uma pessoa, por exemplo, e verificar-se que há uma variação nos dados entre 12 e 80 anos, o valor mínimo é 12 e o máximo é 80. Para uma idade de 30 anos como valor original, o valor padronizado será de 0,2647.

Outros tratamentos podem ser realizados com os dados, dependendo do tipo de variável, como estabelecer categorias para faixas de valores e depois convertê-los dentro de uma escala de zero a um. Uma outra forma é utilizar a média dos dados, da seguinte forma:

$$\text{Valor Padronizado} = \frac{\text{Valor Original } - \text{Média}}{\text{Desvio-Padrão}}$$

8.10.2 Construção e teste das redes

Com os dados preparados, é necessário então estruturar a rede neural, estabelecendo o método de aprendizado, o número de camadas e o número de neurônios, além de outros parâmetros. Não existe um método formal para se estabelecerem os números de neurônios.

Na área de negócios, utiliza-se uma única camada intermediária nas aplicações mais usuais, mas o número de neurônios nessa camada pode variar bastante. O que se faz na prática é testar a melhor rede por tentativa e erro. Pode-se, por exemplo, primeiramente estruturar uma rede com um número pequeno de neurônios na camada intermediária e realizar os procedimentos de aprendizado e de teste. Depois, estrutura-se uma outra rede, com mais neurônios, para verificar se a quantidade de erros diminui ou se a rede é capaz de responder adequadamente ao problema proposto.

Essa é uma etapa laboriosa, pois pode-se acabar criando um número muito grande de redes, levando em conta os testes do número de neurônios e o do número de subamostras a serem utilizadas nos testes. Atualmente, alguns *softwares* mais sofisticados possuem a capacidade de facilitar esse trabalho, fazendo automaticamente a geração de redes e testes.

8.10.3 A utilização da rede e a interpretação dos resultados

Depois que a rede está treinada e testada, ela está pronta para ser utilizada, dentro dos propósitos para os quais foi montada, que podem ser o de uma previsão ou de uma classificação.

Para isso, devem se inserir novos dados de entrada. A rede já é capaz de processá-los de acordo com o que havia aprendido e gerar um resultado. Por exemplo: uma rede treinada com dados de empresas solventes e insolventes é capaz de informar se uma nova empresa (que não estava no conjunto de treinamento) tende a ser solvente ou não.

O resultado da rede pode ser obtido sob a forma de um número, entre 0 e 1, se for utilizada uma função sigmóide. Pode-se estabelecer um valor de corte: se o resultado estiver acima deste valor, entende-se que ele corresponde ao que havia sido estabelecido para 1 (insolvente, por exemplo), e vice-versa. Se estiver abaixo deste valor, entende-se que corresponde ao que havia sido estabelecido para zero (solvente, por exemplo). Esse resultado também pode ser interpretado como a probabilidade de ser um dos resultados esperados. No caso daquela nova empresa, o resultado seria um valor que indica a probabilidade dela ser insolvente.

8.11 Pontos fortes e fracos de redes neurais

O uso de RNAs tem pontos fortes e fracos. Os principais pontos fortes apontados são:

- *não linearidade* – as RNAs podem desenvolver mapas de limites de entradas e saídas altamente não lineares;

- *informação contextual* – cada neurônio da rede é potencialmente afetado pela atividade global de todos os outros neurônios. Consequentemente, a informação contextual é dada com naturalidade pela rede;

- *tolerância a falhas* – quando uma rede neural está implementada em um *hardware*, seu desempenho reduz pouco sob condições operacionais adversas, como no caso de ter um neurônio danificado;

- *flexibilidade* – as redes neurais não pressupõem um modelo ao qual os dados devem ser ajustados, como é frequente em técnicas estatísticas. O modelo é gerado pelo processo de aprendizagem;

- *uniformidade de análise e desenho* – a mesma notação é utilizada em todos os setores que envolvem as aplicações de RNA, pois em todas há neurônios e é possível compartilhar teorias e algoritmos de aprendizado;

- *analogia neurobiológica* – como uma RNA tem analogia com o cérebro, há uma evidência de que o processamento paralelo tolerante a falhas é não somente possível fisicamente, como também rápido e poderoso. Neurobiologistas têm utilizado as RNAs como instrumento de pesquisa e os matemáticos têm estado atentos a novas ideias para resolver problemas mais complexos.

452 Análise Multivariada • Corrar, Paulo e Dias Filho

Os principais pontos fracos são:

- a justificativa para os resultados é difícil de obter porque os pesos calculados não podem ser interpretados;
- a melhor maneira de representar os dados de entrada e de fazer a escolha da arquitetura é por tentativa e erro, o que pode ser um processo muito demorado.

8.12 Aplicações na área de negócios

As redes neurais artificiais têm sido aplicadas em áreas bastante distintas, como o reconhecimento de fala e de caracteres e a análise de crédito. Alguns modelos matemáticos podem ser substituídos com o uso de RNAs, como no caso de predição de séries temporais e otimização.

As RNAs têm sido utilizadas com sucesso há algum tempo na área financeira, com aplicações em análise de crédito, *credit scoring* e avaliação de riscos de papéis financeiros. Há um melhor nível de acertos em relação aos métodos convencionais, segundo algumas pesquisas realizadas.

No caso de análise de crédito, por exemplo, é fornecida à rede neural uma série de dados históricos que servem para o treinamento da rede. São dados sobre indivíduos inadimplentes e adimplentes, tais como: renda, idade, estado civil, pagamentos e recebimentos etc. A rede aprende essas características e fica preparada para informar se um novo indivíduo tem a tendência a ser inadimplente ou não.

Na área de marketing, as redes neurais têm sido utilizadas para estudar perfis de consumidores e seus comportamentos, e a partir disso estabelecer programas de marketing direcionados.

Dentro da área contábil, as RNAs têm sido utilizadas para a previsão de insolvência de empresas, inclusive de instituições financeiras. Os índices de lucratividade, rentabilidade, liquidez, estrutura de capital e crescimento das empresas solventes e que se tornaram insolventes durante um período de tempo são exemplos de entradas da rede neural, que aprende a prever se determinada empresa pode se tornar insolvente ou não.

Outras aplicações dentro da área de controladoria podem ser realizadas, tais como a previsão de resultados econômicos das empresas, otimização de resultados de unidades de negócios ou áreas de responsabilidade, previsão de valores de ativos etc. As RNAs têm um potencial ainda muito grande em termos de aplicações em controladoria e contabilidade, em temas que ainda não foram explorados ou naqueles em que se utilizam métodos quantitativos tradicionais como séries temporais, regressão linear e não linear, análise discriminante e programação linear e não linear.

8.13 Resumo

As redes neurais artificiais têm sido uma ferramenta útil para a solução de problemas complexos relacionados ao reconhecimento de padrões, como os de fala ou os de risco de inadimplência.

Uma rede neural artificial é um modelo de processamento de dados que emula o funcionamento de uma rede de neurônios biológicos, em cuja fisiologia foi baseada.

Uma rede neural é capaz de aprender a partir dos dados que lhe são apresentados e armazenar esse conhecimento adquirido, ficando pronta para dar uma resposta rápida a respeito de novos eventos ou observações.

As redes são compostas pelos neurônios, os elementos processadores. Cada neurônio recebe dados de entrada, os processa e transfere os resultados por meio de uma única saída, que pode estar ligada a um outro neurônio de uma camada posterior ou à saída final da rede.

Essas ligações têm pesos, e é por meio dos seus ajustes que ocorre aprendizado. Esses ajustes são realizados de acordo com um algoritmo de aprendizado, que atribui novos pesos a cada iteração do processo.

Dentro da área de negócios, é uma ferramenta que tem encontrado um número crescente de aplicações, mas ainda há muitas soluções a serem desenvolvidas.

8.14 Questões propostas

1. Quais são os fundamentos conceituais de rede neural artificial?
2. Quais os tipos de aplicação mais comuns na vida real e na área de negócios de RNA?
3. Como um neurônio artificial faz o processamento dos dados?
4. Por que se diz que uma rede neural é capaz de aprender?
5. Descreva o processo de aprendizagem por retropropagação.
6. O que significam os resultados apresentados por uma rede neural?

8.15 Exercício resolvido

Foi elaborado um exemplo fictício para ilustrar a aplicação de RNA na área de negócios e permitir a visualização dos diversos conceitos apresentados no texto.

O problema tratado neste exemplo é o de predição de insolvência de empresas. Uma técnica utilizada para esse tipo de problema é a análise discriminante, mas aqui será utilizada a técnica de redes neurais artificiais. Para isso, são citados os dados contábeis de empresas e elaborada uma tabela com uma série de indicadores que possam avaliar o risco de insolvência das empresas. Neste exemplo, para efeito de simplificação, foram selecionados 5 índices bastante comuns: Retorno sobre o Patrimônio Líquido (RSPL), Retorno sobre o Investimento (ROI), Liquidez Corrente (LC), Liquidez Seca (LS) e Passivo Exigível/Patrimônio Líquido (PE/PL).

A Figura 8.7 apresenta os índices já calculados de 20 empresas, que servirão como base de dados para o treinamento da rede. A última coluna diz se a empresa se apresentou solvente ou insolvente.

Empresa	RSPL	ROI	LC	LS	PE/PL	Solvente
1	0,10	0,13	1,10	0,90	0,40	sim
2	0,06	0,04	0,90	0,70	0,60	sim
3	0,07	0,04	1,20	1,20	0,70	sim
4	0,07	0,06	1,40	1,30	0,30	sim
5	0,03	0,06	1,30	1,00	0,90	sim
6	0,03	0,04	1,10	0,40	0,80	sim
7	0,04	0,02	0,90	0,60	1,00	sim
8	0,12	0,05	0,80	0,40	1,10	sim
9	0,12	0,14	1,10	1,10	0,60	sim
10	0,14	0,16	1,40	1,40	0,40	sim
11	0,01	0,01	0,80	0,40	1,20	não
12	0,01	0,01	1,10	0,70	1,30	não
13	−0,01	0,01	0,90	0,60	1,40	não
14	−0,01	0,01	0,60	0,60	1,60	não
15	−0,04	−0,01	0,80	0,40	1,80	não
16	0,02	0,03	0,70	0,50	2,10	não
17	0,02	0,04	0,70	0,50	1,60	não
18	−0,01	0,01	0,60	0,30	1,80	não
19	−0,02	0,03	0,50	0,30	1,20	não
20	−0,02	0,02	0,40	0,20	1,40	não

Figura 8.7 *Dados de entrada da rede.*

Neste exemplo, está sendo utilizado um *software shareware* de fácil manuseio, chamado QwikNet V.2.23, disponível na Internet para *download* no *site*: <http://qwiknet.home.comcast.net/>.

Outros *softwares* também podem ser utilizados para essa mesma aplicação.

Para utilizar esse programa, é necessário que os dados estejam padronizados. Para isso, foram obtidos o maior e o menor valor de cada índice das 20 empresas e feito o cálculo apresentado no item "Preparação dos Dados" do texto. Os dados dos cinco atributos de entrada ficaram entre 0 e 1 e foi assumido o valor 0 para "sim" e 1 para "não" para a saída "Solvente".

Essa tabela foi digitada (sem a coluna "Empresa", que não é um atributo) em um arquivo texto, para que o QwikNet pudesse ler.

A tela principal do *software* é a seguinte:

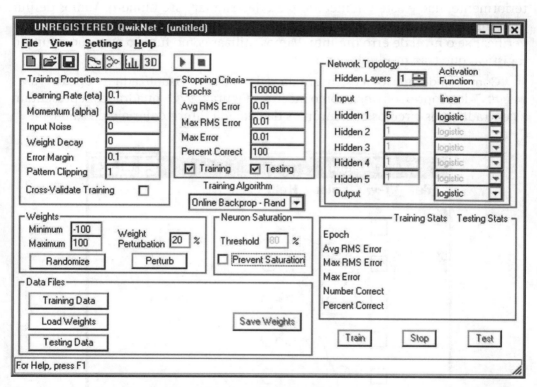

Figura 8.8 *Tela principal do* software *QwikNet V.2.23*.

No botão "*Training Data*", é selecionado o arquivo com os dados para treinamento. Ao clicar esse botão, são pedidos o número de entradas (atributos) e o número de saídas contidas no arquivo. No caso, são 5 entradas (os indicadores) e 1 saída (se a empresa é solvente ou não).

Depois disso, é necessário estabelecer alguns parâmetros para realizar o treinamento. Na caixa de seleção "*Training Algorithm*" deve ser selecionado o algoritmo a ser utilizado na aprendizagem da rede. Vamos utilizar o "*On Line Backprop*

– *Rand*", uma variação do algoritmo retropropagação adequado para esse tipo de problema.

O próximo passo é definir a estrutura da rede neural: o número de camadas e o número de neurônios em cada uma. Na caixa *"Network Topology"* deve ser estabelecido o número de camadas intermediárias no item *"Hidden Layers"*. Vamos utilizar apenas uma.

Logo abaixo, aparece o número de entradas em *"input"*, com a sua respectiva função ativação, que é sempre linear. Cada uma das cinco camadas intermediárias possíveis (*hidden* 1 a 5) pode ter o número de neurônios selecionado. Nesse caso, apenas o número de neurônios da primeira camada será definido. Como visto anteriormente, não existe um método para determinar esse número. Vamos definir uma camada com 5 neurônios, mas outros testes podem ser feitos com mais, para verificar se o nível de erro diminui. Vamos utilizar como função ativação a função logística, que traz resultados entre 0 e 1.

Com essa definição, a estrutura da rede pode ser visualizada na opção *"view-weights"* do próprio *software*, como mostra a Figura 8.9. Os quadrados representam as entradas e os círculos os neurônios da camada intermediária e de saída.

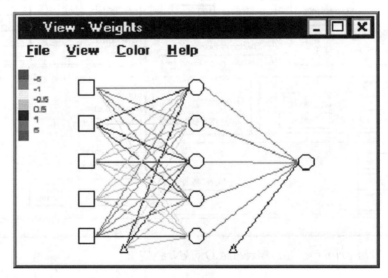

Figura 8.9 *Estrutura da rede criada no exemplo.*

Os demais parâmetros, como a taxa de aprendizado, podem ser mantidos como são sugeridos pelo programa, uma vez que estão adequados para o problema.

Com a estrutura pronta e os parâmetros definidos, é possível determinar que o sistema faça o processo de treinamento, clicando no botão *"Train"*, no canto inferior direito da tela. Os resultados do treinamento aparecem na coluna *"training stats*". O número de iterações corresponde à linha "*Epoch*". Nesse exemplo, a rede conseguiu chegar a 100% de acerto ("*percent correct* = 100"), o que significa que a partir dos dados de entrada ela conseguiu acertar todas as saídas desejadas indicadas pelo conjunto de treinamento. Como nem sempre isso acontece, é possível parar o processo de treinamento, quando se chega a um nível aceitável de erro.

Depois do treinamento, a tela do *software* fica da seguinte forma:

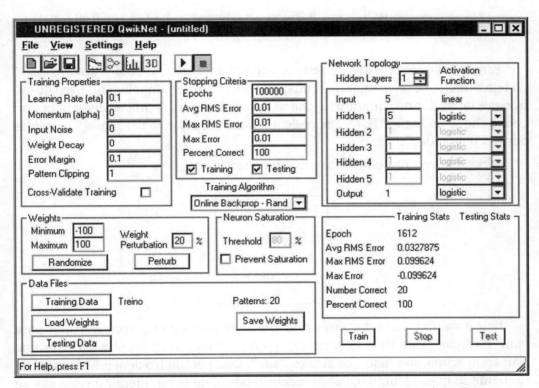

Figura 8.10 *Tela do* software *QwikNet V.2.23 após o treinamento da rede*.

Com a rede treinada, é possível utilizá-la com outros conjuntos de dados para se saber se outras empresas também se mostrarão insolventes ou não. Foi elaborado um arquivo com os índices de outras cinco empresas, sem os resultados, de acordo com a seguinte tabela:

Empresa	RSPL	ROI	LC	LS	PE/PL
1	0,01	0,02	0,50	0,40	0,90
2	–0,02	0,01	0,60	0,40	0,70
3	0,10	0,08	1,20	1,20	0,40
4	0,07	0,05	1,30	1,00	0,30
5	0,08	0,06	1,40	1,40	0,60

Para inserir esses dados de teste, é necessário apertar o botão "*Testing Data*" na tela principal e selecionar o arquivo. O *software* pede também o número de entradas e de saídas do conjunto de dados de treinamento. O processamento ocorre com o clique no botão "*Test*", que pede um nome de arquivo para inserir as saídas obtidas pela rede.

O resultado contido neste arquivo foi o seguinte:

```
Output 1
0,651784
0,793113
0,000737
0,000892
0,000970
```

É necessário interpretar esses números, que precisam ser reconvertidos para "sim" ou "não". Para isso, seria necessário determinar um ponto de corte: os que estiverem acima, são "não", os abaixo, "sim". Esse parâmetro depende do nível de risco que se quer assumir. Quanto menor o ponto de corte, menor o risco que se está assumindo de classificar uma empresa insolvente como solvente. Se assumirmos um ponto de corte em 0,5, concluímos que as duas primeiras empresas são insolventes. Podemos também interpretar esses números como a probabilidade de eles serem insolventes. Quanto mais próxima de 1, maior a probabilidade de insolvência. O primeiro número apresentado, por exemplo, indica uma probabilidade de insolvência de 0,6517 ou 65,17%.

Bibliografia

ALMEIDA, Fernando C. Desvendando o uso de redes neurais em problemas de administração de empresas. *Revista de Administração de Empresas*, São Paulo, v. 35, nº 1, p. 46-55, jan./fev. 1995.

ALTROCK, Constantin von. *Fuzzy logic and neurofuzzy applications in business and finance*. Upper Saddle River: Prentice Hall, 1997.

BAXT, W.G. Use of an artificial neural network for data analysis in clinical decision-making: the diagnosis of acute coronary occlusion. *Neural Computing*, v. 2, p. 480-489, 1990.

BERRY, Michael J. A.; LINOFF, Gordon. *Data mining techniques for marketing, sales and customer support*. New York: John Wiley, 1997.

BRAGA, Antônio de Pádua et al. *Redes neurais artificiais*: teoria e aplicações. 1999 (trabalho não publicado).

DUTTA, S.; SHEKHAR, S.; WONG. W. Y. *Decision support in non-conservative domains*: generalization with neural networks. Paris: INSEAD, 1992. (Working Paper nº 92-31.)

GATELY, Edward. *Neural networks for financial forecasting*. New York: John Wiley, 1996.

HAYKIN, Simon. *Neural networks*: a comprehensive foundation. 2. ed. New Jersey: Prentice Hall, 1999.

KOVÁCS, Zsolt L. *Redes neurais artificiais*: fundamentos e aplicações. 2. ed. São Paulo: Collegium Cognitio, 1996.

KOHONEN, Teuvo. An introduction to neural computing. *Neural Networks*, v. 1, p. 3-16, 1988.

LOESCH, Claudio; SARI, Solange T. *Redes neurais artificiais*: fundamentos e modelos. Blumenau: FURB, 1996.

NELSON, Marilyn McCord; ILLINGWORTH, W. T. *A practical guide to neural nets*. Reading, Massachusetts: Addison-Wesley, 1990.

RUMELHART, David E.; McCLELLAND, James L. *PDP Research Group* – parallel distributed processing – exploration in the microtexture of cognition. London: The MitRoss, v. 1, 1986.

STEINER, Maria T. A. et al. Sistemas especialistas probabilísticos e redes neurais na análise do crédito bancário. *Revista de Administração*, São Paulo v. 34, nº 3, p. 56-67, jul./set. 1999.

TAFNER, Malcomn Anderson et al. *Redes neurais artificiais*: introdução e princípios de neurocomputação. Blumenau: EKO, 1995.

TRIPPI, Robert R.; TURBAN, Efraim (Ed.). *Neural networks in finance and investing*. Chicago: Irwin, 1996.

WONG, Bo K.; BODNOVICH, Thomas A.; SELVI, Yakup. Neural network applications in business: a review and analysis of the literature (1988-1995). *Decision Support System*, 19, p. 301-320, 1997.

ZANETI JR., Luiz Antonio; ALMEIDA, Fernando C. Exploração do uso de redes neurais na previsão do comportamento de ativos financeiros. III SEMEAD, São Paulo, 1997.

9

Lógica Nebulosa (*Fuzzy Logic*)

Jerônimo Antunes

Sumário do capítulo
- Introdução.
- A teoria dos conjuntos nebulosos.
- A lógica nebulosa.
- Controladores de lógica nebulosa.
- Aplicações em negócios e finanças.
- Exemplo de aplicação: modelo de avaliação de risco de auditoria usando a lógica nebulosa.
- Resumo.

Objetivos do aprendizado

O estudo deste capítulo deve permitir ao leitor:
- Conhecer os conceitos, as origens e as utilidades da lógica nebulosa.
- Entender o funcionamento do controlador de lógica nebulosa e as características de seus componentes de fuzzificação, inferências e defuzzificação.
- Aprender a construir um modelo de avaliação de risco com o uso do controlador de lógica nebulosa.
- Conhecer outras aplicações da lógica nebulosa no campo da gestão de negócios.

9.1 Introdução

A lógica nebulosa vem se tornando cada vez mais importante como ferramenta capaz de capturar informações vagas, ambíguas ou imprecisas, geralmente presentes no processo de comunicação humano, para transformá-las em forma numérica, permitindo ampla aplicação em ambientes informatizados e de Inteligência Artificial. Nesse campo de atividade, particularmente, a lógica nebulosa possibilita que seja abordado de maneira mais adequada o problema da representação da imprecisão e da incerteza em informações e, nesse sentido, ela tem se mostrado mais adequada do que a teoria das probabilidades para tratar as imperfeições da informação.

Esta lógica *multivalente*, em oposição à lógica clássica *bivalente*, tem como escopo fornecer os fundamentos para efetuar o raciocínio aproximado com proposições imprecisas, usando a teoria dos conjuntos nebulosos como ferramenta principal. A lógica nebulosa e os conjuntos nebulosos possibilitam a geração de técnicas eficazes para a solução de problemas de naturezas diversas, e a bibliografia sobre o tema aponta inúmeras aplicações nas áreas de sistemas especialistas, computação com palavras, raciocínio aproximado, linguagem natural, robótica.

Na gestão de negócios, preponderantemente nos controles de processos e na geração de informações destinadas às decisões estratégicas, táticas e operacionais, os conceitos e o modelo de controlador de lógica nebulosa veem sendo adotados para identificação de riscos potenciais no sistema de informações contábeis, análise de rentabilidade de ações, mensuração da tolerância ao risco de investidores financeiros, avaliação dos preços das ações e pagamentos de dividendos, avaliação de riscos de inadimplência para concessão de crédito, julgamento da materialidade nos processos de auditoria, avaliação de risco dos controles internos, planejamento estratégico e operacional de auditoria, identificação de fraudes financeiras e outras aplicações.

Os objetivos deste capítulo são apresentar a origem e o conceito da lógica nebulosa, os componentes e o funcionamento do controlador de lógica nebulosa, assim como identificar potencialidades de aplicações no campo de gestão de negócios, apresentando, para tanto, um modelo de avaliação de risco de ambiente de controle para auditoria independente de demonstrações contábeis.

Breve história da lógica e da lógica nebulosa

A lógica nasceu dos esforços dos pensadores da Grécia Antiga empenhados em analisar as estruturas dos raciocínios, organizando-as e classificando-as. O filósofo grego Aristóteles de Estagira (384-322 a.C.) criou a lógica propriamente dita, que ele chamava de analítica, e preconizava seu uso como poderoso instrumento para se alcançarem conhecimentos científicos seguros, metódicos e sistemáticos em qualquer campo da atividade humana. Contemporaneamente, os personagens associados com a lógica são, principalmente, George Boole (1815-1864), razão de ser da expressão "lógica booleana", e Augusto de Morgan (1807-1871). O formato da lógica moderna decorreu das ideias de Gottlob Frege (1848-1925), que tiveram alguns aspectos aperfeiçoados por Bertrand Russell (1872-1970). A lógica clássica, ou a denominada "moderna", é bivalente, ou seja, considera que uma declaração é verdadeira ou falsa, não se admitindo que esta possa ser ao mesmo tempo parcialmente verdadeira, ou parcialmente falsa.

O polonês Jan Lukasiewicz (1878-1956) desenvolveu a lógica multivalente em 1920, introduzindo conjuntos com graus de pertinência entre o valor zero (por exemplo, falso) e um (por exemplo, verdadeiro).

Em 1965, o azerbaidjano Lotfi Asker Zadeh, engenheiro e professor em Berkeley na Universidade da Califórnia, aproveitando os conjuntos de Lukasiewicz e os conceitos da lógica clássica e convencido de que os recursos tecnológicos disponíveis, ancorados na lógica tradicional ou na *booleana,* eram incapazes de automatizar atividades em situações ambíguas ou vagas, formulou a Teoria dos Conjuntos Nebulosos e divulgou o trabalho no periódico *Information and Control* com o título "Fuzzy Sets". Em 1968, publicou no mesmo periódico o trabalho *"Fuzzy Algorithms"* e em 1973 divulgou *"Outline of a New Approach to the Analysis of Complex Systems and Decision Processes"* no *IEEE Transactions on System, Man and Cybernetics.*

A aplicação prática pioneira dos conceitos da lógica nebulosa foi realizada em 1974, na área de controle de processos industriais, especificamente em uma máquina de vapor, experiência conduzida em Londres, no Queen College, pelo professor Abe Mamdani.

A primeira aplicação industrial significativa, todavia, ocorreu na mesma época na Dinamarca, tendo como usuários a indústria de cimento F.L. Smidth Corporation. Atualmente, diversos produtos bem conhecidos da população mundial operam com tecnologia fundamentada na lógica nebulosa, muitos dos quais produzidos pela indústria japonesa, cuja cultura aceitou com maior facilidade os conceitos de lógica nebulosa. Dentre tais produtos podem ser citados: aspiradores de pó, câmeras fotográficas e filmadoras, aparelhos de ar condicionado, fornos de micro-ondas, máquinas de lavar roupa, incineradores de lixo, dentre outros.

9.2 A teoria dos conjuntos nebulosos

A Teoria dos Conjuntos Nebulosos é, substancialmente, uma extensão da Teoria dos Conjuntos Tradicionais. Nesta última, os conjuntos são também conhecidos como conjuntos *crisp,* ou seja, têm por característica os limites (ou bordas) claramente definidos. Neste tipo de conjunto, um elemento tem somente as alternativas de *pertencer* ou *não pertencer* ao citado conjunto.

De forma mais flexível, na Teoria dos Conjuntos Nebulosos, um elemento pertence a um conjunto de acordo com um grau de pertinência. Assim, enquanto no conjunto *crisp* a pertinência é do tipo binária, "tudo" ou "nada", "sim" ou "não" – representada pelos graus 1 ou 0 –, no conjunto nebuloso a pertinência é gradual, variando de 0 (totalmente não membro do conjunto) a 1 (totalmente membro). Assim, a pertinência exatamente "zero" ou "um" muda o *status* de nebuloso para *crisp*.

Seja tomado como exemplo um cidadão com mais de 60 anos e outro com 80 anos. Pela legislação brasileira, ambos são considerados idosos, pois se enquadram no Estatuto do Idoso. Pela lógica booleana, um cidadão com 61 anos e outro com 82 anos são, ambos, considerados idosos. Todavia, essa mesma lógica nos faz considerar que outro cidadão com 59 anos e 11 meses não é idoso, pelo contrário, deve ser considerada uma pessoa adulta. Diante desse fato, surge a questão: *como definir adequadamente a condição de adulto ou idoso para um cidadão, ou uma mistura de ambos adjetivos?*

A Teoria dos Conjuntos Nebulosos permite solucionar esse problema. Em primeiro lugar, devem-se definir as variáveis linguísticas. No exemplo, há apenas uma variável: "idade". Em seguida, define-se o conjunto nebuloso associado à variável que poder ser, por exemplo, "jovem", "adulto" e "idoso". Uma variável nebulosa não proporcionaria uma resposta determinística, única, mas um conjunto de respostas, sendo que cada posição desse conjunto é o valor para cada termo nebuloso da variável.

Assim, por exemplo, um cidadão com 55 anos seria (0,0; 1,0; 0,0), ou seja, não é jovem (grau de pertinência 0,0), porém é adulto com grau de pertinência 1,0 e não é idoso, pois tem grau de pertinência 0,0. Outro cidadão, por exemplo, com 58 anos, tendo os seguintes graus de pertinência (0,0; 1,0; 0,3), pode ser, assim, traduzido: não é jovem, é adulto e tem somente 0,3 de grau de pertinência para ser um cidadão idoso.

Diversos autores de obras sobre os conjuntos e a lógica nebulosa utilizam exemplos com substantivos, tais como: altura, velocidade, idade, temperatura etc. Nessa linha de conduta pedagógica, tomem-se, como exemplo, as explicações de Zwicker (2001), partindo da indagação: *27° C é uma temperatura morna ou quente?*

Uma representação gráfica convencional para essa questão foi assim desenhada:

Fonte: Zwicker (2001).

Figura 9.1 *Representação de transição instantânea de temperatura.*

Como se observa, a transição entre a temperatura, por exemplo, de 26,9° C, considerada no exemplo de um conjunto *crisp* como *morna*, para a temperatura de, diga-se, 27,1° C, considerada como *quente*, é instantânea, abrupta. Assim, no exemplo citado, 0,2° C separa o estado *morno* do estado *quente*. Aplicando-se a fundamentação da Teoria dos Conjuntos Nebulosos, tem-se a representação gráfica da Figura 9.2 para os mesmos elementos em tela:

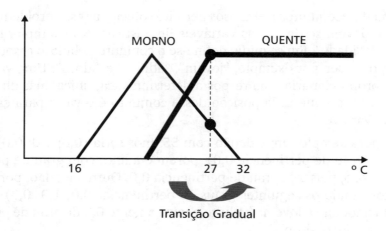

Fonte: Zwicker (2001).

Figura 9.2 *Representação da transição gradual de temperatura.*

Com esse recurso conceitual, a transição do estado *morno* para o estado *quente* é gradual, permitindo-se afirmar que 27° C é parcialmente *quente* e parcialmente *morno*.

Aplicando-se, nesse exemplo, os conceitos de graus de pertinência para as variáveis linguísticas *morno* e *quente* e, ainda, considerando um universo de discurso[1] situado entre 12 e 40° C, sendo o conjunto de valores de entrada (domínio) fixado entre 16 e 30° C, o gráfico (adaptado) de Zwicker fornece um bom recurso didático, conforme apresentado na Figura 9.3:

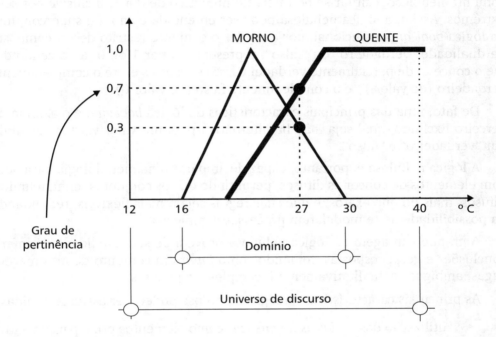

Fonte: Zwicker (2001), com adaptações.

Figura 9.3 *Representação da transição de temperatura com conjuntos nebulosos.*

Como se verifica, a temperatura de 27° C possui 0,7 grau de pertinência para o estado *quente* e 0,3 grau de pertinência para o estado *morno*.

9.3 A lógica nebulosa

A lógica nebulosa, originalmente denominada *Fuzzy Logic* e também conhecida como Lógica Difusa ou até mesmo por Teoria da Possibilidade, pode ser definida como a lógica que incorpora a forma de raciocínio aproximado, a forma humana de pensar em um sistema de controle, em vez do uso de raciocínios exatos, restri-

---

[1] Ferreira (1999, p. 2032) define universo de discurso como o "Conjunto de todos os elementos implicados num julgamento ou raciocínio, ou no que está em questão."

466 Análise Multivariada • Corrar, Paulo e Dias Filho

tos às estruturas binárias, como habitualmente se adota nos processos de controles automatizados. Por tal motivo, esta lógica tem sido objeto de estudos e de diversas aplicações práticas, principalmente no segmento de Inteligência Artificial.

A proposta da lógica nebulosa, baseada na teoria dos Conjuntos Nebulosos, é assumir uma premissa que varia em grau de pertinência, o que leva o elemento do conjunto nebuloso a situar-se no intervalo numérico de 0 a 1, inclusive nos seus extremos. Assim, a lógica nebulosa pode ser entendida como um superconjunto da lógica *booleana* tradicional, por estender o conjunto restrito dessa, composto da dualidade "verdadeiro" ou "falso", representado por 1 ou 0, acrescentando-lhe o conceito de parcialmente verdadeiro, isto é, valores entre o completamente verdadeiro (de valor 1) e o completamente falso (de valor 0).

De fato, uma das principais características da lógica *booleana* é o axioma do Terceiro Excluído, qual seja, não há alternativa para um valor verdade além do par "verdadeiro" e "falso".

A lógica nebulosa é, portanto, capaz de amparar uma metodologia para lidar com elementos de conceitos difusos, permitindo que os conjuntos tenham limites difusos, mais do que exatos, e que suas regras sejam mais flexíveis, redundando na possibilidade de se modelarem processos complexos.

A grande vantagem da lógica nebulosa provém de sua habilidade de inferir conclusões e gerar respostas, tomando como *input* um conjunto de informações vagas, ambíguas e qualitativamente incompletas e precisas.

As principais características da lógica nebulosa podem ser assim resumidas:

- utilização das *variáveis linguísticas* como elementos principais de entradas e saídas do raciocínio aproximado. O conceito de variável linguística está intimamente associado com os conjuntos nebulosos e caracteriza-se por ser uma variável que pode ser descrita em palavras ou sentenças. Assim, por exemplo, se a variável "temperatura" for descrita como "fria", "morna" ou "quente", então, se está utilizando o conceito de *variável linguística*;

- as variáveis linguísticas são compostas pelo quádruplo (X, Ω,$T(X)$ e M), em que X representa a variável em si (temperatura, altura etc.), Ω é o universo de discurso de X (de °0 e 50° C, por exemplo), $T(X)$ é um conjunto de nomes para valores de X (quente, morna, alto, baixo etc.) e M é a função de pertinência atribuída a cada elemento de $T(X)$;

- incorporando o conceito de "grau de verdade", os conjuntos nebulosos podem ser rotulados com termos linguísticos, tais como quente, alto, fraco, grande etc. e os elementos do conjunto são caracterizados com o grau de pertinência, ou seja, com um valor que indica o "grau de verdade" com que eles pertencem a esse agrupamento. Como exemplo dessa asserção, uma pessoa com 1,80 m e outra com 1,70 m podem ser qua-

Lógica Nebulosa (*Fuzzy Logic*) **467**

lificadas como membros do conjunto "alto", porém a pessoa com 1,70 m possui um grau de verdade, um grau de pertinência, menor do que a que tem 1,80 m;

- admite vários *modificadores de predicado* como, por exemplo: muito, mais ou menos, pouco, bastante, médio, e tantos outros. Esses modificadores também são denominados como *hedge* e são termos que modificam a característica de um conjunto nebuloso, aproximando-o de outro conjunto ou de outra escala de valores, utilizando termos como *próximo, ao redor de, cerca de* etc. ou intensificando o conjunto com predicados como *muito, extremamente* etc.;

- manuseia todos os valores no intervalo de 0 e 1, tendo esses apenas como limites.

Adotando-se uma linguagem simbólica, usual nas ciências exatas, as características acima podem ser encontradas na seguinte assertiva: um conjunto nebuloso A, do universo de discurso Ω, é definido por uma função de pertinência $\mu A : \Omega$ [0,1], que associa a cada elemento de Ω o grau $\mu A(x)$ de pertinência com o qual x pertence a A.

Dessa forma, a função de pertinência indica o grau de compatibilidade entre x e o conceito expresso por A, derivando, por conseguinte, as seguintes definições:

- $\mu A(x) = 1$ – a expressão indica que x é completamente compatível com A;
- $\mu A(x) = 0$ – de forma contrária, essa expressão indica que x é completamente incompatível com A;
- $0 < \mu A(x) < 1$ – neste caso, x é parcialmente compatível com A, com grau $\mu A(x)$.

Em resumo, os conjuntos nebulosos e a lógica nebulosa podem ser vistos como relevantes elos de ligação entre a forma de pensamento humano e os algoritmos utilizados pelas máquinas para os processos de controles e decisões que demandam raciocínios aproximados e não discricionários em termos da dualidade da lógica clássica. Constituem-se em ferramentas capazes de, através de informações vagas e geralmente fornecidas em linguagem natural ambígua, convertê-las para um formato numérico, possibilitando o processamento eletrônico pelos computadores.

9.4 Controladores de lógica nebulosa

A transformação de todos os conceitos vistos até agora em um mecanismo de aplicação prática foi o desafio a que se propuseram diversos pesquisadores, dentre eles o Prof. Mamdani, que projetou um modelo, denominado originariamente

Fuzzy Logic Controller, e que inspirou muitos trabalhos e vem comumente demonstrado, com ou sem adaptações, em diversas obras literárias a respeito do tema.

A Figura 9.4 apresenta um modelo conceitual de como opera o Controlador de Lógica Nebulosa. Note-se que o mecanismo primordial desse modelo consiste em "fuzzificar", ou seja, introduzir ao universo nebuloso as variáveis discretas, representadas por escalas numéricas, processá-las com base em regras estabelecidas com o auxílio de informações de especialistas e, em seguida, "defuzzificar", o que significa resgatá-las no formato de saídas discretas, ou seja, em números representativos para um processo de tomada de decisão.

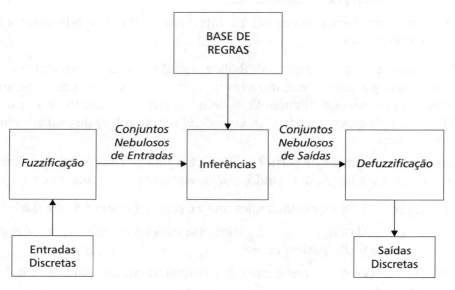

Fonte: Adaptada de Bojadziev (1997).

Figura 9.4 *Estrutura de um controlador de lógica nebulosa.*

O funcionamento do modelo, assim como as definições e conceitos pertinentes, são apresentados na sequência.

9.4.1 As entradas discretas

As entradas discretas são as variáveis linguísticas, atreladas a algum tipo de escala numérica. Em alguns modelos controladores de lógica nebulosa descritos na literatura visitada, essa escala de valores aparece com a denominação "escala psicométrica", pois refletem uma mensuração subjetiva, que não utiliza elementos como metros, graus, dólares, mas conceitos mentais, tais como: aceitável, apropriado, razoável, importante, e outros.

Lógica Nebulosa (*Fuzzy Logic*) **469**

A escala psicométrica é muito utilizada na construção de modelos de controladores de lógica nebulosa aplicados quando os objetos são populações dinâmicas, planejamento urbano, econometria, avaliações de riscos e outras áreas nas quais a resolução requerida é de problemas conceituais.

Como visto anteriormente, uma entrada discreta poderia ser, por exemplo, uma temperatura de 25° C. Juntamente com essa variável linguística, faz-se necessário que se estabeleçam as funções de participação de cada termo linguístico.[2] Assim, se os termos escolhidos para a variável Temperatura foram, por exemplo, quente, morna e fria, é preciso, também, estabelecer os intervalos que tais termos ocuparão na escala numérica. Dessa forma, o termo *fria* pode ocorrer de 0° a 18° C, o termo morna de 15° a 30° C e o termo quente de 27° a 45° C.

9.4.2 O processo de "fuzzificação"

A "fuzzificação" promoverá a transformação de entradas discretas em entradas nebulosas (*fuzzy inputs*), considerando, por exemplo, os intervalos de graus Celsius que rotulam as temperaturas ambientais em fria, fresca, normal, morna e quente. Assim, por exemplo, se for imputado ao sistema a informação de que a temperatura ambiente é de 33° C, o processo de "fuzzificação" indicará que essa é "quente" com um grau de pertinência de 0,46 e "morna" com um grau de 0,20.

Uma observação importante encontrada na literatura pesquisada diz respeito à quantidade dos elementos do conjunto de nomes para os valores de X. Quanto maior a quantidade de termos linguísticos, mais suaves serão as saídas (*fuzzy outputs*) do sistema, ou seja, a transição de um estado para outro será menos abrupta. Entretanto, essa maior quantidade aumentará a possibilidade de o modelo, em operação, tornar-se instável.

9.4.3 Base de regras

Uma vez obtidas as entradas nebulosas, o modelo deverá realizar as inferências necessárias para gerar as saídas dos conjuntos nebulosos. Esse processo de inferência consiste na aplicação das regras de controle, também conhecidas como regras de produção, às entradas nebulosas e sua consequente avaliação e informação dos resultados inferidos, ainda sob a forma de conjuntos nebulosos.

Nesse momento, normalmente, são consultados especialistas na matéria em que o controlador da lógica nebulosa vai operar para definição das regras. Elas são de natureza condicional ou incondicional. Para as regras de natureza condi-

---

2   Serão utilizadas, doravante, as expressões *termo* ou *rótulo*, com o mesmo significado, qual seja, a caracterização de um estado ou predicado para uma variável linguística.

cional, o formato utilizado para expressá-las utiliza a sintaxe: *SE* (premissa), *EN-TÃO* (conclusão). Por exemplo: *SE* a temperatura é alta, *ENTÃO* acione o sistema de ventilação. Para as regras de natureza incondicional, não é utilizada a segunda parte condicionante, ou seja, o termo *Então*. Assim, a expressão simplesmente realiza uma asserção. No exemplo dado, a regra incondicional seria, assim, expressa: A temperatura é alta.

As regras podem conter mais de uma condicionante, como por exemplo: *SE* a temperatura é alta *E* o ar está seco, *ENTÃO* acione o sistema de refrigeração.

As premissas da regra são denominadas antecedentes e a ação estabelecida é chamada de consequente. As premissas são relacionadas pelos conectivos lógicos, os operadores nebulosos conhecidos como *operador de conjunção* (E) ou *operador de disjunção* (OU). O primeiro está associado à operação de intersecção dos conjuntos nebulosos e o segundo à operação de união desses conjuntos.

Um recurso visual interessante sob o ponto de vista didático é a demonstração das variáveis e dos termos linguísticos através de uma matriz, ressaltando que tal recurso é válido apenas quando a regra de controle tem somente duas entradas e uma saída para ser inferida. Pela originalidade, emprestamos o exemplo de matriz apresentado por Zwicker (2001), que contempla as variáveis de entrada temperatura ambiente e umidade do solo e aguada como variável de saída:

Quadro 9.1 *Matriz de variáveis e termos linguísticos.*

		Temperatura Ambiente				
		Fria	**Fresca**	**Normal**	**Morna**	**Quente**
Umidade do Solo	**Molhado**	Pouca	Pouca	Pouca	Pouca	Pouca
	Úmido	Pouca	Média	Média	Média	Média
	Seco	Longa	Longa	Longa	Longa	Longa

Fonte: Zwicker (2001).

Uma regra que se pode extrair dessa matriz poderia ser:

* *SE* a temperatura ambiente é *normal E* a umidade do solo é *seca,*
* *ENTÃO* a aguada deve ser *longa.*

Concluindo o exemplo, o autor citado expressa sua opinião pragmática de que, em casos similares, o uso de uma singela matriz para definir o comportamento de um sistema é capaz de poupar muitos cálculos matemáticos e proporcionar resultados satisfatórios.

Lógica Nebulosa (*Fuzzy Logic*) **471**

9.4.4 Inferências

Os procedimentos de inferência consistem na avaliação das variáveis antecedentes pelas regras de produção estabelecidas. Para tanto, as seguintes etapas devem ser realizadas pelo controlador de lógica nebulosa:

- identificar os valores correspondentes aos graus de pertinência dos termos linguísticos correspondentes às antecedentes;

- determinar a força das conclusões de cada regra disparada, a partir de um determinado grau de pertinência dos termos linguísticos;

- definir a saída nebulosa.

A explicação do funcionamento do processo de inferência com um exemplo possibilita um eficaz entendimento. Para tanto, vai-se prosseguir utilizando a situação demonstrada anteriormente, de um processo de aguada de plantas, considerando as condições da temperatura do ambiente e de umidade do solo.

No primeiro passo, considere que o processo de "fuzzificação" da "temperatura ambiente de 33° C" (entrada discreta) indicou que essa tem um grau de pertinência de 0,20 para o termo linguístico "morno" e 0,46 para o termo "quente" e indicou, ainda, que a outra entrada discreta "umidade do solo de 11%" tem um grau de pertinência de 0,25 para o termo "seco" e de 0,75 para o termo "úmido". Estes são os dados, portanto, identificados para cumprimento desse passo inicial do processo de inferência.

Uma vez concluída a "fuzzificação", as regras de produção são acionadas. No exemplo em curso, as seguintes regras, em que as variáveis discretas eram "temperatura ambiente de 33° C" e "umidade de solo de 11%", as seguintes regras são válidas para o processo de inferência:

- *SE* a temperatura está "quente" (com grau de pertinência 0,46) *E* o solo está "seco" (0,25), *ENTÃO* a duração da aguada é "longa";

- *SE* a temperatura está "morna" (0,20) *E* o solo está "úmido" (0,75), *ENTÃO* a duração da aguada é "média";

- *SE* a temperatura está "morna" (0,20) *E* o solo está "seco" (0,25), *ENTÃO* a duração da aguada é "longa";

- *SE* a temperatura está "quente" (0,46) *E* o solo está "úmido" (0,75), *ENTÃO* a duração da aguada é "média".

Observa-se que todas as demais regras que se poderiam obter (conforme se visualizou anteriormente no Quadro 9.1, são desprezadas, já que não contemplam os números nebulosos gerados pelas entradas discretas informadas (33° C e 11%). De fato, a pertinência dos termos "fria", "fresca" ou "normal" para o valor de 33ºC da variável temperatura ambiente, assim como a pertinência do termo "molhado" da variável umidade do solo, não têm "força" suficiente para acionar as regras válidas para o processo de inferência.

Esse "corte" para aplicação de regras é denominado "Alpha Threshold" ou "Alpha Cut" e pode ser estabelecido na concepção do modelo de Controlador da Lógica Nebulosa com o auxílio de especialistas.

Dessa forma, a "força" de um conjunto de regras pode ser definida a partir de um determinado nível do grau de pertinência. Como exemplo, poderia ser estabelecido que as regras somente devessem ser acionadas se os termos linguísticos tivessem, pelo menos, um grau de pertinência superior a 0,50.

Para definir a "força" da conclusão, ou, em outras palavras, a verdade do grau de pertinência da consequente, aplica-se o Método Mínimo ou Método Máximo, dependendo do tipo de operador nebuloso que a regra utiliza. No caso em pauta, utilizou-se um Operador de Conjunção (E), o que determina a operação de Intersecção dos conjuntos nebulosos e, portanto, a aplicação do Método Mínimo. O resultado da aplicação do Método Mínimo indicou as seguintes forças de conclusões de cada regra acionada: 0,25; 0,20; 0,20 e 0,46 (ou seja, o menor grau de pertinência que aparece em cada uma das regras acionadas).

Caso o operador nebuloso utilizado nas regras fosse o Operador de Disjunção (OU), a operação dos conjuntos nebulosos aplicável seria a de união e o método de apuração da força das conclusões seria o Método Máximo, qual seja, a seleção dos máximos graus de pertinência de cada uma das regras acionadas.

Para a consecução do terceiro e último passo do processo de inferência, devem-se utilizar as consequentes das regras acionadas, considerando as forças de conclusões obtidas no passo anterior e aplicando-se o Método Máximo, já que dessa vez se trabalhará com a operação união dos conjuntos nebulosos, para a geração da saída nebulosa pretendida. Assim, têm-se as seguintes regras consequentes geradas no exemplo adotado:

- *ENTÃO* a duração da aguada é "longa" – força de conclusão = 0,25;
- *ENTÃO* a duração da aguada é "média" – força de conclusão = 0,20;
- *ENTÃO* a duração da aguada é "longa" – força de conclusão = 0,20; e
- *ENTÃO* a duração da aguada é "média" – força de conclusão = 0,46.

Como se depreende, as forças de conclusões **máximas** das regras com o mesmo termo linguístico são 0,25 para a duração da aguada "longa" e 0,46 para a duração da aguada "média". A saída nebulosa resultante do processo de inferência, nesse exemplo, será:

- a duração da aguada é 0,25% longa; e
- a duração da aguada é 0,46% média.

Como a conclusão de todo esse processo, até agora, ainda é nebulosa, será necessário realizar a tarefa de "defuzzificação" das saídas *fuzzy*.

9.4.5 O processo de "defuzzificação"

O processo de "defuzzificação" consiste na conversão dos números nebulosos gerados pelo processo de inferência em valores discretos. Inicialmente, o processo combina as saídas nebulosas resultantes do processo de inferência, pela função que Dubois (1980) denominou de Agregação ou Resolução de Conflitos. Segundo esse autor, a função de agregar é usada para decidir qual ação de controle deve ser levada como resultado das diversas regras de produção ativadas. A Figura 9.5 abaixo demonstra o processo de agregação, considerando as saídas nebulosas do item anterior:

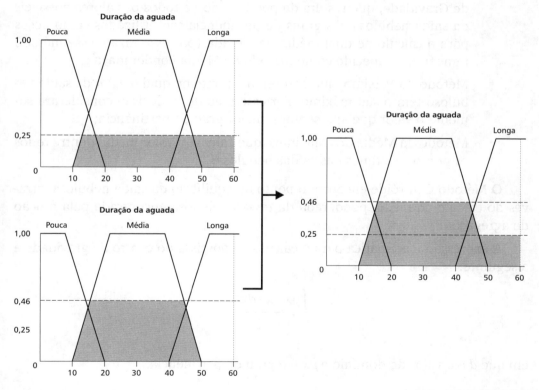

Fonte: Elaborada pelo autor.

Figura 9.5 *Processo de agregação de saídas nebulosas.*

474   Análise Multivariada • Corrar, Paulo e Dias Filho

Como se observa no primeiro gráfico acima à esquerda, a força de conclusão de 0,25 cruza o eixo y, indicando a pertinência, entre 0 e 1, dos termos "pouca", "média" e "longa" para a duração em minutos das aguadas registradas no eixo x.

No gráfico logo abaixo deste, a força de conclusão 0,46 também cruza o eixo y, revelando o grau de pertinência das variáveis linguísticas utilizadas para a duração em minutos de aguadas necessárias para se umedecer o solo.

No processo de agregação, ou resolução de conflitos, os dois gráficos são fundidos, resultando, então, no terceiro demonstrado à direita, indicando no eixo y as marcas dos graus de pertinência 0,46 e 0,25 e, consequentemente, o espaço demarcado para a aplicação dos diversos métodos de cálculos do valor de saída discreto, ou *crisp*, sendo que os mais comumente citados[3] na bibliografia consultada são os seguintes:

- Método do Centro da Área, também denominado Centróide ou do Centro de Gravidade, que resulta da ponderação de todos os valores possíveis da saída nebulosa. Os graus de pertinência são utilizados como pesos para o cálculo de uma média ponderada (por essa razão, esse método também é conhecido como Método da Média Ponderada);[4]

- Método do Máximo, que apresenta o ponto no qual o valor de saída nebuloso tem o seu máximo. Por esse método, a decisão considerará somente o valor que apresentar o maior grau de pertinência;

- Método da Média dos Máximos, que calcula o valor médio dentre todos os pontos máximos das saídas nebulosas.

O Método Centróide encontra o ponto de equilíbrio da saída nebulosa, através do cálculo da média ponderada da região nebulosa encontrada pela função de agregação.

A expressão matemática para o cálculo da abscissa do centro de gravidade é a seguinte:

$$\frac{\int \mu x \cdot x \cdot dx}{\int \mu x \cdot dx},$$

em que d é o valor do domínio e μx é o grau de pertinência.

---

3   Outros métodos citados, que derivam desses três principais, são: Média Local dos Máximos, Ponto Central da Área e Centro da Média.

4   Chen (2001) observa que esse método é largamente usado em controles de processos e em robótica, uma vez que tende a resultar em saídas que proporcionam ações suaves, eliminando eventuais movimentos abruptos que podem ser causados pelos resultados sugeridos por outros métodos, tais como o Método do Máximo.

A resolução gráfica do exemplo por esse método seria, assim, expressa pela Figura 9.6:

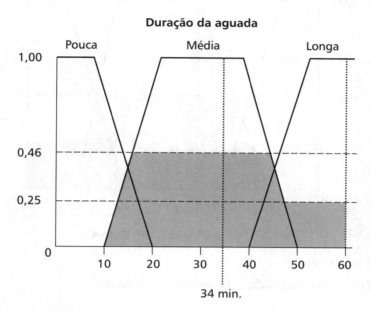

Fonte: Elaborada pelo autor.

Figura 9.6 *Duração da aguada pelo Método Centróide.*

A duração de 34 minutos, portanto, é a abscissa (apenas estimada visualmente, para simplificação) do centro de gravidade da área agregada do gráfico. Em outras palavras, este ponto na reta x representa o local de balanceamento, em que, por exemplo, se colocada uma figura, esta se equilibraria, em decorrência do centro gravitacional.

A aplicação do Método do Máximo, no exemplo dado, não é factível, uma vez que a saída nebulosa não gera um ponto máximo, mas apenas um platô, abrangendo o intervalo aproximado de 25 a 42 minutos de duração da aguada. De fato, os pontos máximos (estimados) da área agregada são os que cortam, no primeiro momento, o eixo x em 25 minutos e, a seguir, em 42 minutos, conforme se demonstra na Figura 9.7:

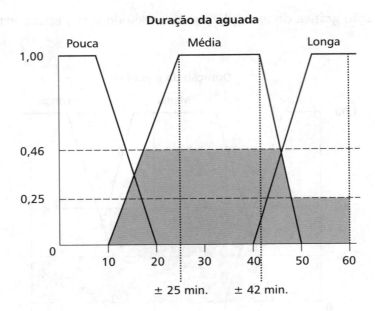

Fonte: Elaborada pelo autor.

Figura 9.7 *Duração da aguada pelo Método do Máximo.*

Já o Método da Média dos Máximos é de possível aplicação e seria obtido da média simples entre a menor e a maior abscissa, ou seja: (25 min. + 42 min.)/2 = 33,5 minutos, considerando-se a ressalva de que os valores de 25 e 42 minutos foram estimados com base na visualização do gráfico. Todavia, esses poderiam ser calculados precisamente, mas não é o caso para esta circunstância de mera exemplificação.

Novamente utilizando o recurso do exemplo gráfico, ter-se-ia o seguinte desenho expresso pela Figura 9.8 para o resultado desse Método da Média dos Máximos:

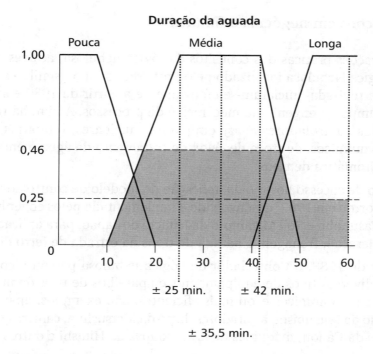

Fonte: Elaborada pelo autor.

Figura 9.8 *Duração da aguada pelo Método da Média dos Máximos.*

Concluindo, o método de "defuzzificação" mais utilizado, conforme afirma Cox (1995), é o Método do Centro da Área, que, no exemplo, definiu uma saída *crisp* de duração da aguada de 34 minutos. O autor citado justifica essa preferência dos usuários principalmente em decorrência da propriedade que esse método possui de fornecer respostas (saídas *fuzzy*) que provocam ações suaves de mudanças para os próximos passos do sistema de controle.

O outro método factível de aplicação, no exemplo, indicou uma saída discreta de 33,5 minutos aproximadamente. Dependendo da saída nebulosa resultante do processo de agregação, essa proximidade de valores poderia não ocorrer.

Dessa forma, a ação resultante da saída discreta do Controlador de Lógica Nebulosa poderia tomar rumos diferentes. Por tal motivo, a construção das regras e a escolha dos métodos de inferência e "defuzzificação" são de extrema significância e demandam, portanto, o apoio de profissionais experientes no manuseio e controle do produto que se pretende seja modelado e das ações esperadas desse instrumento.

9.5 Aplicações em negócios e finanças

As aplicações práticas dos conceitos da lógica nebulosa, através do Controlador de Lógica Nebulosa idealizado pelo Prof. Mamdani ou similares apontados na literatura revisada, iniciaram-se efetivamente a partir de 1980 e substancialmente no campo da engenharia mecânica e de processos. Assim, há registros de utilização dos controladores *Fuzzy* em plantas nucleares, refinarias, processos biológicos e químicos, de troca de calor, de tratamento de água e em sistema de operação automática de trens.

Um caso de sucesso notório da aplicação do modelo de controlador de lógica nebulosa ocorreu em 1987, desenvolvido e implementado pelos engenheiros japoneses Seiji Yasunobu e Soji Miyamoto da Hitachi do Japão, para aplicação no controle de aceleração, frenagem e parada de trens na estrada de ferro de Sendai.

A partir de 1988, o Controlador de Lógica nebulosa passou a comandar as funções de diversos tipos de equipamentos e aparelhos de usos domésticos, tornando-os mais econômicos e/ou mais eficientes. São exemplos: aparelhos de ar condicionado da Mitsubishi, aspiradores de pó da Matsushita, câmeras fotográficas e filmadoras da Cânon, máquinas de lavar roupas da Hitashi e outros.

No campo de gestão de negócios e de finanças já foram realizados muitos ensaios acadêmicos e elaborados modelos voltados, principalmente, para controles de processos e geração de informações estratégicas, táticas ou operacionais, para subsidiar a tomada de decisões. Borba (2005) identifica diversas pesquisas acadêmicas que redundaram no desenvolvimento de modelos passíveis de aplicação prática, dentre as quais podem ser destacadas:

- julgamento de materialidade nos processos de auditoria;
- avaliação dos preços das ações e pagamento de dividendos;
- planejamento de auditoria;
- identificação de riscos potenciais no sistema de informações contábeis;
- modelo de rede *neurofuzzy* para identificar fraudes financeiras;
- mensuração de risco e incerteza;
- avaliação de crédito;
- outras.

Dentre as aplicações práticas em corporações mundiais conhecidas, conforme Von Altrock (1997), podem ser citados os modelos de análise de decisão de crédito com o uso da lógica nebulosa para fornecer subsídios aos analistas financeiros do Swiss Bank e o destinado à concessão de *leasing* de automóveis, utilizado pela BMW na Alemanha.

Lógica Nebulosa (*Fuzzy Logic*) **479**

9.6 Exemplo de aplicação: modelo de avaliação de risco de auditoria usando a lógica nebulosa

9.6.1 Considerações iniciais

A construção do modelo conceitual de avaliação de riscos de controle para uso em auditoria independente de demonstrações contábeis tomou como referência primária a estrutura básica estabelecida no relatório *Internal Control – Integrated Framework* do *Committee of Sponsoring Organizations of Treadway Commission – COSO* e adotada pelo *American Institute of Certified Public Accountants – AICPA*, na sua norma *SAS-78 – Consideration of Internal Control in a Financial Statement Audit: an Amendment to SAS nº 55* e na norma *ISA–400 – Risk Assessments and Internal Control* da International Federation of Accountants, que identifica cinco componentes básicos, a saber: Ambiente de Controle, Avaliação de Riscos, Atividades de Controle, Informação e Comunicação e Monitoração.

Em razão da complexidade que um modelo de avaliação de risco de controle contemplando todos os seus cinco componentes acarreta, incompatível com a proposta de mera exemplificação do uso da Lógica Nebulosa neste capítulo, a seguir será desenvolvido um modelo de avaliação apenas para um dos componentes do sistema de controle interno: o Ambiente de Controle.[5]

9.6.2 Construção da estrutura conceitual básica do modelo

O Ambiente de Controle é assim entendido pelo *COSO* e pelo *AICPA*:

> "Compreende e reflete as atitudes dos gestores e suas crenças e valores quanto à importância do sistema de controle interno para a entidade, influenciando e embasando todos os demais componentes que nele operam, bem como a consciência das pessoas envolvidas."

Para compatibilizar o modelo conceitual de avaliação de risco de controle com os fundamentos da lógica nebulosa e, principalmente, com o modelo Controlador de Lógica Nebulosa e suas regras de acionamento, foram utilizados os seguintes recursos:

---

[5] Um modelo de avaliação de risco de controle com o uso da lógica nebulosa e contemplando todos os cinco componentes de controles internos em tela é encontrado em *Modelo de avaliação de risco de controle utilizando a lógica nebulosa*, Tese de Doutorado em Contabilidade e Controladoria defendida por Jerônimo Antunes no Departamento de Contabilidade e Atuária da Faculdade de Economia, Administração e Contabilidade da Universidade de São Paulo, em 2004.

480 Análise Multivariada • Corrar, Paulo e Dias Filho

- segregação dos *Riscos do Ambiente de Controle* em três *Classes de Riscos*, que foram assim denominadas: Gestão de Pessoas, Modelo de Decisão e Infraestrutura. Tal separação considerou a natureza dos riscos, quais sejam: os riscos das posturas dos elementos humanos no processo de controle, o risco dos efeitos das decisões desses elementos e o decorrente da estrutura de poder na entidade;

- as *Classes de Riscos* acima foram, por sua vez, segregadas em *Fatores de Riscos* pertinentes às suas características básicas. Assim, tomando como exemplo a *Classe de Risco* de *Gestão de Pessoas*, os *Fatores de Riscos* identificados para ela compreendem a avaliação dos efeitos da postura das pessoas na organização, decorrente da integridade moral e da conduta ética, do compromisso em realizar suas tarefas de forma competente, das políticas de recrutamento, seleção e de orientações sobre os papéis e responsabilidades do funcionário na organização e outras necessárias para a eficaz gestão de pessoas.

O Quadro 9.2 apresenta os *Fatores de Riscos* e as respectivas *Classes de Riscos*:

Quadro 9.2 *Classes de riscos e fatores de riscos de controle.*

Classes de Riscos	Fatores de Riscos
Gestão de Pessoas	Integridade e Valores Éticos
	Comprometimento com Competência
	Políticas e Práticas de Recursos Humanos
Modelo de Decisão	Filosofia e Estilo Operacional da Administração
	Postura para Informações Contábeis
	Conselho de Administração e Comitê de Auditoria
Infraestrutura	Atribuição de Autoridade e Responsabilidade
	Estrutura Organizacional

Fonte: Elaborado pelo autor.

Os *Fatores de Riscos* considerados foram classificados com denominações que se alinham ao conteúdo dos *Elementos de Avaliações*, exemplificados pelo *AICPA* na norma citada.

Para a avaliação dos *Fatores de Riscos*, foram identificados os principais elementos que os compõem e que podem ser mensurados em uma escala numérica, de acordo com a crença de um auditor, quanto ao atendimento a determinados atributos.

Os *Elementos de Avaliação* foram compilados a partir dos exemplos fornecidos pelo *AICPA* e pelo *COSO*.

Para viabilizar a operacionalização do modelo conceitual, os citados elementos de avaliação foram condensados ou desdobrados, de forma muitas vezes diferente das fontes, porém seguindo uma sequência lógica que permita não perder a finalidade e utilidade do quesito. O Quadro 9.3 demonstra os *Fatores de Riscos* e os seus *Elementos de Avaliação*:

Quadro 9.3 *Fatores de riscos e seus elementos de avaliação.*

Fatores de Riscos	Elementos de Avaliação
Integridade e Valores Éticos	Comunicação dos valores e do código de ética da entidade.
	Fornecimento de orientação moral para todos os colaboradores.
	Eliminação de incentivos e tentações para atos ilegais, antiéticos ou desonestos.
Comprometimento com Competência	Conhecimentos e habilidades necessários para a competência exigida.
	Treinamento dos funcionários para desenvolvimento das funções.
	Experiência necessária para a execução das tarefas.
Políticas e Práticas de Recursos Humanos	Políticas de recrutamento e seleção adequadas para contratar funcionários.
	Orientação sobre a cultura da organização, papéis e responsabilidades.
	Processo de avaliação de desempenho para promoções e remunerações.
Filosofia e Estilo Operacional da Administração	Forma de assunção e monitoramento dos riscos dos negócios.
	Forma de tratamento dispensado aos principais executivos da entidade.
	Atitudes para com as pessoas das áreas de informática e contabilidade.
Postura para Informações Contábeis	Escolha conservadora ou agressiva dos princípios contábeis.
	Processo de determinação de estimativas contábeis.
	Atitudes e ações para o processo de elaboração de demonstrações contábeis.
Conselho de Administração e Comitê de Auditoria	Independência em relação à diretoria, experiência e estatura empresarial.
	Envolvimento com atividades estratégicas e adequação de ações.
	Natureza e extensão da integração com os auditores internos e independentes.
Atribuição de Autoridade e Responsabilidade	Definição da maneira como, e a quem, atribuir autoridade e responsabilidade.
	Atribuição de responsabilidades aos gestores pela consecução de resultados.
	Responsabilidade por documentação, transações e acessos – ambiente de TI.
Estrutura Organizacional	Estruturas hierárquicas apropriadas ao tamanho da entidade.
	Organograma formal pertinente com a natureza da atividade.
	Estrutura organizacional eficaz na geração de informação contábil.

Fonte: Elaborado pelo autor.

482 Análise Multivariada • Corrar, Paulo e Dias Filho

Uma vez estruturada a concepção básica do modelo de avaliação de riscos do ambiente de controle, compatível com as demandas de entradas e saídas de variáveis discretas e nebulosas, requeridas pelo modelo Controlador de Lógica Nebulosa, faz-se necessário definir os rótulos sob os quais será avaliado cada um dos itens e grupos, bem como o estabelecimento da escala de valores que um avaliador deve utilizar para rotular cada variável (*Elementos de Avaliação*, por exemplo).

O modelo concebido utiliza três espécies de rótulos, sendo dois deles compostos de cinco termos (rótulos) e um composto de três termos. São os seguintes:

- *Muito Bom, Bom, Razoável, Ruim e Péssimo.*

Esses rótulos são aplicados aos *Elementos de Avaliação*. Assim, por exemplo, o auditor designará que o elemento "Fornecimento de orientação moral para todos os colaboradores", em uma escala numérica previamente estabelecida de 0 a 100 (poderia ser qualquer outra escala), mereceria o valor 75.

O sistema desenvolvido com base no modelo conceitual em foco, então, inferirá o rótulo, ou os rótulos, que possam traduzir a percepção do avaliador quanto à qualidade de Razoável, Bom ou Muito Bom desse elemento.[6] São os seguintes:

- *Grande, Média e Pequena.*

Estabelecem a importância atribuída pela crença do avaliador aos Fatores de Riscos. Assim, por exemplo, o avaliador pode julgar, considerando todas as evidências de que dispõe, que a importância, por exemplo, da atuação do Conselho de Administração e do Comitê de Auditoria, em uma escala de 0 a 100, também previamente estabelecida, situa-se no valor 80.

Essa entrada discreta será interpretada no sistema que opera o modelo como *Grande* ou *Média*, em razão dos graus de pertinência que previamente ele próprio fixara.[7]

O modelo conceitual e operacional proposto por Antunes (2004) para um processo de avaliação do *Risco do Ambiente de Controle* com o uso da lógica nebulosa é apresentado na Figura 9.9:

---

[6] O valor de 75 receberá, certamente, um grau de pertinência 0 para os rótulos *Péssimo* e *Ruim*.

[7] Novamente: o rótulo *Pequena* receberia grau de pertinência 0 para o valor 80, na escala numérica de 0 a 100.

Lógica Nebulosa (*Fuzzy Logic*) **483**

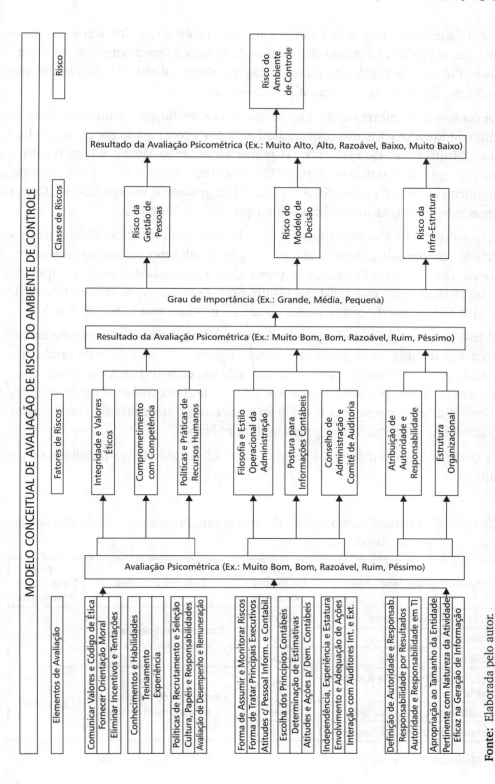

Fonte: Elaborada pelo autor.

Figura 9.9 *Modelo conceitual de avaliação de risco do ambiente de controle.*

484 Análise Multivariada • Corrar, Paulo e Dias Filho

Além de utilizar a escala de valores e atribuir o grau de pertinência aos termos linguísticos, o modelo necessita das Regras de Produção para combinar as diversas possibilidades de rótulos resultantes das inferências deduzidas dos *Elementos de Avaliação*, dos *Fatores de Riscos* e das *Classes de Riscos*.

Dessa forma, a inferência de que o *Elemento de Avaliação* "Comunicar Valores e Código de Ética" é rotulado com o adjetivo "Bom", combinado com o termo linguístico "Muito Bom" do elemento "Fornecer Orientação Moral" e com o rótulo "Razoável" aplicado para o elemento "Eliminar Incentivos e Tentações", resulta no qualificativo "Bom" para o *Fator de Risco* "Integridade e Valores Éticos". Como se depreende, as regras utilizadas são do tipo "Se" .... "Então".

A quantidade de rótulos utilizados determinará, pelo Princípio Multiplicativo da Análise Combinatória, a quantidade de regras resultantes. Assim, se fossem utilizados os três *Elementos de Avaliação* acima, com a possibilidade de serem qualificados pelos cinco termos linguísticos (*Muito Bom, Bom, Razoável, Ruim e Péssimo*), ter-se-iam 125 regras de combinação, ou seja, o produto resultante de $5 \times 5 \times 5$.

O uso de uma quantidade grande de termos linguísticos, como nesse exemplo, traz a desvantagem de gerar um volume significativo de regras de produção. Todavia, a amplitude faz com que a transição de um conceito para outro seja mais suave, com melhores predicados para julgamento. De fato, transitar de "bom" para "razoável" é diferente e mais pobre, em termos comportamentais, do que transitar de "muito bom" para "razoável", passando por "bom".

O Quadro 9.4 exemplifica algumas das 125 combinações possíveis nesse exemplo:

Quadro 9.4 *Exemplos de combinações de termos linguísticos para avaliação dos fatores de riscos.*

Elementos de Avaliação	Termo Linguístico Avaliado	Fatores de Risco	Termo Linguístico Resultante
Conhecimento e Habilidade	Ruim	*Comprometimento com Competência*	*Bom*
Treinamento	Bom		
Experiência	Muito Bom		
Definição de Autoridade e Responsabilidade	Razoável	*Atribuição de Autoridade e Responsabilidade*	*Razoável*
Responsabilidade por Resultados	Péssimo		
Autoridade e Responsabilidade em TI	Bom		

Fonte: Elaborado pelo autor.

A definição dessas regras é, normalmente, realizada com a ajuda de especialistas. Nessa fase de modelagem conceitual, as regras devem ser discutidas com profissionais de significativa experiência na atividade de auditoria independente, para aquilatar e refinar as expressões antecedentes e consequentes das Regras de Produção.

Discorridos os elementos do modelo conceitual de avaliação de risco do ambiente de controle, a seguir se explanará uma proposta de aplicação prática.

9.6.3 A operacionalização do modelo conceitual

A aplicação prática do modelo conceitual desenvolvido requer a utilização de um *software*, em razão do grande volume de cálculos decorrentes das Regras de Produção e do processo de "fuzzificação" das entradas discretas atribuídas às variáveis linguísticas, e da inferência e do processo de "defuzzificação" para as conclusões em saídas discretas. Para esta demonstração foi utilizado o *software FuzzyTech*, versão 5.54.

A seguir, serão explicadas as principais ações e elementos requeridos para operacionalizar o modelo conceitual desenvolvido, bem como serão tecidos comentários sobre os resultados obtidos e situações verificadas.

9.6.3.1 A construção da árvore de decisão

O primeiro passo do carregamento do sistema consiste em determinar a árvore de decisão que o sistema utilizará, qual seja, quais são as variáveis linguísticas de entrada (na primeira ação são os *Elementos de Avaliação*), as variáveis de saída (no caso iniciado seriam os *Fatores de Risco*), qual a escala de valores atribuída a cada variável, as regras de conduta e o tipo de método de implicação e inferência que serão utilizados. Nesta etapa, devem-se, ainda, definir as variáveis linguísticas intermediárias, aquelas que combinadas com as variáveis de entrada vão redundar nas variáveis de saída.

A operação do *FuzzyTech* 5.54 inicia com a abertura de um novo arquivo de trabalho, o que provocará a indagação do aplicativo ao usuário se este deseja gerar um sistema (*generate system?*). A resposta positiva apresenta a Figura 9.10, com valores previamente indicados pelo sistema e que serão alterados na sequência:

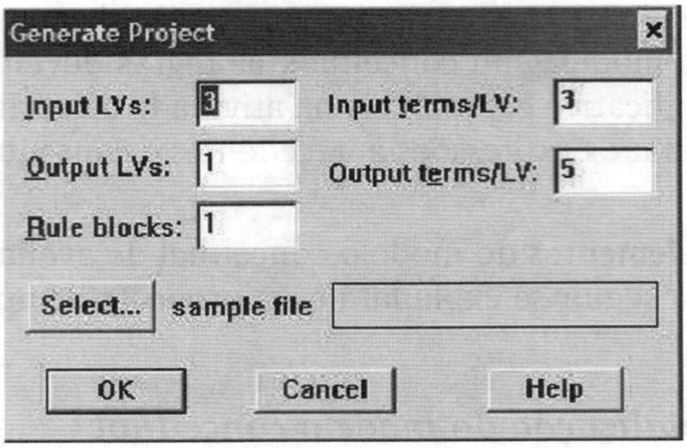

486 Análise Multivariada • Corrar, Paulo e Dias Filho

Fonte: *Software FuzzyTech* 5.54.

Figura 9.10 *Geração do projeto*.

Para a construção da árvore de decisão, utilizando o modelo conceitual de avaliação de risco do ambiente de controle (Figura 9.9) é necessário alterar a quantidade original de 3 variáveis linguísticas de entradas (*Input LVs*) para 35, já que esta é a soma dos Elementos de Avaliação, dos Fatores de Riscos e das Classes de Riscos previstas no modelo. Os blocos de regras (*Rule blocks*) devem ser alterados para 11 e, por fim, os termos linguísticos de entrada (*Input terms/LV*) devem ser alterados para 5, pois são os rótulos de avaliação utilizados no modelo conceitual referido (muito bom, bom, razoável e outros). O novo quadro de geração do projeto, assim como o esboço inicial da árvore (*Project Editor*), é apresentado na Figura 9.11:

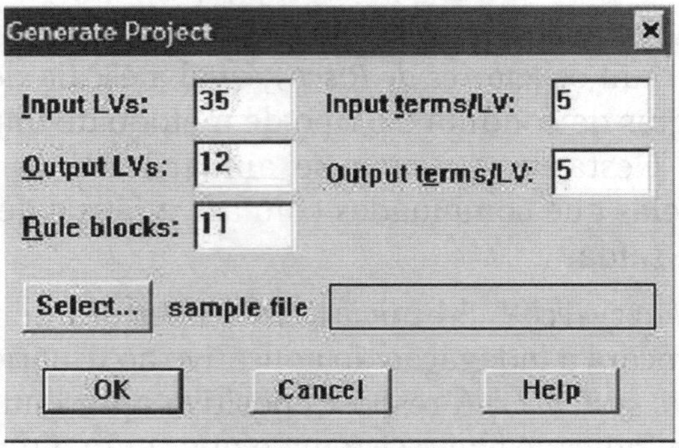

Fonte: *Software FuzzyTech* 5.54.

Figura 9.11 *Geração do projeto com dados do modelo conceitual de avaliação de risco do ambiente de controle*.

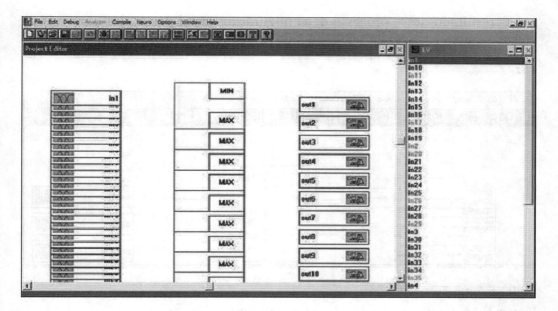

Fonte: *Software FuzzyTech* 5.54

Figura 9.12 *Esboço inicial da árvore de decisão.*

O passo seguinte é configurar os blocos de regras, ou seja, correlacionar os dados de entradas com os dados de saídas, para que possam ser aplicadas as regras de produção do sistema. Para tanto, basta clicar com o lado direito do *mouse* e surge, dentre outras, a opção desejada – *Attributes*. O processo de configuração consiste, então, em marcar com o *mouse* (lado esquerdo) a variável linguística (*linguistic variable*) e definir se a mesma é uma entrada (*input*) ou uma saída (*output*). A Figura 9.13 a seguir apresenta a configuração de 3 entradas e 1 saída:

Fonte: *Software FuzzyTech* 5.54.

Figura 9.13 *Configuração de entradas e saídas.*

O resultado desse processo de configuração inicial destas três variáveis de entrada e uma variável de saída, quando acionada a tecla OK, é demonstrado na Figura 9.14.

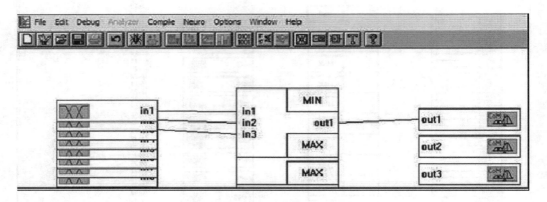

Fonte: *Software FuzzyTech* 5.54.

Figura 9.14 *Configuração de três entradas e uma saída.*

As entradas devem ser denominadas individualmente com os nomes dos Elementos de Avaliação, dos Fatores de Riscos e da Classe de Risco previstos no modelo conceitual da Figura 9.9. O aplicativo não possui espaço suficiente para a inclusão da denominação completa, portanto, faz-se necessário abreviá-las. Tomando como exemplo os três primeiros Elementos de Avaliação do modelo da Figura 9.9, teríamos as seguintes abreviaturas para inserção:

- ComValEti   = Comunicar Valores e Código de Ética;
- ElimTent   = Eliminar Incentivos e Tentações;
- FornOriMor = Fornecer Orientação Moral.

As saídas também devem ser denominadas e, assim, teríamos, por exemplo, a abreviação "IntegValEti" para o Fator de Risco Integridade e Valores Éticos.

Para realizar tais denominações, deve-se utilizar a função *"Attributes"* decorrente do uso do lado direito do *mouse*, postado sobre a variável linguística que se deseja denominar, o que fará surgir o quadro *"Rename Variable"* para preenchimento com a abreviatura escolhida. Na Figura 9.15, a operação foi realizada para a entrada de número 1, denominada como "ComValEti". O quadro LV aparece na tela quando a tela de trabalho é minimizada.

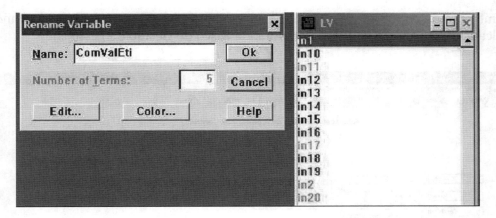

Fonte: *Software FuzzyTech* 5.54.

Figura 9.15 *Denominação de variável linguística.*

Concluídas as alterações de denominações e arrastadas as figuras com o lado direito do *mouse* somente para a inteligível apresentação, a Figura 9.16 mostra o resultado de tal processo:

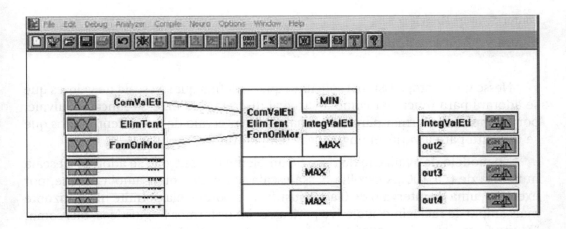

Fonte: *Software FuzzyTech* 5.54.

Figura 9.16 *Denominação das variáveis* linguísticas de entradas e saídas.

A continuação dos processos explanados até o momento, e, principalmente, realizando os arranjos de *layout* necessários – arrastando as figuras das entradas, saídas e blocos de regras –, redunda no desenho final da árvore de decisão, seguindo a estrutura desenvolvida no modelo conceitual de avaliação de risco de ambiente de controle. A Figura 9.17 apresenta a parte da árvore, com os ramos alcançando a Classe de Risco denominada Risco de Gestão de Pessoas.

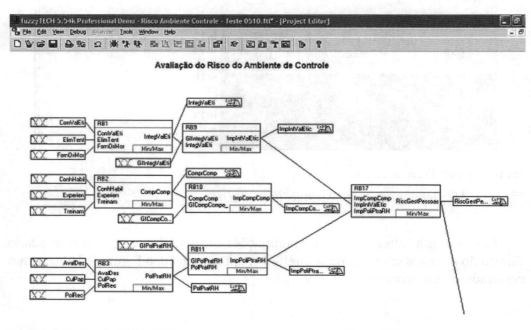

Fonte: *Software FuzzyTech* 5.54.

Figura 9.17 *Árvore de decisão da* avaliação do risco de gestão de pessoas.

Nesse momento, o sistema solicitará que se defina qual a escala de valores que se adotará para funcionar como a variável discreta. Assim, essa função equivale, por exemplo, a informar para o sistema qual o intervalo de graus centígrados que se utilizará para a variável linguística "temperatura".

No modelo de avaliação de risco do ambiente de controle, se adotará a escala numérica de 0 a 100. A escolha dessa escala um pouco mais ampla do que, por exemplo, uma de intervalo de 0 a 10, justifica-se porque ela permite um horizonte mais amplo de raciocínio subjetivo para associar os termos linguísticos, tais como: "Muito Bom", "Bom", "Razoável", "Ruim" e "Péssimo". Qualquer outra escala, na verdade, poderia ser utilizada.

Para introduzir a escala no *software* é necessário, em primeiro lugar, clicar com o lado esquerdo do *mouse* na variável de entrada ou de saída, para surgir o quadro mostrado na Figura 9.18.

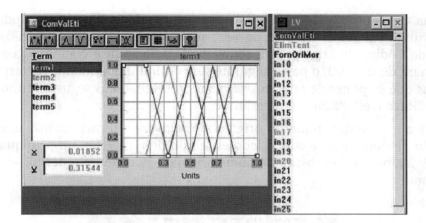

Fonte: Software FuzzyTech 5.54.

Figura 9.18 *Variável linguística de entrada – ComValEti.*

O acionamento do ícone acima 🔲 abre o quadro (Figura 9.19), que permite a alteração da escala originariamente apresentada entre 0 e 1 para a escala pretendida de 0 a 100, assim como a unidade de medida, por exemplo, de *"Units"* para Pontos:

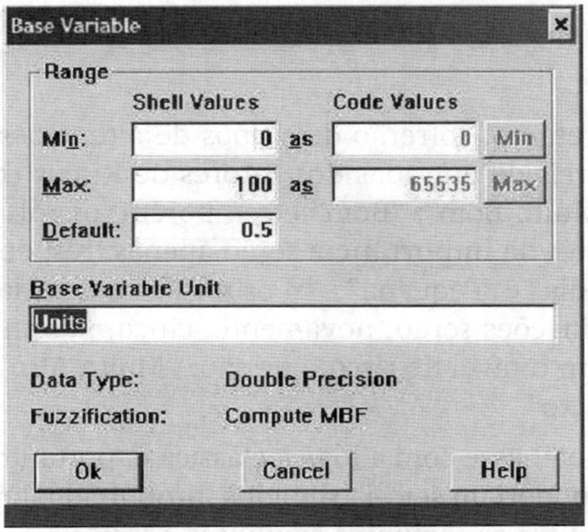

Fonte: Software FuzzyTech 5.54.

Figura 9.19 *Escala de valores para a variável linguística.*

Uma vez determinado para o *software* que a variável linguística "ComValEti" pode assumir valores de 0 a 100, ou seja, que o processo de Comunicação dos Valores e do Código de Ética poderá ser avaliado pelo auditor com uma pontuação que variará de 0 a 100, o passo seguinte será definir a quantidade de termos linguísticos que se pretende que essa escala represente, quais sejam: "Muito Bom", "Bom", "Razoável", "Ruim" e "Péssimo".

Para alterar a denominação original do *software* – term1, term2, term3 etc. –, a ação de duplo clique com o lado esquerdo do *mouse* faz surgir o quadro da Figura 9.20, bastando substituir o nome original – por exemplo: term2 – pelo termo Ruim:

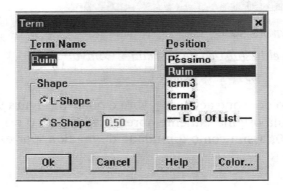

Fonte: *Software FuzzyTech* 5.54.

Figura 9.20 *Denominação dos termos linguísticos.*

Os rótulos, entretanto, sofrerão dois tipos de alterações: a) os rótulos utilizados para as variáveis de entradas dos Fatores de Riscos continuarão sendo os cinco anteriores ("Muito Bom", "Bom" etc.), porém, os rótulos das variáveis de entrada determinantes da **importância** serão apenas três, designados pelos adjetivos "Grande", "Média" e "Pequena" e b) os rótulos das variáveis de saídas resultantes dessas combinações serão, novamente, cinco, porém com denominações que melhor designam o nível de risco, que são: "Muito Alto", "Alto", "Razoável", "Baixo" e "Muito Baixo".

Se o sistema trabalhasse com a lógica clássica e, portanto, utilizando conjuntos *crisp*, os rótulos poderiam ser distribuídos, proporcionalmente, na escala de 0 a 100 e poder-se-iam ter os seguintes conjuntos *crisp*:

0 a 20	Péssimo
21 a 40	Ruim
41 a 60	Razoável
61 a 80	Bom
81 a 100	Muito Bom

Como já visto anteriormente, a lógica nebulosa, todavia, despreza os conjuntos *crisp* por entender que a transição de, diga-se, "Razoável" para "Bom" não pode ocorrer abruptamente ao saltar do número 60 para o 61.

Entra, nesse momento, portanto, o grau de pertinência dos termos linguísticos. Essa função é criada, automaticamente, pelo *FuzzyTech* 5.54, visto que ele já se encontra carregado com os três elementos primordiais, quais sejam, as variáveis linguísticas (ComValEti, por exemplo), os termos linguísticos ("Muito Bom" etc.) e a escala de valores de 0 a 100.

9.6.3.2 O processo de "fuzzificação"

O processo de "fuzzificação" transforma em entradas nebulosas os valores numéricos correspondentes às respostas do auditor[8] para os Elementos de Avaliação e para a influência dos Fatores de Riscos na determinação das Classes de Riscos, dentro da escala previamente definida de 0 a 100, imputando-lhes os graus de pertinência para os rótulos "Péssimo", "Ruim", "Razoável", "Bom" e "Muito Bom", para as respostas numéricas no primeiro caso, e "Grande", "Média" e "Pequena", para as respostas do segundo.

Para introdução dos valores numéricos atribuídos pelo auditor a cada Elemento de Avaliação, deve se utilizar a função do aplicativo denominada Debug.

As entradas podem ser feitas de maneira interativa, ou seja, à medida que se digitam os valores, o sistema fornece imediatamente o resultado, a cada entrada individual, para análise do usuário. Esse processo pode ser realizado também por importação de dados de arquivos, em *"batch"* e outras formas. O ícone 🔧 encontrado na tela principal do *software* aciona a função Debug Interactive, utilizada nestes exemplos.

A Figura 9.21 a seguir apresenta a tela que o usuário, neste exemplo, dispõe para digitar os valores de 0 a 100 atribuídos pelo auditor para cada Elemento de Avaliação que redundarão na avaliação da Classe de Risco denominada Risco do

---

[8] As respostas podem ser coletadas em um questionário elaborado com os elementos de avaliação descritos de forma detalhada, para melhor entendimento do avaliador.

Modelo de Decisão. Assim, no exemplo marcado da Figura 9.21, o usuário digitou o valor 40 para o Elemento de Avaliação "AsMonRisc", abreviatura de "Forma de Assumir e Monitorar Riscos". O processo deve ser idêntico para todos os demais elementos de avaliação.[9]

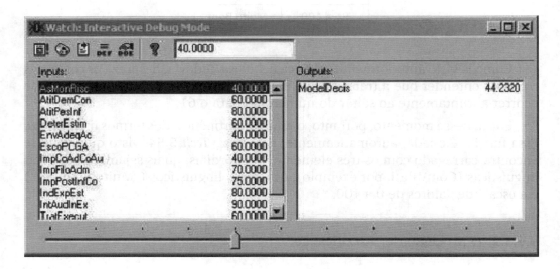

Fonte: *Software FuzzyTech* 5.54.

Figura 9.21 *Tela para digitação dos valores de entrada.*

A Figura 9.22 apresenta o resultado da "fuzzificação" da variável "Definição de Autoridade e Responsabilidade" (Elemento de Avaliação do Fator de Risco "Atribuição de Autoridade e Responsabilidade"), considerando o valor da entrada discreta atribuída pelo auditor de 60.[10] Assim, em resposta à indagação se a definição de autoridade e responsabilidade eram congruentes com o conhecimento e com a experiência da pessoa, bem como com os recursos demandados pelas atividades, o auditor entendeu que, em uma escala de 0 a 100, a sua satisfação com relação ao atendimento dos objetivos dos controles internos para esse elemento de avaliação era de 60 pontos. A forma de obter esta tela no aplicativo é idêntica à comentada para a Figura 9.18.

---

[9] Neste caso, a interatividade já permitiu observar o resultado da combinação de todos os elementos de riscos e atribuiu o valor de 44,2320 para o Risco do Modelo de Decisão.

[10] Nesta etapa de simulação, o *software* foi programado para operar com duas casas decimais para os valores das entradas e saídas discretas.

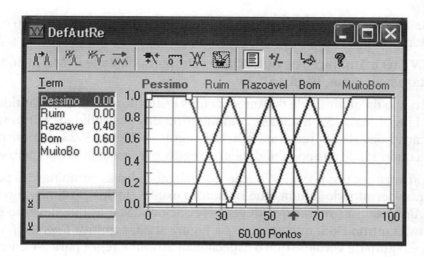

Fonte: *Software FuzzyTech* 5.54.

Figura 9.22 *Resultado do Processo de "Fuzzificação".*

Como se verifica, os termos linguísticos resultantes do processo de "fuzzificação" dessa entrada discreta foram: "Razoável", com grau de pertinência de 0,40, e "Bom", com grau de pertinência de 0,60.

Observa-se, ainda, que o *FuzzyTech* 5.54 apresenta a entrada nebulosa tanto em números como em formato de gráfico, para facilidade de entendimento e análise do usuário.

9.6.3.3 Regras de produção

De acordo com a estrutura do Modelo Conceitual de Avaliação de Riscos do Ambiente de Controle (Figura 9.9), os Fatores de Riscos são determinados por um conjunto de três ou dois Elementos de Avaliação, dependendo do tipo de fator em tela.

A quantidade dos Elementos de Avaliação determina a quantidade de Antecedentes da regra. Assim, por exemplo, na avaliação do Fator de Risco "Atribuição de Autoridade e Responsabilidade", a construção das Regras de Produção obedeceria à seguinte estrutura:

SE a Definição de Autoridade e Responsabilidade é (Muito Bom, Bom, Razoável, Ruim, Péssimo) *E*

SE a Responsabilidade por Resultados é (Muito Bom, Bom, Razoável, Ruim, Péssimo) *E*

SE a Autoridade e Responsabilidade em Tecnologia da Informação é (Muito Bom, Bom, Razoável, Ruim, Péssimo),

ENTÃO a Atribuição de Autoridade e Responsabilidade é (Muito Bom, Bom, Razoável, Ruim, Péssimo).

Em razão da quantidade de Antecedentes utilizados (3) e das quantidades de Termos Linguísticos (5), a análise combinatória das possibilidades de resultados da aplicação das regras resultará em 125 regras. A Figura 9.23 demonstra uma pequena quantidade das possibilidades de regras por serem inferidas pelo sistema.

O *software* em uso possui a função de realizar todas as combinações possíveis das regras, permitindo, ainda, que o usuário exclua, inclua ou limite, através da função *Alpha Cut,* as regras que deverão ser acionadas e as que deverão ser desprezadas. O termo DoS, que aparece na Figura 9.23, significa *Degree of Support*, ou seja, é o grau de verdade que o especialista atribui à regra para a Consequente que será gerada. Assim, se o DoS for, por exemplo, "0", a regra sequer será acionada. Por outro lado, o valor "1,0" indica que a regra tem 100% de força para gerar a ação consequente. Para acesso a esta tela do *software*, é necessário clicar duplamente na figura do Bloco de Regras (RB1 ou RB2 etc. da Figura 9.17) da árvore de decisão.

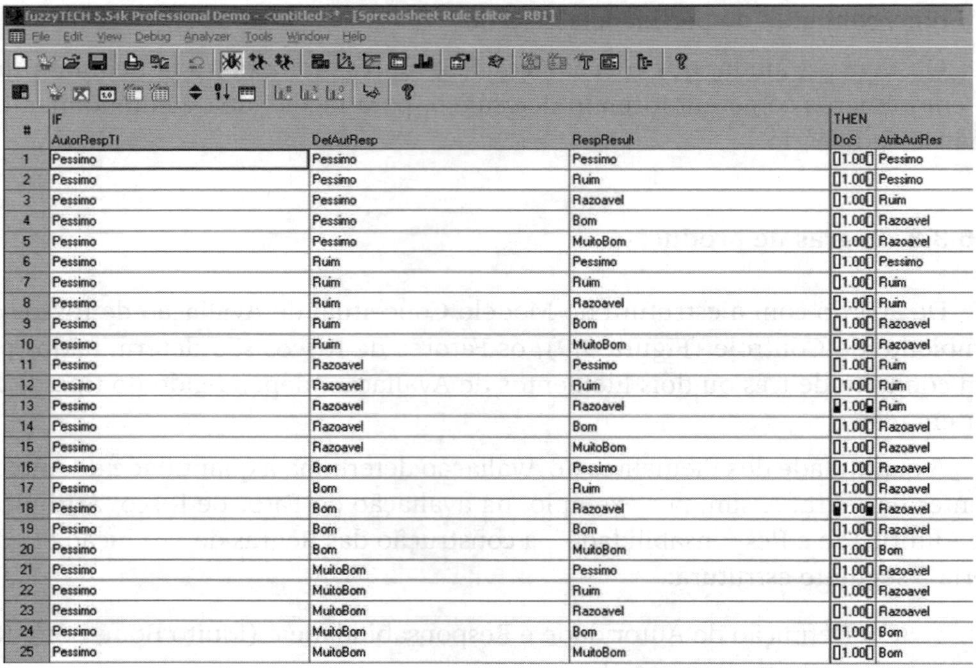

#	IF			THEN	
	AutorRespTI	DetAutResp	RespResult	DoS	AtribAutRes
1	Pessimo	Pessimo	Pessimo	[]1.00[]	Pessimo
2	Pessimo	Pessimo	Ruim	[]1.00[]	Pessimo
3	Pessimo	Pessimo	Razoavel	[]1.00[]	Ruim
4	Pessimo	Pessimo	Bom	[]1.00[]	Razoavel
5	Pessimo	Pessimo	MuitoBom	[]1.00[]	Razoavel
6	Pessimo	Ruim	Pessimo	[]1.00[]	Pessimo
7	Pessimo	Ruim	Ruim	[]1.00[]	Ruim
8	Pessimo	Ruim	Razoavel	[]1.00[]	Ruim
9	Pessimo	Ruim	Bom	[]1.00[]	Razoavel
10	Pessimo	Ruim	MuitoBom	[]1.00[]	Razoavel
11	Pessimo	Razoavel	Pessimo	[]1.00[]	Ruim
12	Pessimo	Razoavel	Ruim	[]1.00[]	Ruim
13	Pessimo	Razoavel	Razoavel	[]1.00[]	Ruim
14	Pessimo	Razoavel	Bom	[]1.00[]	Razoavel
15	Pessimo	Razoavel	MuitoBom	[]1.00[]	Razoavel
16	Pessimo	Bom	Pessimo	[]1.00[]	Razoavel
17	Pessimo	Bom	Ruim	[]1.00[]	Razoavel
18	Pessimo	Bom	Razoavel	[]1.00[]	Razoavel
19	Pessimo	Bom	Bom	[]1.00[]	Razoavel
20	Pessimo	Bom	MuitoBom	[]1.00[]	Bom
21	Pessimo	MuitoBom	Pessimo	[]1.00[]	Razoavel
22	Pessimo	MuitoBom	Ruim	[]1.00[]	Razoavel
23	Pessimo	MuitoBom	Razoavel	[]1.00[]	Razoavel
24	Pessimo	MuitoBom	Bom	[]1.00[]	Bom
25	Pessimo	MuitoBom	MuitoBom	[]1.00[]	Bom

Fonte: *Software FuzzyTech* 5.54.

Figura 9.23 *Exemplo de regras de produção.*

As Regras de Produção da *Classe de Riscos*, sempre combinadas automaticamente pelo aplicativo, considerarão os termos linguísticos para a importância dos Fatores de Riscos como "Grande", "Média" ou "Pequena", conforme previsto no modelo conceitual de avaliação de risco do ambiente de controle.

Os *Fatores de Riscos* utilizados até agora como exemplo determinam o Risco da Infraestrutura como a *Classe de Risco* a ser avaliada. A essa altura, o sistema já detonou todos os conjuntos de regras pertinentes às avaliações feitas pelo auditor e já definiu as saídas nebulosas para os Fatores de Riscos "Atribuição de Autoridade e Responsabilidade" e "Estrutura Organizacional".

As regras, prosseguindo no primeiro exemplo adotado, envolvendo apenas duas Antecedentes, seriam, assim, formuladas:

> *SE* a Atribuição de Autoridade e Responsabilidade é Razoável[11] e a importância é (Grande, Média, Pequena) *E*
>
> *SE* a Estrutura Organizacional é Muito Bom e a importância é (Grande, Média, Pequena),
>
> *ENTÃO* o Risco da Infraestrutura é (Muito Alto, Alto, Razoável, Baixo, Muito Baixo).

Para concluir essa etapa do modelo, as regras que permitirão avaliar o Tipo de Risco que decorrerá dos termos linguísticos obtidos para as Classes de Riscos, resultando na avaliação final do Risco do Ambiente, terão a seguinte conformação, por exemplo:

> *SE* o Risco da Gestão de Pessoas é (Muito Baixo, Baixo, Razoável, Alto ou Muito Alto) *E*
>
> *SE* o Risco do Modelo de Decisão é (Muito Baixo, Baixo, Razoável, Alto ou Muito Alto) *E*
>
> *SE* o Risco da Infraestrutura é (Muito Baixo, Baixo, Razoável, Alto ou Muito Alto);
>
> *ENTÃO* o Risco do Ambiente de Controle é (Muito Alto, Alto, Razoável, Baixo, Muito Baixo).

9.6.3.4 O processo de inferência

O processo de inferência das Regras de Produção é realizado de forma automática pelo *software FuzzyTech 5.54*, após o usuário definir qual o método que será utilizado para determinação da força das conclusões de cada regra disparada.

---

[11] Os termos possíveis para cada Antecedente são: Muito Bom, Bom, Razoável, Ruim ou Péssimo. O termo utilizado é meramente um exemplo de construção da Regra de Produção.

As opções que o usuário possui são os métodos:

- "Min-Max" – abreviatura de Mínimo e Máximo;
- "Min Avg" – abreviatura de *Minimum Average,* e
- "Gamma" ou *Product*.

Os dois últimos são utilizados em situações específicas e se aplicam quando a Regra de Produção utiliza um *Operador de Média* para o "Min Avg" ou um *Operador de Multiplicação* para o "Gamma".

No caso simulado para representar este exemplo, a inferência das regras foi feita com a utilização do método "Min-Max", já que o operador nebuloso utilizado para todo o modelo considerado neste trabalho é o *Operador de Conjunção*.

A Figura 9.24 apresenta a janela que o *software* disponibiliza para o usuário selecionar o método de inferência das Regras de Produção.

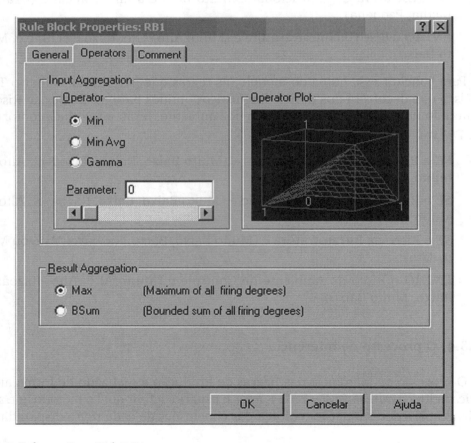

Fonte: *Software FuzzyTech* 5.54.

Figura 9.24 *Métodos de inferência das Regras de Produção.*

9.6.3.5 Definição do Método de "Defuzzificação"

Tal qual o processo anterior, a "defuzzificação" também é realizada, automaticamente, pelo *software*, após o usuário definir qual o método a ser utilizado.

Conforme demonstra a Figura 9.25, o sistema oferece as opções:

- CoM = *Center of Maximum*;
- MoM = *Mean of Maximum*;
- Fast CoA = *Center of Area*;
- Hyper CoM = *Hyper Center of Maximum*;
- Fuzzy = (Sem outro significado).

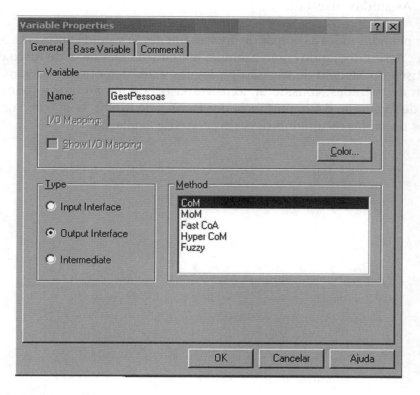

Fonte: *Software FuzzyTech* 5.54.

Figura 9.25 *Opções de métodos de "defuzzificação"*.

Os três primeiros métodos foram discorridos anteriormente neste trabalho. O método "Hyper CoM" é de aplicação restrita, quando a ação requerida do Controlador de Lógica Nebulosa envolve tanto experiências negativas na forma de proibições e de ações de cautelas quanto ações positivas, que é a forma corriqueira dos demais métodos. Já o método "Fuzzy", na realidade, não é um método, mas uma função prevista no sistema para que o usuário possa suprimir o cálculo de "defuzzificação" de uma variável de saída específica (ou de quantas programar).

Para os propósitos desta simulação exemplificativa, a escolha deveria recair sobre um dos três primeiros métodos e, seguindo as recomendações de alguns pesquisadores dessa técnica, dentre eles Von Altrock (1997), no campo das ciências sociais aplicadas e dos sistemas de informações para o processo de decisão foi eleito o método CoM – *Center of Maximum*, ou Centro de Gravidade, para a "defuzzificação" de todas as variáveis de saída do modelo de avaliação de risco do ambiente de controle em auditoria.

9.6.3.6 As saídas discretas

Completadas todas as etapas de processamento, o sistema apresenta as saídas discretas. Assim, tomando como exemplo a apuração da Classe de Risco denominada "Risco do Modelo de Decisão", a Figura 9.26, demonstra todos os valores discretos de entradas, considerando as respostas de um auditor a todos os Elementos de Avaliação e à importância dos Fatores de Riscos, bem como os valores discretos de saídas resultantes desse processo de avaliação:

Lógica Nebulosa (*Fuzzy Logic*) 501

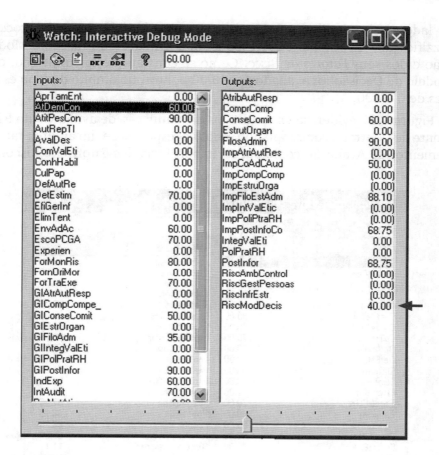

Fonte: *Software FuzzyTech* 5.54.

Figura 9.26 *Valores discretos de entradas e saídas.*

Observa-se que os *inputs,* no lado esquerdo do quadro, apresentam o nome das variáveis linguísticas de entradas, como por exemplo:

- AtDemCon – Abreviatura de "Atitudes e ações para o processo de elaboração de demonstrações contábeis";
- AtitPesCon – Abreviatura de "Atitudes para com as pessoas das áreas de informática e contabilidade".

Os valores ao lado das abreviaturas citadas, respectivamente 60,00 e 90,00, referem-se à avaliação atribuída pelo auditor a esses elementos. Ao todo, de acordo com a estrutura do modelo conceitual de avaliação de risco em pauta, a Classe de Risco "Risco do Modelo de Decisão" requer doze entradas, sendo nove correspondentes aos Elementos de Avaliação e três pertinentes ao módulo de avaliação do grau de importância que têm os Fatores de Riscos para essa Classe de Riscos.

O lado direito da Figura 9.26 apresenta as saídas discretas do processo de "defuzzificação" do sistema e correspondem à avaliação do Risco do Modelo de Decisão e dos seus *Fatores de Risco*. Como se constata nesta simulação, o Risco do Modelo de Decisão foi avaliado em 40,00 pontos, no âmbito de uma escala de valores de 0 a 100.

A Figura 9.27 evidencia os resultados da simulação de avaliação do Risco do Ambiente de Controle, contemplando todas as respostas de um auditor, tanto para os Elementos de Avaliação como para a importância dos Fatores de Riscos:

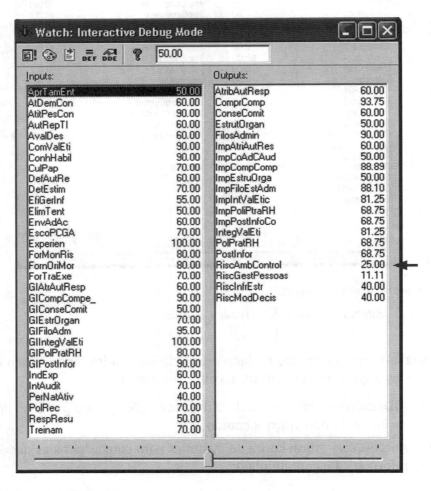

Fonte: *Software FuzzyTech* 5.54.

Figura 9.27 *Entradas e saídas discretas do risco do ambiente de controle.*

Nesta simulação efetuada somente para fins exemplificativos, o Risco do Ambiente de Controle apurado foi de 25,00 pontos, na citada escala de 0 a 100, conforme evidenciado. Significa, portanto, um *rating* apurado pelo aplicativo para este tipo de risco.

Esta metodologia poderia ser aplicada para avaliação dos demais componentes dos sistemas de controles internos de uma entidade, que, conforme citado anteriormente, são cinco: Ambiente de Controle, Avaliação de Riscos, Atividades de Controle, Informação e Comunicação e Monitoramento.

9.7 Resumo

A lógica nebulosa é uma importante ferramenta capaz de capturar informações vagas, ambíguas ou imprecisas, presentes no processo de comunicação humano, para transformá-las em forma numérica, permitindo, assim, ampla aplicação em ambientes informatizados e de Inteligência Artificial.

Conhecida como *Fuzzy Logic*, Lógica Difusa ou até por Teoria da Possibilidade, a lógica nebulosa incorpora a forma humana de pensar, por aproximação, em um sistema de controle, em contraposição à utilização de raciocínios exatos, binários, comuns nas aplicações de Tecnologia da Informação.

A aplicação prática dos conceitos e propriedades dos conjuntos nebulosos é realizada através do Controlador de Lógica Nebulosa, que consiste em introduzir as variáveis discretas no universo nebuloso (fuzzificar), processá-las com base em regras de controle estabelecidas com o auxílio de informações de especialistas e, em seguida, resgatá-las no formato de saídas discretas (defuzzificar) para um processo de decisão.

Os modelos conceituais podem ser operacionalizados com o auxílio de *softwares* desenvolvidos especificamente para tais finalidades, tal como o denominado FuzzyTech, que viabilizam a ampla gama de cálculos e decisões demandadas.

A indústria japonesa se sobressai na aplicação da lógica nebulosa nos processos de controles industriais e de seus produtos. Especificamente na área de gestão de negócios, esta ferramenta tem sido empregada nos controles de processos e na geração de informações destinadas às decisões estratégicas, táticas e operacionais, porém com pouca expressividade em relação ao seu potencial.

9.8 Questões propostas

1. Discorra sobre a Teoria dos Conjuntos Nebulosos e sobre a lógica nebulosa.
2. Descreva o funcionamento e a utilidade do Controlador de Lógica Nebulosa.

504 Análise Multivariada • Corrar, Paulo e Dias Filho

3. Como é realizado o processo de "fuzzificação" no Controlador de Lógica Nebulosa?

4. O que são Regras de Controle e qual a finalidade delas?

5. Quais os principais métodos adotados para o processo de "defuzzificação"?

6. Explique o significado dos resultados apresentados pela lógica nebulosa.

Bibliografia

ALTROCK, Constantin von. *Fuzzy logic and neurofuzzy applications in business and finance*. Upper Saddle River: Prentice Hall, 1997.

ANTUNES, Jerônimo. *Modelo de avaliação de risco de controle utilizando a lógica nebulosa*. São Paulo: 2004. Tese (Doutorado em Contabilidade e Controladoria) – Departamento de Contabilidade e Atuária da Faculdade de Economia, Administração e Contabilidade da Universidade de São Paulo.

_____. *Contribuição ao estudo da avaliação de risco e controles internos na auditoria de demonstrações contábeis no Brasil*. São Paulo, 1998. Dissertação (Mestrado em Contabilidade e Controladoria) – Departamento de Contabilidade e Atuária da Faculdade de Economia, Administração e Contabilidade da Universidade de São Paulo.

ARENS, Alvin A.; LOEBBECKE, James K. *Auditing*: an integrated approach. 7. ed. New Jersey: Prentice Hall, 1997.

BOJADZIEV, George; BOJADZIEV, Maria. *Fuzzy logic for business, finance, and management*. Singapure: World Scientific, 1997.

BORBA, José Alonso; DILL, Rodrigo Prante. Um modelo de análise da rentabilidade de empresas usando a lógica nebulosa. São Paulo, 2005. Artigo apresentado ao 5º Congresso USP de Controladoria e Contabilidade.

CHEN, Guanrong; PHAM, Trung T. *Introduction to fuzzy sets, fuzzy logic, and fuzzy control systems*. Boca Raton: CRC Press, 2001.

COMMITTEE OF SPONSORING ORGANIZATIONS OF THE TREADWAY COMMISSION – COSO. *Internal control*: integrated framework. USA, 1994.

CORRAR, Luiz J.; THEÓPHILO, Carlos R. (Coord.). *Pesquisa operacional para decisão em contabilidade e administração* – contabilometria. São Paulo: Atlas, 2004.

COX, Earl. *The fuzzy systems handbook*. 2. ed. San Diego: AP Professional, 1999.

_____. *Fuzzy logic for business and industry*. Rockland: Charles River Media, 1995.

DUBOIS, Didier; PRADE, Henri. *Fuzzy sets and systems*: theory and applications. San Diego: Academic Press, 1980. v. 144. Mathematics in Science and Engineering.

FERREIRA, Aurélio Buarque de Holanda. *Novo Aurélio. Século XXI*: o dicionário da língua portuguesa. 3. ed. São Paulo: Nova Fronteira, 1999.

FRIEDLOB, George T.; SCHLEIFER Lydia L. F. Fuzzy logic: application for audit risk and uncertainty. *Managerial Auditing Journal*, Bradford: v. 14, nº 3, p. 127-135, 1999.

KLIR, Yuan. *Sets and fuzzy logic*: theory and applications. Upper Saddle River: Prentice Hall PTR, 1995.

KORVIN, Andre de et al. Modeling job scheduling for audit uncertainties using fuzzy logic. In: SIEGEL, Philip H.; KORVIN, Andre de; OMER, Khursheed. *Applications of fuzzy sets and the theory of evidence to accounting*, II. Stanford: JAI Press, 1998. p. 39-54.

KOSKO, Bart. *Fuzzy thinking*: the new science of fuzzy logic. New York: Hyperion, 1993.

MCNEILL, Daniel; FREIBERGER, Paul. *Fuzzy logic*: the revolutionary computer technology that is changing our world. Los Angeles: Simon & Schuster, 1994.

NGUYEN, Hung T.; WALKER, Elbert A. *A first course in fuzzy logic*. 2. ed. Boca Raton: Chapman & Hall/CRC, 2000.

SHAW, Ian S.; SIMÕES, Marcelo G. *Controle e modelagem fuzzy*. São Paulo: Edgard Blücher, 1999.

SIEGEL, Philip H.; RIGSBY, John T.; BOURGEOIS, Brian. An application of fuzzy set theory to the problem of evaluating net realizable value of accounts receivable. In: SIEGEL, Philip H.; KORVIN, André de; OMER, Khursheed. *Applications of fuzzy sets and the theory of evidence to accounting*, II. Stanford: JAI Press, 1998. p. 89-102.

SRIVASTAVA, Rajendra P.; LU, Hai. *Structural analysis of audit evidence using belief functions*. Fuzzy sets and systems. Amsterdam: Elsevier North-Holland, 2002. v. 131, p. 107-120.

ZADEH, Lofti A. et al. *Fuzzy sets and their applications to cognitive and decision processes*. New York: Academic Press, 1975.

ZWICKER, Ronaldo. Apostila da Disciplina: EAD-5909 – Informática na Administração, do Programa de Pós-Graduação em Métodos Quantitativos e Informática – Mestrado e Doutorado do Departamento de Administração da Faculdade de Economia, Administração e Contabilidade da Universidade de São Paulo, 2001.

10

A Lei Newcomb-Benford

Josenildo dos Santos
Josedilton Alves Diniz
Luiz J. Corrar

Sumário do capítulo
- Introdução.
- Uma interpretação intuitiva da Lei de Newcomb-Benford.
- Demonstração da Lei de Newcomb-Benford.
- Limitações na aplicação da Lei de Newcomb-Benford.
- A Lei de Newcomb-Benford aplicada à auditoria contábil e digital.
- Construção do Modelo Contabilométrico através da Lei de Newcomb-Benford.
- Exemplo prático: o caso de nota de empenho de uma prefeitura municipal.

Objetivos do aprendizado

O estudo deste capítulo permitirá ao leitor:
- conhecer o surgimento da Lei de Newcomb-Benford;
- entender os fundamentos da Lei de Newcomb-Benford;
- demonstrar matematicamente a Lei de Newcomb-Benford;
- conhecer as limitações da Lei de Newcomb-Benford;
- entender o modelo contabilométrico a partir da Lei de Newcomb-Benford;
- aplicar o modelo contabilométrico.

10.1 Introdução

A velocidade com que as transformações vêm ocorrendo, notadamente na gestão econômico-financeira contemporânea das entidades, requer cada vez mais dos gestores e pesquisadores a busca integrada dos conhecimentos técnico-científicos de outras ciências. De acordo com Horngren (1985, p. 350), os ramos de conhecimento se sobrepõem uns aos outros; sempre constitui um excesso de simplificação especificar-se onde começa e onde termina o campo de atuação de uma ciência.

Constata-se, ainda, que as mudanças sócio-político-econômicas, explosão do conhecimento e da informação, declínio do poder do Estado, globalização das economias nacionais, tudo vem provocando um profundo impacto no que se faz. Daí, a necessidade de recorrer às inovações das ciências e das tecnologias, colocando-as a serviço do processamento das informações utilizadas pelos profissionais no exercício de suas atividades cotidianas.

A gestão moderna das empresas e entidades, nos dias atuais, exige o emprego em escalas mais acentuadas das Ciências Matemáticas, notadamente na busca de novas metodologias científicas mais avançadas para solução de problemas gestacionais emergentes.

No contexto de transformações, de incertezas, de crises e escândalos por que vem passando a economia mundial, a contabilometria desponta como uma metodologia científica indispensável para conquista de espaço privilegiado no processo decisório das entidades, como também na busca de identificar a fidelidade das demonstrações financeiras em todo um arcabouço das técnicas contábeis.

Fundamentalmente, os profissionais que atuam na área de controle, seja ele interno ou externo, cotidianamente deparam com situações em que, por forças circunstanciais, deverão adotar procedimentos de auditoria para avaliar algumas características dos itens patrimoniais. Dependendo da quantidade de itens a serem analisados, associados ao custo-benefício, o auditor terá que fazer uso dos atributos da definição de amostragem para obter informações representativas acerca da população objeto de avaliação (Boynton; Johnson; Kell, 2002).

É de relevo destacar que, para delimitação de uma amostragem, o auditor deve fazer uso dos conhecimentos das Ciências Matemáticas (Estatística, Informática, e Matemática) de forma integrada no contexto interdisciplinar, para com isso minimizar os riscos de controle e os riscos de testes de detalhamento, conjuntamente com as incertezas.

A metodologia proposta neste capítulo propõe fazer um vínculo entre os modelos matemáticos e a Lei de Newcomb-Benford (1881, 1938), respectivamente, convertendo-os em Modelos Contabilométricos capazes de testar a integridade de séries de dados advindos de fenômenos contábeis das entidades, como forma de auxiliar os profissionais que trabalham com controle a equacionarem melhor seus procedimentos laborais.

508 Análise Multivariada • Corrar, Paulo e Dias Filho

A Lei de Newcomb-Benford é uma anomalia da probabilidade, demonstrando que a ocorrência dos dígitos de 1 a 9 não obedece à probabilidade do senso comum que seria de 11,1%, mas sim, por exemplo, que a ocorrência dos dígitos 1, 2 e 3 se dá com mais frequência, sendo estes mais comuns que os demais. No decorrer deste capítulo, será demonstrado que a ocorrência da utilização de apenas o dígito "1", na vida prática, é aproximadamente 30,1%.

Um breve histórico da Lei de Newcomb-Benford

A Lei de Newcomb-Benford foi originalmente descoberta pelo astrônomo-matemático Simon Newcomb (1835-1909), professor de matemática e astronomia da Johns Hopkins University e presidente da *American Journal of Mathematics* por muitos anos. Newcomb (1881) descobriu, empiricamente, quando observava as primeiras páginas das tábuas de logaritmos, nas bibliotecas, que estas eram mais usadas, pois as encontrava mais manuseadas (mais sujas e estragadas que as outras). Ele constatou que as consultas pelos números que começavam pelo dígito "1" tinham uso mais acentuado, seguindo uma escala decrescente de uso até o dígito "9".

Este resultado, depois de 57 anos, independentemente de Newcomb, foi descoberto pelo físico da General Eletrics Company Research Laboratory em Scheneclady, New York, Frank Benford (1938). O trabalho de Benford foi mais aprofundado, tendo estudado um conjunto de dados (20.229 observações advindas de diversas fontes: áreas de rios, números de casas de uma rua, tabelas de constantes físicas, cálculos científicos e outros). Diferentemente de Newcomb, seu trabalho foi amplamente divulgado e aplicado por outros pesquisadores, chegando a tal ponto que a literatura atual considera apenas a Lei de Benford, porém seria mais justo, a partir do resgate histórico feito, considerá-la como a Lei de Newcomb-Benford (NB-Lei) .

Após esta fase inicial, vários trabalhos científicos foram desenvolvidos, mas o avanço mais significativo na teoria de Newcomb-Benford veio de Pinkham (1961). Pinkham propôs que se realmente existisse uma lei que governa a distribuição dos dígitos, então esta lei deveria ser escalar-invariante. O ponto central da prova de Pinkham é que a distribuição de Newcomb-Benford é invariante sobre o efeito da multiplicação.

Na década de 80 foi publicado o 1º trabalho da aplicação da Lei de Newcomb-Benford na Contabilidade. O autor deste trabalho foi Carslaw (1988), que levantou a hipótese de que quando as rendas de redes de corporação estiverem sujeitas só a limites psicológicos, os gerentes tenderiam a ajustar estes números nos molde da NB-Lei. Vários trabalhos se sucederam, destacando-se no contexto da auditoria. Christian e Grupta (1993), que anali-

A Lei Newcomb-Benford **509**

saram dados de contribuintes para achar indícios de evasão tributária, Nigrini (2000) que desenvolveu um modelo de fator de distorção que sinaliza se dados podem ter sido manipulados por valores superiores ou por valores inferiores. Este trabalho mostrou que, com fundamento na amostra de dígitos (distribuição de dígitos), pode-se detectar superfaturamento ou subfaturamento.

No Brasil, o primeiro trabalho no contexto de auditoria digital no setor público foi desenvolvido por Santos, Diniz e Ribeiro Filho (2003). Naquela ocasião, foram investigadas 104.104 notas de empenho de 20 municípios paraibanos, com o objetivo de desenhar o DNA-equivalente das despesas no setor público.

10.2 Uma interpretação intuitiva da Lei de Newcomb-Benford

É feita agora uma interpretação intuitiva da Lei de Newcomb-Benford, tomando as seguintes situações-problema (SP) fundamentadas no trabalho de Nigrini (2000):

SP1) Em uma cidade com uma população de 10.000 habitantes, suponha-se que a população esteja crescendo a uma taxa de 10% ao ano. Nessa população de 10.000, o número de habitantes tem o primeiro dígito 1, e este primeiro dígito irá permanecer até a população atingir 20.000 habitantes. A taxa de crescimento da população de 10.000 a 20.000 é de 100%. Porém, para a taxa de crescimento proposta acima, 10% ao ano, leva-se 10 anos até alcançar uma população de 20.000 habitantes.

SP2) Para uma população de 20.000, o primeiro dígito é "2", e 2 irá continuar como sendo o primeiro dígito até a população atingir 30.000 habitantes. A taxa de crescimento da população de 20.000 a 30.000 é de 50%. Porém, para taxa de crescimento de 10% ao ano, leva-se 5 anos até alcançar uma população de 30.000 habitantes.

SP3) Para uma população de 30.000, o primeiro dígito do número da população é "3", e 3 irá continuar como sendo o primeiro dígito até a população atingir 40.000. A taxa de crescimento da população de 30.000 a 40.000 é 33%. Porém, para a taxa de crescimento de 10% ao ano, leva-se 3 anos e 3 meses até alcançar uma população de 40.000 habitantes.

SP4) Para uma população de 40.000, o primeiro dígito do número da população é "4", e 4 irá continuar como sendo o primeiro dígito até a população atingir 50.000. A taxa de crescimento da população de

510 Análise Multivariada • Corrar, Paulo e Dias Filho

40.000 a 50.000 é 25%. Porém, para taxa de crescimento de 10% ao ano, leva-se 2 anos e 6 meses até alcançar uma população de 50.000 habitantes.

SP5) Para uma população de 50.000, o primeiro dígito do número de habitantes é "5", 5 irá continuar como sendo o primeiro dígito até a população atingir 60.000. A taxa de crescimento da população de 50.000 a 60.000 é de 20%. Porém, para a taxa de crescimento de 10% ao ano, leva-se 2 anos para alcançar uma população de 60.000 habitantes.

SP6) Finalizando, para a população de 90.000, o primeiro dígito do número de habitantes é "9", 9 irá continuar como sendo o primeiro dígito até a população atingir 100.000. A taxa de crescimento da população de 90.000 a 100.000 é de 11%. Porém, para a taxa de crescimento de 10% ao ano, leva-se 1 ano e 1 mês para alcançar uma população de 100.000 habitantes.

Em resumo, tem-se o seguinte quadro das soluções das situações-problema citadas:

1º dígito	Taxa total de crescimento	Tempo de crescimento à taxa de 10%
1	100%	10 anos
2	50%	5 anos
3	33%	3 anos e 3 meses
4	25%	2 anos e 6 meses
5	20%	2 anos
6	16,6%	1 ano e 8 meses
7	15%	1 ano e 6 meses
8	11,25%	1 ano e 1 mês e 8 dias
9	11%	1 ano e 1 mês

Figura 10.1 *Crescimento populacional.*

A Figura 10.1 acima nos mostra que uma vez que a população tenha atingido 10.000 habitantes, é requerido o dobro do tempo para que o primeiro dígito "1" mude para o primeiro dígito "2". Este tempo vai decrescendo, de modo que são requeridos aproximadamente 10 anos para que o primeiro dígito 1 mude para o primeiro dígito 9. Isto leva a concordar, intuitivamente, com a Lei de Newcomb-

Benford, e discordar, fortemente, da maioria das pessoas que concorda que a probabilidade do primeiro dígito significativo d, em que d pertence a {1, 2, 3, ..., 9}, é igual a 1/9. De fato, a Lei de Newcomb-Benford nega que qualquer algarismo de 1 a 9 como primeiro dígito de um número retirado de amostra aleatória, e de bom tamanho, seja considerado igualmente provável.

Outra aplicação obteve-se utilizando o número de casas de uma rua. Considerando os números das casas de uma rua, em média, pode-se supor que existem 50 casas em uma rua. Sendo assim, é fácil contar quantos números de casas começam com o dígito 1. São as casas de números 1, 10, 11, 12, 13 até a casa 19. A probabilidade de uma casa escolhida ao acaso começar pelo dígito 1 é de 11/50, ou seja, 22%. Em contrapartida, haverá apenas uma casa cujo número começa com o dígito 9, é a casa de número 9. A probabilidade de um número de uma casa começar por este dígito é de 1/50, apenas 2%.

De fato, para qualquer um dos nove dígitos ter a mesma probabilidade de ocorrência no início do número de uma casa, é necessário que a rua tenha exatamente 9 casas, ou 99, ou 999 etc. Casos realmente raros. Em todas outras circunstâncias, os dígitos maiores são desfavorecidos e os menores aparecem com maior frequência.

10.3 Demonstração da Lei de Newcomb-Benford

Suponha-se que existe uma distribuição de probabilidade universal p(x) no conjunto de números acima caracterizado, então p é escalar-invariante (Pinkham, 1961), isto é:

$$p(kx) = \lambda(k).p(x) \qquad (10.1)$$

para uma função real de variável real λ. Como podemos supor que:

$$\int p(x)\,dx = 1$$

E fazendo uma mudança de variável u = kx na primeira integral, tem-se que:

$$\int p(kx)dx = \int \lambda(k)p(x)dx,$$

assim,

$$\frac{1}{k}\int p(u)\,du = \lambda(k)\int p(x)\,dx$$

Donde,

$$\lambda(k) = \frac{1}{k}$$

Derivando a equação (10.1) na variável k, tem-se:

$$p'(kx).x = \lambda'(k).p(x)$$

e para k = 1, resulta a equação diferencial:

$$xp'(x) = -p(x) \tag{10.2}$$

Resolvendo (10.2) vem:

$$Ln\ p(x) = -Ln\ x$$

Portanto, $p(x) = \dfrac{1}{x}$ é solução de (10.2).

Note que a distribuição $p(x) = 1/x$ não representa uma distribuição de probabilidade própria, mas como os fenômenos reais impõem um ponto de corte na distribuição, pode assim ser considerada como distribuição para efeito dos cálculos das probabilidades para a ocorrência do primeiro dígito. Então:

$$P \text{ (primeiro dígito significativo = d)} = \frac{\int_{d}^{d+1} p(x)\,dx}{\int_{1}^{10} p(x)\,dx} = \frac{\ln(d+1) - \ln(d)}{\ln(10) - \ln(1)}$$

$$= \frac{\ln\left(\dfrac{d+1}{d}\right)}{\ln(10)} = \log_{10}\left(1 + \frac{1}{d}\right)$$

Portanto, em particular, fica demonstrado que as probabilidades de 1, 2 e 3 serem os primeiros dígitos de um número são: $\log_{10} 2 = 0{,}30103$, $\log_{10} 1{,}5 = 0{,}176091$ e $\log_{10} 4/3 = 0{,}124939$, respectivamente. Isto responde às perguntas acima mencionadas. Além disso, está deduzida a Lei de Newcomb-Benford de maneira simplificada.

Um esquema geométrico para a Lei de Newcomb-Benford

Embora haja muitas "explanações longas e eruditas" da Lei de Newcomb-Benford na literatura, principalmente nos EUA, ela pode ser explicada de maneira simples pelo seguinte esquema geométrico:

$$1_____2_____3\_\_\_\_4\_\_\_\_5\_\_6\_\_\_7\_\_8\_\_9$$

De fato, uma distribuição de ocorrências em consonância com a lei de Newcomb-Benford tem como premissa subjacente que a população estará distribuída de maneira razoavelmente uniforme em uma escala logarítmica. Consequentemente,

$$\text{Pr (primeiro dígito significativo = d)} \quad = \frac{\log_{10}(d+1) - \log_{10} d}{\log_{10} 10 - \log_{10} 1}$$

$$= \log_{10}\left(1 + \frac{1}{d}\right).$$

Assim:

$$\text{Pr (primeiro dígito significativo = 1) } = \log_{10}(1+1) = \log_{10} 2$$

$$\text{Pr (primeiro dígito significativo = 2) } = \log_{10}(1+1/2) = \log_{10} 3/2$$

$$= \log_{10} 1,5$$

Então, isto comprova o trabalho de Newcomb, em 1881, quando os valores dos logaritmos que iniciam com os dígitos de 1 a 9 são plotados numa escala logarítmica da seguinte maneira:

30,1%	17,6%	12,5%	9,6%	7,9%	6,7%	5,8%	5,1%	4,6%
1	2	3	4	5	6	7	8	9

Isto significa, por exemplo, que todos os números que começam pelo dígito 1 ocupam 30,1% do total do tamanho desta escala. Em particular, os números como 1,8005, 1,534 e 1,21 estão nesta região.

10.4 Limitações na aplicação da Lei de Newcomb-Benford (NB-Lei)

A lei não se aplica a todas as séries de números e seleções de amostras. É necessário, pois, considerar alguns aspectos e fenômenos antes de se tentar aplicar a Lei de Newcomb-Benford:

1. O tamanho de caractere do dígito deve ser grande o bastante para a validação da lei.

2. Não se opera para números que são verdadeiramente fortuitos (por exemplo, loteria de números).

3. Não se trabalha com números obtidos de forma imposta (por exemplo, quando os valores são obtidos de maneira predefinida, estabelecendo

limite máximo ou mínimo, os mesmos números devem surgir regularmente por alguma razão).

4. Não se trabalha com número que não corresponde a fenômenos naturais (como, por exemplo, números de telefone).

10.5 A Lei de Newcomb-Benford aplicada à auditoria contábil e digital

A amostragem de auditoria, conforme define o AICPA Statement on Auditing Standards – SAS (AU 350), Audit Sampling, consiste num procedimento aplicado a menos de 100% dos itens que compõem um saldo de conta ou classe de transações, com a finalidade de avaliar algumas características do saldo ou classe. De fato, na maioria das vezes, não é necessário analisar toda a população, fazendo-se necessária tão somente uma parcela dela para atender ao convencimento do auditor.

Desta forma, a amostragem é aplicada tanto a testes de controle como a testes substantivos. Contudo, a amostragem não é igualmente aplicada a todos os procedimentos de auditoria que podem ser utilizados na execução desses testes (Boynton; Johnson; Kell, 2002).

Na auditoria pública brasileira, a amostragem é amplamente utilizada em confirmação e rastreamento, mas quando se utiliza a técnica de indagação, testes de observação e procedimento de revisão analítico têm seu uso bastante reduzido.

No processo de auditoria, pode-se utilizar amostragem para obter informações sobre muitas características diferentes de uma população. Contudo, a maioria das amostras leva a uma estimativa de uma taxa de desvio em uma população ou de um valor monetário de uma população (valor monetário de erros em uma população). Todavia, a NB-Lei, em toda sua extensão conceitual, dispõe de mecanismos capazes de atenuar tais desvios, visto que ela delineia o comportamento monetário da população e das amostras.

Sendo assim, o uso de amostras continua sendo o caminho mais lógico quando se quer comprovar a existência física dos dados e a sua apreciação em um tempo considerado razoável. Todavia, com a utilização de amostras (ainda que estas sejam significativas) nos trabalhos de auditoria, não se pode descartar a possibilidade de ocorrência de erros, que podem conduzir o Auditor a conclusões não condizentes com a realidade. Isso porque os itens de uma população variam.

Assim, na estimação da probabilidade de ocorrência de um determinado evento correspondente a um dado item da população sob a experiência (partindo da amostra), devem ser levadas em consideração essas variações e faz-se necessário que o possível erro cometido seja estimado.

Estes erros podem ocorrer ou serem considerados como função do tipo de amostra escolhida pelo Auditor (que pode ser probabilística ou não), ou podem estar relacionados tanto à aleatoriedade como à não representatividade do tamanho da mesma, ou seja, o tamanho da amostra pode não ser o suficiente para garantir conclusões fidedignas sobre a população (que é o todo sobre o qual se pretende inferir), o que, mais uma vez, deve chamar a atenção do Auditor.

Nesta ótica, uma forma racional de o Auditor se orientar é utilizar a Contabilometria como metodologia científica para minimizar os erros. Para vencer tais desvios, como se detalhará mais a frente, pode-se fazer uso dos testes de hipótese que permitiriam analisar o grau de significância das divergências que poderão ocorrer entre as distribuições de probabilidade esperada (p_e), com base na Lei de Newcomb-Benford, e as observadas (p_o) do fenômeno contábil que está sob auditoria, visando à verificação de desvios-padrão nos valores de toda a população. Esta é, sem dúvida, uma das grandes vantagens deste modelo, instituindo uma inovação nas técnicas de auditorias.

Em outros termos, a análise das entidades fundamenta-se nos seguintes pilares: comparação entre as distribuições observadas e a esperada, segundo a Lei de Newcomb-Benford, e verificação da significância das diferenças entre as probabilidades observadas (real), p_o, e as probabilidades esperadas, p_e, segundo a Lei de Newcomb-Benford.

A lei de Newcomb-Benford pode ser utilizada pelos auditores na detecção de desvios contábeis. Porém, para isto, os auditores precisam estar atentos a alguns sinais, como:

- Os desfalques começam pequenos e depois vão aumentando.
- A maioria das quantias estão abaixo de R$ 100,00, R$ 1.000,00 R$ 10.000,00 etc., dependendo do volume de dinheiro trabalhado pela empresa e a partir de qual quantia é feita uma investigação minuciosa do fato gerador desta quantia.
- Os testes-padrão dos dígitos são diferentes dos da Lei de Newcomb-Benford.

Os números, geralmente, são escolhidos para dar a aparência de casualidade.

Data do cheque	Quantidade $
9 de outubro de 1992	1.927,48
	27.902,31
14 de outubro de 1992	86.241,90
	72.117,46
	81.321.75
	97.473,96
19 de outubro de 1992	93.249.11
	89.656,17
	87.776.89
	92.105,83
	79.949,16
	87.602,93
	96.879,27
	91.806,47
	84.991,67
	90.831,83
	93.766,67
	88.336,72
	94.639,49
	83.709,28
	96.412,21
	88.432,86
	71.552,16
Total	1.878.687,58

Este exemplo mostra de maneira simples como é possível utilizar a Lei de Newcomb-Benford em auditoria fiscal como mecanismo de identificar fraudes e sonegações. O exemplo relata um caso de fraude no Estado do Arizona (Nigrini et al., 1997).

Em 1993, no Estado do Arizona, um contribuinte foi acusado de tentar fraudar o Estado em quase 2 milhões. O contribuinte, um gerente de um escritório no Estado do Arizona, falou que tinha desviado fundos a um vendedor para demonstrar a ausência de proteções de um sistema computadorizado.

Verificando a fraude no Arizona:

A tabela anterior lista os cheques que um gerente de um escritório, em Treasurer, no Estado do Arizona, fez para desviar fundos para seu próprio uso. Os vendedores para quem os cheques saíram eram fictícios.

Analisando os dados:

É improvável que os números inventados sejam a Lei de Benford, porque as escolhas humanas não são aleatórias, senão vejamos:

- Como é frequente no caso de fraudes, podemos perceber que as quantidades começam pequenas e depois vão aumentando.

- A maioria dos valores estava abaixo de $ 100.000. Isto ocorreu porque os valores de dinheiro mais elevados recebem um exame minucioso adicional, ou seja, são feitas verificações acima desses valores que requerem assinaturas humanas em vez da assinatura automatizada da verificação. Percebe-se, então, que o gerente tentou esconder a fraude, mantendo os valores abaixo do ponto adicional do controle.

- Os testes-padrão dos dígitos dos valores da verificação são quase opostos àqueles da Lei de Benford. Sobre 90% têm os números 7, 8 ou 9 como o primeiro dígito. Cada vendedor tinha sido testado em confronto à Lei de Benford; este jogo de números teria baixa conformidade, sinalizando irregularidade.

- Os números parecem ter sido escolhidos para dar a aparência de casualidade. A lei de Newcomb-Benford é completamente contra intuição; as pessoas não supõem naturalmente que alguns dígitos ocorrem mais frequentemente. Nenhuma das quantidades da verificação foi duplicada; não havia nenhum número do círculo; e todos os centavos incluídos das quantidades. Entretanto, subconscientemente, o gerente repetiu alguns dígitos e combinações dos dígitos. Entre os primeiros dois dígitos das quantidades inventadas, 87, 88, 93 e 96 eram todos usados duas vezes. Para os últimos dois dígitos, 16, 67 e 83 foram duplicados. Havia uma tendência para os dígitos mais elevados; note que 7 a 9 eram os dígitos frequentemente mais usados, em contraste à Lei de Newcomb-Benford. Um total de 160 dígitos foi usado nos 23 números. As contagens para os dez dígitos de 0 a 9 eram 7, 19, 16, 14, 12, 5, 17, 22, 22 e 26, respectivamente.

O caso de fraude no Estado do Arizona (Nigrini et al., 1997) apresentado acima mostra a aplicabilidade da Lei de Newcomb-Benford na Auditoria. Pois se um auditor não tivesse conhecimentos da Lei de Newcomb-Benford, poderia não ter percebido este acontecimento.

Foram Carslaw e Nigrini que abriram caminho à aplicação da Lei de Newcomb-Benford na sonegação de imposto e na detecção de fraudes, o que fez com que outros profissionais ligados à área contábil pudessem utilizar-se do mesmo sistema que criaram.

518   Análise Multivariada • Corrar, Paulo e Dias Filho

A Lei de Newcomb-Benford também tem aplicabilidade nos balanços e nas demonstrações contábeis, onde a utilização deste modelo só tem a contribuir com a classe contábil, pois podem realmente alertar os empresários sobre possíveis erros de registros, fraudes, manipulações em determinados dígitos.

Na Auditoria, esta lei é utilizada no planejamento do trabalho, em que se decide qual direção deve se tomar e onde se aprofundar na realização dos procedimentos.

10.6 Construção do Modelo Contabilométrico através da NB-Lei

Como já foi mencionada, a concepção desenvolvida para NB-Lei é bastante flexível, de forma que é possível sua aderência a outras propostas metodológicas. Carslaw (1988) e Nigrini (2000) fizeram uso da NB-Lei utilizando os Testes de Hipótese como forma de validar se determinada amostra satisfaz significativamente à NB-Lei que deu origem ao Modelo Contabilométrico adaptado por Santos e Diniz (2003) às aplicações nos fenômenos contábeis no caso brasileiro.

Para desenvolver a metodologia utilizando teste de hipótese, concentraremonos em analisar determinados fenômenos que espontaneamente ocorreram e que seja possível abstrair a ocorrência do primeiro dígito, para, a partir daí, identificar sua frequência e efetuar os cálculos das probabilidades e fazer as inferências, tendo como padrão a sequência de probabilidade introduzida pela NB-Lei, fazendo uso dos testes estatísticos Z (Normal) e χ^2 (Qui-quadrado) para amostras de proporções.

No estudo efetuado, foi possível utilizar o Teste-Z de uma amostra para a proporção de valores de uma população. Esta metodologia aplicada para proporções se adapta perfeitamente à análise dos dados advindos de contagem ou frequência de itens; no caso, o teste consiste na diferença entre duas sequências de probabilidades: a esperada (NB-Lei) e a efetivamente observada.

A finalidade de tais testes consiste em avaliar se duas amostras independentes tiveram como origem duas populações, ambas com a mesma proporção de elementos com as mesmas características de interesse. Desta forma, interessa ao modelo contabilométrico investigar diferenças relativas entre as duas sequências de probabilidades; assim, pequenas diferenças validadas por determinado nível de significância implicam apenas variação causal devida à amostragem (aceitação de H_0), por outro lado, diferenças elevadas implicam decisão contrária (rejeição de H_0).

Análise das diferenças entre as distribuições de probabilidades observadas (p_o) e esperadas (p_e), segundo a Lei de Newcomb-Benford, pode ser estudada a partir de Testes de Hipótese. Mais precisamente, o Z-Teste é utilizado para medir

A Lei Newcomb-Benford **519**

o grau de significância entre as diferenças $p_o - p_e$, de maneira que se podem definir as seguintes hipóteses:

H_0 → Não existe diferença estatisticamente significativa entre as probabilidades observadas p_{oi} e esperadas p_{ei};

H_1 → Existe diferença estatisticamente significativa entre as probabilidades observadas p_{oi} e esperadas p_{ei};

Denotando-se o sistema de hipóteses, a partir da simbologia usual, tem-se:

$$H_0: P_{oi} = P_{ei}$$
$$H_1: P_{oi} \neq P_{ei}$$

Para estudar o nível de significância entre as diferenças $(p_{oi} - p_{ei})$ utiliza-se o Z – Teste.

$$Z = \frac{|P_0 - P_e| - \dfrac{1}{2n}}{\sqrt{\dfrac{P_e(1 - P_e)}{n}}}$$ (10.3)

Sendo que:

n é o número de observações.

$\dfrac{1}{2n}$ é o termo de correção de continuidade e só é usado quando ele for menor que $| p_o - p_e |$.

A NB-Lei é aderente também ao teste de k amostras para a população. Este teste tem a finalidade de avaliar a alegação de que k amostras independentes advêm de populações que apresentam conformidades entre as proporções de determinado dígito.

Para estudar se as duas distribuições de probabilidade estão em conformidade uma com a outra, ou se a distribuição de probabilidade observada (p_o) é "igual" à distribuição esperada (p_e), segundo a Lei de Newcomb-Benford, utiliza-se o χ^2 – Teste da seguinte maneira:

$$\chi^2 = \sum_{d=1}^{9} \frac{(PO - PE)^2}{PE}$$ (10.4)

Onde PO e PE são as proporções observadas e esperadas definidas por:

PO = (p_o) × (nº da população)

PE = (p_e) × (nº da população)

520   Análise Multivariada • Corrar, Paulo e Dias Filho

10.7 Exemplo prático: o caso de nota de empenho de uma prefeitura municipal

Para fazer uso prático do modelo contabilométrico, analisaram-se 104.104 Notas de Empenho (NE) de 20 municípios, sendo 10 municípios da região litorânea e 10 municípios do sertão do Estado da Paraíba. A partir das informações obtidas na base de dados do sistema de escrituração contábil que estrutura as despesas do município, foi possível identificar e tabular todas as despesas do exercício 200X, fazendo exportação para MS EXCEL®. Destacamos que esta tabulação poderá ser feita em outros sistemas, ou até mesmo desenvolver uma rotina de programa para fazer a análise dos dados; contudo, optou-se por fazê-la no Excel, muito embora sabendo de suas restrições para grande volume de dados – para os fins pretendido neste capítulo, ele satisfaz plenamente o nosso objetivo.

Para exemplificar a metodologia, detalharemos o levantamento de dados e os cálculos apenas para um município, já que para o outro município os procedimentos serão os mesmos.

Assim para aplicação do modelo contabilométrico, faz-se necessário abstrair o primeiro dígito do valor da despesa correspondente àquele empenho. Para separar o primeiro dígito, podemos utilizar o MS EXCEL®; considerando que conseguimos importar a base de dados (o campo referente ao valor da NE) para Excel, procederemos da seguinte forma:

1. Selecione a opção *fx* na Barra de Ferramentas (Inserir).
2. Escolha a categoria Texto.
3. No campo Selecione uma função a opção ESQUERDA.
4. A seguir clique em OK.

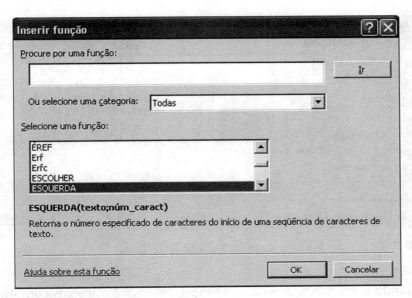

Figura 10.2 *Função esquerda*.

Após ter pressionado o botão OK, será mostrada a caixa de diálogo da função ESQUERDA, conforme a Figura 10.3, sendo que nessa caixa serão digitados:

- no campo Texto, você digitará a célula onde se encontra o valor da nota empenho;
- no campo Núm_caract, você deverá especificar quantos dígitos à esquerda você quer extrair. No caso, digitando o número "1", a função ESQUERDA e clicando em OK retornará o primeiro dígito do número especificado;
- após ter efetuado este procedimento, você poderá clicar duas vezes no vértice direito inferior da célula que contém a função ESQUERDA; automaticamente, será extraído o primeiro dígito para as demais notas de empenho.

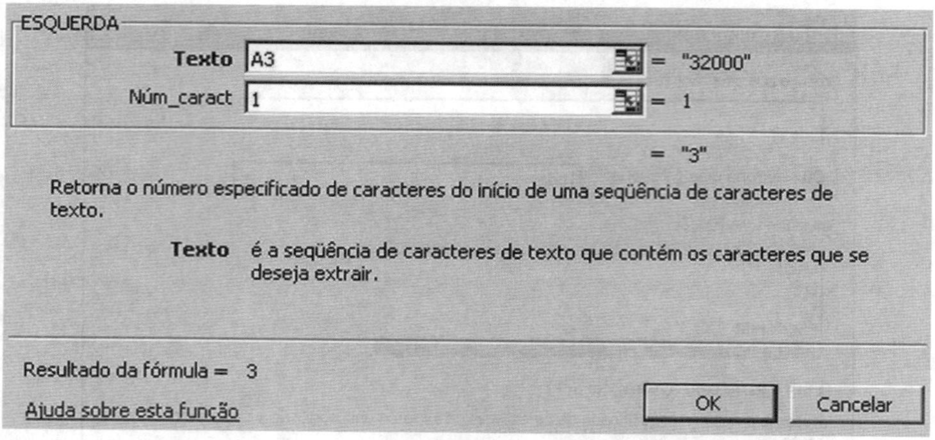

Análise Multivariada • Corrar, Paulo e Dias Filho

Figura 10.3 *Caixa de diálogo para Função ESQUERDA.*

Efetuando estes procedimentos, a função retornará números compreendidos entre 1 a 9. O próximo passo consistirá em contar a frequência de ocorrência dos primeiro dígitos. Utilizando ainda o MS EXCEL®, é possível fazer este agrupamento; para tanto, faz-se necessário previamente, na mesma planilha, elaborar um quadro em que as linhas contenham dígitos de 1.....9, conforme Figura 10.6, para então utilizar a função aglutinadora, cujos passos a serem seguidos passaremos a descrever:

1. selecione a opção *fx* na Barra de Ferramentas (Inserir);
2. escolha a Categoria Estatística;
3. no campo Selecione uma função a opção CONTA.SE;
4. a seguir clique em OK.

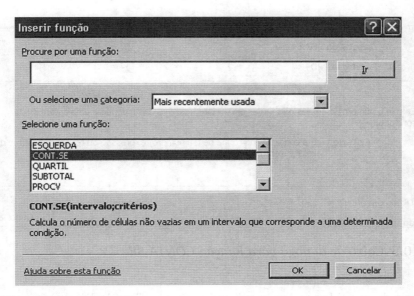

Figura 10.4 *Função CONTA.SE*.

Logo em seguida a ter pressionado o botão OK, será mostrada a caixa de diálogo da função CONTA.SE, conforme a Figura 10.5, sendo que, nessa caixa, deverão ser digitados:

- no campo Intervalo, o intervalo de células no qual se deseja aglutinar os dígitos; no caso, deverá conter todo o intervalo da coluna em que se encontra a Função ESQUERDA anteriormente calculada, que na nossa aplicação está no intervalo (B2: B4342);
- no campo Critério, especificaremos o dígito a ser contado (1.....9). Assim, para contar o dígito "1" digitaremos o número "1", o dígito "2" digitaremos o número "2" até o dígito "9". A Figura 10.6 expõe uma forma prática de organizar esta contagem.

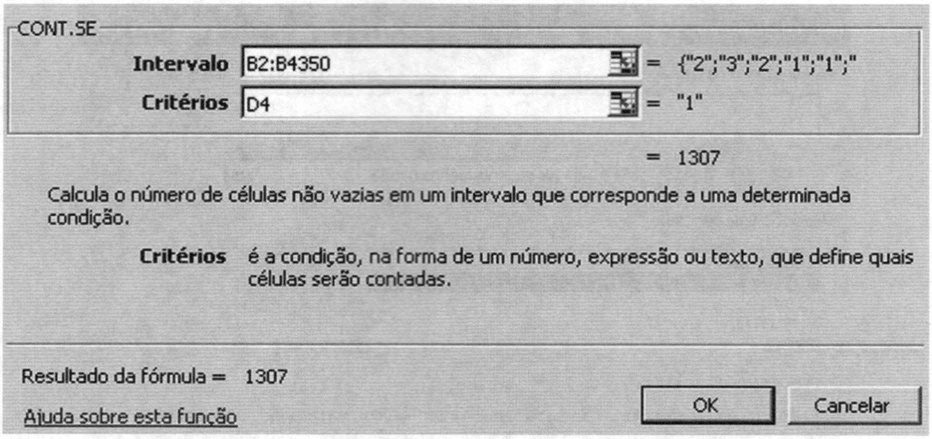

524 Análise Multivariada • Corrar, Paulo e Dias Filho

Figura 10.5 *Caixa de diálogo para Função CONTA.SE.*

Depois de seguidos todos os procedimentos acima indicados, teremos os seguintes valores para aplicação do modelo contabilométrico aqui proposto:

	A	B	C	D	E	F	G	H
1	VALOR	PRIMEIRO DÍGITO				CONTAGEM DO 1° DÍGITO		
2	20.004,00	2				1	1307	
3	32.000,00	3				2	821	
4	25.000,00	2				3	525	
5	12.000,00	1				4	426	
6	1.460,00	1				5	310	
7	2.607,20	2				6	292	
8	10.411,50	1				7	269	
9	59.962,60	5				8	216	
10	150.000,00	1				9	175	
11	3.008,30	3						
12	8.000,00	8						
13	4.000,00	4						
14	2.000,00	2						
15	3.500,00	3						
16	1.500,00	1						
17	1.500,00	1						
18	2.000,00	2						
19	2.500,00	2						
20	1.200,00	1						
21	3.500,00	3						
22	1.000,00	1						
23	1.600,00	1						
24	9.012,00	9						

4334	67.000,30	6						
4335	69.223,00	6						
4336	51.698,80	5						
4337	65.000,00	6						
4338	15.000,00	1						
4339	65.176,40	6						
4340	36.785,20	3						
4341	65.176,40	6						
4342	45.000,00	4						

Figura 10.6 *Planilha da extração e contagem do primeiro dígito.*

Aplicando o Modelo Contabilométrico

Feita a abstração do primeiro dígito das Notas Empenho e realizadas as contagens de frequência de cada um dos dígitos, conforme se viu na Figura 10.6, passaremos agora a fazer uso do modelo contabilométrico.

Utilizando Teste-Z

Primeiramente, utilizaremos o Teste-Z de uma amostra para a proporção da população composta por todas notas de empenho emitidas pelo município no exercício de 200x.

O modelo contabilométrico testará a afirmação de que a ocorrência dos primeiros dígitos obedece aos pressupostos da probabilidade apresentados pela NB-Lei, exposta a seguir:

Dígitos	Probabilidades
1	0,301
2	0,176
3	0,125
4	0,097
5	0,079
6	0,067
7	0,058
8	0,052
9	0,046

Figura 10.7 *Probabilidade da NB-LEI.*

O município escolhido para detalhamento do modelo contabilométrico apresentou 4,342 NE. Para validação da efetiva obediência da NB-Lei, será testada individualmente a ocorrência de cada dígito, então serão definidos 9 (nove) testes de hipótese para cada dígito, utilizando a probabilidade de 5% de um erro Tipo I.

Para o dígito de 1....9, temos:

$$H_0 : p_0 = 0,301$$
$$H_1 : p_1 \neq 0,301 \quad \text{(dígito 1)}$$

.

.

.

.

.

.

$$H_0 : p_0 = 0,046$$
$$H_1 : p_1 \neq 0,046 \quad \text{(dígito 9)}$$

A partir de nossos dados do município escolhido, aplicando a equação (10.3) para os dígitos de 1...9, temos:

$$Z_{(Dígito-1)} = \frac{|0,301 - 0,301|}{\sqrt{\dfrac{0,301(1-0,301)}{4,341}}}$$

.

.

.

$$Z_{(Dígito-9)} = \frac{|0,046 - 0,040| - \dfrac{1}{2 \times 4,341}}{\sqrt{\dfrac{0,046(1-0,046)}{4,341}}} = 1,851$$

O valor tabulado normal para o nível de 0,05 em um teste bilateral é ±1,959. Consequentemente, somos levados a rejeitar H_0 para o dígito "2", muito embora o valor esteja bem próximo do ponto crítico (1,959), conforme se pode verificar na Figura 10.8:

Dígito	Nº de Casos Observados (PO)	Proporção Esperada NB-Lei (P_e)	Proporção Observada (P_o)	Desvio ($p_o - p_e$)	Nº de Casos Esperado (PE)	Valor do Teste-Z
1	1.307	0,301	0,301	0	1.307	0
2	821	0,176	0,189	0,013	764	2,229
3	525	0,125	0,121	−0,004	542	0,774
4	426	0,097	0,098	0,001	421	0,197
5	310	0,079	0,071	−0,008	344	1,926
6	292	0,067	0,067	0	290	0
7	269	0,058	0,062	0,004	251	1,095
8	216	0,051	0,050	−0,001	224	0,265
9	175	0,046	0,040	−0,006	198	1,851
	n = 4.341					

Figura 10.8 *Resultado do modelo contabilométrico.*

O Teste-Z nos revela que o dígito "2", do ponto de vista do modelo contabilométrico, não atende à NB-Lei, o que nos permite inferir que as Notas de Empenho que começam com tais dígitos deverão ser investigadas em caso de auditoria.

Por outro lado, verifica-se que o dígito "1" obedeceu plenamente à NB-Lei, ou seja, a quantidade esperada foi igual à quantidade observada.

Utilizando Teste-χ^2

Como vimos no Teste-Z, ele permite fazer inferência pontual para cada dígito; já o Teste-χ^2 fornece informações para uma análise geral de todos os dígitos. Assim sendo, se ocorrem diferenças nas proporções ente os grupos de dígitos, o Teste-χ^2 pode ser utilizado com o objetivo de validar a magnitude dentro de um determinado nível de significância. Para testar se o conjunto de dígitos atende ao disposto na NB-Lei, testaremos a hipótese nula, em se preconizando que há ou não diferença nas proporções entre as amostras.

528 Análise Multivariada • Corrar, Paulo e Dias Filho

Assim, temos:

$$H_0: pe_1 = po_1, ..., = po_9$$
$$H_1: pe_1 \neq po_1, ..., = po_9$$

Para calcular a estatística do Teste-χ^2 dado pela equação 10.4, definiremos primeiro a tabela de contingência.

Dígitos	1	2	3	4	5	6	7	8	9
Proporção esperada	1.307	764	542	421	344	290	252	224	198
Proporção observada	1.307	821	525	426	310	292	269	216	175

Figura 10.9 *Proporção cruzada entre frequências observada e esperada.*

Aplicando a equação 10.4 e calculando a estatística do teste, teremos o resultado exposto na Figura 10.10:

PO	PE	(PO − PE)	(PO − PE)^2	(PO − PE)^2/ PE
1.307	1.307	0	0	0
821	764	57	3249	4,253
525	542	(17)	289	0,533
426	421	5	25	0,059
310	344	(34)	1156	3,360
292	290	2	4	0,014
269	251	18	324	1,291
216	224	(8)	64	0,286
175	198	(23)	529	2,672
			$\Sigma\chi^2 =$	12,468

Figura 10.10 *Cálculo da estatística do Teste χ^2 para as notas de empenhos analisadas.*

Resta agora identificar o valor crítico para validação das hipóteses colocadas. Para tanto, devemos escolher o nível de significância e determinar o número dos graus de liberdade associados ao modelo contabilométrico aqui proposto. Para calcular o número de graus de liberdade, efetuaremos o produto de número de linhas da tabela de contingência menos uma vez o número de colunas na tabela menos 1. Para uma tabela de contingência 2 x c, existem c – 1 graus de liberdade. Logo, com 2 linhas e 9 colunas teremos:

$$\text{Grau de liberdade} = (2 - 1)(c - 1) = c - 1 \Rightarrow 9 - 1 = 8$$

Para um nível de significância de 0,05, temos um valor crítico de 15,507.

Como a estatística do Teste-χ^2 = 12,468, não excedendo o valor crítico (15,507), a hipótese nula não pode ser rejeitada, portando, há evidência para concluir que a distribuição das proporções por dígitos atende à NB-Lei, inferindo-se então que as Notas de Empenho deste município atendem no todo à lei natural de distribuição.

Para este município, verificamos que os testes pontuais em termos dos primeiros dígitos, utilizando o Teste-Z, demonstraram uma certa conformidade de comportamento, à exceção do dígito "2", porém muito próxima do ponto crítico; isto poderá mostrar que é possível terem ocorrido por exemplo erros de digitação ou de registros das informações para o dígito 2. Assim, como o comportamento individual atendeu aproximadamente à NB-Lei, o comportamento geral (Teste-χ^2), como era de se esperar, também validou a consistência da população.

De modo semelhante, podemos aplicar o mesmo procedimento para outro município que apresentou característica bem distinta em termos de distribuição. A Figura 10.11 demonstra os valores obtidos, utilizando o modelo contabilométrico:

Dígito	Nº de Casos	NB-Lei	Proporção Observada	Desvio	Valor do Teste-Z	Contagem Esperada	Valor do Teste χ
1	3.244	0,301	0,290	–0,011	2,525	3.364	4,258
2	1.813	0,176	0,162	–0,014	3,874	1.967	12,027
3	1.259	0,125	0,113	–0,012	3,821	1.397	13,609
4	1.095	0,097	0,098	0,001	0,341	1.083	0,112
5	1.166	0,079	0,104	0,025	9,780	883	90,831
6	902	0,067	0,081	0,014	5,900	749	31,378
7	870	0,058	0,078	0,020	9,025	648	75,935
8	510	0,051	0,046	–0,005	2,381	570	6,301
9	316	0,046	0,028	–0,018	9,061	514	76,303
Totalização	11.175	1,000	1,000	0,0		11.175	310,754

Figura 10.11 *Resultado do Modelo Contabilométrico.*

530 Análise Multivariada • Corrar, Paulo e Dias Filho

Analisando os primeiros dígitos individualmente utilizando o Teste-Z, podemos identificar que apenas o dígito "4" atendeu à NB-Lei, em que se verifica Z_4 = 0,341, dentro da área de aceitação da hipótese nula. Um outro aspecto que se deve destacar diz respeito ao total de NE observadas e esperadas, pois, conforme visto na Figura 10.11, tínhamos 1.095 NE que começavam com o dígito "4" e, de acordo com o nosso modelo contabilométrico, esperávamos 1.083 NE, um desvio de apenas 1,1%.

Quanto aos demais dígitos, verificamos que eles se comportaram em dissonância com o modelo contabilométrico. Podemos observar que as NE que começam com os dígitos "8" e "9" têm uma quantidade esperada inferior à quantidade observada. Em se tratado de uma instituição vinculada à administração pública, podemos inferir que há, possivelmente, uma tentativa de fracionamento de despesas, com intuito de ferir o disposto na Lei das Licitações que dispensa a realização de procedimento licitatório para despesas inferiores a R$ 8.000,00. Esta observação é ainda mais forte quando verificamos que as NE que começam pelos dígitos "5", "6" e "7" tiveram a quantidade observada superior à esperada. É bom também frisar que não só o fracionamento de despesas pode ser a causa dessas distorções, mas há uma série de outros fatores que podem ensejar essas irregularidades e que só um processo de auditoria contábil poderia desvendar as verdadeiras causas.

O modelo contabilométrico aqui apresentado em hipótese alguma tenta substituir a técnica de auditoria utilizada pelos auditores contábeis, mas ele se apresenta como uma proposta metodológica à disposição desses profissionais para orientá-los nos seus testes na execução de atividades da auditoria.

De uma forma geral, o comportamento dos valores dessa população apresenta dissonância com os valores esperados pela NB-Lei; este fato é validado pelo Teste-χ^2, que apresentou valor (χ^2 = 310,754) bem superior ao valor crítico de 15,507.

Seguem-se os resultados obtidos da aplicação do modelo contabilométrico dos demais municípios estudados.

Caso 1: Analisando as notas de empenho da região litorânea.

Para este grupo de municípios empregando o Teste-Z, foi possível identificar o valor de Z para cada dígito distribuído nas dez municipalidades inseridas na região litorânea, conforme a Figura 10.12:

Múnic. Díg.	L1	L2	L3	L4	L5	L6	L7	L8	L9	L10
1	0,015	1,123	2,275	3,357	3,514	0,000	1,699	4,012	1,943	2,525
2	3,214	2,868	3,507	2,479	0,150	2,229	0,357	0,589	2,864	3,874
3	5,453	3,194	2,271	0,875	5,069	0,774	5,814	3,005	3,289	3,821
4	3,402	1,563	3,525	3,794	1,068	0,197	4,082	1,018	3,384	0,391
5	6,149	4,243	1,052	5,487	0,212	1,926	1,034	0,261	5,151	9,780
6	1,131	3,109	0,034	4,491	1,265	0,000	2,259	1,205	2,768	5,900
7	3,998	3,999	2,713	2,511	1,630	1,095	2,110	0,301	2,535	9,025
8	2,931	1,387	1,555	1,856	0,035	0,265	0,293	0,670	1,335	2,381
9	13,447	0,707	0,041	1,949	1,509	1,851	0,990	0,336	18,043	9,061

Figura 10.12 *Resultado do Modelo Contabilométrico nos municípios da região litorânea Teste – Z* ($Z_C = 1,96$).

Teste-Z mostra que as diferenças correspondentes aos dígitos: 1 para os municípios L3, L4, L5, L8 e L10 são significativas; 2 para os municípios L1, L2, L3, L3, L6, L9 e L10 são significativas; 3 para os municípios L1, L2, L3, L5, L7, L8, L9 e L10 são significativas; 4 para os municípios L1, L3, L4, L7 e L9 são significativas; 5 para os municípios L1, L2, L4, L9 e L10 são significativas; 6 para os municípios L2, L4, L7, L9 e L10 são significativas; 7 para os municípios L1, L2, L3, L4, L7, L9 e L10 são significativas; 8 para os municípios L1 e L10 são significativas; e para os municípios L1, L9 e L10 são significativas. De um modo geral, nestes casos existem suficientes evidências para rejeitar a hipótese nula. Além disso, constata-se que os dígitos de parte dos municípios com problemas são 2,3 e 7. Porém, para o dígito 9, nos municípios L1 e L9 a medida do nível de significância Teste-Z assume valores exagerados, confirmando uma forte tendência de superfaturamento nas notas de empenho destes municípios.

Utilizando a metodologia do modelo contabilométrico para validar os dígitos de uma forma geral, fazendo uso do Teste-χ^2, tem-se o seguinte resultado:

532 Análise Multivariada • Corrar, Paulo e Dias Filho

Díg. \ Munic.	L1	L2	L3	L4	L5	L6	L7	L8	L9	L10
1	0,000	0,970	3,851	7,924	8,897	0,000	2,003	11,395	2,648	4,258
2	8,350	7,030	10,112	5,041	0,017	4,300	0,071	0,268	6,671	12,027
3	26,740	8,477	4,770	0,587	23,280	0,460	30,478	8,378	9,936	13,609
4	10,070	2,148	10,96	13,791	0,886	0,040	14,746	0,810	9,427	0,112
5	35,820	16,334	0,975	28,888	0,019	3,100	1,258	0,167	23,838	90,831
6	1,060	9,850	0,003	19,192	1,701	0,000	4,498	1,604	6,827	31,378
7	14,370	16,051	6,569	5,826	2,440	1,110	4,439	0,058	5,977	75,935
8	8,120	1,679	2,259	3,400	0,019	0,110	0,047	0,330	2,163	6,301
9	177,36	3,290	0,005	4,168	2,076	2,900	1,085	0,047	317,578	76,303
Total χ^2	281,89	65,829	39,504	88,817	39,335	12,468*	58,625	23,057	385,065	310,754

Figura 10.13 *Resultado do Modelo Contabilométrico nos municípios da região litorânea – Teste-χ^2. (χ^2 crítico = 15,507).*

O Teste-χ^2 mostra que existe suficiente evidência para rejeitar a hipótese de que a distribuição dos valores das notas de empenho observada não é compatível com a distribuição segundo a Lei de Newcomb-Benford em tela, exceto para o município L6, que tem $\chi^2 = 12,468$.

Caso 2: Analisando as notas de empenho da região sertaneja.

Calcularemos o Teste-Z e χ^2 para os municípios localizados na região sertaneja utilizando modelo contabilométrico já adotado acima, para obtermos os seguintes resultados.

Díg. \ Munic.	S1	S2	S3	S4	S5	S6	S7	S8	S9	S10
1	3,131	3,098	2,268	4,223	5,880	0,500	0,947	2,364	1,540	0,178
2	5,037	3,213	2,246	1,627	1,615	4,591	5,071	3,016	2,707	3,433
3	2,886	1,76	2,213	0,355	5,794	2,46	2,822	3,278	5,670	1,042
4	1,959	3,634	1,640	4,001	0,847	2,749	8,96	2,578	1,948	5,305
5	1,752	0,511	0,884	4,855	1,894	1,717	0,583	7,115	1,416	1,926
6	1,248	1,736	0,708	1,223	0,378	0,917	3,733	0,740	1,787	1,728
7	2,251	0,801	1,548	3,187	5,303	2,981	1,147	0,516	4,133	5,968
8	0,931	0,403	1,645	1,675	0,044	7,947	1,723	0,257	4,392	0,372
9	2,767	2,072	1,139	4,754	1,196	15,596	3,132	1,496	3,992	2,062

Figura 10.14 *Resultado do Modelo Contabilométrico nos municípios da região sertaneja Teste-Z.*

A medida estatística Z-Teste mostra que há diferença significativa, $Z > 1,956$, para os seguintes municípios: **dígito "1"** para todos os municípios, exceto no caso de S_6, S_7, S_9 e $S_{10;}$ **dígito "2"** para todos os municípios (a diferença é significante exceto para S_4 e S_5); **dígito "3"** para todos os municípios, exceto S_2, S_4 e S_{10}; **dígito "4"** para os municípios S_2, S_4, S_6, S_7, S_8 e S_{10} (a diferença é significante); **dígito "5"** para os municípios S_4 e S_8; **dígito "6"** apenas para o município S_7 que apresentou diferença significante; **dígito "7"** para os municípios S_1, S_4, S_5, S_6, S_9 e S_{10} (são significantes as diferenças); **dígito "8"** para os municípios S_6 e S_9; e **dígito "9"** para todos os municípios, com exceção de S_3, S_5 e S_8. De um modo geral, o Teste-Z mostra que existe suficiente evidência para rejeitar a hipótese nula para a grande maioria dos dígitos.

Munic. Díg.	S1	S2	S3	S4	S5	S6	S7	S8	S9	S10
1	6,870	6,890	3,657	12,412	24,178*	0,190	0,621	4,166	1,689	0,027
2	20,780	8,843	3,989	2,114	2,044	16,390	21,109	7,710	6,388	10,347
3	7,370	2,883	4,189	0,165	30,349	5,770	6,804	9,705	27,846	1,207
4	3,710	11,980	2,422	14,652	0,722	7,870	74,399	6,556	3,505	24,664
5	2,870	0,229	0,612	21,129	3,409	3,050	0,351	46,449	1,732	3,878
6	1,520	3,202	0,684	1,473	0,112	1,160	13,699	0,483	3,274	2,885
7	5,310	0,821	2,310	10,214	27,621	7,240	1,302	0,316	16,478	34,306
8	0,710	0,141	2,485	3,048	0,000	62,660	3,167	0,056	17,902	0,088
9	6,880	4,325	1,475	22,662	1,277	239,96	9,351	2,279	14,428	4,436
Total χ^2	56,010	39,314	21,823*	87,869	89,712	339,27*	130,803	77,72	93,2421	81,838

Figura 10.15 *Resultado do Modelo Contabilométrico nos municípios da região sertaneja Teste-χ^2.*

A medida estatística Teste-χ^2 mostra que existe suficiente evidência para rejeitar a hipótese de que a distribuição dos valores de notas de empenho observada não é compatível com a distribuição segundo a lei de Newcomb-Benford para todos os municípios da região sertaneja estudada, pois os valores do Teste-χ^2 ficaram acima do valor crítico (15,507).

Vale salientar que o município que tem menor valor do Teste-χ^2 é o S_3, com $\chi^2 = 21,823$, e o município de maior valor do Teste-χ^2 é S_6, com $\chi^2 = 339,27$. Uma análise mais aprofundada dos testes Z e χ^2 leva a suspeitar que existe forte evidência de que o município S_6 tem superfaturado as suas notas de empenho ou fragmentado as notas de empenho para não atingir o limite da licitação exigida por lei.

534 Análise Multivariada • Corrar, Paulo e Dias Filho

Caso 3: Analisando as notas de empenhos dos 20 municípios, sendo 10 da região litorânea e 10 da região sertaneja, tomando todas as NE de forma conjunta e regional.

Dígito	Quant. Observada	Proporção NB-Lei (Esperada)	Proporção Observada	Desvio	Valor do Teste-Z	Contagem Esperada	Valor do Teste-χ^2
1	16.554	0,301	0,298	−0,003	1,538	16.743	2,143
2	9.602	0,176	0,173	−0,003	1,852	9.790	3,617
3	6.747	0,125	0,121	−0,004	2,846	6.953	6,118
4	5.046	0,097	0,091	−0,006	4,774	5.396	22,667
5	4.767	0,079	0,086	0,007	6,113	4.394	31,583
6	3.912	0,067	0,070	0,003	2,821	3.727	9,189
7	3.271	0,058	0,059	0,001	1,000	3.226	0,619
8	2.840	0,051	0,051	0,000	0,000	2.837	0,000
9	2.887	0,046	0,052	0,006	6,745	2.559	42,097
Total	55.626					Total χ^2 =	118,036

Figura 10.16 *Região litorânea.*

Dígito	Quant. Observada	Proporção NB-Lei (Esperada)	Proporção Observada	Desvio	Valor do Teste-Z	Contagem Esperada	Valor do Teste-χ^2
1	14.417	0,301	0,297	−0,004	1,915	14.592	2,096
2	8.513	0,176	0,176	0,000	0,000	8.532	0,000
3	6.109	0,125	0,126	0,001	0,659	6.060	0,400
4	4.321	0,097	0,089	−0,008	5,944	4.702	30,929
5	3.980	0,079	0,082	0,003	2,44	3.830	5,894
6	3.206	0,067	0,066	−0,001	0,872	3.248	0,544
7	2.825	0,058	0,058	0,000	0,000	2.812	0,000
8	2.695	0,051	0,056	0,005	4,994	2.472	20,046
9	2.412	0,046	0,050	0,004	4,193	2.230	14,856
Total	48.478					Total χ^2 =	74,871

Figura 10.17 *Região sertaneja.*

A Lei Newcomb-Benford **535**

Analisando as Figuras 10.16 e 10.17, verificamos que os municípios pertencentes à região do sertão têm os valores dos Teste-Z e Teste-χ^2 mais aderentes ao modelo contabilométrico proposto, porquanto observamos que, pelo Teste-Z, temos cinco dígitos ("1", "2", "3", "6" e "7") que têm o Z < 1,956; já para os municípios da região do litoral, temos seis dígitos ("3", "4", "5", "6" e "9") com diferenças significativas, ou seja Z > 1,956.

Caso 4: Análise conjunta de todas as 104.104 notas de empenhos dos 20 municípios pesquisados.

Dígito	Quant. Observada	Proporção NB-Lei (Esperada)	Proporção Observada	Desvio	Valor do Teste-Z	Contagem Esperada	Valor do Teste-χ^2
1	30.971	0,301	0,298	–0,003	2,107	31.335	4,235
2	18.115	0,176	0,174	–0,002	1,690	18.322	2,345
3	12.856	0,125	0,123	–0,002	1,947	13.013	1,894
4	9.367	0,097	0,090	–0,007	7,626	10.098	52,930
5	8.747	0,079	0,084	0,005	5,975	8.224	33,232
6	7.118	0,067	0,068	0,001	1,284	6.975	2,933
7	6.096	0,058	0,059	0,001	1,374	6.038	0,557
8	5.535	0,051	0,053	0,002	2,926	5.309	9,594
9	5.299	0,046	0,051	0,005	7,694	4.789	54,36
Total	104.104					Total χ^2 =	162,08

Figura 10.18 *Resumo dos municípios analisados do litoral e sertão.*

Uma visão geral dos resultados obtidos

De uma forma geral, fica aqui demonstrado que a Lei de Newcomb-Benford também é aplicável às despesas públicas consubstanciadas nas notas de empenhos. Observa-se que, na aglutinação de todos os municípios, como se verifica na Figura 10.18, está evidenciado que existem problemas nos dígitos: (1), (4), (5), (8) e (9), uma vez que os valores observados no teste da distribuição normal estão acima de Z = 1,956 (nível de significância 5%).

O gráfico abaixo visualiza melhor a situação em comento:

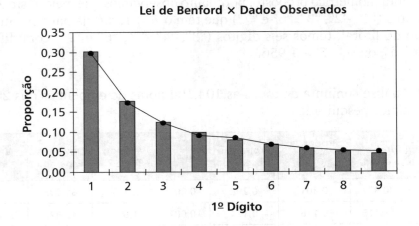

A análise quantitativa pelo modelo contabilométrico aqui desenvolvida revela apenas que tais dígitos não estão de conformidade com o citado modelo; destarte, os empenhos que começam com os dígitos (4), (5), (8) e (9) têm fortes indícios de terem sido manufaturados ou fraudados.

A seguir, algumas considerações:

- O dígito (9) revela que há uma tendência de superfaturamento nas despesas realizadas pelos gestores dos municípios em análise.

- O dígito (8) desvenda que há uma forte tendência do administrador público fracionar as despesas que se situam acima de R$ 8.000,00, limite este estabelecido pela Lei Federal nº 8.666/93, que disciplina as aquisições mediante licitação.

- Os dígitos (4) e (5) expõem que as somas ou combinações dos mesmos resultam num número igual ou maior do que (8), o que esclarece a hipótese acima mencionada, ou seja, tais dígitos são reflexos do fracionamento de despesas que seriam licitadas, o que é uma prática muito utilizada pelos gestores públicos.

- Outro aspecto digno de nota é que o dígito (8) não se afasta muito da área de aceitação delimitada pelo Teste-Z, (dígito (8) – Z = 2,93), o que não ocorre com os dígitos (4) e (5), uma vez que eles fracionam as despesas maiores ou iguais a R$ 8.000,00 (dígito (8)), isto é, enquanto o dígito (8) seria utilizado uma vez, o dígito (4), por exemplo, seria utilizado, no mínimo, duas vezes para subdividir as despesas acima de R$ 8.000,00.

A Lei Newcomb-Benford **537**

Observa-se ainda que, de acordo com o teste do Qui-Quadrado (χ^2), a região do sertão tem um comportamento, de modo geral, melhor que o da região do litoral, muito embora tais séries estejam bem acima da área de aceitação definida pelo teste ($\chi^2 = 15,507$).

Do ponto de vista da análise individual dos municípios, ficou constatado que em apenas três municipalidades os valores dos empenhos comportam-se em conformidade com a Lei de Newcomb-Benford, para um nível de significância de 10%, são eles:

(L6), que poderia ser explicado pelo fato deste município, durante todo o exercício financeiro de 2002, estar sob intervenção judicial e de que foram realizadas diversas inspeções pelo Tribunal de Contas, inibindo assim qualquer conduta ilegal;

(L8), este município tem uma administração exemplar, fato este que se pode verificar pela imprensa, tendo ele adotado o orçamento participativo e um conselho de contas, constituído por vários segmentos da sociedade local; mesmo apresentando alguma variação em relação ao χ^2 (S3), este município foi recém-emancipado (1997) e neste período não se verificou nenhuma rejeição das contas anuais.

10.8 Questões propostas

1. Qual o relacionamento que existe entre as pesquisas de Simon Newcomb e Frank Benford no que diz respeito à ocorrência do primeiro dígito?

2. Quais as razões que levaram o trabalho de Frank Benford a ser mais conhecido?

3. A descoberta da NB-Lei se deu em 1881, contudo sua aplicação na contabilidade se deu bem depois. Quais foram os primeiros trabalhos na área de contabilidade e que aspectos foram explorados?

4. Quais as principais limitações da aplicação da NB-Lei?

5. Qual a importância da descoberta de que a distribuição da NB-Lei é invariante-escalar?

6. De que forma a NB-Lei pode ser utilizada como ferramenta de suporte no processo de auditoria digital? É possível definir a amostra nesse processo?

7. O modelo contabilométrico apresentado neste capítulo utilizou os testes estatísticos Z (Normal) e χ^2 (Qui-quadrado) para amostras de proporções. O que cada um tenta aferir?

10.9 Exercícios propostos

1. Suponha que um Auditor fiscal esteja analisando o faturamento de uma determinada empresa. Depois de serem feitos os levantamentos preliminares e ter procedido à contagem dos primeiros dígitos, em conformidade com o modelo contabilométrico (NB-Lei), chegou aos seguintes valores:

Dígito	1	2	3	4	5	6	7	8	9
Nº de Casos	3.244	1.813	1.259	1.095	1.166	902	870	510	316

A partir do quadro acima, pede-se:

a) quais dígitos obedecem à NB-Lei, considerando um nível de significância de 5%?

b) quais dígitos não obedecem à NB-Lei, considerando um nível de significância de 5%?

c) o faturamento da empresa de uma forma geral se amolda à NB-Lei, a um nível de significância de 1%?

d) é possível fazer inferências sobre as anomalias encontradas no item **b**? Quais?

2. Um Auditor de contas públicas está apurando denúncia de irregularidades na execução orçamentária de um determinado município. Após a exportação da base de dados que contém os valores das notas de empenho, ele chegou à seguinte tabela de ocorrência dos dígitos:

Dígito	1	2	3	4	5	6	7	8	9
Nº de Casos	1.593	907	778	410	381	303	260	257	219

A um nível de significância de 5%, pede-se:

a) quais dígitos obedecem à NB-Lei?

b) quais dígitos não obedecem à NB-Lei?

c) as despesas do município de uma forma geral se ajustam à NB-Lei?

d) levando em conta o limite de dispensa de limitações para despesas inferiores a R$ 8.000,00, é possível fazer inferências a respeito de fracionamento de despesas? Justifique sua resposta;

e) de que forma você definiria possíveis amostras diante dos dados apresentados pelo modelo contabilométrico da NB-Lei?

3. A Secretaria do Tesouro Nacional disponibiliza informações financeiras dos Estados e Municípios. Entre no <http://www.stn.fazenda.gov.br/estados_municipios/>. Baixe a base de dados e faça a aplicação do modelo contabilométrico da NB-Lei para as despesas orçamentárias de todos os Municípios brasileiros.

4. É dada uma sequência de números aleatórios. Assinale a alternativa correta:

a) a probabilidade de ocorrência do primeiro dígito significativo ser 1,2,3...9 de um dado número da sequência em tela é igual a 11,1%.

b) a probabilidade do primeiro dígito significativo ser 1 é sempre igual a 30,1%

c) a probabilidade do primeiro dígito significativo ser 1 só será igual a 30,1% se a sequência considerada for suficientemente grande.

d) se a sequência acima for suficientemente grande, a probabilidade do primeiro dígito significativo ser 9 é igual a 4,6%.

e) as alternativas (c) e (d) acima são as únicas corretas.

5. Assinale a alternativa correta: a NB-Lei foi demonstrada por métodos e técnicas:

a) da Ciência Biológica;

b) estatísticos;

c) matemáticos e tendo como base o Teorema Fundamental do Cálculo;

d) da Ciência Física;

e) da Ciência Química.

6. Considere os números de casas de uma rua e suponha que existem 50 casas. A(s) probabilidade(s) de um número de uma casa decimal escolhido ao acaso começar por:

a) 1 ou por 2 são iguais;

b) 4 ou por 5 são iguais;

c) 9 é maior que a probabilidade daquele que começa por 1;

d) 1 ou por 9 são iguais;

e) 1 é igual a 11/50 e a probabilidade de começar por 9 é igual a 1/50.

540 Análise Multivariada • Corrar, Paulo e Dias Filho

Bibliografia

ACKOFF, Russel L.; SASIENI, Maurice W. *Pesquisa operacional*. Rio de Janeiro: LTC, 1971.

BENFORD, F. The law of anomalous numbers. *Proceeding of the American Philosophical Society*, 78, 551-472, 1938.

BOYNTON, William C.; JOHNSON, Raymond N.; KELL, Walter G. *Auditoria*. São Paulo: Atlas, 2002.

BROWN, G. W. *History of RAND'S random digits*, Nat. Bur. Stds., v. 12, 31-32, 1951. (App. Math Series.)

CARSLAW, Charles A. P. Anomalies in income numbers: evidence of goal oriented behavior. *The Accounting Review*, v. 63, nº 2, Apr. 1988.

FREUND, Jonh E.; SIMOM Gary A. *Estatística aplicada, economia, administração e contabilidade*. 9. ed. Porto Alegre: Bookman, 2000.

GIACOMONI, James. *Orçamento público*. 6. ed. São Paulo: Atlas, 2000.

HILL, T. P. A statistical derivation of the significant-digit law. *Statistical Science* (4), 354-363, 1996.

_____. Base-invariance implies Benford's Law. *Proceedings of the American Mathematical Society*, 13, 887-895, 1995.

HORNGREN, Charles T. *Introdução à contabilidade gerencial*. 5. ed. São Paulo: Prentice Hall do Brasil, 1985.

_____; FOSTER, George; DATAR, Srikant M. *Contabilidade de custos*. 9. ed. Tradução de José Luiz Paravato. Rio de Janeiro: LTC, 2000.

JÚNIOR, Jorge David. A utilização de métodos quantitativos na contabilidade gerencial: uma abordagem empírica. Disponível em: <http://www.eac.fea.usp.br/artigos>. Acesso em: 23 maio 2003.

LAKATOS, Eva Maria; MARCONI, Marina de Andrade. *Fundamentos de metodologia científica*. 3. ed. São Paulo: Atlas, 1991.

LEVINE, David M.; BERENSON, Mark L.; STEPHAN, David. *Estatística*: teoria e aplicações usando Microsoft® Excel em português. Tradução de Teresa Cristina Padilha de Souza. São Paulo: LTC. 2000.

MATZ, Adolph; CURRY, Othel J.; FRANK, George W. *Contabilidade de custos*. São Paulo: Atlas. 1976. 2v.

NEWCOMB, S. Note on the frequency of use of the different digits in natural numbers. *AJM*, 4, 39-40, 1881.

NIGRINI, Mark J. *Digital analysis using Benford's Law*: Tests? Statistics for Auditors. Global Audit Publication, Canada: 2000.

_____; LINDA, J. M. The use of Benford's Law as an aid in analytical procedures. Auditing: *A Journal of Practice and Theory*, 16, 52-67, 1997.

PINKHAM, R. S. On the distribution of first significant digits. *Annals of Mathematical Statistics*, 32, 1223-1230, 1961.

RAIMI, R. The peculiar distribution of first significant digits. *Scientific American*, 221 (6), 109-120 1969.

SANTOS, Josenildo; DINIZ, Josedilton Alves. A Lei de Newcomb-Benford: aplicação da Lei de Newcomb-Benford na auditoria. Caso: Notas de Empenho dos Municípios do Estado da Paraíba. In: 3º SEMINÁRIO USP DE CONTABILIDADE E CONTROLADORIA, 2003, São Paulo.

_____; _____; RIBEIRO FILHO, Jose Francisco. A Lei de Newcomb-Benford: uma aplicação para determinar o DNA-equivalente das despesas no setor público. In: 3º SEMINÁRIO USP DE CONTABILIDADE E CONTROLADORIA, 2003, São Paulo.

_____; _____; CORRAR, Luiz J. The focus is the sampling theory in the fields of traditional accounting audit and digital audit: testing the Newcomb-Benford Law for the first digit of in public accounts. *Brazilian Business Review*, Vitória, v. 2, nº 1, p. 1-12, jan./jun. 2005.

SMAILES, Joanne; MCGRANE, Ângela. *Estatística aplicada à administração com Excel*. São Paulo: Atlas, 2002.

TSAO, N. R. On the distributions of digits and roundoff erros. *Communications of the Association for Computing Machinery*, 17, 269-271 (1974).

Pré-impressão, impressão e acabamento

grafica@editorasantuario.com.br
www.editorasantuario.com.br
Aparecida-SP